KB186209

정·원·꾸·미·기·의·모·든·것

한국의 정원&조경수 도감

제갈영, 손현택 지음

이비락 樂

한국의
정원&조경수 도감

개정증보판 2쇄 발행 2021년 4월 25일

지은이 제갈영, 손현택

펴낸이 강기원
펴낸곳 도서출판 이비컴

편 집 김광택
마케팅 박선왜
일러스트 도우석

주 소 서울시 동대문구 천호대로81길 23, 201호
대표전화 (02)2254-0658 **팩 스** (02)2254-0634
전자우편 bookbee@naver.com

등록일자 2002.4.9(제6-0596호)
ISBN 978-89-6245-171-9 (13520)

이 도서의 국립중앙도서관 출판예정도서목록(CIP)은 서지정보유통지원시스템 홈페이지(http://seoji.nl.go.kr)와
국가자료종합목록 구축시스템(http://kolis-net.nl.go.kr)에서 이용하실 수 있습니다.(CIP제어번호 : CIP2019039374)

머리말

학자들에 의하면 수목(樹木)은 신석기시대 이전의 원생 누대부터 인류문명이 성장해가는데 필수불가결한 전략 자원이었다고 한다. 이는 인간의 문명이 발전해오면서 한 문명의 상업 교역능력을 배가시킨 중대 자원이었음을 입증한다. 하지만 인류는 중세 산업혁명기를 거치고 철광과 석탄 자원을 개발하면서 수목의 효율성은 전략 자원과 교역 자원으로서의 가치를 그것들에 내어주어야만 했다.

다시 현대에 들어와서는 어떠한가?
'산림자원(山林資源)'이라 하여 국가 경제와 국민 생활에 유용한 원천적 자원으로 숲을 포함한 산림은 생명의 근원이 되고 생활문화의 터전이며 미래 환경자원으로서 중요한 가치를 부여받고 있다. 산림자원은 단순히 수목뿐만 아니라, 수목을 포함한 곤충, 토석, 물, 산림휴양 및 경관자원 등을 포괄한다. 또한 지금은 시골 농가는 물론, 도시 건축과 사람들의 삶의 질 향상에 있어, 조경(造景)이 갖는 인식이 점점 중요한 분야로 확대되고 있으며, 대규모 신도시 건설뿐만 아니라 빌딩, 아파트, 타운하우스, 주택, 공원 등을 조성할 때 풍치와 심미적 자원으로서의 조경의 가치가 날로 세분되고 발전해가는 추세에 놓여 있고, 조경수목을 겨냥한 재테크와 투자 수단으로서도 가치를 인정받고 있다.

이번 개정 증보판은 국내에서 자생하는 정원 조성을 위한 조경수 기본종과 유사종, 원예종 등을 포함하여 약 550여 종으로 추가 소개하였다. 또한 정원&조경수의 분류를 '꽃나무 관상수'와 '관목&열매 관상수', '낙엽교목 정원수', '풍치수&가로수', '상록활엽 정원수', '침엽 정원수', '덩굴 정원수', '도입&원예종 정원수' 등으로 분류했으며, 이는 수목의 생태적 특성과 활용 가치에 따른 저자의 임의 분류임을 참고하시기 바란다.

아울러 모든 조경수목은 각각의 생육상(개화기, 결실기 등)과 특징, 이용, 환경, 조경 포인트, 번식, 병해충, 가지치기 등의 순서로 정리하여 누구나 쉽게 참고 및 활용할 수 있도록 하였다. 특히 도입부에 수목의 기본 전정 방법과 주요 공원, 식물원, 아파트, 주택 정원, 빌딩, 카페 등 실제 식재의 예제 사진을 보여줌으로써 필드 감각을 직·간접적으로 참조해볼 수 있도록 제시하였다.
아무쪼록 부족한 졸저가 나만의 정원을 가꾸고자 하는 소박한 꿈을 갖고 계신 분들과 조경수를 아끼는 애호가 분들에게 조금이나마 도움이 되었으면 좋겠다.

제갈영, 손현택 드림

책의 구성

이 책은 우리나라에서 흔히 자라거나 심어 기르는 조경수목을 소개하며, 이를 유형별로 분류하여 유사종과 원예종 등을 포함, 약 550여 종을 소개하고 있다. 나무는 크게 **'꽃나무'와 '관목&열매 관상수'**, **'낙엽교목'**, **'풍치수&가로수'**, **'과실수'**, **'상록활엽수'**, **'침엽수'**, **'덩굴식물'**, **'도입&원예종'** 등 10가지 유형으로 나누었고, 유형별로 나뉜 부분은 수목의 생육 싸이클과 식생, 번식, 가지치기 방법, 병해충, 조경 포인트 등을 수록하여 누구나 쉽게 원하는 공간에 심고자 하는 정원수 또는 조경수를 참고하거나 공부할 수 있도록 돕고 있다.

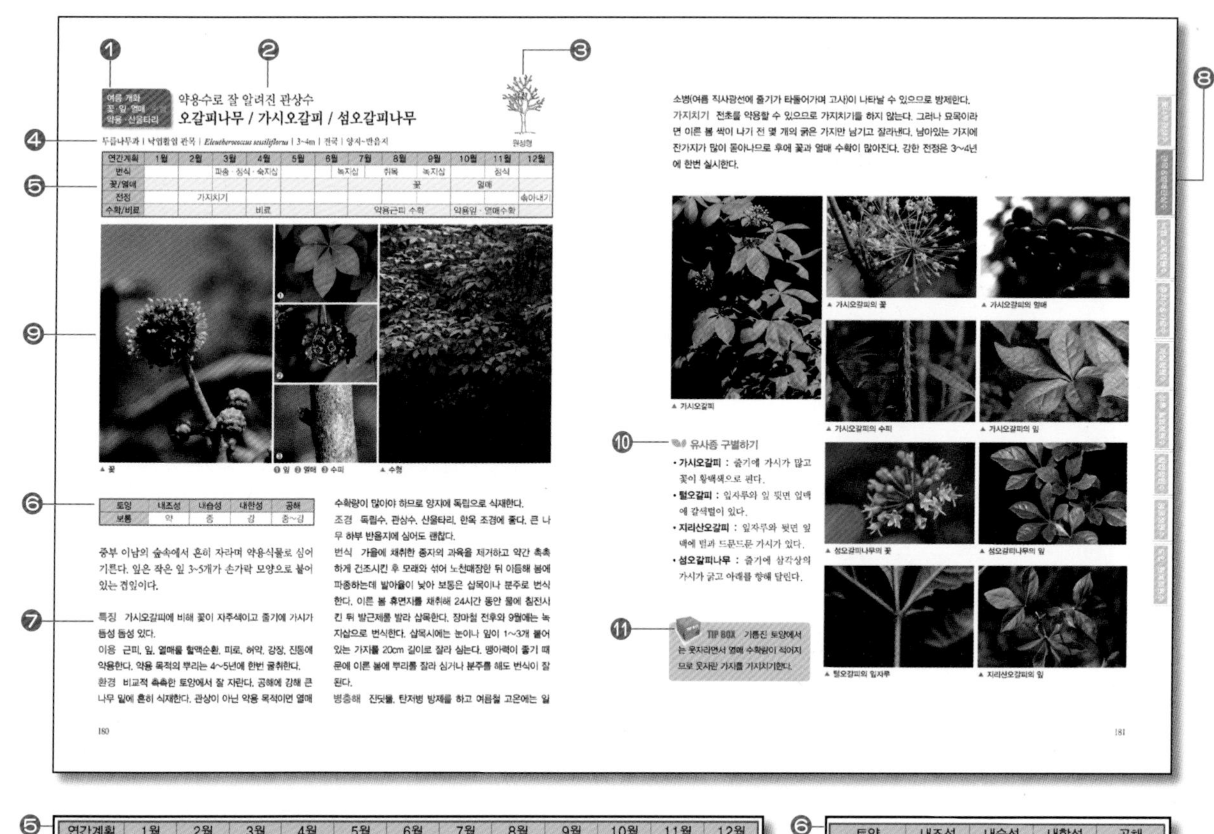

여름 개화
꽃·잎·열매
약용·산울타리

약용수로 잘 알려진 관상수
오갈피나무 / 가시오갈피 / 섬오갈피나무

두릅나무과 | 낙엽활엽 관목 | *Eleutherococcus sessiliflorus* | 3~4m | 전국 | 양지~반음지

원정형

▲ 꽃 ❶ 잎 ❷ 열매 ❸ 수피 ▲ 수형

중부 이남의 숲속에서 흔히 자라며 약용식물로 심어 기른다. 잎은 작은 잎 3~5개가 손가락 모양으로 붙어 있는 겹잎이다.

특징 가시오갈피에 비해 꽃이 자주색이고 줄기에 가시가 듬성 듬성 있다.

이용 근피, 잎, 열매를 혈액순환, 피로, 허약, 강장, 진통에 약용한다. 약용 목적의 뿌리는 4~5년에 한번 굴취한다.

환경 비교적 촉촉한 토양에서 잘 자란다. 공해에 강해 큰 나무 밑에 흔히 식재한다. 관상이 아닌 약용 목적이면 열매 수확량이 많아야 하므로 양지에 독립으로 식재한다.

조경 독립수, 관상수, 산울타리, 한옥 조경에 좋다. 큰 나무 하부 반음지에 심어도 괜찮다.

번식 가을에 채취한 종자의 과육을 제거하고 약간 촉촉하게 건조시킨 후 모래와 섞어 노천매장한 뒤 이듬해 봄에 파종하는데 발아율이 낮아 보통은 삽목이나 분주로 번식한다. 이른 봄 휴면지를 채취해 24시간 동안 물에 침전시킨 뒤 발근제를 발라 삽목한다. 장마철 전후와 9월에는 녹지삽으로 번식한다. 삽목시에는 눈이나 잎이 1~3개 붙어 있는 가지를 20cm 길이로 잘라 심는다. 맹아력이 좋기 때문에 이른 봄에 뿌리를 잘라 심거나 분주를 해도 번식이 잘 된다.

병충해 진딧물, 탄저병 방제를 하고 여름철 고온에는 일소병(여름 직사광선에 줄기가 타들어가며 고사)이 나타날 수 있으므로 방제한다.

가지치기 전초를 약용할 수 있으므로 가지치기를 하지 않는다. 그러나 묘목이라면 이른 봄 싹이 나기 전 몇 개의 굵은 가지만 남기고 잘라낸다. 남아있는 가지에 잔가지가 많이 돋아나므로 후에 꽃과 열매 수확이 많아진다. 강한 전정은 3~4년에 한번 실시한다.

▲ 가시오갈피 ▲ 가시오갈피의 꽃 ▲ 가시오갈피의 열매 ▲ 가시오갈피의 수피 ▲ 가시오갈피의 잎

유사종 구별하기
- **가시오갈피** : 줄기에 가시가 많고 꽃이 황백색으로 핀다.
- **털오갈피** : 잎자루와 잎 뒷면 잎맥에 갈색털이 있다.
- **지리산오갈피** : 잎자루와 뒷면 잎맥에 털과 드문드문 가시가 있다.
- **섬오갈피나무** : 줄기에 삼각상의 가시가 굵고 아래를 향해 달린다.

TIP BOX 기름진 토양에서는 웃자라면서 열매 수확량이 적어지므로 웃자란 가지를 가지치기한다.

▲ 섬오갈피나무의 꽃 ▲ 섬오갈피나무의 잎 ▲ 털오갈피의 잎자루 ▲ 지리산오갈피의 잎

180 181

⑤

연간계획	1월	2월	3월	4월	5월	6월	7월	8월	9월	10월	11월	12월
번식			파종·정식·숙지삽			녹지삽		취목	녹지삽		정식	
꽃/열매								꽃		열매		
전정		가지치기										솎아내기
수확/비료				비료			약용근피 수확			약용잎·열매수확		

⑥

토양	내조성	내습성	내한성	공해
보통	약	중	강	중~강

① 개화시기, 관상 포인트, 해당 수목의 주 용도
② 식물명(괄호는 이명)과 유사종
③ 수종의 자연 수형 유형
④ 과명, 수목 분류, 학명, 수고, 분포, 음양성질
⑤ 수목의 생육 사이클 및 가지치기&비료 달력
⑥ 토양, 내조성, 내습성, 내한성, 공해에 견디는 정도
⑦ 특징, 이용, 환경, 조경, 번식, 병해충, 가지치기 해설
⑧ 10가지 수목의 유형 분류 표시
⑨ 사진(수형, 잎, 꽃, 열매, 수피, 유사종 등)
⑩ 유사종 구별하기
⑪ TIP BOX(팁 박스)

차례 Contents

머리말 _3

책의 구성 _4

Intro
정원&조경수의 기초

- 주요 공간별 정원&조경수의 식재 _17
- 아파트 조경수 식재 _25
- 수변(호습성, 내습성) 조경수 식재 _28
- 주요 공원의 조경수 식재 _31
  - 송도 센트럴파크
  - 북서울꿈의숲
  - 기타 쉼터공원
  - 수목공원 추천 공원수
- 사방지(경사 및 절개지) 추천 수종 _39
- 공해에 강한 추천 수종 _41
- 카페테리아&펜션 추천 수종 _45
- 한옥&사찰주변 추천 수종 _47
- 아담한 타운하우스(땅콩주택) 추천 수종 _48
- 도시 주택 정원의 조경 _49
  - 그 외 주택 정원 추천 수종
- 큰 나무 밑이나 음지에 강한 추천 수종 _51

- 수목의 주요 자연 수형들 _53
- 수종별 가지치기 시기 _54
- 가지치기의 기초 _55
  - 가지치기의 포인트 : 눈(싹)의 이해
  - 가지치기의 기본 방법
  - 가지치기의 요령
- 가지치기 결과 예측하기 _58
- 나무의 일반적인 가지치기 _60
- 강전정과 약전정 _61
- 종자의 저장과 나무의 번식 방법 _62

Part 1
꽃나무 관상수

이른 봄을 알리는
개나리 / 금선개나리 / 의성개나리 / 만리화 _68

한국특산종의 관상수
미선나무 / 분홍미선나무 _70

이른 봄을 알리는 경계목
영춘화 _71

팥알 같은 꽃나무
팥꽃나무 _72

같은 듯 다른 노란색의 봄꽃
황매화 / 죽단화 _73

앙증맞은 흰 병아리를 닮은
병아리꽃나무 _75

복사나무의 원예종
남경도 _76

봄철의 화려한 심볼트리
만첩홍도 / 만첩백도 _77

정원의 야생 장미
찔레꽃 _78

화려하게 피는 분홍빛 꽃나무
풀또기 _80

단아한 자태를 뽐내는
산당화 / 겹명자 / 풀명자 _81

자잘하게 만개하는 흰꽃
조팝나무 / 가는잎조팝나무 _83

둥근 모양으로 꽃피는
공조팝나무 / 당조팝나무 / 갈기조팝나무 _86

군락이 더 아름다운 꽃나무
참조팝나무 / 일본조팝나무 / 꼬리조팝나무 _89

봄 정원의 고상한 관상수
옥매 _91

정원의 인기 악센트 수종
산옥매 _92

붉은 앵두를 닮은 꽃나무
이스라지 _93

열매보다 꽃이 좋은 관상수
꽃사과 _94

늘어져 자라는 꽃사과
처진꽃사과 _95

실처럼 가는 자줏빛 꽃자루
서부해당화 _96

우리나라 야생 사과나무
야광나무 _97

꽃사과나무의 재배종
아그배나무 / 꽃아그배나무 _98

해변가에 잘 어울리는 꽃나무
해당화 _99

다닥다닥 밥알 같은 꽃나무
박태기나무 / 흰박태기나무 _101

한떨기 매화를 닮은
매화말발도리 / 애기말발도리 / 니코말발도리 _103

앙증맞게 피는 흰꽃
물참대 _106

연못가 큰 나무 아래에 좋은
쉬땅나무 _107

꽃은 화려하고 열매는 독특한
가침박달 _108

한옥 조경의 백미
모란 _109

깊은 산에서 자라는 한국특산종
히어리 _111

군락이 더 돋보이는
진달래 _112

자유로운 수형을 만드는
산철쭉 / 흰산철쭉 / 영산홍 _114

암석정원에 어울리는
진퍼리꽃나무 _117

진한 향기를 내는 꽃나무
때죽나무 _118

병 모양의 꽃나무
병꽃나무 / 골병꽃나무 / 소영도리나무 _119

꽃과 열매를 보는 꽃나무
백당나무 _121

꽃 향기가 좋은
댕강나무 / 주걱댕강나무 _123

오랫동안 꽃피는 관상수
꽃댕강나무 _125

라일락의 원종
정향나무 / 미스김라일락 _126

수형이 돋보이는
개회나무 _127

꽃과 향기의 정원수
꽃개회나무 _128

매화를 닮은 산매화
고광나무 _129

남부지방의 지피식물
낭아초 / 큰낭아초 _130

반초본 반목본 성질의
땅비싸리 _131

군식하면 돋보이는
싸리 / 조록싸리 / 참싸리 _132

스님의 머리를 닮은
구슬꽃나무 _134

끊임 없이 피고 지는
무궁화 _135

박쥐의 날개를 닮은
박쥐나무 _136

여름 정원의 대표 심볼트리
배롱나무 _137

작은 정원에 어울리는 꽃나무
고추나무 _139

Part 2

관목&열매 관상수

잎보다 노란색 꽃이 먼저 피는
생강나무 _142

개암 열매로 유명한
개암나무 / 참개암나무 / 병물개암나무 _143

울타리에 잘 어울리는
매자나무 / 매발톱나무 _145

붉은 열매가 더 눈에 띄는
딱총나무 / 지렁쿠나무 _147

독특한 향취를 내는
분꽃나무 / 섬분꽃나무 _149

봄에는 흰꽃, 가을엔 붉은 열매
가막살나무 _150

잎자루가 짧은 가막살나무의 사촌
덜꿩나무 / 라나스덜꿩 _151

가지가 세 갈래로 갈라지는
삼지닥나무 _152

관상보다 열매가 더 탐나는
뽕나무 / 산뽕나무 _153

수피를 한지(韓紙)로 사용했던
닥나무 _154

꽃보다 열매
무화과나무 _155

신선이 먹는 열매
천선과나무 _156

빨간 열매가 탐스럽게 달리는
까마귀밥나무 _157

울릉도에서 자생하는 한국특산종
섬개야광나무 _158

꽃, 잎, 열매를 보는 팔방 관상수
홍자단(눈섬개야광나무) _159

흰꽃과 흰열매를 보는 관상수
흰말채나무 / 노랑말채나무 _160

붉게 익어 터지는 열매 관상수
참회나무 _162

가을 단풍이 돋보이는 관상수
화살나무 _163

잎 위에 놓인 고상한 꽃
회목나무 _165

향기 좋은 산울타리 나무
쥐똥나무 / 금테쥐똥나무 _166

꽃보다 수형이 볼만한
향선나무 _168

매염재로 사용한
노린재나무 _169

붉게 타는 듯한 열매 관상수
낙상홍 / 미국낙상홍 / 줄무늬낙상홍 _170

꽃보다 열매가 좋은
보리수나무 / 뜰보리수 _172

독특한 수피와 단풍이 예쁜
사람주나무 _174

가을 단풍과 열매가 볼만한
까마귀베개 / 갈매나무 / 망개나무 _175

진주처럼 영롱한 보랏빛 열매
작살나무 / 좀작살나무 / 흰작살나무 _177

장구통 모양에 밤맛이 나는
장구밤나무 _179

약용수로 잘 알려진 관상수
오갈피나무 / 가시오갈피 / 섬오갈피나무 _180

벌들이 좋아하는 밀원식물
좀목형 _182

으뜸 향신료로 알려진
산초나무 / 초피나무 / 개산초 / 민초피 _183

Part 3
낙엽교목 정원수

노란색 꽃과 붉은색 열매의 관상수
산수유 _186
우리나라 봄 정원의 심볼트리
목련 / 백목련 / 별목련 / 일본목련 _187
봄 꽃나무의 여왕
벚나무 / 왕벚나무 / 산벚나무 / 올벚나무 _189
북미에서 온 야생 체리나무
세로티나벚나무 _191
최고의 수변 조경수
처진개벚나무 / 수양겹벚나무 _192
제주도에서 온 꽃나무
채진목 _194
자연 수형이 아름다운 공원수
산사나무 _195
열매는 팥알, 꽃은 배꽃 닮은
팥배나무 _196
말의 이빨을 닮은 새싹
마가목 / 당마가목 _197
시원한 그늘을 만들어주는
귀룽나무 _199
분재용 소재로 인기 있는
윤노리나무 _200
강원 이북에서 자라는 야생 산사나무
이노리나무 _201
하천변을 좋아하는 물가의 조림수
느릅나무 / 미국느릅나무 _202
우리나라 정원수의 기본종
단풍나무 / 홍단풍 / 당단풍나무 / 신나무 _204
어디든 잘 어울리는 조경수
세열단풍 / 홍세열단풍 / 공작단풍 _208
노란 가을 단풍이 수려한
고로쇠나무 _209
가을 붉은 단풍의 으뜸수
복자기 _210
우람한 수형의 공원수
중국단풍 _211
낙엽이 날리면 달콤한 향기를 내는
계수나무 _212
불로장생 약용나무
두충 _213
단아한 수형의 관상수
참빗살나무 _214
진한 노란색 단풍이 아름다운
비목나무 _215
꽃보다 잎이 예쁜 관상수
굴피나무 _216
5리(里)마다 심은 이정표 나무
오리나무 _217
잎이 넓은 오리나무
물오리나무 _218
사방공사에 쓰이는 오리나무
사방오리 _219
분재용 소재로 유명한
소사나무 _220
꼬리모양의 열매가 열리는
까치박달 _221
목재의 품질이 좋은
박달나무 _222
푸석하게 벗겨지는 수피를 가진
물박달나무 _223
한겨울 고산지대에서 돋보이는
사스래나무 _224
꽃보다 아름다운 열매를 가진
대팻집나무 _225
깊은 산에서 자라는 목련
함박꽃나무 _226

미끈한 수피에 차나무 꽃을 닮은
노각나무 _227

노란꽃이 만발하는 여름 꽃나무
모감주나무 _228

유용한 수피를 가진
피나무 _229

관상수나 중심수로 좋은
말채나무 _231

1속 1종의 열매 관상수
이나무 _232

약용식물로 유명한
헛개나무 _233

남해안 바닷가에 어울리는
예덕나무 _234

꿀벌들의 쉼터
쉬나무 _235

우리나라 기품의 학자수
회화나무 _236

엄나무로 알려진 약용수
음나무 _238

Part 4
풍치수&가로수

수피가 아름다운 고산 풍치수
자작나무 _240

극상림의 대표 수종
서어나무 / 개서어나무 _242

공해에 강한 경관수
백합나무(튤립나무) _244

단풍잎을 닮은 풍치수
풍나무 / 미국풍나무 _246

우아함을 뽐내는 수변 풍치수
버드나무 / 왕버들 / 용버들 _247

한국의 능수버들, 중국의 수양버들
능수버들 / 수양버들 _249

물가의 키 작은 버드나무
갯버들 _251

대기오염에 강한 가로수
양버즘나무 / 버즘나무 _252

군식에 잘 어울리는 나무
은사시나무 / 사시나무 _254

생장이 빠른 조림수
이태리포플러 / 양버들 / 미루나무 _256

물을 푸르게 하는 풍치수
물푸레나무 / 들메나무 _258

흰색 꽃이 피는 물푸레나무는
쇠물푸레나무 / 좀쇠물푸레나무 _260

꽃이 흰눈처럼 쌓이는 풍치수
이팝나무 _262

살아 있는 화석식물
은행나무 _263

남부지방의 우람한 관상수
무환자나무 _265

조경수로 인기 있는 참나무
상수리나무 _266

붉은 단풍이 아름다운 풍치수
핀오크(대왕참나무) _267

극상림의 최고 수종
너도밤나무 _268

밤나무 잎을 닮은 풍치수
나도밤나무 _269

장대한 수형의 풍치수
참죽나무 _270

바람개비를 닮은 꽃
멀구슬나무 _271

아무 곳에서나 잘 자라는 녹음수
가죽나무 _272

이국적 경관을 뽐내는 공원수
칠엽수 / 가시칠엽수 / 미국칠엽수 _273

밑동에 날카로운 가시를 가진
주엽나무 / 조각자나무 _276

부부금실을 상징하는 관상수
자귀나무 / 왕자귀나무 _278

나비가 앉은듯한 관상수
산딸나무 / 꽃산딸나무 _280

층층이 자라는 공원의 풍치수
층층나무 _282

늠름한 수형과 화려한 꽃의 풍치수
오동나무 / 참오동나무 _284

팝콘처럼 꽃피는 관상수
개오동 / 꽃개오동 _286

청록색의 수피를 가진 풍치수
벽오동 _288

우리나라 대표 당산목
느티나무 _289

해안가의 방풍수
팽나무 _291

20리(里) 마다 심은 이정표 나무
시무나무 _292

습지와 물가에 어울리는 조경수
낙우송 _293

생장이 빠르고 공해에 강한 가로수
메타세쿼이아나무 _295

일본에서 온 목질 좋은 방풍수
삼나무 _297

삼각 수형의 풍치수
개잎갈나무(히말라야시다) _299

낙엽송으로 알려진 풍치수
일본잎갈나무 _301

한옥, 펜션, 공원의 풍치수
비술나무 _303

관상 가치가 좋은 황색 단풍의
소태나무 _304

이듬해 봄까지 떨어지지 않는 단풍
감태나무 _305

우아한 단풍의
복장나무 _306

정원의 독립수와 공원수로 좋은
산겨릅나무 _307

도시공원의 중심수로 좋은
부게꽃나무 _308

Part 5
과실 정원수

푸른 열매의 몸에 좋은 과실수
블루베리 _310

두뇌를 맑게 하는 과실수
호두나무 / 가래나무 _312

미국산 호두나무
피칸나무 _314

꽃과 열매를 주는 심볼트리
복사나무(복숭아나무) _315

오얏나무(李木)라고도 하는
자두나무 / 자엽자두나무 _316

주택 정원에 잘 어울리는
살구나무 _317

과실수 대명사
사과나무 _318

한한옥 조경의 일품종
앵도나무(앵두나무) _320

열매는 매실, 꽃은 매화
매실나무(매화나무) _321

시원한 배를 선사하는 과실수
배나무 _323

봄엔 조경수, 가을엔 과실수
모과나무 _324

가을을 대표하는 한국의 유실수1
대추나무 _327

가을을 대표하는 한국의 유실수2
감나무 / 고욤나무 _329

가을을 대표하는 한국의 유실수3
밤나무 _331

도시공원의 심볼트리
석류나무 _332

제주도에서 자라는 늘푸른 과실수
귤나무 _334

관상수와 유실수로 좋은
유자나무 _336

산울타리용 정원수
탱자나무 _337

남부지방의 정원용 유실수
비파나무 _338

Part 6
상록활엽 정원수

조경수목의 감초목
회양목 _340

공해에 강한 상록성 목련
태산목 _343

반짝반짝 윤기나는 최고의 조경수
사철나무 _344

덩굴로 퍼져 자라는
줄사철나무 / 금테줄사철 _346

회양목을 닮은 조경수
꽝꽝나무 _348

늘푸른 잎의 정원 심볼트리
만병초 _349

붉은잎을 가진 관상수
홍가시나무 _350

남부지방 상록성 참나무
가시나무 / 종가시나무 / 붉가시나무 / 졸가시나무 _351

꽃향기가 천리를 가는
서향(천리향) _353

염분에 강한 제주도의 희귀종
백서향 _354

호랑이 발톱처럼 날카로운 가시를 지닌
호자나무 _355

화단에 잘 어울리는 관상수
치자나무 / 꽃치자 _356

붉은 열매가 탐스러운 관상수
산호수 / 애기산호수 _357

천량금으로 알려진
자금우(천량금) _358

붉은 열매가 아름다운 관상수
백량금(만량금) _359

붉은색 새순이 돋는 관상수
죽절초 _360

남부지방의 상록성 관상수
식나무 / 금식나무 / 참식나무 _361

붓을 닮은 새순
붓순나무 _363

자생지에서는 교목, 온실에서는 관목
조록나무 _364

이국적인 수형의 남부지방 관상수
굴거리나무 _365

꽃과 잎을 보는 관상수
돈나무 _366

점질성분의 수액이 나오는
감탕나무 _367

늠름한 수형을 가진 풍치수
먼나무 _368

육각형 잎의 남부지방 관상수
호랑가시나무 / 완도호랑가시 _369

추위에 강한 상록성 활엽수
동청목 / 개동청나무 _371

우리나라 난대수종의 대표
녹나무 _372

우람한 수형의 난대수종
후박나무 _373

나무 인삼으로 불리는
황칠나무 _374

남부지방의 방화수
아왜나무 _375

향기가 진한 방향성 관상수
금목서 _376

꽃 향기가 달콤한
목서 / 은목서 _377

호랑가시나무를 닮은
구골나무 _378

실내 공기정화식물
팔손이 _379

향기 좋고, 단풍이 아름다운 관상수
후피향나무 _380

꽃과 잎이 아름다운 관상수
비쭈기나무 _381

찻잎을 재배하는
차나무 _382

쥐똥나무 대용의 상록 관목
우묵사스레피 / 사스레피나무 _383

겨울에 꽃피는 남부수종
동백나무 _384

Part 7
침엽 정원수

우리나라를 대표하는 정원수
소나무 / 금강소나무 _386

바다가에서 자라는 소나무
곰솔 _388

쟁반 모양을 이루는 소나무
반송 _390

남부지방의 소나무
대왕송(왕송, 왕솔나무) _392

수피가 흰 소나무
백송 _393

고산지대의 아름다운 조경수
전나무(젓나무) _394

수피에 분백색이 도는
분비나무 _396

북방계 한국특산식물
종비나무 _397

수형이 멋진 공원의 관상수
가문비나무 / 독일가문비 _398

울릉도에서 자생하는
솔송나무 _400

고산지대에서 자라는 한국특산식물
구상나무 _401

오엽송이라고도 불리는
잣나무 _403

자생종과 조경용이 다른
섬잣나무 _405

일본산 조경용 향나무
카이즈카향나무(나사백) _406

흔히 볼 수 있는 조경수
향나무 / 눈향나무 / 둥근향나무 _408

로켓 모양으로 자라는 개량종
스카이로켓향나무 _411

건조한 암석지대에서 자라는
노간주나무 _412

묘지에 많이 심었던
측백나무 / 금측백 / 황금측백 _413

북미산 풍성한 수형의 정원수
서양측백나무 _415

일본산 난대성 침엽 경관수
화백 / 금화백 _417

실처럼 늘어지는 관상수
실화백 / 황금실화백 _418

피톤치드 뿜어내는 조경수
편백 / 황금편백 _419

가거도 자생의 남부 관상수
나한송 _420

사찰 정원수로 유명한
금송 _421

수피가 붉은 한국특산종 정원수
주목 _422

잎과 열매가 아름다운 관상수
비자나무 _425

Part 8

덩굴 정원수

전국에 가장 많은 덩굴식물
등(등나무) _428

공해에 강한 담장 덩굴
담쟁이덩굴 _431

관상수로도 좋은
으름덩굴 _433

초본식물 같은 심볼트리
큰꽃으아리 / 클레마티스 _435

약용식물로 알려진
인동덩굴 _436

공원의 포인트 식물
청사조 / 먹넌출 _438

우아한 기품을 지닌
능소화 _439

카페에 잘 어울리는
마삭줄 / 무늬마삭줄 / 황금마삭줄 _440

대표적인 지피식물
큰잎빈카 _442

한국산 아이비
송악 _444

개량종이 많은
덩굴장미 _446

Part 9

도입&원예종 정원수

이른 봄을 여는
풍년화 _450

히어리를 닮은 일본종
일행물나무 / 도사물나무 _451

정원조경용 녹화식물
수호초 _452

불꽃처럼 꽃 피는
꽃단풍(캐나다단풍, 미국단풍) _453

은종 모양의 관상수
은종나무(실버벨나무) _454

관상용 애기 감이 열리는
노아시나무(애기감나무) _455

초크베리로 알려진
아로니아 _456

산울타리용 관상수
피라칸타(피라칸사스) _457

줄기 속이 비어 있는
빈도리 / 만첩빈도리 / 꽃말발도리 _459

약용으로 쓰이는
뿔남천 / 바위남천 / 일본남천 _461

큰 나무 아래에 잘 어울리는
남천 _463

잎과 줄기에 독성이 있는
마취목 _464

등잔걸이 등대불을 닮은
등대꽃 / 단풍철쭉 _465

꽃잎과 꽃받침이 같이 피는
자주받침꽃 / 중국받침꽃 _466

눈송이처럼 피는 관상수
설구화 _467

부처님 머리를 닮은
불두화(수국백당) _468

리트머스 꽃나무
수국 _469

분재용으로 인기 있는
백정화 _470

남부지방의 관상수
애니시다(양골담초, 금작화) _471

악센트용 산울타리
일본매자나무(양매자) / 당매자 _472

이색적인 꽃과 열매를 가진 심볼트리
포포나무(뽀뽀나무) _474

봄철의 진한 향수목
라일락(서양수수꽃다리) / 수수꽃다리 _475

수변공원에 어울리는 풍치수
위성류 _477

몽환적 분위를 풍기는
안개나무 _479

관상용 아까시나무
분홍아까시나무 _480

작은 정원에 잘 어울리는
망종화(금사매) / 갈퀴망종화 _481

나비를 부르는 관상수
부들레아 _482

잎은 댓잎, 꽃은 복사꽃
협죽도 _483

주택 정원의 베스트 관상수
장미 _484

목각처럼 생긴 매화꽃
납매 _485

실내외에 잘 어울리는 관엽식물
소철 _486

부 록

용어해설 _488
찾아보기 _496

정원&
조경수의 기초

정원&조경수 식재의 예제 화보와 공간별 추천 수종 소개,
그리고 가지치기 시기와 방법, 종자의 저장과 번식방법을 소개하고 있다.

- 주요 공간별 정원&조경수의 식재
- 아파트 조경수 식재
- 수변(호습성, 내습성) 조경수 식재
- 주요 공원 조경수 식재
- 사방지(경사 및 절개지) 추천 수종
- 공해에 강한 추천 수종(도심 빌딩&가로수)
- 카페테리아&펜션 추천 수종
- 한옥&사찰주변 추천 수종
- 아담한 타운하우스(땅콩주택) 추천 수종
- 큰 나무 밑이나 음지에 강한 추천 수종

- 수목의 주요 자연 수형들
- 수종별 가지치기 시기
- 가지치기의 기초
- 가지치기 결과 예측하기
- 나무의 일반적인 가지치기
- 강전정과 약전정
- 종자의 저장과 나무의 번식 방법

주요 공간별 정원&조경수의 식재

❶ 전주 한국도로공사수목원 ❷ 진주 경남수목원 ❸ 포항 경상북도수목원 ❹ 보성 녹차밭
❺ 공주 금강수목원 ❻ 평창 한국자생식물원 ❼ 제주 여미지식물원 ❽ 춘천 화목원

❶ 인천대공원식물원 ❷ 안산 바다향기수목원 ❸ 포천 평강수목원 ❹ 오산 물향기수목원 ❺ 일산 호수공원
❻ 가평 제이드파크 ❼ 용인 한택식물원 ❽ 성남 신구대식물원 ❾ 서울 북서울꿈의 숲

❶ 양양 솔비치리조트 ❷ 서울대공원 동물원 진입로 ❸ 봉평 이효석생가 ❹ 서울 마곡식물원 ❺ 가평 아침고요수목원
❻ 포천 허브아일랜드 ❼ 서울 선유도공원 ❽ 태안 안면도공룡박물관 ❾ 태안 안면도수목원

❶ 거제 외도 해상농원 ❷ 남양주 마재마을 ❸ 완주 대아수목원 ❹ 익산 원광대수목원 ❺ 순천 순천만
❻ 완도군 청산도 ❼ 포천 뷰식물원 ❽ 서울 마곡식물원 온실 ❾ 제주 신영영화박물관

❶ 서울 상암동 거리 조경 ❷ 대학 캠퍼스 조경 ❸ 빌딩 주변 조경 ❹ 송도 국제무역센터 빌딩 조경
❺ 도심 빌딩 주변 조경 ❻ 아파트 진입로 조경 ❼ 아파트 상가 주변 조경 ❽ 여의도공원 수변 조경 ❾ 송도 빌딩 주변 조경

❶ 주택 담장 조경 ❷ 땅콩주택 조경 ❸ 옥외 다원 조경 ❹ 계단 하부 조경
❺ 옥외 카페테리아 조경 ❻ 고급 주택 정원 조경 ❼ 카페정원 조경 ❽ 전원주택 울타리 주변 조경

❶ 놀이공원 암석 절개지 조경 ❷ 창경궁 석단 조경 ❸ 한국도로공사수목원 석단 조경 ❹ 성남 신구대식물원 석단 조경
❺ 양구 생태식물원 석단 조경 ❻ 펜션의 암석 조경 ❼ 인천수목원 담장 조경 ❽ 장흥 정남진천문대 계단 절개지 조경
❾ 경주 불국사 석단 조경

❶ 서울 탑골공원 담장 조경 ❷ 한국과학기술연구원 담장 조경 ❸ 건물 담장 조경 ❹ 쉼터공원 생울타리 조경 ❺ 목재 울타리 조경
❻ 청계천 수변 담장 조경 ❼ 죽령고개 도로변 조경 ❽ 관공서 생울타리 조경 ❾ 창경궁 산철쭉 · 영산홍 생울타리 조경

아파트 조경수의 식재

- 카이즈카향나무
- 개나리
- 광나무(남부)
- 꽃개오동
- 꽃사과나무
- 낙상홍
- 남천
- 눈향나무
- 옥향나무
- 느티나무
- 능소화
- 인동덩굴
- 단풍나무 · 홍단풍
- 대추나무
- 대나무
- 돈나무(남부)
- 등나무
- 때죽나무
- 라일락
- 메타세쿼이아
- 모감주나무
- 모과나무
- 목련
- 무궁화
- 벚나무
- 벽오동
- 배롱나무
- 복자기
- 사철나무 · 줄사철
- 산딸나무 · 서양산딸
- 산철쭉 · 영산홍
- 소나무 · 반송
- 소귀나무(남부)
- 은행나무
- 이팝나무
- 자귀나무
- 자두나무
- 살구나무
- 자작나무
- 작살나무
- 장미
- 찔레꽃
- 조팝나무
- 주목
- 쥐똥나무
- 측백나무 (서양측백)
- 칠엽수
- 팥배나무
- 향나무
- 화살나무
- 황매화 · 죽단화
- 회양목

▲ 아파트 조경수에 사용하는 수종은 대개 공해에 강하거나 꽃 · 열매 중심의 관상수지만 최근에는 포근하고 정겨운 시골 정취를 느낄 수 있는 과실수나 시원한 그늘을 만들어주는 훤칠한 교목을 식재하기도 한다.

▲ 최근 도심에 새로 건설한 아파트 단지의 조경수는 마치 수목원의 산책로를 거닐 듯 세련된 모습이다.

TIP BOX 소음 방음수로 적합한 수종

- **중부지방** : 개나리, 가죽나무, 때죽나무, 미루나무류, 버드나무류, 벽오동, 비자나무, 쥐똥나무, 향나무
- **남부지방** : 구실잣밤나무, 광나무, 꽝꽝나무, 녹나무, 동백나무, 아왜나무, 태산목, 호랑가시나무

TIP BOX 화재 방화수로 적합한 수종

- **중부지방** : 사철나무, 벽오동, 단풍나무, 주목, 은행나무, 층층나무
- **남부지방** : 가시나무류, 감탕나무, 굴거리나무, 금송, 멀구슬나무, 사스래피나무, 식나무, 아왜나무, 후박나무, 후피향나무

▲ 장미, 주목, 대추나무

▲ 느티나무, 반송, 단풍나무

▲ 화살나무, 회양목

▲ 산철쭉, 영산홍, 회양목, 반송

▲ 사철나무, 은단풍나무, 능소화, 소나무

▲ 핀오크(대왕참나무), 잣나무

수변(호습성, 내습성) 조경수 식재

가래나무
갯버들류(내습성)
굴피나무
중국굴피나무
광나무(남부)
귀룽나무
꽃아그배나무
낙우송(내습성)
느릅나무
참느릅나무
느티나무
능수버들류(내습성)
담팔수(남부)
동백나무(남부)
딱총나무
들메나무
말발도리
먼나무(남부)
메타세쿼이아
무궁화
물푸레나무(내습성)
미루나무
버드나무(내습성)
병꽃나무
백합나무
보리수나무
불두화
리기다소나무
벚나무
붓순나무(남부)
삼나무
산철쭉 · 영산홍
쉬땅나무(내습성)
식나무(남부)
아왜나무(남부)
오갈피나무
오리나무(내습성)
용버들
은백양
은행나무
일본목련
왕버들(내습성)
이태리포플러
자귀나무(내습성)
자작나무
태산목(남부)
팔손이(남부)
칠엽수
함박꽃나무(내습성)
후피향나무

▲ 호습성 · 내습성의 수종은 건조한 곳에서는 생육이 불량하다. 물에 조금 잠겨도 성장이 가능한 내습성 수종과 축축한 토양을 좋아하는 호습성 수종이 있다.

▲ 연못가 주변의 조경 수종들

▲ 연못가 주변에 어우러진 목본식물과 초본식물들. 과실수는 물에 취약하므로 피하는 편이다.

▲ 연못 주변 암석 사이 큰 나무(소나무) 하부의 관목들

▲ 연못 주변이지만 석단으로 한 단 위에 있어 호습성 · 내습성 수목이 아닌 수종들이 식재되어 있다.

주요 공원 조경수 식재

공원의 꽃나무

가막살나무
개나리
고광나무
고추나무
꽃사과나무
덜꿩나무
매실나무
벚나무
병꽃나무
백목련
분홍아까시
모과나무
산철쭉 · 영산홍
산사나무
산딸나무
쉬땅나무
위성류
자두나무
장미
찔레꽃
조팝 · 공조팝나무
채진목
층층나무
해당화(해안도시)
황매화 · 죽단화

공원의 심볼트리

가래나무
눈향나무 · 옥향나무
단풍 · 홍 · 세열단풍
복자기 · 중국단풍
수양 · 능수버들
오동나무류
안개나무
일본매자나무
은행나무
이팝나무
자작나무
주목

공원의 중심수

가문비나무
개잎갈나무(남부)
낙우송
느티나무
메타세쿼이아
소나무 · 반송 · 백송
실화백
백합나무(튤립나무)
전나무
측백나무
칠엽수
피칸나무

▲ 도시공원 암석정원 주변의 다양한 수종들

송도 센트럴파크

개나리
눈향나무
느티나무
능소화
단풍나무
등나무
메타세쿼이아
매실나무
모과나무
목련(원예종)
백당나무
벚나무(원예종)
병꽃나무
빈카(초본)
산딸나무
산수국
산철쭉(영산홍 포함)
소나무(곰솔 포함)
일본매자나무
자귀나무
주목
이팝나무
칠엽수
화살나무
회화나무

▲ 관목과 교목이 비교적 조화롭게 식재된 구성을 보인다.

북서울꿈의숲

고로쇠나무	버드나무(원예종)	왕버드나무
계수나무	벚나무(원예종)	주목
낙우송	산수유	참나무류(자생)
눈향나무	산철쭉(영산홍 포함)	측백나무
느릅나무	살구나무	팥배나무
느티나무	소나무	팽나무
단풍나무	자귀나무	피나무
등나무	자작나무	향나무
매실나무	아까시나무(자생)	화살나무
모과나무	옥향나무	황매화

▲ 호수 중앙에 중심수로 왕버들을 식재하고, 호수 둘레로 황금버드나무와 낙우송 등을 식재하였다.

기타 쉼터공원

가막살나무	담쟁이덩굴	박태기나무	수호초	쥐똥나무
개나리	대추나무	벚나무	이팝나무	측백나무
계수나무	돈나무(남부)	벽오동	인동덩굴	(서양측백나무)
꽃사과나무	등나무	배롱나무(경기남부)	자귀나무	팥배나무
낙상홍	때죽나무	보리수나무	자두나무	피라칸다
남경도	라일락	사철나무 · 줄사철	자작나무	향나무
남천	모감주나무	산딸나무 · 서양산딸	작살나무	화살나무
느티나무	모과나무	산철쭉 · 영산홍	장미 · 찔레꽃	황매화 · 죽단화
능소화	목련	설구화 · 불두화	조팝나무	회양목
단풍 · 홍단풍	무궁화	소나무 · 반송	주목	

▲ 도심 작은 쉼터공원의 조경수 구성의 예

▲ 도심 아파트 쉼터 주변의 조경수

▲ 주목, 맥문동(초본), 회양목, 남경도

▲ 회양목, 찔레꽃, 장미

▲ 수호초(초본), 영산홍류

▲ 소나무, 산철쭉, 회양목, 양매자

▲ 산딸나무, 산철쭉

▲ 조팝나무, 영산홍류

수목공원 추천 공원수

가래 · 호두 · 피칸나무	대나무 · 조릿대	뽕나무 · 닥나무	주목 · 구상나무
가막살나무 · 덜꿩나무	동백나무(남부)	배롱나무	주엽나무 · 조각자나무
가죽나무 · 참죽나무	등나무	산철쭉 · 영산홍	참나무류
고로쇠나무 · 당단풍나무	먼나무(남부)	삼나무(남부)	측백나무 · 편백 · 화백
공조팝나무 · 조팝나무	매실나무 · 모과나무	소나무 · 반송 · 백송	칠엽수
가시나무류(남부)	메타세쿼이아	오동나무류	팔손이(남부)
가문비나무 · 독일가문비	박태기나무	오리나무	팽나무 · 푸조나무
개잎갈나무 · 일본잎갈	버드나무류	은행나무	피나무
개회나무	벚나무 · 귀룽나무	음나무	향나무
광나무(남부)	병꽃나무	예덕 · 이나무(남부)	후박나무(남부)
느릅나무 · 느티나무	보리수나무	자작 · 거제수나무	황벽나무
능소화 · 으름덩굴	붓순나무(남부)	잣나무 · 섬잣나무	황철나무
단풍 · 홍단풍 · 세열단풍	비자나무	전나무 · 분비나무	회화나무

▲ 수목공원의 호습성 조경수

▲ 옛스러운 정자와 잘 어우러진 교목과 관목 수종들

▲ 언덕으로 이어지는 공원 산책로 주변의 수목 구성

▲ 5월 초순에 만개한 꽃나무를 중심으로 식재된 예

▲ 잔디광장 초입의 수목 구성. 꽃나무가 아닌 초화류로도 정원에 포인트를 줄 수 있다.

사방지(경사 및 절개지) 추천 수종

가막살나무
가죽나무
굴거리나무(남부)
개나리
곰솔(해송)
낭아초
노박덩굴
눈향나무
능소화
담쟁이덩굴
등나무
모감주나무
무환자나무(남부)
물오리나무
보리수나무
사방오리
사스레피나무(남부)
싸리 · 비수리
소나무
식나무(남부)
아까시나무
으름덩굴
산철쭉 · 영산홍
산검양옻나무
상수리나무 · 참나무류
쉬땅나무
인동덩굴
자귀나무
조팝나무류
족제비싸리
주목
쥐똥나무
팥배나무
참빗살나무
칡
화살나무

▲ 공원 절개면에 심어진 다양한 수종들

▲ 비탈진 절개면의 수종들. 벚나무 아래에 영산홍 등의 관목류들이 자리하고 있다.

▲ 암석 절개지와 주변의 수종들

공해에 강한 추천 수종

도심 빌딩&가로수

가시나무류
가죽나무
광나무
꽃개오동
고로쇠나무
낙우송
남천
눈향나무
(옥향나무)
느티나무
단풍나무
(홍단풍)
대추나무
대나무
동백나무
등나무
때죽나무
라일락
마가목
메타세쿼이아
모과나무
무궁화
벚나무
벽오동
배롱나무
백합나무
복자기
사시나무류
사철나무
산딸나무
산철쭉 · 영산홍
소나무
수호초(초본)
양버즘나무
은단풍
은행나무
이팝나무
인동덩굴
자귀나무
주목
줄사철나무
쥐똥나무
측백나무
(서양측백나무)
화백
칠엽수
팥배나무
향나무
(카이즈카향나무)
화살나무
황매화
회양목
회화나무

▲ 매연과 미세먼지 발생이 많은 도심 도로변 건물과 건물 밀집 지역에는 공해에 강한 수목을 식재한다. 도로와 인접하지 않은 건물 내 녹화지역, 통기가 잘되는 도로변은 공해에 보통인 수목을 식재한다.

▲ 도로와 인접하지 않는 대학 캠퍼스 내 건물 주변의 조경수들

▲ 건물 주변의 가로수로 식재한 무궁화와 칠엽수

▲ 도심 빌딩 주변 공원의 소나무 사이에 포인트로 심은 모과나무. 모과나무는 과실수지만 공해에 강하다.

▲ 빌딩 녹지광장을 끼고 도로변에 식재한 나무들

▲ 북서울꿈의숲 공원 내부 도로변 및 수변의 수목 구성

▲ 도심 도로변 빌딩 주변의 수목 구성

카페테리아&
펜션 추천 수종

카이즈카향나무
가막살나무
구상나무
고로쇠나무
공조팝나무
낙우송
남천

느티나무
능소화
단풍나무
세열단풍
대나무
대추나무
등나무

라일락
마삭줄
메타세쿼이아
매실나무
모과나무
박태기나무
벚나무
배롱나무
백정화
복자기
중국단풍
블루베리
빈카

사시나무
사철나무
산당화(명자나무)
산딸나무
(서양산딸)
산철쭉 · 영산홍
소나무
일본매자나무
위성류
은목서
이팝나무
인동덩굴
자작나무

주목
줄사철나무
쥐똥나무
(금테쥐똥)
측백나무
(황금측백)
칠엽수
해당화
홍단풍
황매화 · 죽단화
향나무
호랑가시나무
회양목

▲ 파주 헤이리마을 한 카페 주변의 수목 구성

▲ 펜션의 마당 정원수 구성

▲ 해안가에 위치한 펜션의 정원수 구성

한옥&사찰주변 추천 수종

감나무
고로쇠나무
고추나무
골담초
공조팝나무
구상나무
금목서 · 은목서(남부)
괴불나무류
느릅나무
느티나무
능소화
단풍나무 · 홍단풍
대나무
대추나무
댕강 · 꽃댕강나무
동백나무(남부)
두릅나무
마가목
매실 · 앵두나무
모과나무
무궁화
박태기나무
박쥐나무
벽오동
병꽃나무
배롱나무
백당나무
불두화 · 설구화
보리수나무
뽕나무 · 닥나무
배롱나무
산철쭉 · 영산홍
산초 · 초피나무
송악(남부)
석류나무
섬잣나무
소나무 · 반송
수국
야광나무
자두나무
유동나무(남부)
으름덩굴
은행나무
작살나무
주목
탱자나무
팽나무
향나무 · 눈향나무
화살나무
헛개나무
회화나무
황벽나무

▲ 해남 고산 윤선도 생가의 마당. 사랑채 앞마당의 꽝꽝나무는 일제강점기 때 조성된 남부 수종이다.
정원의 중심목인 회화나무는 몇 백년 전부터 자리했던 나무이다.

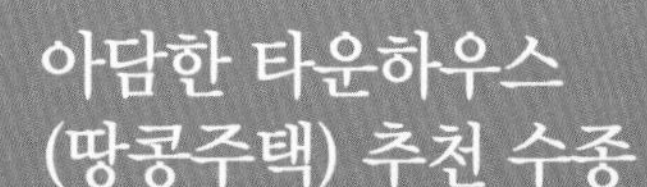

아담한 타운하우스 (땅콩주택) 추천 수종

- 가막살나무
- 개나리
- 개회나무
- 광나무(남부)
- 꽝꽝나무(남부)
- 눈향나무
- 남경도
- 남천
- 낭아초
- 단풍나무
- 담쟁이덩굴
- 대나무
- 돈나무(남부)
- 라일락
- 마삭줄(남부)
- 매자나무
- 모란
- 무궁화
- 물참대
- 박태기나무
- 백당나무
- 병꽃나무
- 보리수나무
- 빈카(초본)
- 사철나무
- 산수국(초본)
- 석류나무
- 설구화(불두화)
- 세열단풍
- 소나무(반송)
- 수호초(초본)
- 싸리
- 영춘화
- 예덕나무(남부)
- 옥매
- 으름덩굴
- 인동덩굴
- 자작나무
- 장미 · 찔레꽃
- 정향나무
- 주목
- 쥐똥나무
- 참조팝나무
- 측백나무
- 팥꽃나무(남부)
- 피라칸다
- 화살나무
- 황매화 · 죽단화
- 회양목

▲ 아담한 타운하우스의 정원이나 화단은 비교적 키가 높지 않은 관목류와 잘 어우러지는 초화류가 적당하다.

도시 주택 정원의 조경수

- 감나무
- 개나리
- 꽃사과나무
- 능소화
- 단풍나무 · 홍단풍
- 담쟁이덩굴
- 대추나무
- 동백나무(남부)
- 두릅나무
- 등나무
- 라일락
- 매실나무
- 모과나무
- 모란 · 작약
- 목련(품종)
- 무궁화
- 무화과
- 벚나무(품종)
- 복사나무
- 뽕나무
- 사철나무
- 산당화(명자나무)
- 산철쭉 · 영산홍
- 살구나무
- 석류나무
- 설구화 · 불두화
- 소나무 · 반송
- 수국
- 싸리 · 땅비싸리
- 앵두나무
- 오동나무
- 은행나무
- 음나무(엄나무)
- 자귀나무
- 자두나무
- 장미 · 찔레꽃
- 조팝나무
- 주목
- 죽절초
- 쥐똥나무
- 치자나무
- 측백 · 황금측백
- 함박꽃나무
- 향나무류
- 협죽도(남부)
- 호두나무
- 황매화 · 죽단화
- 회양목

▲ 전원풍 주택 정원의 연못에서 참고해 볼 수 있는 수목 구성

▲ 구옥 주택 담장가 화단에 구성한 수종들. 수종 구성이 지나치게 다양하다.

▲ 나팔꽃, 산당화, 두릅나무, 죽단화

▲ 담쟁이덩굴, 향나무, 단풍나무, 감나무

그외 주택 정원 추천 정원수

꽃나무	관목	교목	침엽수
가침박달	개회나무	고로쇠나무	구상나무
박태기나무	금목서	산수유	섬잣나무
배롱나무	닥나무	피칸	전나무
야광나무	블루베리	팽나무	카이즈카향나무
정향나무	산딸나무	회화나무	코니카가문비나무

큰나무 밑이나 음지에 강한 수종

계수나무(중용수)
굴거리나무(남부, 중용수)
너도밤나무(음수)
느릅나무류(중용수)
단풍나무류(중용수)
동백나무(남부, 중용수)
등나무(중용수)
때죽나무(중용수)
마취목(음수)
마가목(음수)
만병초(음수)
매자나무(중용수)
목련(중용수)
박쥐나무(음수)
백량금 · 자금우(남부)
백정화(중용수)
보리수나무(중용수)
복자기(음수)
사람주나무(중용수)
사스레피나무(남부, 음수)
사철나무(음수)
산당화(중용수)
산딸나무(중용수)
산철쭉(중용수)
삼나무(중용수)
서어나무(음수)
섬개야광나무(음수)
송악(남부, 음수)
수호초(초본, 음수)
식나무(남부)
위성류(중용수)
으름덩굴(음수)
이팝나무(음수)
잣나무 · 전나무(음수)
주목(음수)
죽절초(남부)
차나무(중용수)
참나무류(중용수)
참빗살나무(중용수)
칠엽수(음수)
태산목(중용수)
팔손이(중용수)
편백(중용수)
팽나무(중용수)
함박꽃나무(음수)
호랑가시나무(음수)
후박나무(남부,중용수)
홍자단(중용수)
화살나무(중용수)
회화나무(중용수)
회양목(음수)
황칠나무(음수)

▲ 소나무 아래 그늘진 곳에 심은 철쭉 교배종

◀ 아파트 계단의 수목 구성
음수나 중용수는 나무 그늘 뿐 아니라 1층이 주차장일 때, 산울타리 겸 주차장 조경수로 식재한다. 가령, 사철나무, 산철쭉, 때죽나무 등의 수종이면 1층 주차장 도로변 생울타리로 적당하다.

TIP BOX 참나무류(중용수)는 양수의 성장속도를 추월하면서 자란 뒤 양수를 고사시키므로 소나무 등의 양수 밑에 식재하기 보다는 독자적인 공간에 식재하는 것이 좋다.

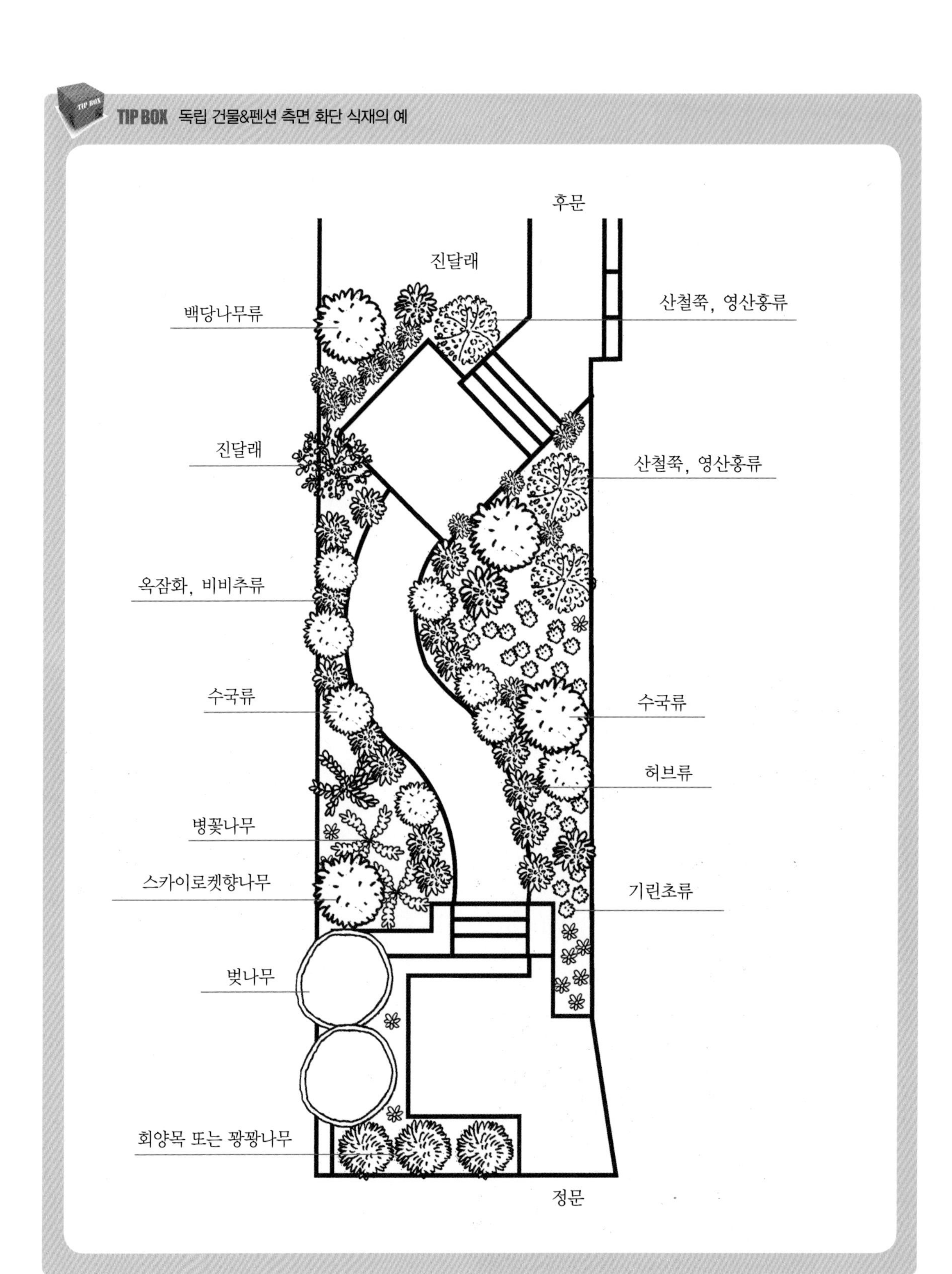
TIP BOX 독립 건물&펜션 측면 화단 식재의 예
후문
진달래
백당나무류
산철쭉, 영산홍류
진달래
산철쭉, 영산홍류
옥잠화, 비비추류
수국류
수국류
허브류
병꽃나무
스카이로켓향나무
기린초류
벚나무
회양목 또는 꽝꽝나무
정문

수목의 주요 자연 수형들

나무에는 고유의 자연 수형이 있다. 그러나 수형을 변화시키는 요인은 햇빛의 조건, 발아 유형, 수분, 줄기의 성장 방법 등 다양한 요인이 존재한다. 또한 수령(樹齡)과도 관계가 있어 어린 나무, 커 나가는 나무, 완전히 성숙한 나무에 따라서 수형이 변하기도 한다.

자연 수형은 그 나무가 자연스럽게 되고 싶은 모양이므로 가지치기를 할 때 이 모습를 상상하면서 하면 가지치기가 수월할 수 있다. 보통 수형은 수관을 중심으로 분류를 하는데, 취향에 따라 인공적인 형태를 만들 수도 있고, 또 자연적인 형태를 취할 수 있다. 아래의 수형 예는 수목의 자연적인 형태를 임의로 분류하였으므로 보는 견해에 따라 조금씩 다를 수 있음을 참고하자.

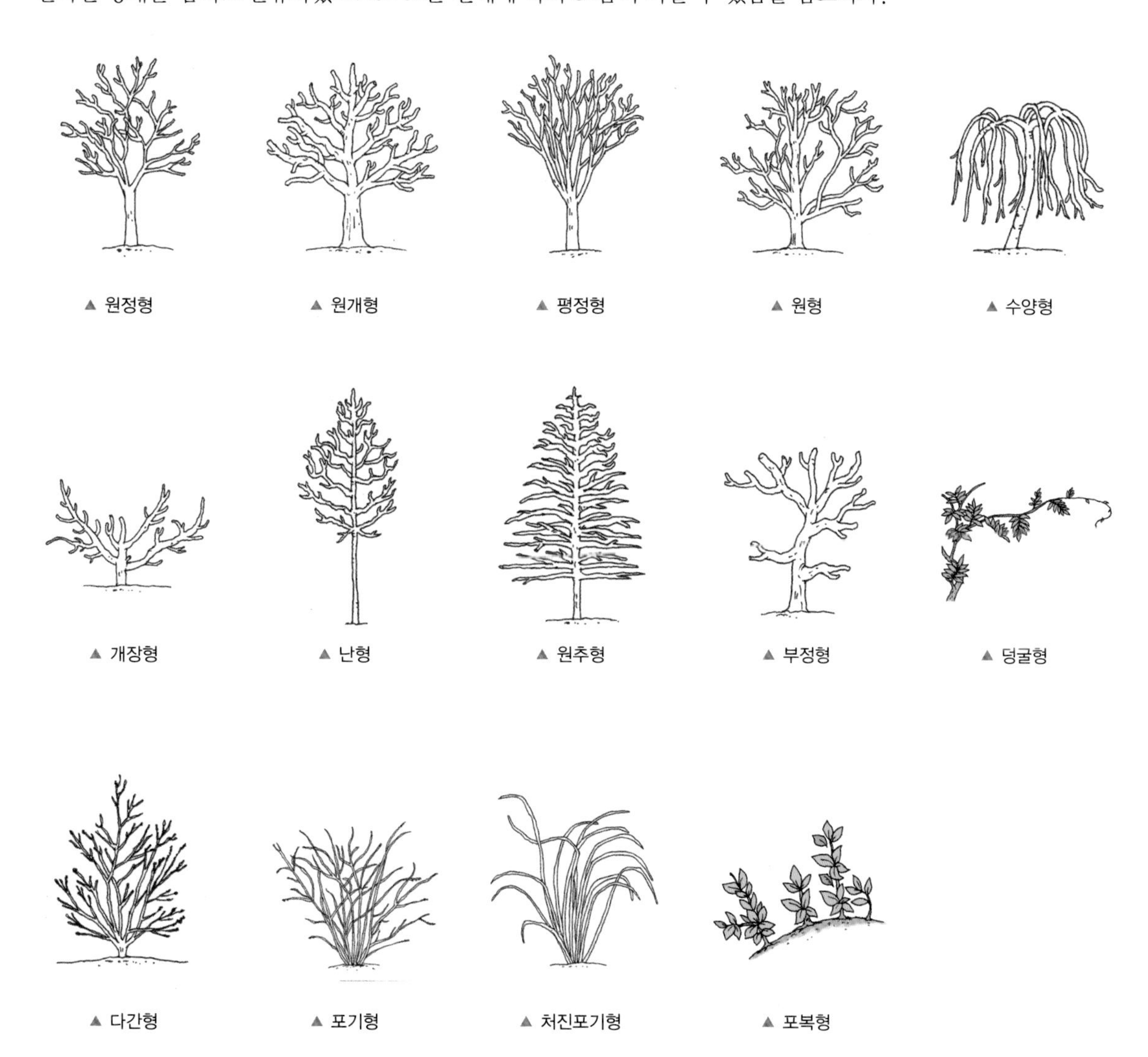

▲ 원정형 ▲ 원개형 ▲ 평정형 ▲ 원형 ▲ 수양형

▲ 개장형 ▲ 난형 ▲ 원추형 ▲ 부정형 ▲ 덩굴형

▲ 다간형 ▲ 포기형 ▲ 처진포기형 ▲ 포복형

수종별 가지치기의 시기

나무의 가지치기 적기는 가지치기를 할 때 나무가 손상되지 않는 시기를 말한다. 또한 나무의 유형(낙엽수, 상록수, 침엽수, 꽃나무, 덩굴식물 등)에 따라 가지치기의 시기가 다름을 알아두어야 한다. 즉, 가을 겨울에 잎을 떨구는 낙엽수와 사시사철 푸른 잎을 간직한 상록수는 나무의 환경과 구조가 다르기 때문이다.

1 봄에 꽃피는 수종

이른 봄에 꽃피는 수종은 지난해 여름부터 가을까지 꽃눈이 미리 분화하고 그 해 겨울을 지낸 뒤 이듬해 봄에 꽃이 핀다. 그러므로 가지치기는 꽃이 진 후 1~2개월 사이에 하는 것이 좋다. 봄에 꽃이 피는 개나리, 라일락, 철쭉, 진달래, 목련, 벚나무 등이 이에 속한다. 즉 이른 봄부터 5월 말이나 6월 초순 사이에 개화하는 수종이 이에 해당한다.

2 여름에 꽃피는 수종

여름에 꽃이 피는 수종은 당해년에 자란 새 가지에서 꽃이 피므로 겨울에서 이른 봄까지가 가지치기의 적기이다. 보통 6월 초순 이후에 꽃피는 수종이 이에 해당한다. 무궁화, 싸리, 참싸리, 배롱나무, 능소화 등이 있다.

3 수액이 많이 흐르는 수종

자작나무과, 소나무과, 향나무과가 이에 해당한다. 휴면기에 가지치기를 해야 수액의 흐름이 없다. 수액이 흐를 때 가지치기를 하면 흘러내린 수액으로 벌레들이 꼬이고 병해충의 발생가능성이 높아진다. 일반적으로 늦겨울인 2월이나 1월에 가지치기하는 것이 가장 좋다.

4 낙엽활엽수

꽃의 관상 가치가 없는 낙엽활엽수는 꽃피는 시기와 관계 없이 가지치기를 할 수 있으나, 보통은 겨울, 즉 낙엽이 진 늦가을부터 이듬해 초봄까지가 가지치기의 적기라 할 수 있다.

5 상록활엽수

봄에 햇가지가 나기 전인 3월~4월 초순, 햇가지가 단단해지고 여름눈이 자라기 전인 6월~7월 초순, 그리고 여름눈의 성장이 멈추는 9월이 가지치기의 적기이다. 단, 꽃을 감상하는 상록수는 이들 적기 중에서 꽃눈이 소실되지 않는 시기를 선택해야 한다.

6 침엽수

소나무과, 향나무과를 제외한 일반적인 침엽수는 비교적 따뜻한 봄부터(보통 4월) 장마철 전(초여름), 가을이 가지치기 적기에 해당하며 겨울은 피하도록 한다.

가지치기의 기초

겨울에서 초봄 가지치기는 눈(싹)을 기준으로 하게 된다. 여름에는 눈이 잎이나 줄기로 성장했기 때문에 잎이나 줄기를 기준으로(마디를 기준으로) 가지치기를 하게 된다. 가지치기를 할 때는 눈의 방향을 보고 하는 것이 좋다. 눈이 향하는 방향은 곧, 눈이 새 가지로 성장했을 때 뻗어가는 방향이 되기 때문이다.

가지치기의 포인트 : 눈(싹)의 이해

눈(싹은)은 생성 될 때 종류가 결정되며, 가지나 잎이 되는 잎눈(엽아)과 꽃이 피는 꽃눈 두 가지 종류로 자란다. 꽃눈은 나무의 수령, 온도, 햇빛, 나뭇가지의 성장 정도 등 여러 조건이 모두 충족되었을 때 생성되며, 이 시기를 '꽃눈분화기'라고 한다. 아래의 끝눈과 곁눈, 그리고 숨은눈을 이해하면 자연 수형이 만들어지는 원리를 알 수 있고, 또 가치치기의 포인트를 파악할 수 있다.

1 끝눈(Terminal Bud, 정아)

가지 끝에 있는 눈으로서 그 가지를 계속 성장하게 하는 역할을 한다. 즉, 끝눈이 있으면 곁눈이 아닌 끝눈에 최우선으로 영양분이 공급된다는 뜻이다. 따라서 그 밑의 곁눈이 가지로 성장하게 하려면 끝눈을 잘라내야 하며, 끝눈을 제거하면 그 밑에 있는 차선의 곁눈으로 영양분이 공급되어 곁눈이 새 가지로 자라게 된다.

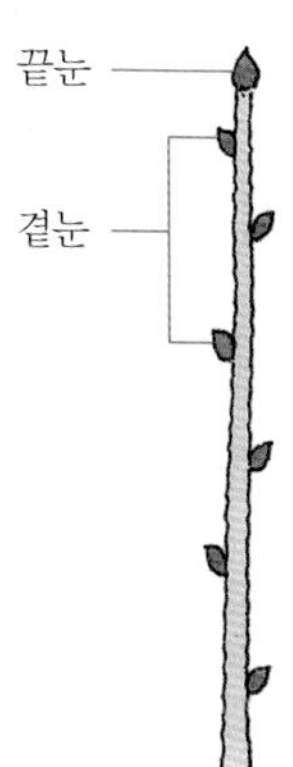

2 곁눈(Lateral Buds, 측아)

가지의 측면에 있는 눈을 말한다. 식물은 기본적으로 꽃눈과 끝눈에 영양분을 공급해 꽃을 피우고 가지를 자라게 하므로 곁눈은 항상 휴면기에 있다. 그리고 꽃이 피거나 끝눈이 성장을 한 뒤에도 남아있는 영양분이 있다면 그때 곁눈으로 영양분이 공급된다. 곁눈은 곁가지로 자라게 되므로, 어느 한 곁가지를 자르면, 그 가지로 가게 될 영양분이 끝눈으로 공급되므로 더 긴 가지가 된다. 즉 가지를 길게 자라게 하려면 곁눈을 자르고, 길게 자라는 것을 막고 곁가지를 많이 발생시키려면 끝눈을 잘라내야 한다. 이때 끝눈이나 곁눈을 무작정 자르는 것은 아닌 밀집 가지, 가지 사이의 통풍 상태, 밑으로 향한 불필요한 눈 등을 확인한 뒤, 불필요한 것이나 수형 형성에 방해될 눈이나 가지를 검토하여 가지치기를 한다.

3 숨은눈(Latent Buds, 잠복아)

나무 껍질 아래에 잠복한 눈을 말한다. 잠재적 휴면 상태지만 언제든지 활성화 될 수 있다. 이는 가지치기로 특정 눈을 제거하면, 숨은눈이 제거된 눈을 대체하여 새 가지로 생장하기 때문이다. 손상된 가지나 줄기를 칠 때 숨은눈을 찾아 그 위를 자르면 숨은눈이 새 가지로 자라게 된다.

가지치기의 기본 방법

가지치기에는 가지를 중간 부분에서 짧게 자르는 '**절단 가지치기**'와 불필요한 가지나 비정상적으로 자란 가지를 줄여 다듬는 '**솎음 가지치기**', 그리고 산울타리 등 나무의 표면 전체를 고르게 잘라주는 '**깎아 다듬기**'가 있다.

1 절단 가지치기

전체 가지를 일률적으로 자르되, 중간 부분에서 짧게 자르는 방식이다. 자칫 지나치면 수형 형성에 영향을 줄 수 있으므로 주의해야 한다. 그 외 곁가지를 살리고 주간 위주로 자르는 두절(헤딩 컷)은 두 개의 가지가 있을 때 상대적으로 강한 가지(원줄기)를 치고 곁가지를 키우는 것을 말한다.

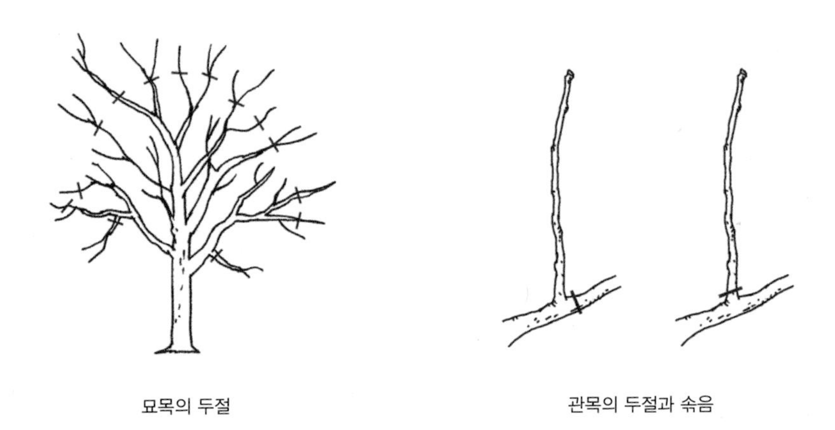

묘목의 두절　　　관목의 두절과 솎음

가지를 자를 때는 눈(잎눈이나 꽃눈)이 있는 부분의 바로 위에서 자른다. 이때 45도 각도로 잘라야 하며, 가지를 자르면 눈으로 영양이 공급되어 눈이 새 가지로 자라게 된다. 이때 눈이 2개일 경우 안쪽이 아닌 바깥으로 향한 눈(곁눈) 위에서 자른다. 안쪽으로 향한 눈(안눈) 위에서 자를 경우 안쪽으로 향한 눈에 영양이 공급되고 결국 새 가지가 안쪽으로 자라기 때문에 다시 잘라야 하는 일이 발생한다.

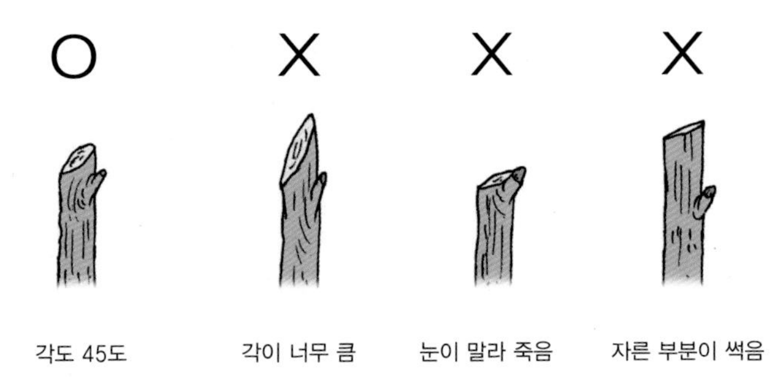

각도 45도　　　각이 너무 큼　　　눈이 말라 죽음　　　자른 부분이 썩음

2 솎음 가지치기

특정 가지의 밑부분에서 잘라 그 수를 줄이는 방식이다. 남아있는 가지에 영양분이 공급되어 남아있는 가지들은 성장하고 자른 부분은 성장을 멈춘다. 이때 보통 주간 보다는 곁가지 위주로 솎아내기 때문에 솎음 가지치기 또는 솎음 절단이라고 한다. 수형을 자연스럽게 다듬을 수 있는 것과 가지 끝이 그대로 남아 있어 전체적인 수형을 해치지 않으므로 순조롭게 성장시킬 수 있는 장점이 있다.

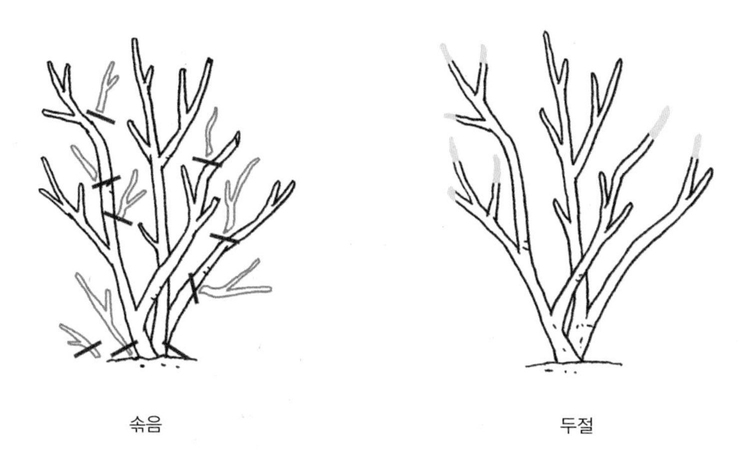

솎음　　　　두절

3 가지치기 요령

절단 가지치기와 솎음 가지치기를 할 때, 원하는 가지는 살리고 불필요한 가지는 없앨 수 있다. 다음의 예와 같이 주간과 곁가지가 있을 때 곁가지를 살리고 싶다고 가정해보자. 이때 주간을 자르면 1년 뒤 곁가지가 성장을 하게 된다.

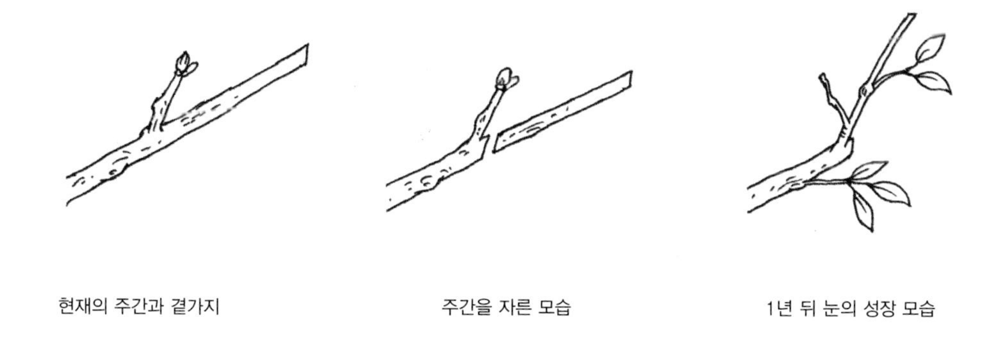

현재의 주간과 곁가지　　　　주간을 자른 모습　　　　1년 뒤 눈의 성장 모습

위의 예에서 만일 곁가지를 솎음으로 자르면 주간이 계속 성장하게 되므로 결국 필요 없는 곁가지를 가지치기 한 결과가 된다.

가지치기 결과 예측하기

가지치기를 하려면 우선 가지치기의 기본 원리를 숙지하고 가지치기 후에 어떻게 자라게 될지를 예측해야 한다. 일단 가지치기 원리를 숙지한 뒤 가지치기 할 나무를 한 바퀴 돌아가면서 충분히 관찰해보고 나중에 성장하게 될 나무의 모습을 머릿 속에 그려본다.

1 상승형 · 퍼짐형 수형

어떤 가지를 치느냐에 따라 나무의 수형이 상승형 혹은 퍼짐형으로 바뀐다.

외각으로 향한 가지를 치면
`향후 상승형으로 자라게 된다.

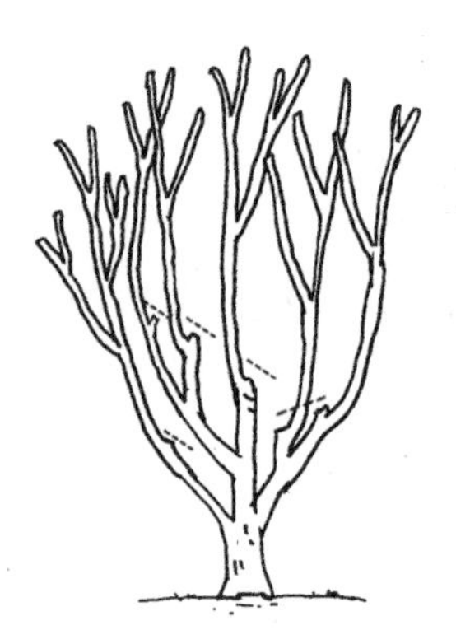

안으로 향한 가지를 치면
외각으로 퍼지며 자라게 된다.

2 머리형 수형

머리형 수형은 좋은 수형은 아니지만 때때로 격식있는 수형을 만들 목적으로 시도하기도 한다. 보통 관목을 가지치기 할 때 이런 식의 가지치기를 하기도 하는데 권장하는 수형은 아니다.

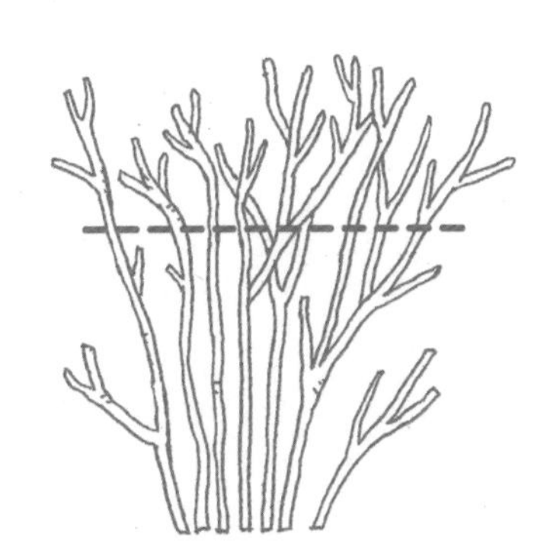

관목의 경우 위를 일괄적으로 싹둑 자르면 머리형 수형이 나온다.

3 수형의 대폭 수정

이번 사례는 과도하게 성장한 관목을 가가치기 할 때의 경우이다. 관목류는 그림처럼 수형을 대폭 수정할 수 있다. 이 때문에 우리가 공원에서 흔히 볼 수 있는 나무의 수형들은 본래 자연 그대로의 수형이 아닌 가지치기를 통해 만들어진 인공 수형인 경우가 많다.

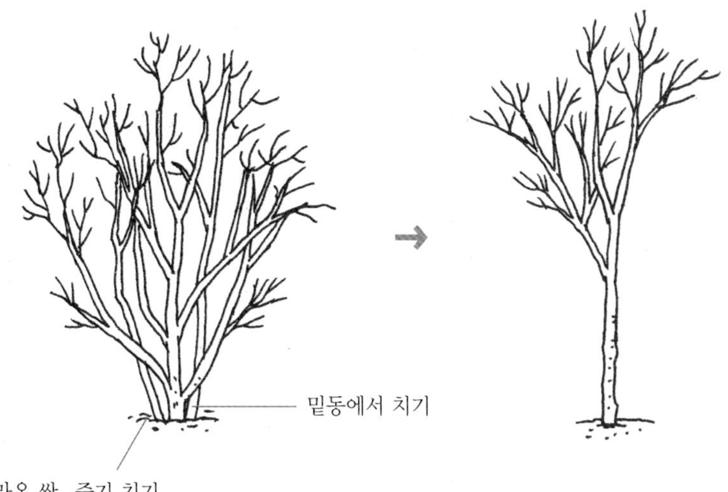

4 격식있는 수형

대부분의 관목류는 한 해만 공을 들여도 이듬해에는 어떤 격식있는 수형이 만들어진다. 회양목, 쥐똥나무, 사철나무, 피라칸사스 등은 대개 이와같은 방식으로 격식있는 수형이 만들어지기도 한다.

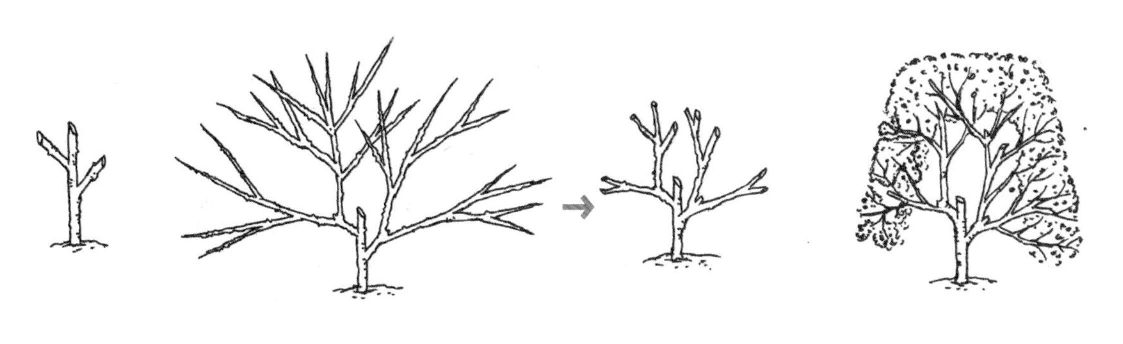

봄 혹은 식재할 때의 가지치기 그 해 여름의 수형 그 해 겨울의 가지치기 이듬해의 수형

나무의 일반적인 가지치기

수목은 일반적으로 개장형, 평정형, 원정형으로 가지치기를 하는 것이 좋다. 물론 자작나무 같은 타원형 또는 원뿔형 수형의 나무는 자연 수형으로 키우는 것이 좋지만 느티나무처럼 자연 수형이 개장형, 평정형, 원정형인 나무는 가지치기에 따라 얼마든지 원하는 수형의 나무로 키울 수 있다.

이른 봄에 어린 묘목을 식재할 때 원줄기를 70~100cm 높이에서 가지치기하고 곁가지는 모두 정리한다.

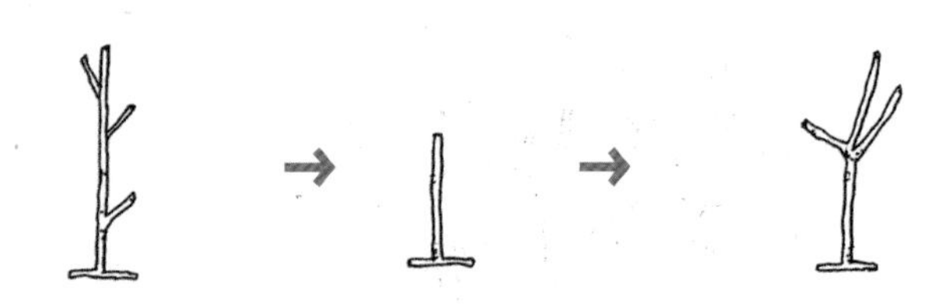

이듬해 봄에 주간이 여러 개 생장했을 때 주간은 2개 정도 남기고 나머지는 모두 가지치기한다.

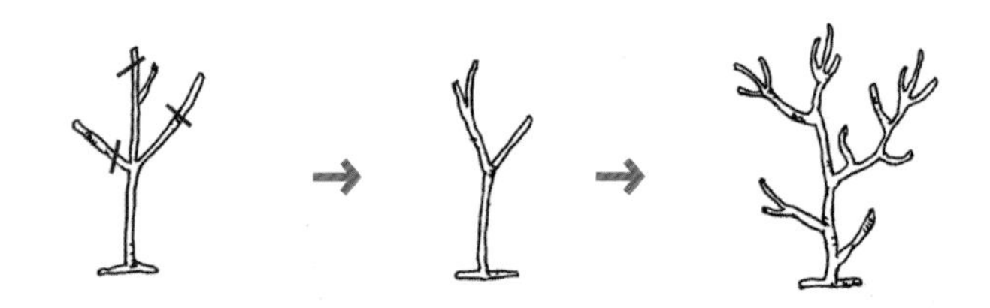

이듬해 봄에 2개 정도의 주간을 계속 키워나가면서 필요 없는 곁가지, 상향지, 하향지, 교차지, 통행에 방해가 되는 가지를 가지치기하면서 원하는 수형으로 나무를 키운다.

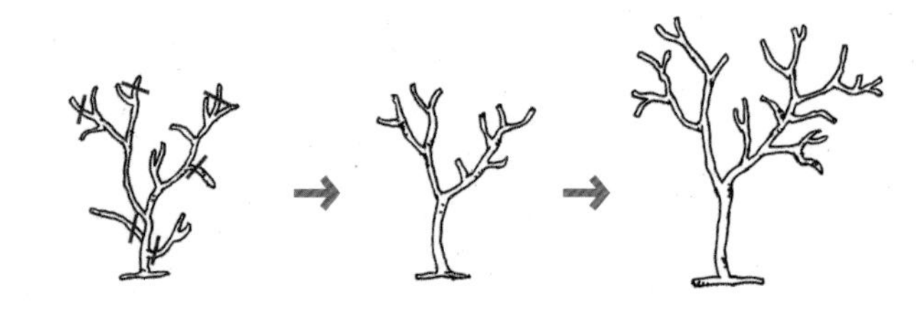

강전정과 약전정

가지치기에는 강전정(heavy pruning)과 약전정(light pruning)이 있는데 강하게 가지치기 할 때는 전체 가지의 33%를 넘어서는 가지치기를 피해야 한다. 전체 가지의 33%가 넘는 가지를 한번에 없애면 나무가 고사할 수 있으므로 주의한다. 또한 강하게 가지치기 할 때는 특정 부위의 가지를 모두 가지치기 하는 것은 피해야 한다.

줄기를 많이 잘라내어 새 눈이나 새 가지의 발생을 촉진시키고 가지치기 시 나무의 굵은 줄기나 가지를 깊게 많이 자르는 것을 강전정, 반대로 가지를 짧게 조금 자르는 것을 약전정이라고 한다.

1 잘못된 강전정

큰 묘목을 식재하여 하단부 가지를 갑자기 지나치게 자르면 하관이 부실해지므로 나중에 결국 나무가 부러질 수도 있다.

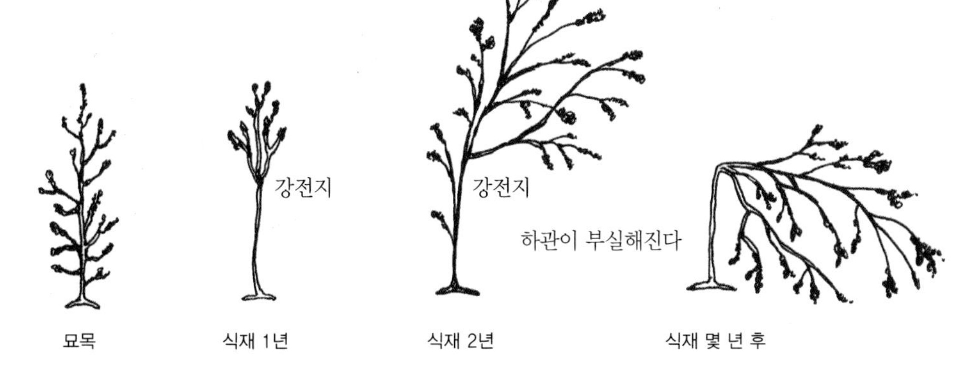

2 올바른 가지치기

하단부 가지를 전부 없애고 싶은 때에는 나무의 원줄기가 약해지지 않도록 몇 해에 걸쳐 약전지로 가지치기를 하는 것이 좋다.

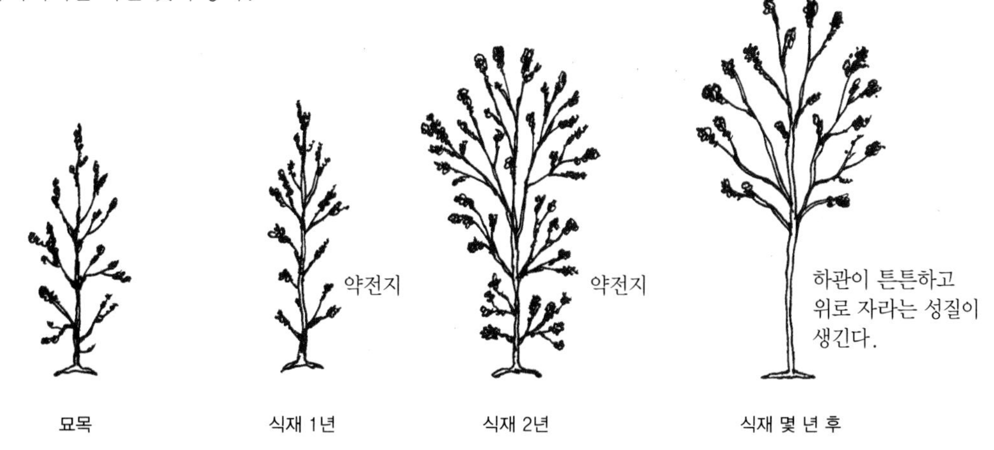

종자의 저장과 나무의 번식 방법

나무의 개체를 번식시키는 방법에는 여러 가지가 있는데, 이는 수종이나 목적에 따라 방법이 다양하다. 가장 간단한 번식은 종자로 번식시키는 실생 번식이며, 가장 일반적으로는 정원수나 과실수 등에 이용하는 삽목(꺾꽂이) 또는 접목(접붙이기) 방식이다. 다음은 실생번식과 삽목 번식에 대하여 알아보도록 한다.

1 종자의 저장 및 파종법

가을에 수확한 종자는 보통 이듬해 봄에 파종한다. 이때 휴면타파(휴면 상태에서 성장이나 활동을 개시하게 하는 것)가 필요 없는 종자는 직파하기도 하고, 휴면타파가 필요한 종자는 노천매장한 뒤 이듬해 봄에 파종한다.

❶ 노천매장(층적저장)

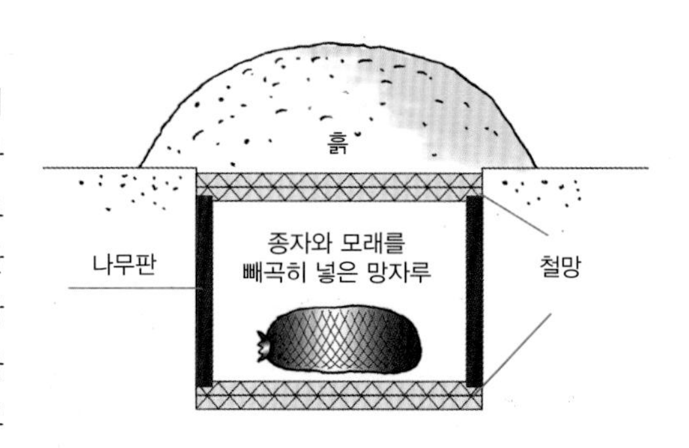

씨 껍질이 단단한 경실종자의 휴면타파를 위한 저장 방법이다. 가을에 수확한 종자에서 우수한 종자를 선별한 뒤 종자와 젖은 모래를 1:1 또는 1:2 비율로 켜켜히 쌓는 방식으로 망사에 넣는다. 물빠짐이 좋은 토양을 30~100cm 가량 판 뒤 쥐 등 설치류가 침입할 수 없도록 하단에 철망을 깔고 상하가 없는 나무상자를 넣어 그 안에 종자가 들어있는 망사를 넣는다. 상자 위에는 쥐가 침입할 수 없도록 철망을 놓고 그 위에 흙을 수북히 덮는다. 휴면타파가 1년인 종자는 이듬해 봄 파종시기에 꺼내어 파종하고, 휴면타파에 2년이 소요되는 종자는 2년 동안 노천매장한 뒤 3년째 봄에 파종한다. 경실종자를 노천매장이 아닌 다른 방식으로 파종하기도 하는데 이 경우 전문가가 아니면 하기가 어렵다. 보통 발아가 잘되도록 종피를 기계로 깎거나, 종피에 상처를 내거나, 종피를 약물로 녹인 뒤 심는 방식이 있다. 참고로 층적저장은 건조하면 발아력을 잃는 종자를 이듬해 봄 파종기까지 젖은 모래 등에 층상(層狀)으로 저장해 두는 방법을 말한다.

❷ 저온저장

종자를 3~5도의 저온 냉장고에서 저장한 뒤 봄에 파종하는 방식이다. 습사저온저장의 경우 종자를 망사에 넣은 뒤 냉장고 하단에 저장하고 습도를 30%로 유지하기 위해 2~3일 간격으로 분무기로 물을 뿌려준다. 혹은 종자를 비닐봉투 안에 축축한 이끼와 함께 넣은 뒤 비닐봉투에 밀봉하여 냉장고에 저온저장한다.

❸ 기건저장

종자를 그늘에서 건조시킨 후(음건) 망사에 넣고 통풍이 잘되는 그늘에 걸어놓는 방식으로 저장한다.

2 삽목 번식의 방법

삽목 번식은 가지 끝을 10~20cm 길이로 잘라서 밭흙이나 피트모스 등의 배양토에 심어서 독립된 식물체로 뿌리를 내리게 하는 방법이다. 흔히 '꺾꽂이'라고도 한다.

❶ 삽수의 준비

삽수(삽목을 위해 잘라낸 어린 가지나 뿌리)는 나무에 따라 당해년도(녹지삽) 혹은 전년도에 자란 가지 끝을 10~20cm 준비하되, 눈이나 잎을 기준으로 준비해야 하며 뿌리가 될 밑 부분은 일반적으로 45도 각도로 잘라야 한다.(나무에 따라 편평하게 자르는 경우도 있지만 보통은 45도 각도로 자른다.) 대량 재배인 경우 줄기 상단으로는 삽수를 모두 준비할 수 없기 때문에 줄기 중간을 삽수로 사용하는데 일반적인 취미 재배일 경우 가급적 줄기 상단부를 삽수로 준비한다.

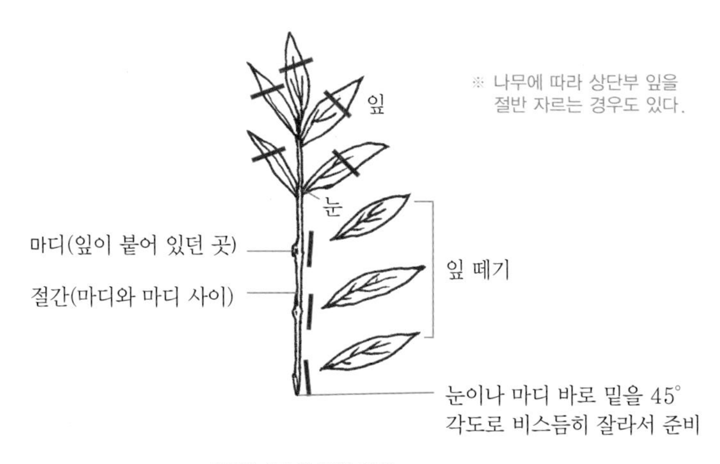

삽목용 삽수의 준비 요령

❷ 숙지삽

전년도에 자란 굳은 가지를 삽목하여 번식하는 방법이다. 보통 3~4월에 삽목할 때는 숙지삽으로 하는데 나무에 따라 전년도 늦가을에 굳은 가지를 미리 준비해 땅에 묻어두었다가 봄에 심는 방법과 봄에 준비해 심는 방법이 있다. 기본적으로 눈이 2개 이상 있는 가지를 준비한 뒤 뿌리가 될 밑 부분을 발근촉진제에 침지시킨 후 밭흙이나 피트모스 등에 심고 따뜻한 온실이나 베란다에서 물이 마르지 않도록 관수하며 육묘한다. 전년도 가지란 올해 자란 녹색 가지가 아니라 갈색 가지 중에서 전년에 자란 가지를 말한다.

❸ 녹지삽

5~7월에 하는 삽목 방식으로 당해년에 자란 가지의 상단부를 10~20cm 길이로 잘라 심는 것을 말한다. 기본적으로 눈 또는 잎이 5개 정도 있는 가지를 준비해 하단부 잎은 떼어내고 상단부에는 눈이나 잎이 2개 정도 있는 상태에서 뿌리가 될 밑 부분을 발근촉진제에 침지한 후 밭흙 등에 심는다. 발근촉진제가 없을 경우 물에 1~24시간 침지(뿌리가 될 부분을 물에 담그는 것)한

후 심기도 한다. 발근율이 높거나 낮은 것에 관계 없이 반드시 발근촉진제나 물에 침지한 후 심는 것이 뿌리를 내리는데 도움이 된다. 삽목한 뒤에는 반차광이나 차광(여름)을 한 상태에서 물을 촉촉이 관수하면서 뿌리를 내릴 때까지 육모해야 한다.

❹ 반숙지삽

통상 8~9월에 하는 삽목으로 당해년에 자란 가지 중에서 채취하고 하단부가 딱딱하게 목질화된 가지를 채취해 삽목하는 것을 말한다. 줄기의 상단은 녹색이고 하단은 거의 갈색으로 변한 것이 반숙지이다.

❺ 성숙지삽(완숙지삽)

당해년에 자란 가지 중에서 가장 튼실하게 성숙한 딱딱한 갈색 가지를 잘라서 심는 방식이다. 보통 10~11월에 온실에서 삽목할 경우 성숙지삽으로 번식한다. 외국의 경우 온실이 구비된 경우가 많기 때문에 성숙지삽을 더러 한다. 완숙지삽이라고도 한다.

❻ 발근

삽목한 삽수의 밑부분에서 뿌리가 생기는 것을 발근이라고 한다. 발근은 나무의 종류에 따라 1~2개월이 걸린다. 삽수에서 뿌리가 내릴 때까지는 수분을 건조하지 않게 관리해야 하며, 여름 삽목의 경우 해가림 등의 시설도 해주어야 한다. 통상 삽목한 후 1개월 뒤 살짝 파서 뿌리가 내렸는지 확인하고 뿌리를 내린 경우에는 몇 개월 더 육묘한 뒤 심는 시기에 맞추어 노지에 이식시킨다.

❼ 발근촉진제

발근촉진제는 비료와 유사한 식물영양제라고 할 수 있다. 루톤, IBA, IAA 등이 있고 제품에 따라 물에 300~1000배 희석해 사용한다. 시중 종묘상이나 인터넷 쇼핑몰 등에서 저렴한 가격에 구입할 수 있다. 발근촉진제를 준비하지 못한 경우에는 삽수의 뿌리가 될 부분을 물에 장시간(1~48시간) 침지한 뒤 삽목한다.

▲ 홍가시나무의 삽목

▲ 무화과나무의 삽목

꽃나무(화목) 관상수

정원수는 수종에 따라 감상하는 포인트가 다양하다. 그 중 꽃나무는 시각을 자극하는 꽃을 우선하는 나무로 꽃눈의 안전이 우선이다.

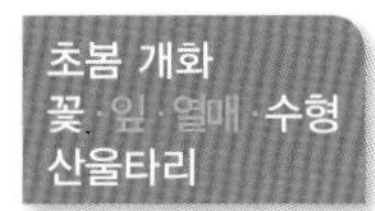
초봄 개화
꽃·잎·열매·수형
산울타리

이른 봄을 알리는

개나리 / 금선개나리 / 의성개나리 / 만리화

처진포기형

물푸레나무과 | 낙엽 관목 | *Forsythia koreana* | 2~3m | 전국 | 양지~반그늘

연간계획	1월	2월	3월	4월	5월	6월	7월	8월	9월	10월	11월	12월
번식			숙지삽			녹지삽					분주	
꽃/열매	휴면기		꽃						열매		휴면기	
전정					가지치기		꽃눈분화(단지)					
수확/비료				비료			비료		열매 수확 적기			

▲ 봄철 수형　❶ 꽃 ❷ 잎 ❸ 열매　▲ 여름철 수형

토양	내조성	내습성	내한성	공해
사질비옥	중~강	중	강	강

이른 봄을 알리는 개나리는 생육이 빠르고 왕성하여 가지가 촘촘하게 자라나는 꽃나무이다. 가지 끝에서 중간까지 빈틈 없이 꽃이 피며, 가지가 강건하여 주로 산울타리용으로 흔히 사용한다.

특징 생장속도가 빠르다. 높은 곳에서는 밑으로 처지고, 낮은 곳에서는 위로 뻗는 속성이 있다.

이용 과실을 '연교'라 하며 해독, 종기, 종창, 피부발진, 청열, 나력 등에 약용한다.

환경 도로변은 물론 내염성에 강해 해안가에서도 양호한 성장을 보인다.

조경 산울타리, 경사지, 담장이나 옥상 관상수, 경계지로 좋으며 2.5m 간격으로 군식한다.

번식 3월 하순에 삽목하거나 휘묻이한다. 분주는 늦가을이나 초봄에 한다. 종자는 9~10월에 채취 음건저장했다가 봄에 파종하지만 종자 발아율이 낮아 권장하지 않는다.

병해충 4월경 가지마름병이 발생하면 즉시 방제하고, 깍지벌레 등이 생기기도 하지만 피해는 그다지 없다.

가지치기 꽃이 진 후 1개월 내에 가지치기한다. 웃자란 가지, 꽃이 빈곤한 가지를 분기점 위에서 자른다. 2차는 줄기의 4개중 하나 꼴로 늙은 가지를 밑동에서 10~20cm만 남기고 자른다. 가지치기 한 부분에는 도포제(상처보호제)를 바른다.

▲ 황금개나리의 잎

▲ 금선개나리의 잎

TIP BOX 땅에 누워있는 가지는 덩굴처럼 확장 번식하므로 뿌리 부근에서 잘라낸다. 죽은 가지나 묵은 가지를 솎아내는 것은 연중 필요할 때 실시한다.

▲ 의성개나리의 잎

▲ 의성개나리의 꽃

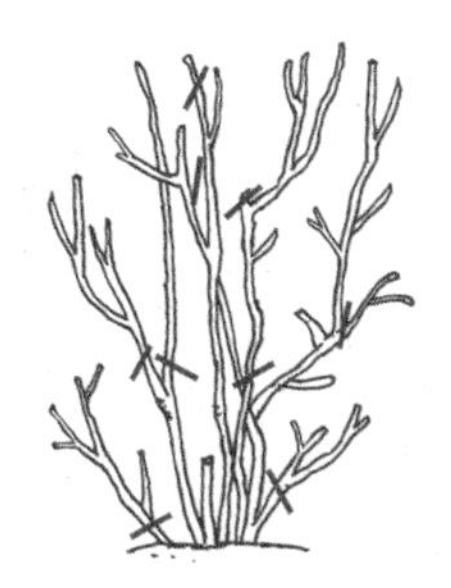

▲ 개나리 가지치기

▲ 만리화의 꽃

▲ 만리화의 잎

▲ 장수만리화의 꽃

▲ 장수만리화의 수형

▲ 만리화의 수형

유사종 구별하기

- **의성개나리** : 경북 의성이 자생지며, 주로 전국에서 심어기른다. 잎이 두껍고 잎 가장자리에 톱니가 거의 없다.
- **금선개나리** : 하이브리드 품종의 하나로 잎에 그물모양의 무늬가 노랗게 나 있다.
- **황금개나리** : 하이브리드 품종으로 무늬종 개나리의 일종이다. 잎에 황금색 얼룩이 있어 전체적으로 노란색이다.
- **만리화** : 한국특산식물로 잎은 넓은 달걀형이고 꽃은 잎겨드랑이에서 1개씩 달리며, 화관이 넓게 벌어진다.
- **장수만리화** : 잎은 넓은 달걀형이고 꽃은 한군데서 많이 달리며 꽃잎이 비틀어져 있다.

초봄 개화
꽃 · 잎 · 열매 · 수형
산울타리

한국특산종의 관상수
미선나무 / 분홍미선나무

개장형

물푸레나무과 | 낙엽 관목 | *Abeliophyllum distichum* | 1m | 전국 | 양지

연간계획	1월	2월	3월	4월	5월	6월	7월	8월	9월	10월	11월	12월
번식			숙지삽 · 파종 · 분주			녹지삽				심기		
꽃/열매			꽃				꽃눈분화		열매			
전정				가지치기								
수확/비료			비료									

▲ 미선나무 꽃 ❶ 분홍미선의 꽃 ❷ 잎 ❸ 열매 ▲ 수형

토양	내조성	내습성	내한성	공해
사질양토	약	중	강	중

개나리와 함께 물푸레나무과에 속하며, 개나리에 비해 꽃이 흰색이고 향기가 난다. 한국특산식물로 관상수로 심을 경우 주로 암석정원에 식재한다.

특징 생장속도는 보통, 강건한 뿌리에 비해 지상부는 허약하다. 매월 퇴비를 공급하면 줄기와 잎이 많이 달리고 강건해진다. 분홍색의 꽃이 피는 '분홍미선나무'도 있다.
이용 꽃의 향기가 좋고 피부, 항암 등에 약용한다.
환경 내염성에 약해 해안에서는 성장이 불량하다.
조경 암석정원이나 산울타리용으로 군식한다.

번식 꽃눈은 잎겨드랑이에 있다. 장마철에 녹지삽을 하거나 꽃피기 전 3월에 숙지를 20cm 길이로 잘라 모래 땅에 삽목하되, 성장조절제를 바르면 뿌리가 잘 나온다. 종자번식은 가을에 채취한 종자를 3배 분량의 모래와 섞어 노천매장 후 이듬해 봄에 파종한다.
병해충 백반병 조짐이 보이면 5월에 방제한다.
가지치기 줄기의 3분의 1 지점을 가지치기하거나 솎아내면서 우산형(개장형)으로 만든다. 뿌리에서 올라온 싹이나 잔가지는 밑동에서 자른다.

TIP BOX 미선나무는 다른 나무와 같이 심은 뒤 관리하지 않으면 생존경쟁에 밀려 도태되기 쉽다.

초봄 개화
꽃·잎·열매·수형
산울타리

이른 봄을 알리는 경계목

영춘화

포복형

물푸레나무과 | 낙엽 관목 | *Jasminum nudiflorum* | 1~3m | 전국 | 양지~반그늘

연간계획	1월	2월	3월	4월	5월	6월	7월	8월	9월	10월	11월	12월
번식	심기		숙지삽				녹지삽		취목		심기	
꽃/열매		꽃					꽃눈분화					
전정				가지치기								
수확/비료			비료				비료			비료		

▲ 봄철 수형 ❶ 꽃 ❷ 잎 ❸ 줄기 ▲ 여름철 수형

토양	내조성	내습성	내한성	공해
비옥	강	상	강	강

중국 원산지로 이른 봄 2~3월에 환한 노란색 꽃으로 피면서 봄을 알린다. 우리나라에서는 종자를 맺지 못한다. 가지치기를 하지 않으면 2m 너비로 포복하면서 확장하는 성질이 강하다. 주로 경계용이나 암석정원의 지면피복용으로 심는다.

환경 꽃이 피지 않거나 수량이 적으면 꽃이 진후 1회, 장마철 전후 1회, 초가을에 1회 비료를 공급한다.

조경 산울타리, 암석정원, 테라스나 담장 위, 경사면 녹화 식물에 식재한다.

번식 봄에 숙지삽, 여름에는 녹지삽으로 번식한다.

병해충 뿌리썩음병, 진딧물 등이 발생하기도 한다.

가지치기 조금씩 더 성장하게 하려면 매년 꽃이 진 후 꽃이 핀 줄기를 짧게 자른다. 매년 젊고 싱싱한 나무로 유지하려면 3년 주기로 전체 줄기중 상대적으로 늙은 줄기 30%를 골라내어 밑동에서 가지치기한다.

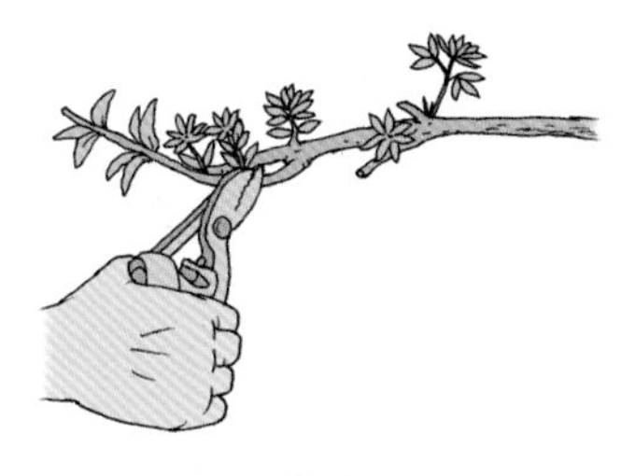
▲ 영춘화 가지치기

라일락 꽃을 닮은 꽃나무

팥꽃나무

다간형

팥꽃나무과 | 낙엽 관목 | *Daphne genkwa* | 1~2m | 전국 | 양지

연간계획	1월	2월	3월	4월	5월	6월	7월	8월	9월	10월	11월	12월
번식			근삽			반숙지삽	종자					
꽃/열매			꽃				열매					
전정	솎아내기				가지치기							
수확/비료												

▲ 개화기 수형 ❶ 꽃 ❷ 잎 ▲ 여름 수형

토양	내조성	내습성	내한성	공해
사질양토	강	중	강	중

주로 전남의 해안가 산기슭 또는 풀밭에서 자란다. 열매가 팥알 같은 꽃나무라는 뜻에서 붙여진 이름이나 풍성하게 피는 꽃에 비해 결실률이 매우 떨어진다. 봄 정원의 심볼트리로 적격이다.

특징 이른 봄에 전년도 가지에서 꽃이 달리고 꽃이 떨어지면 잎이 돋아난다. 수액은 독성이 있어 피부염을 유발할 수 있다. 화려한 꽃에 비해 향기는 없다.

이용 뿌리, 꽃을 나력, 급성유선염 등에 약용한다.

환경 토양을 가리지 않고 잘 자라는 편이지만 사질양토에서 더 잘 자란다.

조경 도시공원, 사찰, 펜션, 한옥정원에 주로 식재한다. 그 외 화단, 암석정원, 경계지 등에 심고, 정원의 심볼트리로 안성맞춤이며 군식하는 것이 더 아름답다.

번식 봄에 근삽으로 번식하거나 겨울에 온실에서 근삽으로 번식한다. 7월에 녹색의 덜익은 열매를 채취해 과육을 제거하고 세척한 뒤 조금 촉촉한 상태에서 냉상에서 직파하면 20도에서 12~20주 후 발아한다. 반숙지삽은 6~7월에 한다.

가지치기 가지치기하지 않고 자연 수형으로 키운다. 그러나 강전정에도 잘 견디므로 하단의 곁가지를 완전히 제거하고 상부의 가지만 남겨도 된다. 그러한 경우에는 홍자색의 꽃이 상부에만 달린다.

초봄 개화
꽃 잎·열매 수형
산울타리

같은 듯 다른 노란색의 봄꽃
황매화 / 죽단화

처진포기형

장미과 | 낙엽 관목 | *Kerria japonica* | 1.5~2m | 전국 | 양지~음지

연간계획	1월	2월	3월	4월	5월	6월	7월	8월	9월	10월	11월	12월
번식			숙지삽	파종			반녹지삽 · 분주			심기		
꽃/열매	휴면기			꽃			꽃눈분화	열매				휴면기
전정	솎아내기				가지치기							
수확/비료				꽃 수확 적기			잎 수확 적기					

▲ 황매화의 수형 ❶ 황매화 꽃 ❷ 잎 ❷ 열매 ▲ 죽단화

토양	내조성	내습성	내한성	공해
비옥	약	중	강	강

황매화와 죽단화는 거의 똑같은 수형과 잎을 가진 식물이다. 꽃잎이 홑꽃이면 황매화, 꽃잎이 겹꽃이면 죽단화이다. 죽단화는 황매화보다 많이 심어 기르지만 결실은 하지 못한다. 주로 주택 등의 정원이나 공원 등지에 많이 심어 기른다.

특징 봄이 무르익어갈 쯤 노란색 꽃이 만발한다. 보통 45일 동안 개화기를 유지한다. 황매화와 죽단화 모두 줄기가 녹색을 띤다.

이용 말린 꽃과 잎을 가래, 해수, 소화불량에 약용한다.

환경 음지에서 잘 자라지만 바다가에서는 약하다.

조경 산울타리, 경사지, 담장, 정원 관상수로 좋다. 큰 나무 밑 반그늘이나 그늘에 식재해도 성장이 양호하다.

번식 초봄에는 휴면지로, 여름에는 반녹지를 소독한 뒤 식재한다. 종자 파종은 4월이 적기이다.

병해충 응애류가 발생할 수도 있다. 잔가지가 밀집하지 않도록 가지치기를 하고 통풍과 채광을 촉진시켜 병해충이 발생하지 않도록 한다.

가지치기 꽃이 진 후 한달 내에 가지치기를 한다. 1차로 죽은 가지와 녹색 가지 중 필요 없는 가지를 모두 솎아낸다. 2차로 남아있는 가지를 그림을 참고하여 전지하면서 관목 형태로 만든다. 황매화의 꽃눈은 가지 꼭대기가 아니라 가지 곁에서 곁눈으로 발생한다.

▲ 영산홍, 산철쭉, 황매화, 홍단풍 식재의 예

▲ 황매화 전정

TIP BOX 죽단화의 번식은 초봄에 숙지삽으로 하거나 여름철에 녹지삽으로 하되, 분주 번식도 비교적 잘 되는 편이다.

▲ 죽단화와 산철쭉의 경계수 활용의 예

참고

가지치기 팁 매년 땅 속 뿌리가 빠르게 확장하므로 확장을 방지하려면 뿌리에서 올라간 잔가지를 뿌리채 절단하여 솎아낸다. 겨울 휴면기에는 죽은 가지를 솎아내어야 이듬해 무성하게 자라는 것을 방지할 수 있다.

배합 황매화, 죽단화는 산철쭉(영산홍 등의 원예종 포함), 진달래, 산당화(명자나무), 벚나무, 홍단풍, 목련, 소나무 등과 어울리며, 특히 산철쭉, 영산홍, 홍단풍 등과 조화롭게 어울리는 수종이다.

초봄 개화
꽃·잎·열매·수형
심볼트리

앙증맞은 흰 병아리를 닮은

병아리꽃나무

처진포기형

장미과 | 낙엽 관목 | *Rhodotypos scandens* | 1~2m | 전국 | 양지~반그늘

연간계획	1월	2월	3월	4월	5월	6월	7월	8월	9월	10월	11월	12월
번식			파종 · 숙지삽			녹지삽						
꽃/열매				꽃					열매			
전정	솎아내기					가지치기						솎아내기
수확/비료												

▲ 꽃과 줄기 ❶ 꽃 ❷ 잎 ❸ 열매 ▲ 수형

토양	내조성	내습성	내한성	공해
점질양토	강	중	강	강

전국 낮은 산지의 계곡가나 해안가에서 자란다. 꽃의 모습을 앙증맞은 병아리에 비유한 이름이다.

특징 4~5월 흰색의 꽃이 피고, 잎은 진한 녹색으로 주름이 많다. 생장속도는 중간이고 수령은 30년 정도이다.

이용 뿌리를 빈혈, 신장허약에 약용한다.

환경 비옥한 점질토양에서 잘 자라고 건조해도 무방하다.

조경 도시공원의 독립수, 관상수, 주택의 정원, 화단, 산울타리, 경계지, 큰 나무 하부에 좋다. 보통 군식하여 심볼트리로 식재한다. 반그늘에서도 비교적 잘 핀다.

번식 9~10월에 종자가 검은색으로 변하면 약간 건조시켜 모래와 섞어 노천매장한 뒤 이듬해 봄에 파종하거나 바로 직파한다. 3~4월에는 전년생 가지로 숙지삽, 6~7월에는 금년생 가지로 녹지삽한다.

병해충 응애류가 발생할 수 있다. 가지치기를 하여 통풍이 잘되면 예방할 수 있다.

가지치기 뿌리에서 가지가 많이 갈라져서 올라온다. 가지치기할 필요가 없지만 꽃이 지면 웃자란 가지, 교차된 가지, 늙은 가지 끝을 잘라내어 통풍이 잘되도록 한다. 수형은 원형이 좋다. 한겨울에는 죽은 가지나 병든 가지를 솎아낸다. 꽃은 작년도 잎눈이 올해 가지로 성장하면 가지 끝에 달리므로 겨울에 솎아내기를 할 때 잎눈을 취사선택해 전정할 수 있다.

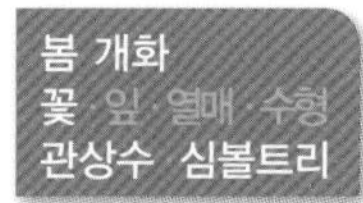

복사나무의 원예종

남경도(꽃복숭아나무)

부정형

장미과 | 낙엽활엽 소교목 | *Prunus persica* | 2~6m | 전국 | 양지

연간계획	1월	2월	3월	4월	5월	6월	7월	8월	9월	10월	11월	12월
번식			절접					아접				
꽃/열매				꽃					열매			
전정						가지치기						
수확/비료												

▲ 꽃 ❶ 잎 ❷ 열매 ❸ 수피 ▲ 수형

토양	내조성	내습성	내한성	공해
일반	강	중	중~강	중

북미 원산이다. 복사나무의 변종으로 작은 복숭아 열매가 열리지만 식용하지는 않는다. 흰색 또는 붉은색의 꽃을 피우며 주로 관상을 목적으로 식재한다. 꽃이 아름답게 피는 모습이 매력적이어서 정원의 심볼트리로 인기가 높다. **'꽃복숭아나무'**라고도 부른다.

특징 2년생 가지에서 꽃이 핀다. 꽃의 색상은 붉은색, 분홍색, 흰색이 있고 일반적으로 겹꽃이다. 열매의 크기는 매실 크기 정도이고 식용할 수 없다.

이용 꽃을 관상하기 위해 식재하는 꽃나무이다.

환경 대기오염에 견디는 힘은 중간이고 바닷바람에도 생장이 양호한 편이다.

조경 조경수, 관상수, 독립수로 식재하거나 분재로 키운다.

번식 복사나무를 대목으로 하여 접목하되, 봄에는 절접, 여름에는 아접으로 번식시킨다.

병해충 오갈잎병(잎이 쭈글쭈글 병드는 것)이 발생하므로 황소독(석회유황합제) 약으로 방제한다. 천공병(세균성구멍병, 잎, 열매 따위에 구멍이 생기는 병)이 발생하면 해당 결가지의 싱싱한 부위에서 잘라주거나 황소독 약으로 방제한다.

가지치기 복사나무에 준해 가지치기하되, 꽃이 핀 후에 길게 자란 가지를 짧게 자르고, 나무 안쪽의 얽힌 부분이나 겹친 가지를 솎아준다. 자른 면에는 도포제를 발라준다.

봄 개화
꽃·잎·열매·수형
관상수 심볼트리

봄철의 화려한 심볼트리
만첩홍도 / 만첩백도

장미과 | 낙엽활엽 소교목 | *Prunus persica* | 2~5m | 전국 | 양지

부정형

연간계획	1월	2월	3월	4월	5월	6월	7월	8월	9월	10월	11월	12월
번식			파종 · 접목									
꽃/열매				꽃				열매				
전정						가지치기						
수확/비료												

▲ 만첩홍도 ❶ 홍도 꽃 ❷ 백도 꽃 ❸ 열매 ▲ 만첩백도

토양	내조성	내습성	내한성	공해
비옥	강	중	중~강	중

복사나무의 원예수종으로서 꽃잎이 겹으로 핀다. 농촌의 민가와 공원이나 빌딩, 도시 주택의 정원 관상수로 흔히 키운다.

특징 남경도와 만첩홍도, 만첩백도를 같은 품종으로 보기도 하고 다른 품종으로 보기도 한다. 만첩홍도와 만첩백도는 오래 전 중국에서 귀화한 복사나무의 원예품종이며, 남경도는 북미에서 수입한 복사나무의 원예품종으로 보기도 한다.

이용 과실을 '도인'이라 하며 관절염, 타박상, 어혈 등에 약용한다.

환경 대기오염에 견디는 힘은 중간이고 바닷바람에도 생장이 양호하다.

조경 주택, 펜션, 도시공원의 관상수나 독립수, 심볼트리로 식재한다.

번식 가을에 채취한 종자를 노천매장했다가 이듬해 봄에 파종하거나 접목으로 번식한다.

병해충 오갈잎병(잎이 쭈글쭈글 병드는 것)이 발생하므로 황소독(석회유황합제) 약으로 방제한다. 천공병(세균성구멍병, 잎, 열매 따위에 구멍이 생기는 병)이 발생하면 해당 결가지의 싱싱한 부위에서 잘라주거나 황소독 약으로 방제한다.

가지치기 복사나무에 준해 가지치기 할 수 있다.

봄 개화
꽃·잎·열매·수형
관상수 생울타리

정원의 야생 장미
찔레꽃

처진포기형

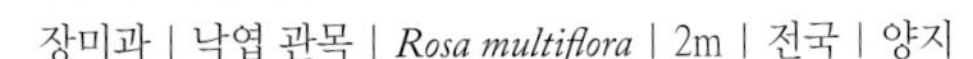
장미과 | 낙엽 관목 | *Rosa multiflora* | 2m | 전국 | 양지

연간계획	1월	2월	3월	4월	5월	6월	7월	8월	9월	10월	11월	12월
번식			종자 · 숙지삽			녹지삽		녹지삽				
꽃/열매					꽃					열매		
전정	가지치기 · 솎아내기					가지치기						
수확/비료												

▲ 꽃 ❶ 잎 ❷ 열매 ❸ 줄기 ▲ 수형

토양	내조성	내습성	내한성	공해
사질양토	강	중~강	강	강

전국의 산야에서 흔히 자라고 도시의 주택 정원에서도 장미와 함께 많이 키우는 수종 중 하나이다. 보통 **'찔레나무'**라고도 부른다.

특징 야생 장미의 하나로 줄기에 가시가 있다.

이용 전초를 약용한다. 타박상, 빈뇨, 출혈, 혈액순환, 당뇨, 이질 등에 약용한다.

환경 비옥하고 축축한 토양에서 잘 자란다.

조경 도시의 공원 및 아파트에서 여러 그루를 군식해 심볼트리로 삼거나 산울타리용으로 식재한다. 펜션이나 전원주택 등의 화단, 울타리에 식재한다. 옥상에 식재한 경우에는 건조하지 않도록 토양을 조금 촉촉하게 관리해준다.

번식 가을에 채취한 종자의 과육을 제거하고 세척한 후 음지에서 건조시켜 노천매장한 뒤 이듬해 봄에 파종한다. 녹지삽은 6월, 8~9월에 좋다.

병해충 진딧물 등의 병해충이 있으며, 수프라사이드 용액을 희석하여 통풍이 잘되는 곳에서 살포한다.

가지치기 이른 봄에는 주간 몇 개만 놔두고 상대적으로 세력이 약한 가지, 병든 가지를 밑동에서 잘라서 솎아낸다. 꽃이 진 이후에는 교차 가지, 땅으로 향하는 하향지, 통풍이 원활하도록 밀집된 가지를 친다. 또한 찔레는 지나치게 방목하면 빠르게 확장하므로 뿌리에서 올라온 싹이나 줄기를 주기적으로 쳐준다.

잔가지나 곁가지를 가볍게 순지르기하는 것은 몇 년에 한 번이면 충분하며 꽃이 진 6월경에 실시한다.

▲ 찔레꽃 가지치기

▲ 찔레꽃 산울타리
▶ 찔레꽃 군식
▶ 울타리에 식재한 찔레꽃

TIP BOX 가시가 있는 식물을 산울타리로 식재하면 야생 고양이 등의 침범을 막을 수 있다. 찔레꽃, 덩굴장미, 피라칸타 등이 가시가 있는 식물로 산울타리용으로 흔히 쓰인다.

봄 개화
꽃·잎·열매·수형
심볼트리

포기형

화려하게 피는 분홍빛 꽃나무
풀또기

장미과 | 낙엽활엽 관목 | *Prunus triloba* | 3m | 전국 | 양지

연간계획	1월	2월	3월	4월	5월	6월	7월	8월	9월	10월	11월	12월
번식			녹지삽				반숙지삽	종자				
꽃/열매				꽃				열매				
전정						가지치기						
수확/비료												

▲ 꽃　❶ 잎 ❷ 눈 ❸ 수피　▲ 수형

토양	내조성	내습성	내한성	공해
사질양토	강	중	강	강

북한의 함경북도와 중국에서 자생한다. 원래는 꽃잎이 홑꽃으로 피는 품종을 풀또기라고 하는데, 시중에는 꽃잎이 겹꽃인 **'만첩풀또기'**가 많이 보급되어 있다. 흔히 잎이 나기 전에 분홍색의 홑꽃 또는 겹꽃이 줄기가 보이지 않을 정도로 빽빽하게 모여 핀다. 풀또기는 곁가지가 많이 발달하는 특성이 있다.

특징 4~5월 연한 분홍색 또는 분홍색의 홑꽃 또는 겹꽃이 핀다. 가을에 붉은색으로 익는 열매는 식용할 수 있으나 씨앗에 독성이 있으므로 식용하지 않는다.

이용 종자를 골장, 부종, 각기, 이수에 약용한다.

환경 축축한 토양에서 잘 자란다.

조경 도시공원이나 펜션의 심볼트리로 안성맞춤이다. 보통 군식한다. 주택 정원의 화단에도 잘 어울린다.

번식 8월에 종자가 성숙하면 바로 냉상에 파종하고 육묘한다. 발아율이 낮고 18개월 뒤 발아할 수도 있다. 3~6월에는 냉상에서 녹지삽으로 번식한다. 7~8월에 반숙지삽으로 삽목하는 것이 뿌리를 잘 내린다.

가지치기 고사한 줄기나 손상된 줄기를 잘라내고 밀집 가지, 연약한 가지, 잔자기를 잘라낸다. 꽃이 진 후 1개월 안에 밑동에서 전부 잘라내도 새 잎이 잘 올라온다. 이때 쓸 만한 녹지나 반숙지를 따로 모아 냉상에 꽂으면 쉽게 번식이 된다.

초봄 개화
꽃·잎·열매·수형
산울타리

단아한 자태를 뽐내는

산당화(명자나무) / 겹명자 / 풀명자

포기형

장미과 | 낙엽활엽 관목 | *Chaenomeles speciosa* | 1~2m | 전국 | 양지

연간계획	1월	2월	3월	4월	5월	6월	7월	8월	9월	10월	11월	12월
번식			파종·삽목·접목·분주		취목				삽목 · 분주		분갈이	
꽃/열매	휴면기		꽃						열매			휴면기
전정					가지치기			꽃눈분화	솎아내기			
수확/비료					비료				비료 · 열매 수확			

▲ 꽃 ❶ 흰꽃 ❷ 잎 ❸ 열매 ▲ 봄철 수형

토양	내조성	내습성	내한성	공해
사질양토	중	중	중~강	강

중국 원산으로 **'명자나무'** 또는 **'명자꽃'**이라고도 부른다. 비교적 전정이 쉬워 다양한 모양을 만들 수 있다.

특징 4~5월 대개 붉은색의 꽃이 피며 품종에 따라 흰색, 분홍색의 꽃이 섞어 피기도 한다. 비교적 전정이 쉽고 잘되어 둥근 수형을 만들 수 있는 꽃나무이다.

이용 열매와 가지를 류머티즘, 수종, 근육통에 약용한다.

환경 양지식물이지만 한여름 7~8월에는 반차광하거나 반그늘로 이동시킨다.

조경 산울타리, 경사지, 독립수, 관상수로 좋다.

번식 가을에 채취한 종자를 겨울에 젖은 모래와 섞어 노천매장했다가 봄에 파종한다. 보통 분주나 삽목으로 번식시키는 것이 좋고 삽목은 숙지로 해야 활착이 잘된다.

병해충 매년 5월 말~6월 초에 응애방제를 한다. 보통 4~7월경 비온 뒤 붉은병무늬병(잎 뒷면에 노란색반점이 생기는 병)이 발생하면 점점 커지면서 붉은색 반점이 되어 잎이 일찍 떨어지므로 봄에 황소독 약으로 미리 방제하되, 향나무를 숙주로 하여 장미과 나무에 잘 걸리는 병이므로 근처 향나무류에 특별히 방제한다.

가지치기 꽃이 진 후 통상 2개월 내에 실시한다. 1단계로 꽃이 지면 전체 잔가지를 30~50% 길이로 가지치거나 길게 나와있는 가지 위주로 가지를 친다. 2단계로 분지된 가지나 밑에서 올라온 가지 중에서 죽거나 병든 가지를 가지

친다. 3단계로 5년 이상 된 가지를 지면 가까이서(10cm 이상 굵기 부분) 가지를 치되, 몇 개는 남긴다. 가을에는 꽃눈을 피해가며 웃자란 가지의 꽃눈 위쪽을 가지치고 죽은 가지는 솎아낸다.

◀ 산당화의 수형

▲ 풀명자의 수형
◀ 겹명자나무의 꽃
◀ 겹명자나무의 수형

유사종 구별하기

- **풀명자** : 줄기 아래 부분이 지면에 반쯤 누어서 자란다. 풀명자는 잎 가장자리의 잔톱니가 조금 성기고 둔하다. 산당화는 잎 가장자리의 잔톱니가 조금 조밀하고 예리한 편이다.
- **겹명자나무** : 꽃잎이 겹꽃인 품종이다.

봄 개화
꽃 · 잎 · 열매 · 수형
산울타리

자잘하게 만개하는 흰꽃
조팝나무 / 가는잎조팝나무

처진포기형

장미과 | 낙엽활엽 관목 | *Spiraea prunifolia* | 1.5~2m | 전국 | 양지

연간계획	1월	2월	3월	4월	5월	6월	7월	8월	9월	10월	11월	12월
번식			삽목·분주			녹지삽						
꽃/열매					꽃				열매			
전정	솎아내기					가지치기			꽃눈분화			솎아내기
수확/비료		비료								약용뿌리 채취		

▲ 꽃　❶ 잎눈 ❷ 잎 ❸ 열매　▲ 수형

토양	내조성	내습성	내한성	공해
비옥토	약	중	강	약~중

봄이면 밥풀때기처럼 보이는 자잘한 꽃이 만개한다. 벚꽃이 질 무렵 개화하기 때문에 정원 구성에서 빼 놓을 수 없는 꽃나무 수종이다.

특징 4~5월 2년지에 흰색 꽃이 가지에 다닥다닥 모여 핀다. 꽃에서 달콤한 향기가 난다. 잎은 긴 타원형이고 가장자리에는 잔톱니가 있다.

이용 뿌리를 해열, 인후통, 수렴, 발열, 신경통, 설사에 약용하고 어린순은 나물로 먹는다.

환경 다소 촉촉한 토양에서 잘 자라는데 남향으로 식재하는 것이 좋다.

조경 독립수, 산울타리, 경계지, 가정집 담장, 절개지에 식재한다. 소그룹으로 군식하여 심볼트리로 식재하는 것이 좋다. 군식할 때 식재 간격은 30~50cm가 적당하다.

번식 3월 눈이 1~3개 있는 전년도 가지 끝을 10~20cm 길이로 잘라 발근촉진제를 바르고 밭흙에 식재한다. 분주(포기나누기)도 이 시기에 하면 잘된다. 2~3년 자란 조팝나무의 뿌리에서 올라온 줄기를 뿌리를 몇 개 붙여 굴취한 뒤 식재하면 된다. 장마철에 조팝나무 가지 끝을 10~20cm 길이로 잘라 녹지로 삽목해도 번식이 잘된다. 단, 장마비가 안 오면 물을 잘 공급해야 한다.

병해충 진딧물, 백분병, 반점병, 뿌리썩음병 등이 발생하면 관련 약제로 방제한다.

가지치기 전년도 눈이 올해에 햇가지로 자라고 햇가지 끝에 꽃눈이 붙으므로 겨울에 가지치기를 하면 당년에 자랄 꽃이 없어진다. 따라서 가지치기는 꽃이 지면 1~2개월 내에 하되, 가급적 1개월 내에 한다. 보통 병들거나 손상된 잔가지는 분지된 부분 위에서 바짝 치고, 원가지는 잔지(가지터기)를 조금 남겨놓고 가지치기한다.

조팝나무류는 능수형 수형이 더 아름답기 때문에 가지치기할 필요가 없지만 필요한 경우 다음과 같이 진행한다. 1차로 죽은 가지와 병든 가지를 골라내 죽은 가지는 밑동에서, 병든 가지는 병들지 않은 지점에서 가지를 친다. 죽고 병든 가지를 정리한 뒤에는 에탄올이나 장작불로 가위를 소독하고 작업해야 싱싱한 가지로 병이 옮겨가지 않는다. 2차로 싱싱한 가지중 웃자란 가지를 2~3마디 아래에서 친다. 3차로 잔가지가 너무 밀집되거나 교차된 경우 몇 개를 정리해 통풍이 잘되게 하고 밀집된 곳으로 햇빛이 들어가게 한다. 4차로 땅바닥까지 닿은 줄기는 밑동이나 중간에서 친다. 원하는 수형을 만들기 위해 순지르기를 할 때는 꽃에서 2~3마디 아래를 친다. 높이 자라는 것을 막으려면 해당 가지의 분기점에서 자른다.

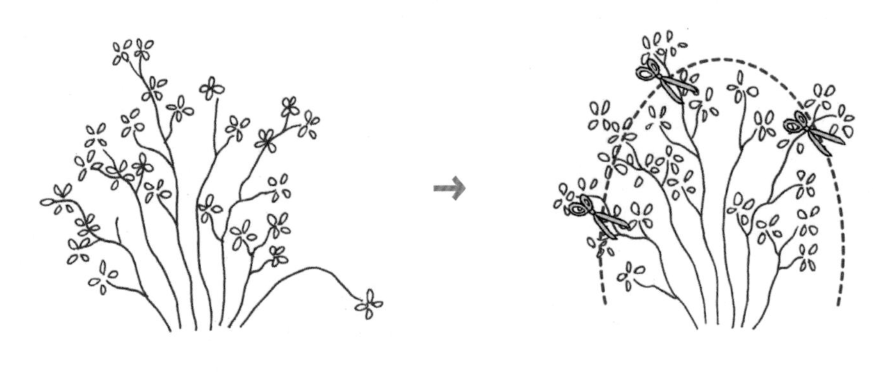

▲ 조팝나무 가지치기

TIP BOX 어리고 싱싱한 나무 만들기

관리를 하지 않은 늙고 덥수룩한 조팝나무가 있다고 가정해보자. 단번에 어린 나무로 만들려면 지면에서 10~50cm 부분을 전부 자른다. 남아있는 그루터기에서 싱싱한 줄기와 싹이 다시 올라온다. 10cm 부분에서 자르면 위로 곧곧히 자라게 되고, 30~50cm 부분에서 자르면 다소 휘어져 자라게 된다. 조팝나무같은 관목류는 보통 5년에 한번 이런 방법으로 싹뚝 잘라준다.

▲ 가는잎조팝나무의 수형

▲ 가는잎조팝나무의 꽃

▲ 가는잎조팝나무의 잎

▲ 조팝나무 군식의 예 1

▲ 조팝나무 군식의 예 2

▲ 공조팝나무 군식의 예

▲ 반호테조팝나무 군식의 예

▲ 산조팝나무 군식의 예

TIP BOX 조팝나무 품종에서 조경용으로 인기있는 품종은 '조팝나무', '가는잎조팝나무', '공조팝나무', '반호테조팝나무', '참조팝나무' 등이다.

둥근 모양으로 꽃피는

공조팝나무 / 당조팝나무 / 갈기조팝나무

처진포기형

장미과 | 낙엽활엽 관목 | *Spiraea cantoniensis* | 1~2m | 전국 | 양지~반그늘

연간계획	1월	2월	3월	4월	5월	6월	7월	8월	9월	10월	11월	12월
번식	심기		삽목·분주	심기		녹지삽			녹지삽		심기	
꽃/열매				꽃				열매				
전정	솎아내기					가지치기						솎아내기
수확/비료		비료										

▲ 꽃 ❶ 겨울눈 ❷ 잎 ❸ 열매 ▲ 수형

토양	내조성	내습성	내한성	공해
비옥토	중	중	강	약~중

조팝나무와 비슷하며 꽃차례가 공처럼 둥근 모양으로 모여 핀다. 꽃이 풍성하여 정원이나 길가의 관상수로 흔히 심는 수종이다.

특징 5~6월 새 가지에서 흰꽃이 핀다. 꽃차례가 공처럼 둥글고 가지가 아래로 처지며 잎과 열매에 거의 털이 없다.

환경 촉촉한 토양에서 잘 자라지만 남향으로 식재하는 것이 좋다.

조경 독립수, 산울타리, 경계지, 가정집 담장, 절개지에 식재한다. 소그룹으로 군식하여 심볼트리로 식재하는 것이 좋다. 군식할 때의 식재 간격은 30~50cm가 적당하다.

번식 삽목을 권장한다. 3~4월에 눈이 1~3개 있는 전년도 가지 끝을 10~20cm 길이로 잘라 발근촉진제를 바르고 밭흙에 식재한다. 녹지삽은 6~7월과 9월에 잘된다.

병해충 진딧물, 백분병, 반점병, 뿌리썩음병 등이 발생하면 관련 약제로 방제한다.

가지치기 처진 수형이 아름다우므로 조팝나무처럼 가지치기할 필요가 없지만 필요한 경우 조팝나무에 준해 가지치기한다.

리뉴얼 가지치기 리뉴얼(회춘) 가지치기는 매년 싱싱한 나무로 보이게 하려고 전체 가지의 30%를 과감하게 제거하는 것을 말한다. 단, 제거하는 가지가 30%를 넘으면 나무의 생존이 위험하므로 30% 이내에서 전지해야 한다. 1차로 죽은 가지와 병든 가지(잎이 시들어 없거나 잎이 몇 개 밖에 없는 병든 가지)를 상태를 봐가며 병들지 않은 지점에서 바짝 친다. 2차로는 웃자란 가지를 적당한 길이가 되도록 친다. 3차로 상대적으로 오래된 가지를 골라내 밑동에서 바짝 친다. 리뉴얼 가지치기는 보통 전체 가지의 약 30%를 대상으로 하여 가지치기를 하되, 상대적으로 늙은 가지를 밑동에서 정리하면서 원하는 수형을 만든다. 이후 2년 간격으로 같은 방식으로 늙은 가지를 정리하면 싱싱한 조팝나무를 유지할 수 있다.

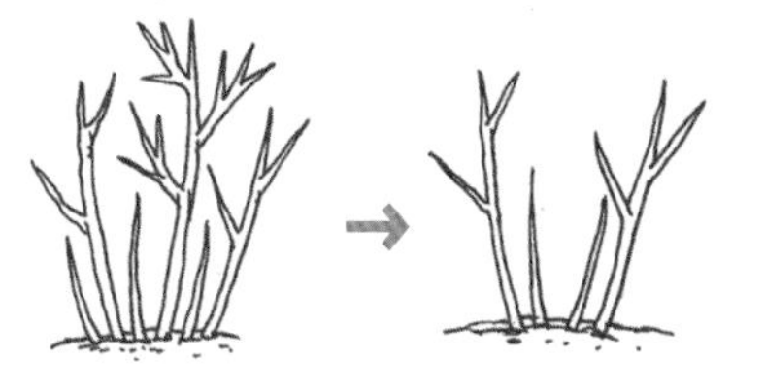

▲ 첫 1년 가지치기(상대적으로 늙은 가지 정리)

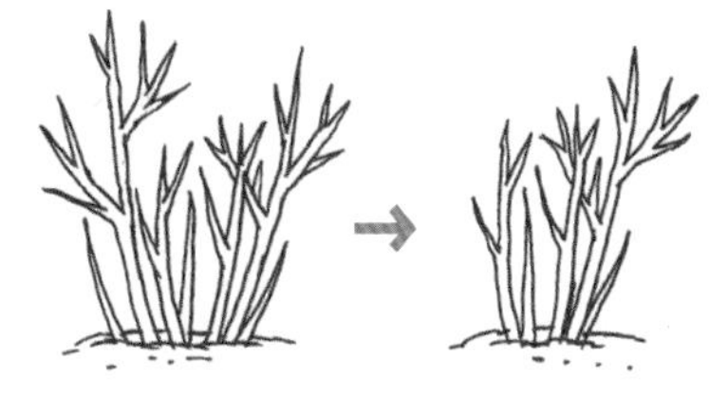

▲ 3년 뒤 작업 반복(상대적으로 늙은 가지 정리)

▲ 당조팝나무의 수형

▲ 당조팝나무의 꽃

▲ 당조팝나무의 잎

▲ 갈기조팝나무의 수형

▲ 갈기조팝나무의 꽃

▲ 갈기조팝나무의 잎

유사종 구별하기

- **당조팝나무 :** 공조팝나무와 거의 비슷하나 잎 모양이 다르다. 잎의 끝이 조금 둔하고 잎양면에 울퉁불퉁한 주름이 있고 꽃자루에 털이 밀생한다. 공조팝나무 잎은 당조팝나무와 비슷하지만 잎 양면에 털이 없고 미끈하다. 또한 잎 양면이 울퉁불퉁하지도 않다. 강가의 암석지에서 자생한다.
- **갈기조팝나무 :** 공조팝나무와 비슷하나 공조팝나무의 잎과 달리 잎의 위쪽에만 톱니가 있다. 또한 겨울눈이 갈퀴 모양이다. 산야에서 자생하며 번식과 가지치기는 공조팝나무에 준한다.

▲ 반호테조팝나무의 수형 ▲ 반호테조팝나무의 꽃 ▲ 반호테조팝나무의 열매

▲ 인가목조팝나무의 수형 ▲ 인가목조팝나무의 꽃 ▲ 인가목조팝나무의 잎

▲ 넓은산조팝나무의 꽃 ▲ 산조팝나무의 꽃 ▲ 산조팝나무의 잎

유사종 구별하기

- **반호테조팝나무 :** 벨기에 양묘업자 반호테(Louis Benoit van Houtte)의 이름을 따서 붙여진 유럽 원산의 원예종이다. 타원형의 잎에는 작은 톱니와 흰 반점이 있다. 겹꽃인 품종도 있다.
- **인가목조팝나무 :** 잎은 난형 또는 긴 난형이며, 가장자리에 겹톱니가 있고 잎 가장자리가 3개로 얇게 갈라지기도 한다. 꽃은 다른 조팝나무에 비해 적게 달린다. 깊은 산 숲속에서 자란다.
- **산조팝나무 :** 잎 모양이 작은 은행잎과 비슷하며 난형 또는 원형이다. 잎 가장자리에 둥근 톱니가 있다. 바위지대나 건조한 사면에서 자라며 석회암지대에 흔하다. 번식과 가지치기는 공조팝나무에 준한다.

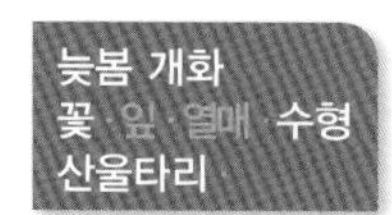

군락이 더 아름다운 꽃나무

참조팝나무 / 일본조팝나무 / 꼬리조팝나무

처진포기형

장미과 | 낙엽활엽 관목 | *Spiraea fritschiana* | 1.5m | 전국 | 양지

연간계획	1월	2월	3월	4월	5월	6월	7월	8월	9월	10월	11월	12월
번식						녹지삽			파종			
꽃/열매					꽃				열매			
전정	솎아내기						가지치기					솎아내기
수확/비료												

▲ 참조팝나무　　❶ 꽃 ❷ 잎 ❸ 열매　　▲ 일본조팝나무의 꽃과 잎

토양	내조성	내습성	내한성	공해
사질양토	강	중	강	강

조팝나무에 비해 낫다는 뜻의 이름으로 조팝나무보다 한달가량 늦은 5~6월에 연한 홍자색 꽃이 모여 핀다. 꽃차례가 꼬리처럼 긴 꼬리조팝나무와 일본 원산의 일본조팝나무 등이 있다. 암석지에 군식하면 좋다.

특징 참조팝나무는 깊은 산의 능선이나 경사지에서 자생한다. 잎은 타원형이며, 꼬리조팝나무는 피침형, 일본조팝나무는 좁은 피침형이다.

환경 토양을 가지리 않고 잘 자란다. 건조에 잘 견딘다.

조경 독립수보다는 군락이 좋고 산울타리, 경계지, 차폐지, 경사지, 주택의 화단에서도 성장이 양호하다.

번식 6~7월에는 녹지삽으로 번식하는데 녹지삽이 아주 잘된다. 줄기 상단을 꺾어서 꽂으면 된다. 9월에는 열매를 채취해 직파하되, 잡초가 없는 축축한 토양에 파종한다.

병해충 진딧물, 백분병, 반점병, 뿌리썩음병 등이 때때로 발생할 수도 있다. 전정을 해서 통풍과 채광을 촉진시켜 예방할 수 있다. 진딧물에는 메타유제나 포리스유제로 방제한다.

가지치기 여름에는 눈의 위, 새 가지가 올라오는 분지점의 위를 45도 각도로 자른다. 싱싱한 나무로 회춘시키려면 겨울에 밑에서 15~20cm 지점을 전부 자른다. 일본조팝나무나 꼬리조팝나무도 참조팝나무와 비슷한 방식으로 가지치기를 한다.

참고 꼬리조팝나무 가지치기

꼬리조팝나무는 우리나라 중북부지방과 일본, 중국에서 자생하며 높이 1.5~2m로 자란다. 참조팝나무에 비해 상대적으로 체력이 강건하고 키가 크다. 가지치기는 6월 말 꽃이 시들면 바로 하는데 지면에서 50~60cm 지점을 자르는 방식으로 한다. 가지치기한 부분에서 새 가지가 돋아나면서 후년에 꽃이 더 많아진다. 또한 죽은 가지, 병든 가지를 정리한다. 번식은 3~4월에는 숙지삽, 6~7월과 9월에는 녹지삽으로 실시한다.

▲ 꼬리조팝나무

▲ 노랑조팝나무

▲ 황금조팝나무

▲ 삼색조팝나무

▲ 만첩조팝나무

▲ 가는잎조팝나무

봄 개화
꽃 · 잎 · 열매 · 수형
심볼트리

봄 정원의 고상한 관상수
옥매

처진포기형

장미과 | 낙엽활엽 관목 | *Prunus glandulosa* | 1.5m | 전국 | 양지

연간계획	1월	2월	3월	4월	5월	6월	7월	8월	9월	10월	11월	12월
번식	이식		숙지삽			녹지삽	반숙지삽				이식	
꽃/열매					꽃		열매					
전정	솎아내기					가지치기						
수확/비료												

▲ 꽃 ❶ 잎 ❷ 줄기 ❸ 수피 ▲ 수형

토양	내조성	내습성	내한성	공해
비옥토	중	중	강	중

중국 원산으로 우리나라에서는 주로 주택 및 아파트 정원에 관상수로 심어 기른다. 키가 작은 관목이기 때문에 화단에도 제법 잘 어울린다. 산옥매가 연한 홍색의 꽃이 피는 것에 비해 옥매는 꽃이 흰색이고 겹으로 핀다.

특징 다른 옥매류와 달리 꽃잎이 만첩(겹꽃)이다.

이용 꽃이 아름답기 때문에 관상가치가 높다.

환경 비옥토에서 잘 자라고 건조함에는 약하다. 그늘에서는 꽃의 품질이 저하되므로 가급적 양지에 식재한다.

조경 도시공원이나 펜션, 한옥, 전원주택, 화단, 옥상 등에 식재한다.

번식 삽목이 가능하지만 발근율이 낮으므로 근삽이나 분주로 번식시킨다. 뿌리에서 올라온 포기를 굴취해 심거나 전체 포기를 나누어 심기도 한다.

병해충 봄철 꽃눈이 트일 무렵 진딧물이 발생하기도 한다. 약충과 성충 발생시기에는 메타시스톡스 등으로 방제할 수 있다.

가지치기 오래된 가지는 밑동에서 자르는 방식으로 솎아주되, 전체 가지의 30%를 넘지 않는다. 땅에 닿은 가지, 교차 가지, 밀집 가지는 적당한 위치에서 친다. 새로 자란 가지는 자란 길이의 반을 가지치기한다. 가급적 원형 수형을 만들고 가지치기 시기는 꽃이 진 후가 적당하다.

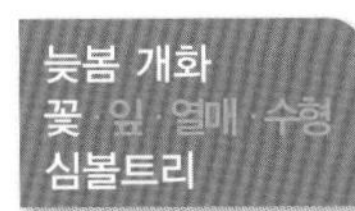

정원의 인기 악센트 수종

산옥매

포기형

장미과 | 낙엽활엽 관목 | *Prunus glandulosa* | 1.5m | 전국 | 양지

연간계획	1월	2월	3월	4월	5월	6월	7월	8월	9월	10월	11월	12월
번식	이식		종자·숙지삽			녹지삽	반숙지삽		종자		이식	
꽃/열매					꽃		열매					
전정	솎아내기					가지치기						
수확/비료												

▲ 꽃 ❶ 잎 ❷ 열매 ❸ 수피 ▲ 수형

토양	내조성	내습성	내한성	공해
사질양토	중	중~강	강	중

중국 원산으로 우리나라에는 삼국시대 이전부터 심어진 꽃나무이다. 주로 정원의 관상수로 식재하며, 최근에는 도시공원에서 심볼트리로 인기가 높은 수종으로 각광을 받고 있다.

특징 4~5월 홍자색 꽃이 필 때 잎도 함께 돋아난다.

이용 열매의 식용이 가능하지만 씨앗은 독성이 있으므로 식용하지 않는다.

환경 비옥한 사질양토에서 잘 자란다. 반그늘에서도 생장할 수 있지만 좋은 꽃을 보려면 양지에 식재한다.

조경 도시공원과 펜션, 한옥, 주택, 아파트 화단 등에 심볼트리로 식재하며 주로 군식하는 것이 좋다.

번식 7~8월에 채취한 종자를 직파하거나 저온저장한 뒤 가을이나 봄에 파종한다. 삽목은 발근률이 낮으므로 근삽이 좋고 뿌리에서 올라온 포기를 굴취해 심으면 된다. 이식은 늦가을~초봄이 적당하며 땅이 얼어있을 때는 피한다.

병해충 진딧물이 발생하기도 한다. 약충과 성충 발생시기에는 포리스, 메타시스톡스 등을 살포하여 방제한다.

가지치기 가지치기보다는 순지르기 정도만 해 준다. 아울러 병든 가지, 교차 가지, 밀집 가지를 정리하고 2~3년에 한번씩은 상대적으로 묵은 가지를 밑동에서 잘라내고, 위에서 약 1/3 정도의 부분을 잘라내어 가지가 많이 나오도록 해준다.

붉은 앵두를 닮은 꽃나무

이스라지

포기형

장미과 | 낙엽활엽 소관목 | *Prunus japonica* | 1.5m | 전국 | 양지

연간계획	1월	2월	3월	4월	5월	6월	7월	8월	9월	10월	11월	12월
번식	이식		종자·숙지삽			녹지삽	반숙지삽		종자		이식	
꽃/열매					꽃		열매					
전정	솎아내기					가지치기						
수확/비료												

▲ 꽃 ❶ 잎 ❷ 열매 ❸ 수피 ▲ 수형

토양	내조성	내습성	내한성	공해
점질토	강	중	강	중

전국의 숲속에서 자란다. 비슷한 나무로는 **'산옥매'**와 **'산앵두'**가 있다. 잎의 끝이 뾰족하고 길쭉하면 이스라지로 동정한다. 주로 봄에 피는 꽃과 7~8월에 붉은색으로 익는 열매를 보기 위해 정원의 관상용으로 식재한다.

특징 4~5월 흰색 또는 연한 분홍색의 꽃이 잎이 나면서 함께 핀다. 열매는 8월에 빨갛게 익고 맛은 새콤달콤하다.

이용 열매와 뿌리를 이뇨, 구풍, 안질환, 부종, 변비 등에 약용한다.

환경 비옥한 점질양토에서 잘 자라지만 사질양토에서도 양호한 성장을 보인다.

조경 도시공원, 펜션, 한옥, 사찰, 빌딩 등에서 산울타리나 심볼트리로 심거나 군식한다. 가정집에서는 화단에 식재하고, 공원에서는 암석정원에 식재한다.

번식 7~8월에 채취한 종자를 직파하거나 저온저장한 뒤 가을이나 봄에 파종한다. 삽목은 발근률이 낮으므로 근삽이 좋은데 뿌리에서 올라온 포기를 굴취해 심으면 된다. 이식은 늦가을~초봄이 좋고 땅이 얼어있을 때는 피한다.

병해충 가지나 연한 새잎에 진딧물이 발생할 수도 있다.

가지치기 수형이 아담하기 때문에 가지치기보다는 순지르기 정도만 해 준다. 아울러 병든 가지, 교차 가지, 밀집 가지만 정리한다.

열매보다 꽃이 좋은 관상수

꽃사과나무

원정형

장미과 | 낙엽활엽 소교목 | *Malus prunifolia* | 4~8m | 전국 | 양지

연간계획	1월	2월	3월	4월	5월	6월	7월	8월	9월	10월	11월	12월
번식			종자 · 숙지삽 · 심기					종자		심기		
꽃/열매				꽃				열매				
전정	속아내기					가지치기	꽃눈분화					속아내기
수확/비료								열매수확				

▲ 꽃　❶ 잎 ❷ 열매 ❸ 수피　▲ 수형

토양	내조성	내습성	내한성	공해
점질토	약	중	강	중

아시아와 북미 원산의 꽃나무이다. 다양한 품종이 있으며 품종에 따라 열매의 크기가 조금씩 다르다. 벚꽃이 질 무렵에 흰색 또는 연한 홍색의 꽃이 가지 끝에 가득 핀다. 최근에는 중국산 외 북미산 품종 등 다양한 개량품종이 나오고 있다.

특징 사과나무와 비슷하나 상대적으로 크고, 9~10월에 50원짜리 동전만한 작은 사과 열매가 열린다. 단맛보다는 신맛이나 떫은 맛이 많이 난다.

이용 열매는 식용할 수 있고 보통 잼을 만들어먹고, 사과와 비슷한 효능이 있다.

환경 비옥한 점질양토에서 잘 자란다.

조경 도시공원과 아파트, 학교, 펜션 등의 심볼트리나 산울타리, 가로수로 식재한다. 감나무나 대추나무처럼 인기가 높아 주택의 대표적인 관상수로 사용한다.

번식 열매의 과육을 제거한 뒤 종자를 직파하면 늦겨울 또는 1년 뒤 발아한다. 또는 젖은 모래와 섞어 노천매장한 뒤 이듬해 봄에 파종한다. 삽목, 접목도 가능하다.

병해충 탄저, 겹무늬썩음병, 붉은별무늬병, 점무늬낙엽병, 줄기마름병 등이 있다. 향나무속 수종과 혼식하지 않는다.

가지치기 기본 수형을 만들 때 원정형~평정형으로 수형을 잡는다. 웃자란 가지, 교차 가지, 밀집 가지 정도만 전정한다. 가지치기 할 때는 분기점 위나 눈 위에서 자른다.

봄 개화
꽃·잎·열매·수형
중심수·심볼트리

늘어져 자라는 꽃사과

처진꽃사과

수양형

장미과 | 낙엽활엽 소교목 | *Malus pumila 'Pendula'* | 2~3m | 전국 | 양지

연간계획	1월	2월	3월	4월	5월	6월	7월	8월	9월	10월	11월	12월
번식			접목 · 심기							심기		
꽃/열매				꽃				열매				
전정	솎아내기					가지치기		꽃눈분화				솎아내기
수확/비료								열매수확				

▲ 여름 수형

❶ 꽃 ❷ 잎

▲ 개화기 수형

토양	내조성	내습성	내한성	공해
점질토	약	중	강	중~강

꽃사과나무의 품종으로 줄기가 버드나무처럼 수양형으로 늘어져 자라는 꽃나무이다. 개량종이 다양한 편이며, 주로 꽃과 열매를 보기 위해 전통정원의 관상수로 인기가 높다.

특징 꽃사과나무와 비슷하지만 줄기가 수양형으로 늘어진다. 품종에 따라 꽃의 색상이 흰색이거나 연한 홍색이다.
이용 열매는 꽃사과나무의 열매처럼 식용한다.
환경 비옥한 점질양토에서 잘 자란다.
조경 한국 전통정원과 도시공원, 아파트, 펜션, 한옥, 사찰, 등의 중심수나 심볼트리로 식재한다. 심볼트리로 인기가 높기 때문에 넓은 풀밭이나 마당의 중심수로 식재한다. 화단에 식재할 경우 평지보다 조금 높고 넓은 화단에 식재하는 것이 심미적으로 좋다.
번식 접목으로 번식한다. 종자 번식을 하면 처진 성질이 사라지는 경우가 많다.
병해충 꽃사과나무의 병해충에 준해 관리한다. 향나무속 수종과는 혼식하지 않는다.
가지치기 가지의 처진 형태를 보면서 땅에 닿은 가지, 웃자란 가지, 교차 가지, 밀집 가지만 전정한다. 가지치기할 때는 분기점 위나 눈 위에서 잘라준다. 자연 수형으로도 충분한 관상 가치가 있다.

봄 개화
꽃 · 잎 · 열매 · 수형
관상수

실처럼 가는 자줏빛 꽃자루

서부해당화

원개형

장미과 | 낙엽활엽 소교목 | *Malus halliana* | 4~10m | 전국 | 중용수

연간계획	1월	2월	3월	4월	5월	6월	7월	8월	9월	10월	11월	12월
번식			종자		녹지삽				종자			
꽃/열매				꽃					열매			
전정	속아내기					가지치기						속아내기
수확/비료												

▲ 꽃 ❶ 잎 ❷ 열매 ❸ 수피 ▲ 수형

토양	내조성	내습성	내한성	공해
점질토	약	중~강	강	중~강

중국 원산이며, 꽃이 아름다워 전국의 정원에서 관상수로 심는다. 꽃은 연한 홍자색으로 피고 아래나 옆을 향해 달린다. 정명은 **'할리아나꽃사과'**이다. 개량 품종이 많은 편이고 품종에 따라 4~6월에 개화한다.

특징 자줏빛의 꽃자루가 실처럼 길고 가늘어서 '수사(垂絲)해당화'라고도 한다. 반면, 유사종인 꽃사과나무의 꽃자루는 연한 녹색빛을 띤다.

이용 수피, 뿌리, 열매를 안질환, 방광염, 임신 초기 낙태에 사용하였다.

환경 비옥한 점질양토에서 잘 자란다.

조경 도시공원, 학교, 빌딩, 펜션, 한옥, 사찰, 연못가 등에 관상수로 식재한다.

번식 가을에 채취한 종자를 바로 직파하거나 노천매장한 뒤 이듬해 봄에 파종한다. 녹지삽으로도 번식할 수 있다.

병해충 꽃사과나무의 병해충에 준해 관리한다.

가지치기 서부해당화는 수형이 장대한 나무이므로 가지치기를 잘하면 멋지고 우람한 수형으로 키울 수 있다. 뿌리에서 올라온 싹이나 줄기를 치고 두꺼운 가지의 곁가지를 친다. 죽은 가지는 밑동에서 치고 교차 가지, 밀집 가지를 친다. 같은 방향으로 뻗은 쌍둥이 가지가 보이면 약한 가지를 밑동에서 치고, 새로 자란 가지는 두 마디 정도 적절하게 순지르기 한다.

봄 개화
꽃 · 잎 · 열매 · 수형
관상수 · 가로수

우리나라 야생 사과나무

야광나무

원개형

장미과 | 낙엽활엽 소교목 | *Malus baccata* | 6m | 전국 | 양지~반양지

연간계획	1월	2월	3월	4월	5월	6월	7월	8월	9월	10월	11월	12월
번식			종자		이식				종자			
꽃/열매					꽃				열매			
전정	솎아내기					가지치기						솎아내기
수확/비료												

▲ 꽃 ❶ 잎 ❷ 열매 ❸ 수피 ▲ 수형

토양	내조성	내습성	내한성	공해
중성토	약	중	강	강

우리나라 지리산 이북의 산지나 계곡 주변에서 자생하는 꽃나무이다. 아그배나무와 매우 유사하여 구분하기가 어렵지만 야광나무는 잎의 결각이 생기지 않고 아그배나무는 가지 끝에 새로 난 잎이 깊게 갈라지는 점이 다르다.

특징 꽃은 분홍빛을 띤 흰색이며, 은은한 향기가 있다. 9~10월 사과 모양의 50원짜리 동전 크기만한 붉은색 열매가 열린다. 맛은 떫다.

이용 열매, 잎, 뿌리, 줄기를 어혈, 요통, 진통에 약용하고 열매는 식용한다.

환경 습기가 많은 중성토양에서 잘 자란다.

조경 도시공원, 빌딩, 학교, 펜션, 한옥, 사찰 등의 중심수로 식재한다. 산책로의 가로수로도 적합하다.

번식 가을에 채취한 종자를 직파하거나 저온저장한 뒤 봄에 파종한다. 가을에 파종하면 보통 봄에 발아하지만 늦으면 발아에 12개월 걸릴 수 있다. 접목으로도 번식한다.

병해충 꽃사과나무에 준해 병해충을 방비한다.

가지치기 가지치기에 따라 원개형에서 원정형의 좋은 수형이 나오는 나무이다. 새로 자란 가지는 두마디 정도 적절하게 순지르기를 하고 병든 가지, 교차 가지, 밀집 가지, 하향지를 정리한다.

꽃사과나무의 재배종

아그배나무 / 꽃아그배나무

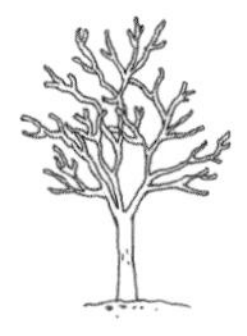

원정형

장미과 | 낙엽활엽 관목 | *Malus sieboldii* | 2~6m | 전국 | 중용수

연간계획	1월	2월	3월	4월	5월	6월	7월	8월	9월	10월	11월	12월
번식			종자						종자			
꽃/열매					꽃				열매			
전정	솎아내기					가지치기						솎아내기
수확/비료												

▲ 꽃 ❶ 잎 ❷ 갈라진 잎 ❸ 열매 ▲ 수형

토양	내조성	내습성	내한성	공해
비옥토	약	중	강	중

우리나라 중부 이남의 산지에서 자생한다. 아기처럼 작은 열매가 열리는 배나무를 빗댄 이름이지만, 야생종 사과나무에 가깝다. 가지 끝에 흰색 꽃이 모여 핀다. 꽃아그배나무는 꽃사과나무의 재배품종이다.

특징 긴 가지의 잎은 가장자리가 3~5갈래로 갈라지며, 결각이 있다. 열매는 배와 비슷하고 크기는 50원짜리 동전 크기만하다. 가을에 황갈색에서 홍색으로 익는다.

이용 열매는 식용할 수 있으므로 잼을 담가 먹는다.

환경 비옥토에서 잘 자란다.

조경 가정집에서 관상수로 흔히 키운다. 도시공원, 학교, 펜션, 한옥에도 심볼트리나 중심수로 식재할 수 있다.

번식 가을에 채취한 종자의 과육을 제거한 뒤 바로 파종하거나 노천매장한 뒤 이듬해 봄에 파종한다. 접목으로도 번식할 수 있다. 꽃아그배는 봄에 숙지삽으로 번식한다.

병해충 진딧물(메타시스톡스 1000배), 붉은별무늬병, 하늘소 등이 발생한다. 붉은별무늬병에는 보르도액 등의 살균제를 살포하여 방제할 수 있다.

가지치기 가지치기에 따라 좋은 수형이 나오는 나무이다. 새로 자란 가지는 두마디 정도 적절하게 순지르기를 하고 병든 가지, 교차 가지, 밀집 가지, 하향지를 정리한다. 아그배나무는 보통 불필요한 가지만 잘라주고 자연 수형으로 키우는 경우가 많다.

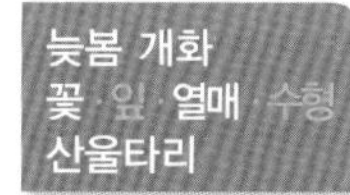

해변가에 잘 어울리는 꽃나무

해당화

포기형

장미과 | 낙엽활엽 관목 | *Rosa rugosa* | 1.5m | 전국 | 양지

연간계획	1월	2월	3월	4월	5월	6월	7월	8월	9월	10월	11월	12월
번식			숙지삽 · 심기						종자	심기		
꽃/열매						꽃			열매			
전정		가지치기 · 솎아내기										
수확/비료												

▲ 해당화　❶ 잎 ❷ 열매 ❸ 줄기　▲ 흰해당화

토양	내조성	내습성	내한성	공해
사질양토	강	중	강	강

전국의 바닷가 모래땅이나 바위틈, 바닷가의 산기슭에서 자란다. 5~7월 가지 끝에 1~3개의 홍자색 꽃이 피며 강한 향기가 난다.

특징 줄기에 가시가 빽빽히 나며 줄기의 가시가 해당화보다 띄엄띄엄 있으면 생열귀나무 종류이다. 생열귀나무에 비해 잎이 두껍고 광택이 있다.

이용 꽃과 열매를 혈액순환, 어혈, 이질, 생리불순, 급선유선염 등에 약용하며 열매는 술을 담가 먹기도 한다.

환경 모래땅에서 자라지만 일반 토양에서도 잘 자라고 건조에도 강하다.

조경 도시공원, 펜션, 가정집의 산울타리로 식재한다. 보통 군식하는 편이다.

번식 가을에 채취한 종자의 과육을 제거한 뒤 종자를 바로 직파한다. 봄에는 숙지삽으로 번식한다. 분주로도 번식할 수 있는데 봄에서 가을 사이에 할 수 있다.

병해충 백분병, 갈반병, 진딧물, 깍지벌레 등이 발생할 수 있다. 진딧물은 메타시스톡스, 깍지벌레는 수프라사이드 등을 사용하여 방제한다.

가지치기 손상된 가지와 병든 가지를 치고 불량한 가지는 아래쪽 곁가지 위에서 바짝 붙여서 친다. 뿌리에서 올라온 싹은 수시로 뽑는다. 일반적인 가지치기는 2~3년에 한번 하면 된다.

▲ 해변조경에서 빼놓을 수 없는 해당화 군락

▲ 해변가의 해당화 군락

▲ 속초 송지호의 해당화 군락

▲ 노란색의 꽃이 겹꽃으로 피는 노랑해당화(4~5월)

▲ 해당화의 새순

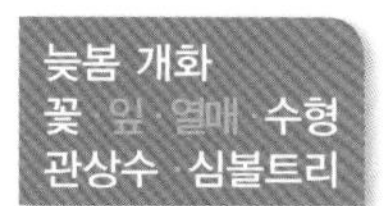

다닥다닥 밥알 같은 꽃나무

박태기나무 / 흰박태기나무

부정형

콩과 | 낙엽활엽 관목 | *Cercis chinensis* | 2~5m | 전국 | 중용수

연간계획	1월	2월	3월	4월	5월	6월	7월	8월	9월	10월	11월	12월
번식			종자·심기·숙지삽		녹지삽 · 분주				종자			
꽃/열매				꽃				열매				
전정	속아내기					가지치기	꽃눈분화					
수확/비료												

▲ 수형

❶ 꽃 ❷ 잎 ❸ 열매

▲ 여름 수형

토양	내조성	내습성	내한성	공해
사질양토	강	중	강	중

중국 원산이다. 가지마다 꽃이 가득 모여 피는 홍자색의 꽃이 아름다워 전국에서 관상수 또는 조경수로 심는다. 다양한 원예품종이 있으며 꽃이 흰색으로 피는 **'흰박태기나무'**가 있다.

특징 파종한 경우 3년째부터 개화하므로 묘목을 식재하는 것이 좋다. 잎은 심장 모양이며 4~5월 홍자색의 꽃이 잎보다 먼저 핀다. 생장속도는 비교적 더딘 편이다.

이용 수피와 근피를 종기, 부종, 혈액순환, 월경통, 타박상, 임질 등에 약용한다.

환경 토양을 가리지 않아 황무지에서도 잘 자라지만 비옥한 사질양토를 선호한다.

조경 진입로에 열식하거나 산울타리로 식재하고 빌딩, 펜션, 주택, 한옥, 화단, 도로변 등에 식재한다. 공원의 중심수나 심볼트리로 식재하며, 소그룹으로 군식하면 관상수로서 매우 아름답다.

번식 가을에 채취한 종자의 과육을 제거한 뒤 직파하거나 노천매장하여 이듬해 봄에 파종한다. 숙지삽은 3~4월에, 녹지삽은 6월~7월에 한다.

병해충 갈반병, 박쥐나방에는 다이센 500배액이나 리바이지트로 방제한다.

가지치기 일반적으로 가지치기를 할 필요가 없다. 또한 어린 나무는 가지치지 않고 조금 성숙한 나무만 가지치기한다. 가지치기를 할 경우엔 죽거나 병든 가지, 교차 가지만 잘라낸다. 그대로 두면 수평이나 밑으로 처지는 가지가 있으므로 원하는 모양을 만들기 위해 적절히 가지치기하기도 한다. 몇 개의 주간만 강건하게 키우려면 하단 잔가지를 정리하여 상단 주간 위주로 키운다. 이때 밑에서 올라온 싹이나 줄기도 적당히 친다. 꽃이 달리지 않는 가지는 절반 지점에서 가지치기를 하면 새 가지가 돋아나면서 꽃눈이 달린다.

▲ 박태기나무 가지치기

▲ 흰박태기나무

▲ 꽃

▲ 줄기

▲ 박태기나무 군식의 예

▲ 카나다박태기나무 품종

늦봄 개화
꽃·잎·열매·수형
산울타리

한떨기 매화를 닮은
매화말발도리 / 애기말발도리 / 니코말발도리

포기형

수국과 | 낙엽활엽 관목 | *Deutzia uniflora* | 1~1.5m | 전국 | 중용수

연간계획	1월	2월	3월	4월	5월	6월	7월	8월	9월	10월	11월	12월
번식			파종			녹지삽					심기	
꽃/열매				꽃						열매		
전정	솎아내기					가지치기						
수확/비료												

▲ 꽃　❶ 잎 ❷ 열매 ❸ 수피　▲ 수형

토양	내조성	내습성	내한성	공해
비옥토	강	중	강	강

꽃이 매화를 닮은 말발도리 종류라는 뜻의 이름이다. 유사종이 많아 애기말발도리, 바위말발도리, 말발도리, 태백말발도리 등과 한국특산종의 꼬리말발도리, 삼지말발도리 등이 있다. 그외 원예종 니코말발도리는 말발도리 중 키가 가장 작은 일본산 수종이다.

특징 잎겨드랑이에서 1~5개의 흰색 꽃이 핀다. 잎은 피침형으로 끝이 뾰족하고 가장자리에 잔톱니가 있다.

환경 공해에 강한 편이고 그늘에서도 양호한 성장을 보이는 중용수이다. 아름다운 꽃을 보려면 양지에 식재한다.

조경 공원이나 펜션, 주택에서 관상수, 심볼트리로 군식하는 것이 좋은데 소그룹으로 군식한다. 또한 산울타리, 경계지, 암석정원 식물로도 적당하다.

번식 9월에 채취한 종자를 기건저장한 뒤 이듬해 초봄에 이끼 위에 파종한다. 녹지삽은 6~7월에 금년에 자란 줄기를 10~20cm 길이로 준비한 뒤 상단부 잎 1~2개를 남겨 놓고 심는다. 분주나 취목으로도 번식된다.

병해충 흰가루병이 발생할 때에는 전정하여 채광과 통풍이 잘되도록 하며 심할 때는 발아 전후에 약제를 살포한다.

가지치기 작년의 눈이 금년에 줄기로 자라면 줄기 측면에 꽃이 달린다. 가지치기를 안해도 좋지만 잡목처럼 자라는 습성이 있으므로 때에 따라 가지치기를 해야 한다. 가지치기는 꽃이 지면 통상 1개월 내에 실시한다.

죽은 가지는 밑동에서 치고, 병든 가지는 병들지 않은 녹색 줄기에서 친다. 그런 뒤 전체 수형을 보면서 개별 가지들을 위에서 3분의 1 지점을 치면 이듬해 꽃이 풍성해진다. 포기가 더이상 확장되지 않게 하려면 뿌리에서 올라온 싹과 줄기도 쳐준다.

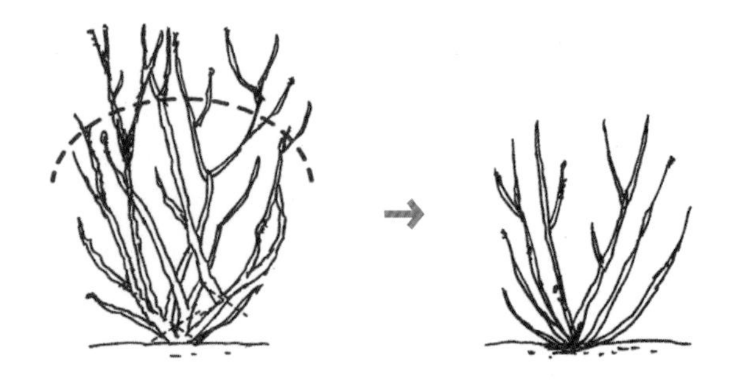

▲ 매화말발도리 가지치기

▲ 애기말발도리의 꽃

▲ 애기말발도리의 수형

▲ 애기말발도리의 잎

▲ 니코말발도리의 꽃

▲ 니코말발도리 암석정원 군식의 예

▲ 한국특산의 삼지말발도리 꽃

▲ 삼지말발도리의 잎

▲ 태백말발도리의 꽃

▲ 태백말발도리의 잎

▲ 바위말발도리의 꽃

▲ 바위말발도리의 잎

TIP BOX 바위말발도리의 꽃은 당해년에 자란 새 가지에 달린다. 그러므로 겨울에도 가지치기가 필요하다.

늦봄 개화
꽃·잎·열매·수형
관상수

앙증맞게 피는 흰꽃
물참대

수국과 | 낙엽활엽 관목 | *Deutzia glabrata* | 2mm | 전국 | 중용수

포기형

연간계획	1월	2월	3월	4월	5월	6월	7월	8월	9월	10월	11월	12월
번식			종자 · 숙지삽			녹지삽						
꽃/열매					꽃				열매			
전정	가지치기 · 솎아내기											
수확/비료												

▲ 꽃　❶ 잎 ❷ 열매 ❸ 수피　▲ 수형

토양	내조성	내습성	내한성	공해
사질양토	강	중	강	중

제주도를 제외한 전국 산지의 계곡 주변이나 물가 근처에서 자란다. 말발도리와 비슷하나 말발도리에 비해 잎 뒷면에 털이 없다. 주로 공원의 조경수으로 흔히 식재하는 꽃나무이다.

특징 5~6월 가지 끝에 흰색의 꽃이 모여 핀다. 열매는 9월경 갈색의 종 모양으로 익는다. 수피의 껍질이 저절로 벗겨지고 맹아력이 좋아 뿌리에서 줄기가 많이 올라온다.

환경 그늘이나 반그늘에서도 양호한 성장을 보이지만 싱싱한 꽃을 보려면 음지보다는 양지에 식재하는 것이 좋다. 비옥한 토양을 좋아하기 때문에 퇴비 등 유기질을 풍부하게 한 후에 식재한다.

조경 군식하는 것이 좋고, 소그룹으로 군식하면 5~6월에 화려한 꽃을 볼 수 있다. 공원이나 학교, 빌딩, 주택 정원의 관상수로 사용하며, 또한 산울타리, 경계지 식물로도 적당한 수종이다.

번식 9월에 채취한 종자를 기건저장한 뒤 이듬해 봄에 이끼 위에 파종한다. 전년도 가지를 삽목하는 숙지삽은 3~4월에 하고 녹지삽은 6~7월에 한다.

병해충 특별히 알려진 병해충은 없다.

가지치기 관리를 하지 않으면 잡목처럼 무성하게 자라므로 매화말발도리에 준해 가지치기한다. 단, 꽃이 당해년도에 자란 새 가지에 달리므로 가지치기는 겨울에 실시한다.

초여름 개화
꽃 잎 열매 수형
관상수 산울타리

연못가 큰 나무 아래에 좋은 **쉬땅나무**

처진포기형

장미과 | 낙엽활엽 관목 | *Sorbaria sorbifolia* | 2m | 전국 | 중용수

연간계획	1월	2월	3월	4월	5월	6월	7월	8월	9월	10월	11월	12월
번식	심기		종자·숙지삽·분주			녹지삽			종자		심기	
꽃/열매						꽃			열매			
전정	가지치기·솎아내기											
수확/비료	약용줄기 수확								약용줄기 수확			

▲ 좀쉬땅나무 ❶ 꽃 ❷ 잎 ❸ 열매 ▲ 개화 후 수형

토양	내조성	내습성	내한성	공해
사질양토	중	강	강	강

강원도와 경북 이북의 산지나 축축한 반그늘의 계곡가에서 자생한다. 꽃차례가 수수이삭 같은 나무라는 뜻의 이름이다. 유사종으로는 꽃차례가 아래로 처지는 **'좀쉬땅나무'**가 있다.

특징 7~8월 가지 끝에 자잘한 흰색 꽃이 원추꽃차례로 모여 달린다.

이용 줄기 껍질을 혈액순환, 종기, 통증에 약용한다.

환경 산속 반그늘 냇가에서 자생하므로 내습성이 강한 꽃나무이다.

조경 관상수, 산울타리, 절개지, 연못 조경에 적합하고 큰 나무 하부 반음지에 심어도 좋다. 일반적으로 군식하지만 뿌리에서 줄기가 올라와 저절로 군락을 이룬다.

번식 가을에 채취한 종자의 과육을 제거한 뒤 바로 파종하거나 건식저장했다가 이듬해 봄에 파종한다. 이른 봄에는 숙지삽이나 분주로 번식하고 여름에는 녹지삽으로 번식한다.

병해충 등빨간쉬나무하늘소가 발생하면 '다이아지논'이나 '스미치온30' 약제로 방제한다.

가지치기 먼저 병들거나 죽은 가지를 솎아내며, 이듬해 꽃을 피우게 할 높이에 따라 겨울에 중심줄기를 자르는 위치가 정해지고, 이에 따라 수형도 달라진다. 또한 햇가지의 아랫부분을 자를수록 길게 자라며 개화시기는 늦어진다.

초여름 개화
꽃 · 잎 · 열매 · 수형
산울타리

꽃은 화려하고 열매는 독특한

가침박달

원개형

장미과 | 낙엽활엽 관목 | *Exochorda serratifolia* | 1~5m | 전국 | 양수

연간계획	1월	2월	3월	4월	5월	6월	7월	8월	9월	10월	11월	12월
번식			종자 · 숙지삽			녹지삽						
꽃/열매						꽃	열매					
전정		솎아내기					가지치기					
수확/비료												

▲ 꽃　❶ 잎 ❷ 열매 ❸ 수피　▲ 수형

토양	내조성	내습성	내한성	공해
비옥토	중	중	강	약

우리나라와 중국에 분포한다. 중부 및 강원도 황해도 북부지방의 산지나 바위지대, 해안가 산록에서 자생하나, 남부지방에서도 양호한 성장을 보인다.

특징 4~5월 새 가지 끝에 30~10개의 흰색 꽃이 모여 핀다. 8~9월에 익는 열매가 별 모양으로 특이하게 생겼으며, 열매에 든 씨앗에 막질의 날개가 있다. 잎은 긴 타원상의 난형이고 잎끝은 뾰족하다. 1년생 가지에는 붉은빛이 도는 갈색을 띤다.

이용 꽃이 화려하여 정원의 관상수로 식재한다.

환경 비옥토를 좋아하고 건조에도 어느 정도 견딘다. 공해에 약하지만 도시공원 안쪽에서는 성장이 양호하다.

조경 도시공원, 골프장, 펜션, 주택의 작은 정원에 심볼트리로 식재한다. 군식하면 개화기 때 화려하게 만발한 꽃을 감상할 수 있다. 그외 개화한 줄기를 꽃꽂이용 소재로 사용하기도 한다.

번식 가을에 채취한 열매의 껍데기를 제거하고 종자를 노천매장한 뒤 이듬해 봄에 파종하면 3년 뒤 발아한다.

병해충 진딧물이 발생한다.

가지치기 꽃이 지면 1개월 내 가지치기한다. 병든 가지를 솎아낸 뒤 원하는 수형을 만든다. 안쪽의 밀집된 곁가지나 잔가지를 쳐서 통풍을 원할히 하면 진딧물이 발생하지 않는다.

봄 개화
꽃 · 잎 · 열매 · 수형
관상수 심볼트리

한옥 조경의 백미
모란

포기형

작약과 | 낙엽활엽 관목 | *Paeonia suffruticosa* | 1~2m | 전국 | 양지~반양지

연간계획	1월	2월	3월	4월	5월	6월	7월	8월	9월	10월	11월	12월
번식								파종	접목 분주·취목		심기	
꽃/열매				꽃				열매				
전정			가지치기			가지치기		꽃눈분화		솎아내기		
수확/비료			비료					비료 · 약용수확기				

▲ 꽃　❶ 흰꽃 ❷ 잎 ❸ 열매　▲ 수형

토양	내조성	내습성	내한성	공해
사질양토	중	중	중~강	중

중국 원산으로 목단(牧丹)에서 변한 이름이다. 동양에서는 부귀를 상징하며, 동양식 정원조경에서 빼놓을 수 없는 관상수이다. 모란은 전국의 공원이나 정원에서 관상수로 심어 기른다.

특징 삼국시대 약용식물로 도입된 후 민가나 한옥, 궁궐 등에서 심어 길렀다. 초본인 작약에 비해 줄기에서 새순이 돋고, 개화기가 빠른 편이다. 꽃의 색은 붉은색을 비롯하여 흰색, 분홍색 등 매우 다양하다. 선덕여왕 고사에는 향기가 없다고 알려져 있었으나 미세한 향기가 있으며, 품종에 따라 강한 향취가 나는 것도 있다.

이용 근피와 꽃을 혈액순환, 타박상, 월경불순에 약용한다. 5월, 11월에 채취한 잎은 황갈색 염료로 사용한다.

환경 서향을 피하고 동남향으로 심는다. 경기 이북 · 강원도 지방에서는 겨울에 서리방지를 한다.

조경 공원이나 주택의 심볼트리로 사용하고 독립수, 관상수, 산울타리용으로 적당하다. 보통 2~5주를 군식해야 심볼트리의 효과가 나타난다.

번식 파종은 8월 말~9월 중에 채취한 종자를 직파한다. 분주는 10월 초 뿌리가 많은 포기 싹눈을 나누어 식재하되, 파종보다는 분주번식이 좋다. 9~10월에 작약 실생대목에 깍기접으로 접목해도 된다. 보통 심은 뒤 1~2년 뒤 개화한다. 식재간격은 1.2m가 적당하다.

▲ 강진 영랑생가의 모란

병해충 이른 봄 개화기 전후에는 회색곰팡이병과 녹병이 발생하고 여름에는 백견병, 깍지벌레, 탄저병 등이 발생하므로 미리 방제한다.

가지치기 거의 가지치기 할 필요가 없는 수종이다. 죽거나 병든 가지는 이른 봄 건강한 눈의 1cm 아래에서 가지치기하고 뿌리 근처에서 발생한 흡지(뿌리에서 독립되어 발생한 싹)를 정리하는 정도로 한다. 줄기 전체가 병든 가지는 지면과 가까운 곳에서 가지치기한다. 꽃이 핀 후에는 일찍 진 꽃을 꽃대에서 잘라내면 다음해에 큰 꽃을 볼 수 있다. 이때 잎은 자르지 않는다.

TIP BOX 줄기 끝에 큰 꽃이 달리게 하려면 이른 봄에 해당 꽃눈만 남기고 측면 눈과 잎을 가지치기한다. 이렇게 하면 줄기 끝에 커다란 꽃이 달리지만 꽃의 수량은 줄어든다.

▲ 모란의 잎눈

▲ 모란의 싹과 꽃눈

참고

모란이나 목련의 꽃눈은 작년에 자란 줄기 끝에 붙고 다음해 봄에 꽃이 피므로 꽃이 진 후 1~2개월 내 가지치기하거나 이른 봄 꽃눈을 피해 가지치기한다.

봄 개화
꽃 잎·열매·수형
산울타리

깊은 산에서 자라는 한국특산종

히어리

포기형

조록나무과 | 낙엽활엽 관목 | *Corylopsis coreana* | 1~3m | 전국 | 양지~반그늘

연간계획	1월	2월	3월	4월	5월	6월	7월	8월	9월	10월	11월	12월
번식			파종 · 분주 · 취목						녹지삽			
꽃/열매	휴면기		꽃						열매			휴면기
전정	솎아내기				가지치기		꽃눈분화					솎아내기
수확/비료												

▲ 꽃　❶ 잎 ❷ 열매 ❸ 수피　▲ 봄철 수형

토양	내조성	내습성	내한성	공해
비옥토	중~강	약~중	강	약~중

한국특산식물로 중북부 및 남부지방 산지에서 자라며 관상수로 심기도 한다. 일본의 도사물나무, 일행물나무와 비슷하나 히어리는 잎 뒷면과 잎자루에 털이 없다. 꽃이 밀랍 같다하여 **'송광납판화'**라고도 한다.

특징 3~4월 잎보다 먼저 꽃을 피우고 뿌리에서 잔가지가 많이 올라오며, 3월 잎겨드랑이에서 노란색으로 달린다. 향기는 없다.

이용 봄에 포도송이처럼 노랗게 무리지어 피는 꽃과 가을에 단풍이 아름다워 관상수로 식재한다.

환경 비옥한 땅을 좋아하고 약간 건조한 환경에서도 성장이 양호하다.

조경 산울타리, 경사지, 독립수, 관상수로 심거나 큰 나무 아래의 반그늘에 군식한다.

번식 9~10월에 채취한 종자를 건조시킨 뒤 젖은 모래와 섞어 노천매장하여 이듬해 봄에 파종한다. 삽목 번식은 가을에 녹지삽으로 하는데 발근율이 낮다.

병해충 최근 보급된 수종으로 알려진 병해충은 없다.

가지치기 취목, 분주 등으로도 번식이 되는 나무이므로 뿌리에서 잔가지가 많이 올라온다. 꽃이 진 후 2개월 내(5~6월)에 가지를 친다. 1차로 죽은 가지나 병든 가지를 정리한 뒤 2차로 웃자란 가지의 중간을 가지치면 남아있는 가지에서 잔가지가 많아진다. 꽃눈은 곁눈이다.

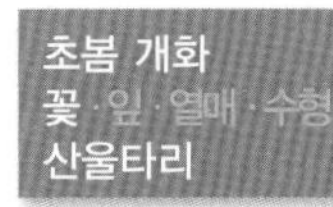

초봄 개화
꽃·잎·열매·수형
산울타리

군락이 더 돋보이는 **진달래**

포기형

진달래과 | 낙엽 관목 | *Rhododendron mucronulatum* | 2~3m | 전국 | 중용수

연간계획	1월	2월	3월	4월	5월	6월	7월	8월	9월	10월	11월	12월
번식			종자			녹지삽				종자		
꽃/열매			꽃							열매		
전정	속아내기				가지치기							
수확/비료			식용꽃 수확									

▲ 개화기 수형

❶ 꽃 ❷ 잎 ❸ 열매

▲ 여름 수형

토양	내조성	내습성	내한성	공해
산성토	강	중	강	약~중

우리나라 전국 산야의 양지바른 기슭이나 바위, 계곡, 능선에서 흔히 자생한다. 흔히 군생하면서 큰 군락을 이루며, 봄에 잎보다 먼저 꽃을 피운다.

특징 3~4월 가지 끝에 분홍색 꽃이 잎이 나기 전부터 모여 핀다. 암술대는 수술이나 꽃잎보다 길고 털이 없다.

이용 꽃, 줄기, 잎을 혈액순환, 이질, 혈붕, 어혈에 약용한다. 꽃은 약술 등으로 식용할 수 있다.

환경 토양을 가리지 않지만 비옥한 산성토, 적습지에서 잘 자라며, 생장속도는 더디다.

조경 진입로에 열식하거나 산울타리, 절개지, 심볼트리로 식재한다. 그외 빌딩, 펜션, 전원주택, 한옥의 화단에 식재한다.

번식 가을에 채취한 종자를 그늘에서 말려 껍질을 깨고 종자만 꺼낸 뒤 직파하거나 기건저장한 뒤 이듬해 봄에 물이끼에 파종한다. 반숙지삽, 녹지삽으로도 번식할 수 있으나 발근이 잘 안된다. 취목, 분주로도 번식할 수 있다.

병해충 병해충에 비교적 강한 편이나 5월부터 가을까지 진달래방패벌레가 발생할 수 있다. 피해시에는 페니트로티온 유제(스미치온) 등을 희석하여 살포한다.

가지치기 가지치기하지 않고 자연 상태로 기르는 편이다. 죽은 가지와 병든 가지 정도만 제거한다. 수형을 정리하려면 새싹이 나오기 전에 전정해준다.

유사종 구별하기

- **철쭉** : 진달래는 군락을 이루지만 철쭉은 깊은 산에서 홀로 자생하는 경우가 많다. 진달래에 비해 잎이 가지 끝에 모여 달리며 잎과 꽃이 함께 나온다. 번식 방법은 진달래와 같고 가지치기를 하지 않고 자연상태으로 기르는 수종이다.
- **황철쭉** : 일본 도입종으로 주황색 꽃이 핀다. 진달래와 마찬가지로 3~4월에 파종하고 이식도 3~4월에 한다. 가지치기를 하지 않고 자연상으로 기르는 수종이다.
- **참꽃나무** : 제주도 한라산 등지에서 자생하며 높이 3~6m로 굵고 늠름하게 자란다. 진달래에 비해 잎이 난상 원형이고 3개씩 모여 달린다. 가을에 수집한 씨앗은 즉시 피트모스 등에 파종하여 육종하거나 장마철에 반숙지삽으로 번식할 수 있다.

▲ 철쭉

▲ 황철쭉

▲ 참꽃나무

▲ 제주 삼성혈의 참꽃나무 고목에서 핀 참꽃

TIP BOX 참꽃나무 역시 가지치기를 하지 않고 자연상으로 기르는 수종이지만 굵고 실하게 키우려면 뿌리에서 올라온 싹이나 줄기는 제거하고 주간 위주로 키우는 것이 좋다. 전형적인 양수이므로 양지에 식재하지만 추위에는 약하므로 충청이북에서는 큰 나무로 키우는 것이 어렵다. 남부지방의 공원이나 주택 정원의 중심수로 손색 없는 나무이다.

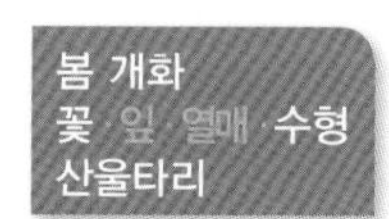

자유로운 수형을 만드는

산철쭉 / 흰산철쭉 / 영산홍

다간형

진달래과 | 낙엽활엽 관목 | *Rhododendron yedoense* | 1~2m | 전국 | 중용수

연간계획	1월	2월	3월	4월	5월	6월	7월	8월	9월	10월	11월	12월
번식			종자 · 숙지삽			녹지삽				종자		
꽃/열매					꽃					열매		
전정	속아내기					가지치기						
수확/비료					비료							

▲ 꽃 ❶ 잎 ❷ 열매 ❸ 흰산철쭉 ▲ 개화기 수형

토양	내조성	내습성	내한성	공해
산성토	강	중	강	강

한국특산식물이다. 전국의 산지에서 흔히 자생한다. 진달래와 달리 공해에 강하고 맹아력이 강해 가지치기를 자유롭게 할 수 있으며, 강전정에도 잘 견딘다.

특징 4~6월 가지 끝에 홍자색의 꽃이 잎이 난 후에 핀다. 잎 양면에는 갈색 털이 나 있다.

이용 유독성이므로 식용할 수 없으나 관상가치가 높다.

환경 토양을 가리지 않으며 비옥한 산성토를 좋아하고 적습지에서 잘 자라지만 과습하면 문제가 발생하므로 진흙땅에서는 물빠짐을 좋게 한다. 음지에서는 꽃 개화율이 낮아지므로 양지에 식재한다. 산성토양에서 잘 자라므로 산성비료를 5월에 한번 공급한다.

조경 열식 또는 군식에 적당하여 산울타리, 절개지, 암석정원에 식재한다. 공해가 심한 도심지 빌딩이나 아파트, 펜션, 주택, 한옥 등에 회양목, 사철나무 등과 혼식한다. 가로수의 산울타리, 큰 나무 하부에도 식재해도 좋다.

번식 가을에 채취한 종자를 그늘에서 말린 뒤 껍질을 깨고 종자만 꺼낸 뒤 직파하거나 기건저장한 뒤 이듬해 봄 물이끼에 파종한다. 숙지삽, 반숙지삽으로도 번식한다. 토종 산철쭉같은 낙엽성 철쭉은 5~6월에 녹지삽을, 교배종 영산홍 등의 상록성 철쭉은 5~6월에 반숙지삽(당해에 새로 난 가지 중 하단부가 목질화된 가지)으로 번식하는 것이 발근 성공률이 높다.

병해충 잿빛무늬병, 탄저병, 잎말이나방, 방패벌레, 깍지벌레 등의 병해충이 발생하면 발생 초기에 방제한다.

가지치기 산철쭉과 영산홍 품종은 진달래에 비해 잔가지가 많으므로 가지치기가 잘되는 수종이다. 먼저 개화기에 시든 꽃이 보이면 정기적으로 따내어 화사하게 만든다. 본격적인 가지치기는 6월 말 전후에 한다. 손상되거나 병든 가지를 제거하고 통풍이 잘되도록 교차 가지와 웃자란 가지를 친다. 그런 뒤 전체 가지를 대상으로 원하는 모양으로 가볍게 순지르기를 하면서 사각형, 원형, 타원형의 수형을 만들 수 있다.

▲ 산철쭉 산울타리 식재의 예

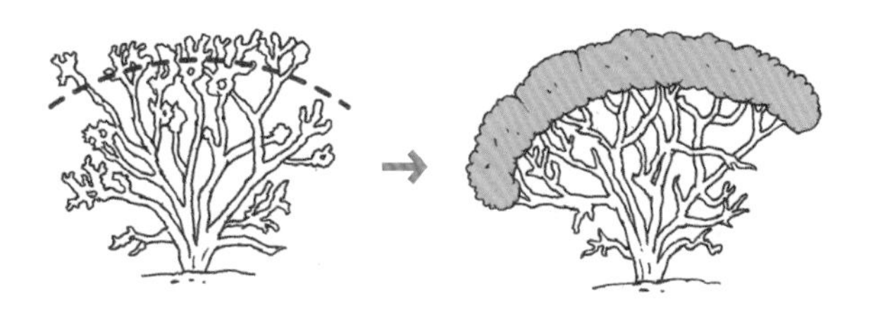

▲ 산철쭉 · 영산홍 가지치기

▲ 산철쭉과 회양목 식재의 예

▲ 산철쭉과 회양목, 단풍나무 식재의 예

▲ 영산홍과 지면패랭이 식재의 예

▲ 조경석 사이 산철쭉과 영상홍 식재의 예

▲ 만첩산철쭉(겹산철쭉) 품종

TIP BOX 산철쭉, 진달래의 하이브리드 품종

영어로 아잘레아(azalea 서양철쭉)라고 불리는 품종들이 산철쭉, 진달래 등의 하이브리드 품종들이다. 우리나라 산에서 자라는 진달래과 나무는 철쭉, 흰철쭉, 산철쭉, 흰산철쭉, 만첩산철쭉, 참꽃나무, 진퍼리꽃나무 등이 있다. 영산홍과 황철쭉은 일본에서 도입된 철쭉류이고 이중 영산홍은 반상록성이다. 빌딩 조경용으로 많이 보급된 품종은 토종 산철쭉과 하이브리드 품종인 영산홍, 대왕, 베니, 자산홍 등이 있다.

▲ 황금철쭉 품종

▲ 영산홍 품종

▲ 영산홍 베니 품종

▲ 자산홍 품종

▲ 일야 품종

▲ 학옹 품종

▲ 대배 품종

▲ 한라산 영실코스의 산철쭉 군락지

TIP BOX 산철쭉, 영상홍은 1년 내내 삽목을 할 수 있지만 보통 6~7월에 하는 것이 발근 성공률이 가장 높다. 일단 발근에 성공하면 2개월 전후에 원하는 장소로 이식한다.

봄 개화
꽃 · 잎 · 열매 · 수형
관상수 · 수변정원

암석정원에 어울리는

진퍼리꽃나무

포기형

진달래과 | 상록활엽 관목 | *Chamaedaphne calyculata* | 0.3~1.2m | 중북부 | 중용수

연간계획	1월	2월	3월	4월	5월	6월	7월	8월	9월	10월	11월	12월
번식		종자				심기		삽목				
꽃/열매				꽃				열매				
전정						가지치기						
수확/비료												

▲ 꽃 ❶ 잎 ❷ 열매 ❸ 꽃핀 가지 ▲ 여름 수형

토양	내조성	내습성	내한성	공해
산성토	중	강	강	중

북한 등 북부 지역의 고원 습지나 초지에서 자란다. 진펄에서 자라는 진달래과(참꽃) 나무라는 뜻이 변한 이름으로 추정한다. 진퍼리는 땅이 질어 질퍽한 곳을 말하는데, 진퍼리가 들어간 식물은 대부분 습지성이다.

특징 잎 모양은 회양목의 잎처럼 생겼지만 긴 타원형이며, 가죽질이다. 가지 끝에 종 모양의 흰색 꽃이 아래를 향해 핀다. 뿌리에서 줄기가 많이 올라온 뒤 저절로 군락을 이룬다.

이용 잎을 해열, 소염에 약용한다. 말린 잎은 차로 우려 마신다. 전초에 약간 독성이 있으므로 과용은 금한다.

환경 그늘에서도 성장이 가능하나 왜소해지므로 양지에 식재한다.

조경 충남 이북지방에 식재한다. 열식하거나 군식한다. 심볼트리, 산울타리, 화단 등에 식재한다. 암석정원이나 수변정원에 식재하는 것도 좋다.

번식 2월에 온실에서 파종하지만 발아에 1~12개월 걸린다. 발아에 시간이 소요되므로 8월에 삽목이나 취목으로 번식한다. 삽목은 눈이 있는 곁가지를 5~10cm 길이로 잘라 식재한다.

가지치기 왜소하기 때문에 가지치기 할 필요가 없다. 그러나 새로운 성장을 촉진하기 위해 꽃이 진 직후에 전체 가지 끝을 순지르기한다.

진한 향기를 내는 꽃나무

때죽나무

원형

때죽나무과 | 낙엽활엽 소교목 | *Styrax japonicus* | 3~10m | 전국 | 양지~반그늘

연간계획	1월	2월	3월	4월	5월	6월	7월	8월	9월	10월	11월	12월
번식			종자				녹지삽					
꽃/열매					꽃				열매			
전정	솎아내기						가지치기	꽃눈분화				
수확/비료												

▲ 개화기 수형 ❶ 꽃 ❷ 잎 ❸ 열매 ▲ 가을 수형

토양	내조성	내습성	내한성	공해
사질양토	강	중	강	강

중부 이남의 양지바른 산지에서 자생한다. 유사종인 쪽동백나무에 비해 잎이 작고 종 모양의 꽃차례가 짧으며 꽃도 쪽동백나무보다 적게 달린다.

특징 5~6월 가지 끝에 흰색의 꽃이 아래를 향해 피며 진한 향기가 난다.

이용 초여름에 꽃을 햇볕에 말려 기침, 가래, 관절통, 골절상에 쓴다.

환경 비옥한 사질양토에서 잘 자란다. 공해에 강하고 햇빛을 좋아하며 반그늘에서도 성장이 가능하다.

조경 도시공원, 아파트의 관상수, 가로수로 적당하며, 펜션, 주택의 소정원 중심수로 좋다. 빛이 덜 들어오는 아파트 반지하 주차장의 소음차폐수로도 제격이다.

번식 가을에 채취한 종자의 과육을 제거하고 모래와 섞어 노천매장한 뒤 약 2년 후 봄무렵에 파종한다. 7월에 새 가지를 고농도 발근촉진제에 10초 정도 담근 뒤 삽목하면 발근이 잘된다.

병해충 매년 봄 4월 중순에 5% 석회유황합제를 나무 몸통에 살포하면 녹병을 예방할 수 있다.

가지치기 자연 수형에 적합한 수종이다. 병든 가지, 교차된 가지, 웃자란 가지만 쳐주고, 이듬해 꽃을 늘리려면 몇몇 긴 가지의 분기점에서 5~6마디 위를 쳐준다. 수형은 평정형이나 우산형이 좋으므로 원하는 수형대로 만든다.

늦봄 개화
꽃·잎·열매·수형
공원수·산울타리

병 모양의 꽃나무

병꽃나무 / 골병꽃나무 / 소영도리나무

포기형

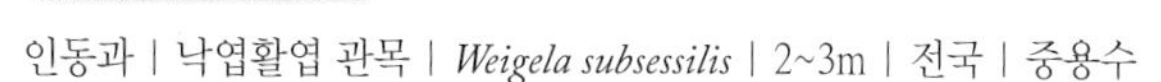
인동과 | 낙엽활엽 관목 | *Weigela subsessilis* | 2~3m | 전국 | 중용수

연간계획	1월	2월	3월	4월	5월	6월	7월	8월	9월	10월	11월	12월
번식	심기		종자·심기·분주		녹지삽				종자		심기	
꽃/열매					꽃			꽃눈분화	열매			
전정	솎아내기					가지치기						
수확/비료			비료									

▲ 천마산 병꽃나무 ❶ 꽃 ❷ 잎 ❸ 열매 ▲ 창경궁 병꽃나무

토양	내조성	내습성	내한성	공해
사질양토	강	중	강	강

병 모양의 꽃이 피는 병꽃나무는 한국특산식물로 전국의 산지 양지바르고 비옥한 계곡가나 등산로, 산기슭에서 군생하거나 홀로 자생한다. 유사종으로 **붉은병꽃나무, 골병꽃나무, 소영도리나무** 등이 있다.

특징 붉은병꽃나무와 달리 꽃이 연한 노란색으로 피고 열매에는 털이 없다. 붉은병꽃나무는 짙은 홍자색의 꽃이 핀다. 주로 공원수로 심는 골병꽃나무는 꽃받침이 깊게 갈라지고 털이 밀생한다.

환경 비옥한 사질양토에서 잘 자란다.

조경 독립수, 공원수, 산울타리, 심볼트리로 적당하다. 보통 소그룹으로 군식하며, 펜션이나 한옥 진입로를 따라 열식하는 것도 좋다. 주택의 화단에도 식재한다. 반그늘에서도 성장이 양호하므로 큰 나무 하부에 식재할 수도 있다.

번식 가을에 채취한 종자의 과육을 제거한 뒤 직파하거나 기건저장했다가 이듬해 봄에 이끼 위에 파종한다. 숙지삽은 3월에 반그늘에 식재한다. 녹지삽은 늦봄~여름에 하는데 장마철 전후에 하는 것이 가장 발근율이 좋다. 분주로도 번식된다. 소영도리나무는 봄~7월 사이에 녹지삽으로 번식하거나 기건저장한 종자를 이듬에 봄에 이끼 위에 파종한다.

병해충 진딧물이 발생하면 주방세제를 1:1000으로 희석해 살포하거나 살충제로 구제한다.

가지치기 매년 여름에 웃자란가지, 교차 가지, 하향지를 친다. 전체 가지의 끝 부분을 조금씩 친다. 겨울에는 병든 가지 등을 솎아낸다. 소영도리나무도 같은 방식으로 가지치기를 한다. 리뉴얼 가지치기를 적용해 매년 여름에 상대적으로 오래된 가지를 약 30% 정도 없애되 밑동에서부터 친다.

▲ 병꽃나무의 꽃
▲ 붉은병꽃나무의 꽃
▲ 애기병꽃나무의 꽃
▲ 삼색병꽃나무의 꽃
▲ 골병꽃나무의 꽃
▲ 흰병꽃나무의 꽃
▲ 소영도리나무의 꽃
▲ 소영도리나무의 수형
▲ 소영도리나무의 잎

늦봄 개화
꽃 · 잎 · 열매 · 수형
공원수 심볼트리

꽃과 열매를 보는 꽃나무

백당나무

다간형

인동과 | 낙엽활엽 관목 | *Viburnum opulus* | 2~3m | 전국 | 양지~반음지

연간계획	1월	2월	3월	4월	5월	6월	7월	8월	9월	10월	11월	12월
번식			파종 · 분주 · 숙지삽			녹지삽						
꽃/열매					꽃				열매	꽃눈분화		
전정						가지치기				솎아내기		
수확/비료			비료									

▲ 꽃　❶ 잎 ❷ 열매 ❸ 수피　▲ 수형

토양	내조성	내습성	내한성	공해
사질양토	강	중	강	중~강

깊은 산지의 계곡가에서 군락을 이루며 자라며, 정원이나 공원의 관상수로 많이 심어 보급되고 있다.

특징 5~6월 가지 끝에 흰색의 꽃이 모여 피고, 가장자리는 장식꽃이 달린다. 열매는 8~9월에 붉은색으로 익어 관상가치를 더한다.

이용 잎, 줄기를 관절염, 종기, 타박상에 약용한다. 악취가 나는 열매는 식용하지 않지만 약술로 이용하기도 한다.

환경 토양을 가리지 않으나 사질양토에서 잘 자라고 건조에는 약하므로 큰 나무 하부나 담장 옆 반그늘에 식재한다.

조경 꽃, 열매가 아름다워 공원수이나 펜션의 독립수, 심볼트리, 사찰, 화단 등에 식재한다.

번식 가을에 채취한 종자의 과육을 제거하고 통풍이 잘되는 곳에서 건조시킨 뒤 노천매장했다가 이듬해 봄에 파종하면 2년 뒤에 발아한다. 보통은 6~7월에 잎이 1~2매인 녹지를 꺾어 심는 것이 번식이 더 잘된다. 분주와 취목은 이른 봄에 실시한다. 비료는 정식한 경우 초반에만 주고 그 외는 신경 쓰지 않아도 된다.

병해충 건조하면 잎벌레류가 발생하므로 제때 방제한다.

가지치기 꽃은 작년에 올라온 잎눈이 당해에 햇가지로 자라면 그 끝에 달린다. 꽃이 질 무렵인 6~7월에 가지치기를 한다. 1차로 굵기가 7cm 이상 되는 가지 중에서 죽은 가지나 병든 가지를 밑동에서 잘라 없앤다. 이때 통풍이 잘되도록 안쪽의 교차된 가지 등도 적당히 친다. 2차로 남아있는 꽃 중에서 상태가 나쁜 꽃은 꽃 아래의 분기점 위에서 잘라내거나 30cm 하단 분기점 위에서 잘라낸다. 일반적으로 바깥쪽보다는 안쪽에 있는 가지를 대상으로 작업하고 외각쪽은 수형을 다듬는 목적으로 간략히 작업한다. 3차로 뿌리에서 올라온 싹이나 줄기를 제거한다. 다음해나 그 다음해에도 반복하되, 주로 안쪽의 가지를 정리하면 매년 화사한 꽃을 감상할 수 있다.

▲ 불두화의 수형

▲ 불두화의 꽃

▲ 털백당나무의 수형

▲ 털백당나무의 꽃

▲ 좀백당나무의 수형

▲ 좀백당나무의 꽃

유사종 구별하기

- **불두화** : 이명은 수국백당이며 공처럼 둥글고 풍성하게 피는 꽃이 아름다워 정원수, 공원수는 물론, 사찰에서도 많이 심는 편이다.
- **털백당나무** : 전체적으로 백당나무와 매우 비슷한 수종으로 백당나무와 다른 점은 가지, 잎자루, 잎 뒷면, 꽃자루에 털이 있다는 점이다.
- **민백당나무** : 1년생 가지와 잎에 털이 없다.
- **좀백당나무** : 백당나무와는 전혀 다른 나무로 꽃의 모양은 덜꿩나무나 말채나무 꽃과 비슷하다. 일본과 극동아시아에서 자생하는 낙엽활엽소교목이며 열매를 식용할 수 있다. 국내의 자생지 여부는 알려지지 않았다.

꽃 향기가 좋은
댕강나무 / 주걱댕강나무

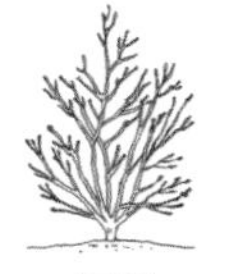
다간형

인동과 | 낙엽활엽 관목 | *Abelia mosanensis* | 2m | 전국 | 양지~반그늘

연간계획	1월	2월	3월	4월	5월	6월	7월	8월	9월	10월	11월	12월
번식						녹지삽						
꽃/열매					꽃				열매			
전정						가지치기						
수확/비료												

▲ 꽃　❶ 잎 ❷ 열매 ❸ 수피　▲ 수형

토양	내조성	내습성	내한성	공해
사질양토	강	중	강	중

한국특산식물인 댕강나무는 단양의 석회암 지대 산골짜기와 바위틈에서 자생한다. 줄기를 자르면 댕강 소리가 나기 때문에 이름이 붙었다. **꽃댕강나무**는 중국 원산이며 남부지방에서 관상수나 산울타리로 심으며, **주걱댕강나무**는 꽃이 주걱을 닮은 댕강나무 종류라는 뜻이다.

특징 5월 가지 끝에 붉은색의 두상화가 꽃대 한개에 3개씩 모여 핀다. 열매는 9월에 익고 4개의 날개가 있다.

이용 향기가 매우 좋고, 어린잎을 나물로 섭취한다.

환경 비옥한 사질양토에서 잘 자라는데 특히 약알칼리성 토양을 좋아하며, 생장속도가 빠르다.

조경 독립수, 관상수, 산울타리, 경계지에 식재한다. 줄기에 줄이 있고 수형이 특이하다. 꽃 향기가 좋기 때문에 사찰, 펜션, 주택 소정원의 심볼트리로도 좋다.

번식 종자 파종은 발아가 어려우므로 삽목으로 번식한다. 삽목은 6~7월에 당해에 새로 자란 가지를 잘라 식재한다.

병해충 알려진 병해충은 없다.

가지치기 자연 그대로 키우는 것이 좋지만 때에 따라 꽃이 진 후 가지치기를 한다. 먼저 어린 묘목일 때 원하는 수형을 만들기 위해 1~2차례 가지치기를 한다. 성숙하면 늙은 가지, 병든 가지, 웃자란 가지, 땅으로 쓰러지는 가지 정도만 가지치기하고 자연 그대로 둔다.

유사종 구별하기

- **댕강나무** : 충북, 경북의 산지나 석회암지대에서 자란다.
- **주걱댕강나무** : 경남 밀양에서 자생한다. 잎 가장자리에 불규칙한 톱니가 있다. 새 가지는 붉은빛에서 회갈색이 된다.
- **섬댕강나무** : 울릉도와 중국에서 자생한다. 가지는 붉은 빛이 돌고 털이 없다. 잎의 가장자리에 톱니가 있다. 털댕강나무와 같은 종으로 보기도 한다.
- **좀댕강나무** : 단양과 동두천 등에서 자생한다. 꽃은 주걱댕강나무 꽃과 비슷하지만 잎은 마주 나며 좁은 난형에 끝이 뾰족하다.
- **줄댕강나무** : 한국특산식물이다. 충북과 강원도 이북의 석회암지대에서 자란다. 연한 홍색의 꽃이 줄기 끝에서 두상꽃차례로 달린다. 댕강나무와 같은 것으로 보는 추세이다.

▲ 주걱댕강나무의 꽃

▲ 주걱댕강나무의 잎

▲ 섬댕강나무의 꽃

▲ 섬댕강나무의 잎

▲ 좀댕강나무의 꽃

▲ 좀댕강나무의 잎

여름 개화
꽃 · 잎 · 열매 · 수형
관상수

오랫동안 꽃피는 관상수
꽃댕강나무

포기형

인동과 | 반상록활엽 관목 | *Abelia mosanensis* | 1~2m | 전국 | 양지

연간계획	1월	2월	3월	4월	5월	6월	7월	8월	9월	10월	11월	12월
번식			심기 · 숙지삽		녹지삽					심기 · 녹지삽		
꽃/열매						꽃				열매		
전정	가지치기 · 솎아내기							순지르기				가지치기
수확/비료			비료						비료			

▲ 꽃 ❶ 잎 ❷ 열매 ❸ 줄기 ▲ 수형

토양	내조성	내습성	내한성	공해
사질양토	강	중	중	강

중국 원산으로 남부지방에서 산울타리 또는 관상수로 심어 기르며, 중부지방에서는 낙엽성을 띤다. 꽃이 아름다운 댕강나무 종류라는 뜻이며, 일본에서는 **'아벨리아'**로 불린다.

특징 댕강나무 종류에 비해 개화 기간이 긴 편이며, 성숙한 열매의 결실은 보기 어렵다. 꽃의 향기가 좋다.

이용 주택이나 공원의 관상수 및 산울타리로 사용한다.

환경 비옥한 사질양토에서 잘 자란다.

조경 도시공원이나 빌딩의 독립수, 관상수, 산울타리로 좋다. 펜션이나 한옥 진입로를 따라 열식하는 것도 좋다. 가정집 화단의 중심수로 심을만하다.

번식 종자가 결실을 맺지 않으므로 봄에는 숙시삽, 여름~가을에는 녹지삽으로 번식한다. 숙지삽은 발근제를 바르고 식재한 뒤 관리하면 1~2년 뒤 묘목이 된다.

병해충 진딧물이 발생하면 스미치온을 1000배 희석하여 살포한다.

가지치기 여름에서 가을까지 개화 기간이 비교적 길기 때문에 연중 2회 정도 가지치기를 한다. 겨울에는 수형을 만들 목적으로 가지치기, 솎아내기를 하고 8월에는 죽은 꽃을 잘라내어 새 가지가 돋아나도록 한다. 강전정을 한 경우 비료를 주어 양분 부족이 없도록 해야 파릇파릇 새 가지를 볼 수 있다.

라일락의 원종

정향나무 / 미스킴라일락

부정형

물푸레나무과 | 낙엽활엽 관목 | *Syringa patula* | 1~2m | 중북부 | 중용수

연간계획	1월	2월	3월	4월	5월	6월	7월	8월	9월	10월	11월	12월
번식			파종			녹지삽						
꽃/열매					꽃				열매			
전정	솎아내기					가지치기						
수확/비료												

▲ 꽃 ❶ 잎 ❷ 열매 ❸ 수피 ▲ 수형

토양	내조성	내습성	내한성	공해
비옥토	약	중	강	강

정향나무는 한국특산식물이며, 전국의 산지 숲이나 바위틈에서 자란다. 정향나무가 미국으로 전래된 뒤 왜성 원예종으로 육종된 것이 **'미스킴라일락'**이다.

특징 밑에서 잔가지가 많이 올라온 뒤 위로 자라다가 줄기가 땅으로 기울어진다. 2년지 끝에 흰색 또는 연한 보라색 꽃차례가 모여 달리고 좋은 향기가 난다.

이용 관상용은 물론 진한 향기는 향수의 원료가 된다.

환경 깊은 산의 활엽수림에서 자생한다. 토양을 가리지 않지만 중성토양을 좋아한다.

조경 화려한 꽃을 보려면 양지에 식재한다. 공원이나 주택의 독립수, 산울타리, 화단, 경계지, 암석지에 식재하는데 작은 그룹을 만들어 군식하는 것이 더욱 아름답다.

번식 가을에 채취한 종자의 과육을 제거하고 통풍이 잘되는 곳에서 건조시킨 뒤 노천매장했다가 이듬해 봄에 파종한다. 보통은 6~7월에 잎이 1~2매인 녹지를 꺾어 심는 것이 번식이 잘된다. 미스킴라일락은 분주로 번식한다.

병해충 흰가루병에 매우 강한 수종이다. 가지치기를 통해 통풍과 채광이 잘되게 하여 예방할 수 있다.

가지치기 1차로 죽거나 병든 줄기를 밑동에서 가지친다. 2차로 웃자란 가지의 위에서 3분의 1지점을 가지친다. 3차로 죽은 꽃이 붙어있는 부분의 가지를 친다. 휴면 중의 가지치기는 꽃눈을 없앨 수 있으므로 꽃이 진 후에 전정한다.

늦봄 개화
꽃·잎·열매·향기
심볼트리

수형이 돋보이는
개회나무(거향수, 개정향나무)

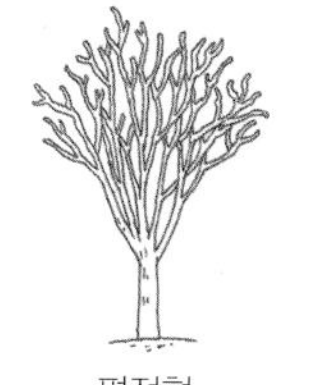
평정형

물푸레나무과 | 낙엽활엽 관목 소교목 | *Syringa reticulata* | 4~6m | 중북부 | 중용수

연간계획	1월	2월	3월	4월	5월	6월	7월	8월	9월	10월	11월	12월
번식			파종 · 숙지삽			녹지삽						
꽃/열매						꽃			열매			
전정	솎아내기						가지치기					솎아내기
수확/비료			비료									

▲ 꽃　　❶ 잎 ❷ 열매 ❸ 수피　　▲ 수형

토양	내조성	내습성	내한성	공해
사질양토	약	중	강	강

우리나라 지리산 이북의 깊은 산과 산지 주변의 하천가에서 자란다. **'거향수'**라는 이름의 조경수로 보급되고 있으며, **'개정향나무'**라고도 한다.

특징 향기가 좋고 수형이 아름답다. 꽃은 2년지 끝에 흰색 꽃이 모여 핀다. 잎은 넓은 난상이다.

이용 줄기와 수피를 부종, 이수, 기침에 약용한다.

환경 척박지에서도 성장이 양호할 정도로 토양을 가리지 않지만 사질양토에서 잘 자란다.

조경 공원이나 펜션의 중심수, 독립수로 식재하며, 가지가 구불구불 자라는 탓에 수형이 좋아 중심수나 심볼트리 수종으로 식재한다.

번식 가을에 채취한 종자의 과육을 제거하고 통풍이 잘되는 곳에서 건조시킨 뒤 노천매장했다가 이듬해 봄에 파종한다. 2~4월에 숙지로 삽목해도 발근이 잘된다.

병해충 병해충에 비교적 강하다.

가지치기 1차로 중앙의 원줄기에서 복잡한 가지를 찾아내 그중 굵은 가지를 몇 개 정리하면서 수형을 만들고 안쪽으로 통풍이 잘 되도록 한다. 2차로 좌우상단의 가지 끝을 잘라 원하는 수형을 만들되, 가지 끝을 자를 때는 분기된 지점이나 잎눈에서 5~10cm 위를 자른다. 3차로 뿌리에서 올라온 싹이나 줄기를 제거한다. 겨울에는 죽은 가지나 병든 가지를 솎아낸다.

초여름 개화
꽃·잎·열매·향기
독립수

꽃과 향기의 정원수
꽃개회나무

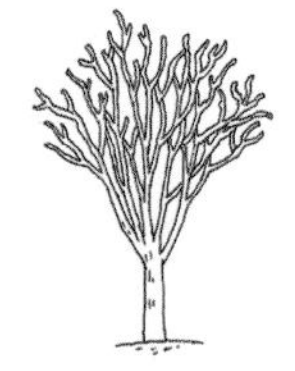
평정형

물푸레나무과 | 낙엽활엽 관목 | *Syringa wolfii* | 4m | 중북부 | 중용수

연간계획	1월	2월	3월	4월	5월	6월	7월	8월	9월	10월	11월	12월
번식			파종			녹지삽	숙지삽					
꽃/열매						꽃			열매			
전정	가지치기											가지치기
수확/비료			비료									

▲ 꽃　❶ 잎 ❷ 열매 ❸ 수피　▲ 수형

토양	내조성	내습성	내한성	공해
비옥토	강	중	강	강

우리나라 지리산 이북의 고산지대 능선에서 군락을 이루며 자란다. 꽃이 화려하고 꽃의 크기도 큰 편이다. 꽃은 6~7월 새 가지 끝에 연한 홍자색으로 모여 핀다.

특징 꽃에서 좋은 향기가 난다. 비슷한 나무인 정향나무나 개회나무는 털이 없거나 뒷면 주맥에 털이 있지만 꽃개회나무는 잎 뒷면 맥과 가장자리에 털이 있다. 정향나무에 비해 꽃차례가 새 가지에 달리고 꽃이 크다. 잎은 타원상에 열매에 껍질눈이 없다.

환경 물빠짐이 좋은 비옥토에서 잘 자란다.

조경 공원이나 펜션의 독립수로 권장한다. 소그룹으로 군식할 때는 너무 붙여 심지 않는다.

번식 10월경 채취한 종자의 과육을 제거하고 통풍이 잘되는 곳에서 건조시킨 뒤 노천매장했다가 이듬해 봄에 파종한다. 6~7월에 녹지삽을, 장마철 전후에는 숙지삽으로 번식된다.

병해충 알려진 병해충은 없다.

가지치기 앞의 개회나무에 준해 가지치기한다. 단, 꽃개회나무는 당해에 자란 가지 끝에 꽃이 달리므로 가지치기를 겨울에서 이른 봄에 해야 하고, 개회나무는 전년도에 생긴 잎눈이 당해에 가지로 성장하므로 꽃이 진 후 가지치기를 해야한다.

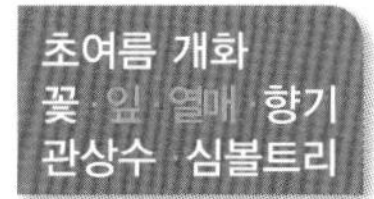

매화를 닮은 산매화
고광나무

포기형

범의귀과 | 낙엽활엽 관목 | *Philadelphus schrenkii* | 2~4m | 전국 | 중용수

연간계획	1월	2월	3월	4월	5월	6월	7월	8월	9월	10월	11월	12월
번식			종자·녹지삽				반숙지삽			종자		
꽃/열매					꽃				열매			
전정							가지치기	꽃눈분화				
수확/비료												

▲ 꽃 ❶ 잎 ❷ 열매 ❸ 수피 ▲ 수형

토양	내조성	내습성	내한성	공해
사질양토	중	중	강	중

산지의 양지바른 기슭에서 자라고 반그늘에서도 성장이 비교적 양호하다.

특징 깨끗한 흰색의 꽃과 싱그러운 향을 지니고 있으며, 꽃이 매화를 닮았다 하여 '산매화'라고도 부른다.

환경 비옥한 사질양토를 좋아하고 건조에도 강하다. 공해에 약한 편이어서 도시공원의 도로를 접하지 않은 안쪽에서는 양호한 성장을 보인다.

조경 독립수, 관상수, 산울타리, 경계지, 차폐수로 좋고 펜션, 주택, 사찰의 소정원이나 화단에도 좋다. 몇 주를 군식해 심볼트리로 심거나 큰 나무 하부에 식재한다.

번식 가을에 채취한 종자의 과육을 제거한 뒤 바로 직파하거나 이듬해 봄에 파종한다. 반숙지삽은 7~8월에 당년에 자란 새 가지중 딱딱한 가지를 10~20cm 길이로 잘라 상단부 잎 몇개를 남기고 심는다. 녹지삽, 숙지삽, 분주, 취목도 잘되므로 종자 번식을 거의 하지 않는다.

병해충 햇가지에 진딧물이 발생하면 메타 유제를 살포하여 방제한다.

가지치기 병든 가지는 녹색 부분에서 치고, 땅으로 휘어지는 가지는 밑동이나 중간에서 친다. 교차 가지가 많이 발생하는 수종이므로 교차 가지 중 하나를 쳐준다. 전체적으로 아름다운 아치형 수목이므로 아치형을 벗어나는 가지와 웃자란 가지 위주로 정리한다.

초여름 개화
꽃·잎·열매·수형
경계수(사방지)

남부지방의 지피식물

낭아초 / 큰낭아초

포복형

콩과 | 낙엽활엽 반관목 | *Indigofera pseudotinctoria* | 30~60cm | 전국 | 양지

연간계획	1월	2월	3월	4월	5월	6월	7월	8월	9월	10월	11월	12월
번식			파종					녹지삽		파종		
꽃/열매					꽃				열매			
전정	가지치기											
수확/비료									약용수확기			

▲ 수형 ❶ 꽃 ❷ 잎 ❸ 열매 ▲ 낭아초 군락

토양	내조성	내습성	내한성	공해
사질양토	강	약	중	중

우리나라 남부지방 및 제주도 바닷가 주변의 풀밭에서 자라는 낭아초와 달리 **'큰낭아초'**는 중국 원산의 귀화식물이다. 낭아초를 **'낭아비싸리'**라고도 한다.

특징 낭아초는 높이 0.3~0.6m의 덩굴처럼 자라는 포복형이고, 큰낭아초는 높이 1~2m의 목본형 수형으로 곧게 서거나 비스듬히 자란다. 큰낭아초는 낭아초에 비해 꽃차례와 열매가 긴 편이다.

이용 전초와 뿌리를 혈액순환, 해독, 소염, 타박상, 종기에 약용한다.

환경 큰낭아초는 바닷가 도로변에서도 흔히 볼 수 있을 정도로 소금기에 강하다.

조경 낭아초는 절개지, 경계지의 지피식물로 식재하거나 암석정원의 심볼트리로 군식한다. 큰낭아초는 지방 도로의 절개지나 암석정원의 심볼트리로 군식한다.

번식 가을에 채취한 종자를 바로 파종하거나 기건저장했다가 봄에 열탕처리한 뒤 파종한다. 파종 년도에는 꽃이 잘 피지 않는다. 8~9월에 녹지삽으로 번식할 수도 있다.

병해충 별다른 병해충이 없지만 뿌리썩음병이 발생할 수도 있다.

가지치기 가지치기를 할 필요가 없다. 정원에서 키울 때 성장 및 확장속도가 빠르면 늦겨울~초봄에 가지치기를 하여 매년 비슷한 크기와 수형이 되도록 유지한다.

초여름 개화
꽃·잎·열매·수형
사방지·산울타리

반초본 반목본 성질의
땅비싸리

처진포기형

콩과 | 낙엽활엽 반관목 | *Indigofera kirilowii* | 1~2m | 전국 | 양지

연간계획	1월	2월	3월	4월	5월	6월	7월	8월	9월	10월	11월	12월
번식			분주 · 파종									분주
꽃/열매					꽃					열매		
전정		가지치기										
수확/비료						약용목적 뿌리 채취시기						

▲ 땅비싸리

❶ 잎 ❷ 꽃

▲ 흰땅비싸리의 꽃

토양	내조성	내습성	내한성	공해
사질양토	강	약~중	강	중~강

전라도를 제외한 전국의 산지나 숲 가장자리에서 자란다. 5~6월 잎겨드랑이에서 연한 홍자색 꽃이 모여 핀다. 잎은 넓은 난형 또는 넓은 타원형이며, 가장자리는 밋밋하다. **'흰땅비싸리'**는 꽃이 흰색으로 핀다.

특징 반목본 · 반초본 성질을 갖고 있으며 중부 이북에서는 겨울철 지상부가 죽지만 이듬해 다시 싹이 난다. 가정에서 키울 때 너무 근접해서 식재하면 성장이 안되므로 1m 간격으로 식재한다. 뿌리에서 줄기가 많이 올라와 저절로 군생한 듯 자란다.

이용 뿌리를 해독, 부종, 통증, 치질, 이질, 개선피부염, 뱀, 벌레에 물린 상처에 약용한다.

환경 습기가 있는 양지바른 숲속이나 산비탈을 좋아하며, 반그늘에서도 비교적 성장이 양호하다. 화분에 심어 키워도 잘 자란다.

조경 공원이나 주택, 사찰 등의 사방지(경사지), 암석정원, 지피식물, 산울타리로 심는다. 저절로 왕성하게 번식한다.

번식 10월에 채취한 종자를 기건저장했다가 이듬해 봄에 열탕처리한 뒤 파종하거나 분주로 번식한다.

병해충 별다른 병해충이 없다.

가지치기 가지치기 할 필요가 없다. 가지치기 할 경우 싸리류에 준해 가지치기하되 겨울에 실시한다.

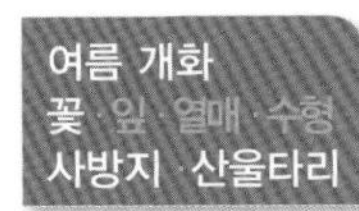

군식하면 돋보이는

싸리 / 조록싸리 / 참싸리

포기형

콩과 | 낙엽활엽 관목 | *Lespedeza bicolor* | 2~3m | 전국 | 양지

연간계획	1월	2월	3월	4월	5월	6월	7월	8월	9월	10월	11월	12월
번식			파종									
꽃/열매							꽃			열매		
전정	가지치기 · 솎아내기				꽃눈분화							
수확/비료								약용목적 열매 수확				

▲ 꽃 ❶ 잎 ❷ 열매 ❸ 수피 ▲ 봄철 수형

토양	내조성	내습성	내한성	공해
보통	중~강	중	강	강

싸리, 조록싸리, 참싸리는 우리나라 전국의 산과 들에서 흔하게 자란다. 싸리는 참싸리에 비해 꽃차례가 크고 길며, 조록싸리는 싸리, 참싸리와 달리 잎 끝이 뾰족하다. **'광대싸리'**는 콩과의 싸리류와 달리 대극과 식물로서 전혀 다른 식물이다.

특징 7~8월 잎겨드랑이에서 홍자색 꽃이 모여 핀다. 잎은 3출엽이며, 잎끝은 둥글다.

이용 밀원식물이자 맹아력(싹이 트는 힘)이 강해 사방지 조림수로 인기가 있다.

환경 척박지에서도 성장이 양호할 정도로 토양을 가리지 않고 잘 자란다.

조경 도로나 펜션의 사방지(경사지)에 심는 나무로 유명하다. 관상수, 산울타리 용도로 식재하려면 보통 군식하는 것이 아름답다.

번식 생장속도가 빠르고 맹아력이 좋아 종자 번식을 많이 한다. 10월에 채취한 종자를 말려 살충시킨 뒤 기건저장했다가 이듬해 봄에 열탕처리하여 파종한다.

병해충 별다른 병해충이 없다.

가지치기 싸리는 금년에 자란 새 가지에서 꽃눈이 발생하므로 가지치기 시기는 새 가지가 자라기 전인 겨울에서 이른 봄이다. 기본 가지치기는 매월 하되, 죽거나 병든 가지를 잘라내는 수준으로 한다. 본격적인 가지치기는 겨

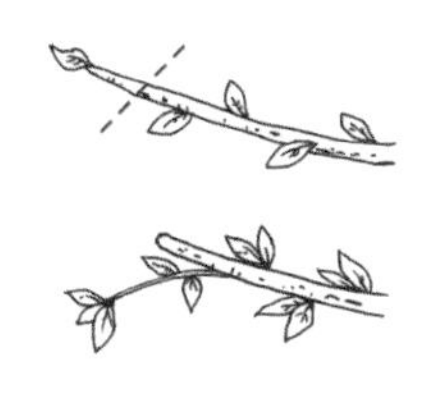

▲ 봄철 싸리 가지치기

울에서 이른 봄 사이에 실시하며 가지 끝을 잘라 좌우 균형을 맞추거나 원하는 수형을 만드는 목적으로 한다. 오랫동안 방치한 싸리는 이른 봄이 되기 전 지면에서 15~30cm 지점을 모두 잘라내면 봄에 새 가지가 돋아나면서 어린 나무가 된다.

유사종 구별하기

- **참싸리** : 꽃자루가 짧아 잎겨드랑이에서 꽃이 붙어난듯 자란다.
- **조록싸리** : 싸리와 비슷하나 잎이 넓은 타원형이고 잎끝이 뾰족하다. 싸리와 달리 음지형 식물이다. 잎을 사료용으로 사용한다.
- **광대싸리** : 콩과 식물이 아닌 대극과 식물이며, 잎이 싸리와 비슷하여 오인한다. 잎겨드랑이에서 연한 노란색 또는 황록색 꽃이 모여 핀다.

▲ 참싸리의 꽃

▲ 참싸리의 수형

▲ 조록싸리의 꽃

▲ 조록싸리의 잎

▲ 광대싸리의 꽃

▲ 광대싸리의 잎

▲ 광대싸리의 수형

여름 개화
꽃 · 잎 · 열매 · 수형
관상수 심볼트리

스님의 머리를 닮은
구슬꽃나무(중대가리나무)

다간형

꼭두서니과 | 낙엽활엽 관목 | *Adina rubella* | 1~4m | 중부 이남, 제주도 | 중용수

연간계획	1월	2월	3월	4월	5월	6월	7월	8월	9월	10월	11월	12월
번식			종자 · 근삽					반숙지삽				
꽃/열매							꽃			열매		
전정	가지치기 · 솎아내기							가지치기				
수확/비료												

▲ 꽃

▲ 잎

▲ 수형

토양	내조성	내습성	내한성	공해
사질양토	강	중	중	중

우리나라와 중국에 분포하며 제주도 낮은 지대나 한라산 기슭의 양지바른 계곡가에서 자란다. 구슬처럼 동그란 꽃이 피는 나무라는 뜻이며, 꽃이 스님의 머리를 닮았다 하여 **'중대가리나무'**라고도 한다.

특징 7~8월 가지 끝과 잎겨드랑이에서 두상꽃차례로 흰색 또는 황적색의 꽃이 모여 핀다. 암술대가 화관 밖으로 길게 나온 것이 특징이다.

이용 꽃과 뿌리를 습진, 외상출혈, 치통, 종기, 혈액순환 등에 약용한다. 최근 들어 분재로도 인기가 높다.

환경 산성토, 사질양토에서 잘 자란다. 강원 내륙과 충북 내륙을 제외한 중부 이남에서도 양호한 성장을 보인다.

조경 도시공원, 펜션, 주택 정원의 관상수, 심볼트리로 좋다. 줄기가 많이 갈라지므로 산울타리로도 식재한다.

번식 가을에 채취한 종자를 추려내어 기건저장했다가 이듬해 봄에 파종한다. 또는 여름에 뿌리를 채취한 뒤 이듬해 봄에 근삽한다. 9월경 반숙지삽으로 삽목해도 번식이 된다.

병해충 병해충에 비교적 강하다.

가지치기 주로 꽃을 관상하는 나무이므로 이른 봄 가지치기할 때 꽃눈을 많이 남기는 방법으로 가지치기한다. 가지가 제멋대로 자라는 나무이므로 불필요하거나 어색한 가지는 전정하여 원하는 수형을 만든다. 꽃이 진 후에는 바로 순지르기를 한다.

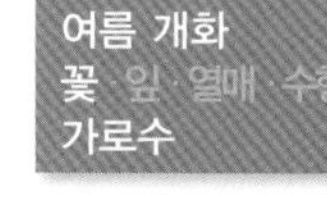

끊임 없이 피고 지는
무궁화

원형

아욱과 | 낙엽활엽 관목 | *Hibiscus syriacus* | 2~4m | 전국 | 양지

연간계획	1월	2월	3월	4월	5월	6월	7월	8월	9월	10월	11월	12월
번식			파종 · 삽목		삽목						심기	
꽃/열매							꽃			열매		
전정			가지치기		꽃눈분화							
수확/비료				비료	약용 근피 수확				약용 열매 수확			

▲ 꽃

❶ 흰색 꽃 ❷ 잎 ❸ 수피

▲ 수형

토양	내조성	내습성	내한성	공해
점질양토	강	중	중~강	강

중국이 원산지이며, 전국에서 심어 기른다. 분홍색, 흰색, 겹꽃 등 수많은 품종이 있다. 비교적 전정이 잘 되는 나무 중 하나이며, 끊임 없이 피고 지는 꽃(無窮花)이라는 뜻에서 붙여진 이름다.

특징 7~9월 새 가지의 잎겨드랑이에 지름 5~10cm의 분홍색 꽃이 핀다. 꽃은 아침에 피어 저녁에 시들고 연이어 피기 때문에 3~4개월 이상 꽃을 감상할 수 있다.

이용 잎을 당뇨, 이질, 해수, 부종, 피부염 등에 약용한다.

환경 양지식물로 토양은 가리지 않고 건조함을 싫어한다.

조경 독립수, 관상수, 가로수로 좋다. 산울타리 용도로 심을 경우 간격을 두고 통풍이 잘되게 해야 병해충이 발생하지 않는다.

번식 가을에 채취한 종자를 노천매장한 뒤 이듬해 봄에 파종한다. 삽목은 겨울을 제외한 연중 가능하지만 봄에 하는 것이 활착률이 높다. 잎이 1~2장 붙은 연한 가지로 삽목한다.

병해충 봄에는 진딧물이 발생하므로 싹이 나기 전 미리 방제한다. 여름에 발생하는 입고병은 물빠짐을 좋게 하면 발생하지 않는다. 그 외 박쥐나방 등의 병해충이 있다.

가지치기 가지에서 눈 5개 정도 남기고 상단부를 잘라준 뒤 겹쳐있는 가지와 죽어가는 가지도 잘라준다. 꽃눈은 당년도 가지의 5~6번째 잎눈 겨드랑이에 생긴다.

초여름 개화
꽃 잎 열매 수형
관상수 심볼트리

박쥐의 날개를 닮은
박쥐나무

부정형

박쥐나무과 | 낙엽활엽 관목 | *Alangium platanifolium* | 3~4m | 전국 | 양지~반음지

연간계획	1월	2월	3월	4월	5월	6월	7월	8월	9월	10월	11월	12월
번식			파종	숙지삽					녹지삽			
꽃/열매					꽃			열매				
전정	가지치기										솎아내기	
수확/비료												

▲ 꽃　❶ 잎 ❷ 열매 ❸ 수피　▲ 수형

토양	내조성	내습성	내한성	공해
사질양토	강	중	강	중

전국 산야의 계곡가 키 큰 나무 밑에서 자란다. 잎의 모양이 박쥐날개를 닮았다 하여 붙여진 이름이다.

특징 5~6월 새 가지의 잎겨드랑이에서 취산꽃차례로 1~7개의 흰색 꽃이 핀다. 꽃밥은 노란색이고 매우 길다.

환경 비교적 촉촉한 토양에서 잘 자라고 건조에는 약하다. 양수로 햇볕을 좋아하지만 내음성이 강하다.

조경 큰 나무 하부의 반음지에 적당하고 반음지에서도 개화를 잘한다. 주택, 한옥, 펜션 조경에서 독립수, 관상수로도 식재한다. 도시공원의 정자 옆에 심는다. 늦봄~초여름에 개화하는 귀고리 모양의 꽃과 가을 단풍이 아름다워 관상 가치가 높은 유망 수종이다.

번식 가을에 채취한 종자의 과육을 제거하고 조금 건조시켜 모래와 섞어 노천매장한 뒤 이듬해 봄에 파종한다. 4월 말 전후에는 1~2년생 숙지삽, 가을에는 잎이 2~3개 붙어 있는 녹지(당해년도에 자란 녹색 줄기)를 잘라 심어도 번식된다.

병해충 식물의 저항력이 약해질 때 간혹 녹병이 발생할 수 있으므로 피해가 심하면 만코지수화제 등을 살포한다.

가지치기 방임하는 것이 좋지만 잎이 넓으므로 비바람이 불면 꽃과 열매가 낙과하는 경향이 많다. 평행지, 하수지는 통행에 방해되므로 정리하여 Y자 수형을 만든다. 잎겨드랑이에서 꽃눈이 나오므로 잎눈을 많이 없애지 않는다.

늦여름 개화
꽃 · 잎 · 열매 · 수형
관상수 · 심볼트리

여름 정원의 대표 심볼트리

배롱나무(목백일홍)

부정형

부처꽃과 | 낙엽활엽 소교목 | *Lagerstroemia indica* | 3~5m | 남부지방 | 양지

연간계획	1월	2월	3월	4월	5월	6월	7월	8월	9월	10월	11월	12월
번식	숙지삽		파종 · 숙지삽 · 분주			녹지삽						
꽃/열매							꽃			열매		
전정			가지치기			꽃눈분화						
수확/비료									비료			

▲ 꽃 ❶ 잎 ❷ 열매 ❸ 수피 ▲ 수형

토양	내조성	내습성	내한성	공해
사질양토	중~강	중	약~중	중~강

중국 원산이며 주로 충청 이남에서 가로수나 관상수로 심는다. 백일홍(百日紅)처럼 꽃이 오래 피는 나무라 하여 **'목백일홍'** 또는 **'백일홍나무'**라고도 한다.

특징 한여름철(7~9월)에 꽃이 오랫동안 피고 나무껍질이 매끄럽다. 가지 끝에 홍자색의 꽃이 모여 핀다.

이용 꽃과 뿌리를 종기, 치질, 이질, 대하, 소아의 헌 피부염 등에 약용한다.

환경 내한성이 있으나 강원도와 중부 이북에서는 겨울철에 방한처리한다. 양수이며 적습한 중성토양을 좋아한다.

조경 사찰, 한옥, 주택의 독립수로 좋고 펜션 진입로의 가로수로도 적당하다. 도시공원에서는 포인트로 삼을 수 있는 수종이므로 서너 그루를 식재한다. 한여름에는 개화하는 꽃나무가 그리 많지 않기 때문에 주택의 작은 정원에서 심볼트리로 식재하면 좋다.

번식 가을에 채취한 종자의 과육을 제거하고 모래와 섞어 노천매장한 뒤 이듬해 봄에 파종한다. 4월 말 전후에는 1~2년생 숙지삽, 가을에는 잎이 2~3개 붙어있는 녹지(당년도에 자란 녹색 줄기)를 잘라 심어도 번식된다. 취목, 분주로도 번식이 된다.

병해충 장마철 전후 습기가 높을 때 나타나는 백분병은 장마 전에 미리 방제한다. 진딧물도 잘 걸리므로 6월에 방제한다. 깍지벌레는 발생 즉시 방제한다. 이들 병해충은 주기적으로 연간 2회 방제하면 걸리지 않는다.

가지치기 1차로 죽은 가지, 병든 가지, 웃자란 상하향지, 평행지, 교차지를 적절히 잘라낸다. 2차로 좌우 비율을 유지하면서 각 가지의 끝 부분 위주로 가볍게 순지르기하면 잔가지가 많이 돋아나면서 꽃이 많이 달린다. 전정이 잘되는 수종이므로 원하는 수형을 만들 수 있고 가지치기를 잘하면 고목 느낌의 운치 있는 수형을 만들 수 있다. 가령, 상향지 위주로 살리거나, 상향지를 누르고 평행지를 많이 살리는 것도 멋진 수형이 된다.

▲ 기본 가지치기 방법

◀ 산청 대원사 배롱나무
▲ 덕수궁 석조전의 둥근향나무 앞의 배롱나무
◀ 흰배롱나무의 꽃
▲ 계룡산 갑사의 배롱나무

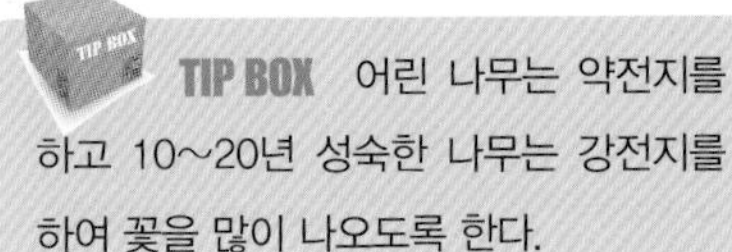

TIP BOX 어린 나무는 약전지를 하고 10~20년 성숙한 나무는 강전지를 하여 꽃을 많이 나오도록 한다.

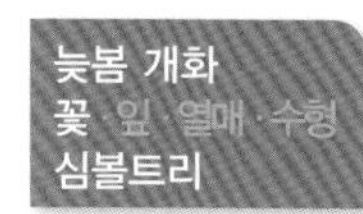

작은 정원에 어울리는 꽃나무

고추나무

포기형

고추나무과 | 낙엽활엽 관목 또는 소교목 | *Staphylea bumalda* | 3~5m | 전국 | 양지~음지

연간계획	1월	2월	3월	4월	5월	6월	7월	8월	9월	10월	11월	12월
번식			파종 · 숙지삽						파종 · 녹지삽			
꽃/열매					꽃				열매			
전정	속아내기 · 가지치기					가지치기						
수확/비료				나물용 어린잎 수확								

▲ 꽃 ❶ 잎 ❷ 열매 ❸ 수피 ▲ 수형

토양	내조성	내습성	내한성	공해
보통	중	중	강	중

전국의 산지에서 자라며 잎의 모양이 고춧잎과 비슷하여 붙여진 이름이다. 9~10월에 익는 열매 모양이 특이하다.

특징 5~6월 가지 끝에 5~8cm의 흰색 꽃이 모여 핀다.

이용 봄에 어린 잎을 나물로 무쳐 먹는다.

환경 다소 습한 토양에서 잘 자라지만 건조에도 강하다.

조경 도시공원의 심볼트리, 펜션, 한옥, 주택의 소정원, 큰 나무 하부에 잘 어울린다.

번식 가을에 채취한 종자의 과육을 제거하고 조금 건조시켜 모래와 섞어 노천매장한 뒤 이듬해 봄에 파종하거나, 종자를 채취할 때 직파한다. 3~4월에는 전년도 가지로 숙지삽, 9~10월에는 금년에 자란 녹지로 삽목한다. 삽목할 때는 눈 2~3개가 붙어있는 가지를 20cm 길이로 잘라서 삽목한다.

병해충 진딧물 등이 발생하기도 한다. 유사종의 경우 잎에 반점이 생기는 둥근무늬반점병이 발생하기도 하는데 즉시 해당 잎을 따주고 뿌리 쪽에 버리지 않도록 주의한다.

가지치기 가지치기 할 필요가 없는 자연 수형으로 가꾸는 나무지만 죽거나 병든 가지, 교차지점의 가지를 쳐서 통풍을 원활히 하고 병해충이 발생하지 않도록 한다. 작년 잎눈이 당해년도에 긴 가지로 성장하고 그 가지 끝에서 꽃이 달리므로 잎눈을 취사 선택해 가지치기한다.

관목&
열매 관상수

교목에 비해 키가 작게 자라는 관목(높이 3m 이내)들이 갖는 관상 가치와
아름다운 열매를 탐미할 수 있는 열매 관상수들을 알아본다.

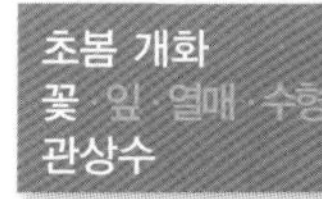

잎보다 노란색 꽃이 먼저 피는

생강나무

원개형

녹나무과 | 낙엽활엽 관목 | *Lindera obtusiloba* | 2~3m | 전국 | 중용수

연간계획	1월	2월	3월	4월	5월	6월	7월	8월	9월	10월	11월	12월
번식			종자			녹지삽			종자		심기	
꽃/열매				꽃					열매			
전정						가지치기						
수확/비료												

▲ 개화기 수형 ❶ 꽃 ❷ 잎 ❸ 열매 ▲ 어린 묘목의 수형

토양	내조성	내습성	내한성	공해
비옥토	강	중	강	중

산지의 비옥한 기슭이나 음습한 계곡 주변에서 흔히 볼 수 있는 나무이다. 잎이나 줄기를 자르면 생강냄새가 난다하여 붙여진 이름이다. **'산동백'** 또는 **'산동백나무'**라고도 한다.

특징 3~4월 가지마다 노란색 꽃이 잎보다 먼저 피며, 잎이나 줄기를 자르면 생강냄새가 난다.

이용 가지와 수피, 잎을 어혈, 혈액순환, 종기, 타박상에 약용하거나 환부에 짓이겨 바른다.

환경 부식질의 비옥토에서 잘 자란다. 소나무 같은 큰 나무 하부에 식재하면 잘 어울린다. 공해 내성이 있어 도시공원의 도로를 접하지 않은 곳에서는 양호한 성장을 보인다.

조경 독립수, 관상수로 좋다. 펜션이나 한옥, 주택 소정원의 중심수로 심을 수 있다.

번식 가을에 채취한 종자의 과육을 물에 씻어 제거한 뒤 바로 파종하거나 축축한 모래와 섞어 노천매장한 뒤 이듬해 봄에 파종한다. 녹지삽은 상단 잎은 가위로 잘라 절반 정도 남기고 하단 잎은 다 딴 뒤 식재한다.

병해충 별다른 병해충이 없다.

가지치기 묘목일 때는 그늘에서 키운다. 수형을 잡을 목적으로 가지치기를 하고 그 외는 가지치기할 필요가 없다. 성목이 되면 병든 가지만 정리하고 가볍게 순지르기만 한다.

초봄 개화
꽃 · 잎 · 열매 · 수형
관상수

개암 열매로 유명한
개암나무 / 참개암나무 / 물개암나무

원형

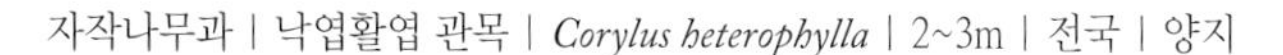
자작나무과 | 낙엽활엽 관목 | *Corylus heterophylla* | 2~3m | 전국 | 양지

연간계획	1월	2월	3월	4월	5월	6월	7월	8월	9월	10월	11월	12월
번식			파종 · 묘목식재	접목								
꽃/열매			꽃						열매			
전정	가지치기						꽃눈분화				가지치기	
수확/비료		비료				비료		비료 · 열매 수확				

▲ 암꽃과 수꽃

❶ 잎 ❷ 열매 ❸ 수피

▲ 수형

토양	내조성	내습성	내한성	공해
사질양토	강	중	강	중

경북 이북의 양지바른 산지에서 자란다. '개암(해즐럿)'이라는 고소한 열매가 열리는 수종으로 열매는 가을에 수확해 약용하거나 식용한다.

특징 잎에 샘털이 많고 포엽이 견과를 감싸되 완전히 덮지는 않는다.

이용 열매를 소화, 식욕증진, 시력보호에 약용하며 견과류처럼 섭취한다. 묘목상의 개암나무 묘목은 자연산이 아니라 결실에 우선을 둔 개량종이 많다.

환경 양지바르고 물빠짐이 좋은 비옥토에서 잘 자란다.

조경 독립수, 관상수, 한옥조경으로 적당하다. 열매 수확이 목적이면 3m 간격으로 식재한다. 관상 목적이면 1.5~2m 간격으로 밀식한다.

번식 가을에 채취한 종자의 과육을 제거하고 건조시켜 모래와 1대1로 섞어 노천매장한 뒤 이듬해 3월 중순~4월 중순 사이에 파종한다. 묘목 식재 역시 3월 중순~4월 중순이 좋고 접목(할접, 절접)은 4월말이 좋다. 분주, 취목으로 번식이 된다.

병해충 백분병은 물빠짐을 좋게 하면 발생하지 않는다. 진딧물이 잘 발생하므로 방제한다.

가지치기 묘목을 식재한 경우에는 모양을 만들 목적으로 가지치기를 한다. 보통 원뿔형~삼각형 모양이 되도록 구상한다. 허리 높이에서 3~5개의 주요 가지만 남기고 모두 가지치기한다. 3~5개의 주요 가지의 잔가지도 건강한 가지 3~5개만 남기고 가지치기한다. 다음해에는 전년도에 보호한 주가지와 잔가지만 남기고 새로 발생한 잔가지를 적절히 가지치기한다. 그리고 매년 뿌리에서 올라온 막가지와 지면으로 향하는 가지, 죽은 가지, 병든 가지, 다른 가지의 성장을 방해하는 교차 가지를 제거한다. 열매 수확이 목적이라면 병을 예방하기 위해 가지치기 후 반드시 도포제를 바른다.

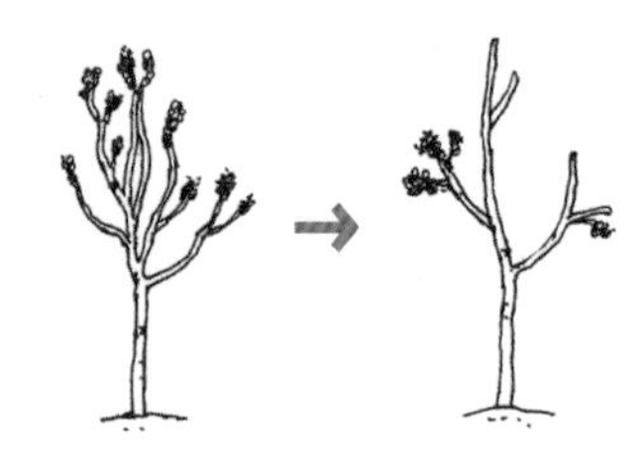
▲ 초기 가지치기

▲ 난티잎개암나무

▲ 난티잎개암나무의 잎

▲ 물개암나무의 잎

▲ 물개암나무의 꽃

▲ 병물개암나무의 잎

▲ 병물개암나무의 열매

▲ 참개암나무의 잎 뒷면

▲ 참개암나무의 꽃

유사종 구별하기

- **개암나무** : 잎자루에 샘털이 있고 잎 뒷면에 잔털이 있다.
- **참개암나무** : 잎자루에 샘털이 있고 포엽이 견과를 완전히 감싸며 긴 뿔 모양이다.
- **물개암나무** : 잎자루에 잔털이 많고 포엽이 3~6cm로 길게 자라 견과를 완전히 감싸며 뿔 모양이다.
- **난티잎개암나무** : 잎 뒷면에 황색 잔털이 있으나 최근에는 개암나무와 같은 종으로 보기도 한다.
- **병물개암나무** : 잎 표면 맥 사이에 잔털이 있고 뒷면 맥 위에도 잔털이 있다.

TIP BOX 개암나무 열매는 보통 5년생부터 열매를 수확할 수 있고 이후 30여 년 간 수확할 수 있다.

봄 개화
꽃·잎·열매·수형
산울타리

울타리에 잘 어울리는
매자나무 / 매발톱나무

포기형

매자나무과 | 낙엽활엽 관목 | *Berberis koreana* | 2m | 전국 | 중용수

연간계획	1월	2월	3월	4월	5월	6월	7월	8월	9월	10월	11월	12월
번식			종자			녹지삽		녹지삽				
꽃/열매					꽃				열매			
전정	솎아내기					가지치기						
수확/비료	약용뿌리 채취									약용뿌리 채취		

▲ 꽃　❶ 잎 ❷ 열매　▲ 수형

토양	내조성	내습성	내한성	공해
사질양토	약	중	강	약

매자나무는 한국특산식물로 강원도와 중부지방의 산지 기슭 및 하천 주변의 비옥하고 양지바른 곳에서 자란다.

특징 5~6월 가지 끝에서 노란색의 꽃이 모여 핀다. 꽃에서 좋은 향기가 난다. 어린 가지는 적갈색이며 가시가 달린다. 매발톱나무의 경우 어린 가지가 회갈색이며 가시가 달리고 잎 가장자리의 톱니가 날카롭고 열매가 타원형이다.

이용 뿌리를 결막염, 소염, 해독, 청열, 장염, 황달, 나력, 폐렴, 종기, 피부염, 외상살균, 항암, 항균에 약용한다.

환경 비옥한 사질양토에서 잘 자란다. 공해에 약하지만 도시공원의 도로를 접하지 않은 안쪽에서는 비교적 양호한 성장을 보인다.

조경 독립수, 관상수, 산울타리로 적당하고 소그룹으로 군식하는 것이 좋다. 펜션이나 한옥 진입로를 따라 열식하기도 하며, 소형 관목이기 때문에 주택의 화단에서 개나리 대용으로 식재해도 좋다.

번식 가을에 채취한 종자의 과육을 제거하고 모래와 섞어 노천매장한 뒤 이듬해 봄에 파종한다. 녹지삽은 당해년에 자란 녹색가지의 끝을 10~20cm 길이로 잘라 상단부 잎 몇개를 남기고 발근촉진제를 바른 뒤 심는데 6월 초, 8월 말에 하는 것이 좋다. 매자나무와 달리 매발톱나무는 3~4월 숙지삽, 6~7월, 9월에 녹지삽으로 번식할 수 있다.

병해충 병해으로는 녹병, 충해로는 눈나방, 각시방나방 등이 발생하면 방제한다.

가지치기 뿌리에서 줄기가 많이 발생한 뒤 저절로 원형 수형을 만드는 나무이므로 굳이 가지치기를 할 필요가 없이 필요한 경우에만 가지치기를 한다.

죽은 가지는 밑동에서, 병든 가지와 손상 가지(꺾인 가지)는 병들지 않은 녹색 부분에서 친다. 가위를 소독한 뒤, 웃자란 가지를 친다. 교차 가지는 분기점 바로 위에서 친다. 마지막으로 원하는 수형을 만들기 위해 순지르기한다. 뿌리에서 줄기가 많이 올라오는 관목이므로 리뉴얼(회춘) 가지치기를 할 수 있다. 고목인 경우 2년 간격으로 전체 가지 중 늙은 가지 30%를 찾아 지면에서 친다.

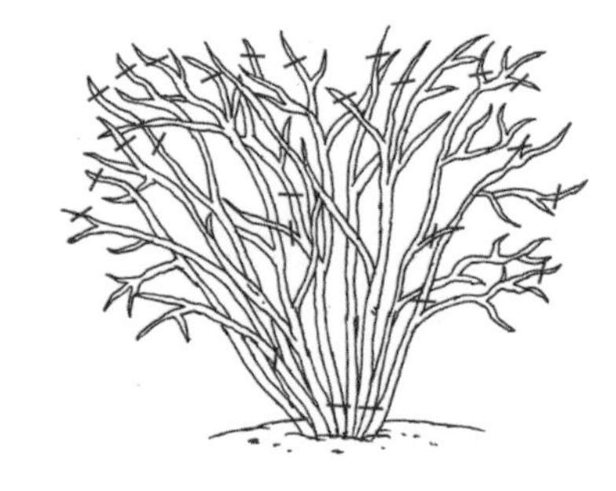

▲ 매자나무 가지치기

유사종 구별하기

- **매자나무 :** 잎은 타원형~달걀형에 가깝고 톱니는 불규칙적이고 덜 날카롭다. 톱니 사이 간격은 조밀하거나 넓은 편이고 잎의 뒷면이 회록색이다. 열매는 구형~장상 구형이다. 어린 가지는 적갈색이고 줄기의 가시는 짧은 편이다.
- **매발톱나무, 왕매발톱나무, 섬매발톱나무 :** 잎은 원형~달걀형에 가깝고 톱니는 불규칙적이고 매우 날카롭다. 톱니 사이 간격은 조밀하고 잎 뒷면은 연록색이다. 열매는 타원형~기둥형에 가깝다. 어린 가지는 회갈색이고 줄기의 가시는 긴 편이다. 최근에는 왕매발톱나무와 섬매발톱나무를 모두 매발톱나무로 보는 견해가 있다.

▲ 왕매발톱나무 ❶ 꽃 ❷ 잎 ❸ 열매 ▲ 섬매발톱나무

봄 개화
꽃 · 잎 · 열매 · 수형
산울타리

붉은 열매가 더 눈에 띄는
딱총나무 / 지렁쿠나무

개장형

인동과 | 낙엽활엽 관목 | *Sambucus williamsii* | 3m | 전국 | 중용수

연간계획	1월	2월	3월	4월	5월	6월	7월	8월	9월	10월	11월	12월
번식		숙지삽		파종		녹지삽	파종					
꽃/열매					꽃		열매					
전정	솎아내기					가지치기						솎아내기
수확/비료												

▲ 꽃　❶ 잎 ❷ 열매 ❸ 수피　▲ 수형

토양	내조성	내습성	내한성	공해
사질양토	강	강	강	강

제주도와 울릉도를 제외한 전국의 산지에서 자란다. 딱총나무의 잎은 가장자리가 날카롭고 끝이 뾰족하다. 전체에서 고약한 냄새를 풍긴다.

특징 가을에 붉은색으로 익는 열매를 관상할 수 있고, 열매는 새들의 먹이가 된다. 4~5월 새 가지 끝에서 황백색 또는 녹백색의 꽃이 모여 핀다.

환경 산지의 반음지나 큰 나무 아래의 축축하고 비옥한 토양에서 자란다.

조경 가을에 맺는 붉은색의 열매를 관상 목적으로 심어 기르며, 독립수, 산울타리, 차폐수로 적당하다. 전체에서 약간 고약한 냄새가 나므로 주택의 정원에는 그다지 권장하지 않는다.

번식 7월에 채취한 종자의 과육을 제거하고 직파하거나 노천매장했다가 이듬해 봄에 파종한다. 6~7월에 녹지삽으로 번식한 경우 해가림 시설을 해준다. 그 외 분주로도 번식할 수 있다.

병해충 진딧물, 응애가 발생하면 제때 방제한다.

가지치기 가지치기를 하지 않으면 거친 잡목처럼 자라므로 매년 가지치기를 하되, 식재한 후 3년차부터 가지치기를 한다. 먼저 죽은 가지는 제일 밑에서, 병든 가지는 녹색이 있는 부분에서 자르고, 웃자란 가지, 뿌리에서 올라온 가지를 자른다. 그 후 원하는 수형을 만들어가며 전정한다.

유사종 구별하기

- **딱총나무** : 잎 양면에 털이 있거나 없는데 거의 없는 경우가 많고 톱니 끝은 날카롭고 굽어지지 않는다.
- **덧나무** : 잎 양면에 털이 있거나 없고 가장자리 톱니는 굽어있다. 소엽은 5~9개이다. 제주도와 남부 해안도서지역에서 자생한다.
- **지렁쿠나무** : 잎 뒷면 전체에 털이 있고 꽃대에 털이 있다. 소엽은 5~9개이다. 깊은 산에서 자생한다.
- **캐나다딱총나무** : 잎 뒷면 맥에 털이 있고 톱니는 안으로 굽어있다. 딱총나무가 원추꽃차례인 반면 캐나다딱총나무는 산방꽃차례로 달린다.

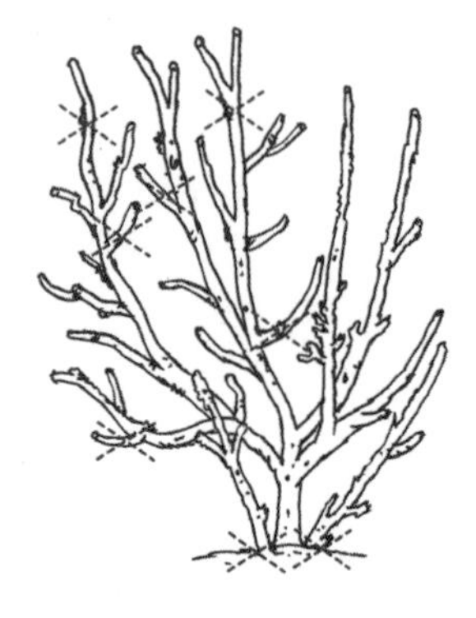
▲ 딱총나무 가지치기

▲ 지렁쿠나무의 잎 뒷면

▲ 덧나무의 잎 뒷면

▲ 캐나다딱총나무의 꽃

▲ 캐나다딱총나무의 잎

▲ 캐나다딱총나무의 열매

봄 개화
꽃·잎·열매·향기
심볼트리

독특한 향취를 내는
분꽃나무 / 섬분꽃나무

포기형

인동과 | 낙엽활엽 관목 | *Viburnum carlesii* | 2m | 전국 | 양지

연간계획	1월	2월	3월	4월	5월	6월	7월	8월	9월	10월	11월	12월
번식			종자			녹지삽						
꽃/열매				꽃						열매		
전정	솎아내기					가지치기						
수확/비료												

▲ 꽃 ❶ 잎 ❷ 열매 ❸ 수피 ▲ 수형

토양	내조성	내습성	내한성	공해
비옥토	강	중	강	중

전국의 양지바른 산 중턱의 숲이나 석회암지대에서 자란다. 유사종으로 꽃 모양이 분꽃나무가 아닌 오히려 가막살나무와 비슷한 **'산분꽃나무'**와 최근 분꽃나무와 동일한 종으로 보는 **'섬분꽃나무'**가 있다.

특징 뿌리에서 줄기가 많이 올라와 포기를 이루고 수형이 관목 치고는 매우 강건하다.

이용 꽃과 열매의 관상 가치가 높고, 향기가 좋아 나비가 즐겨 찾는다.

환경 비옥토에서 잘 자라며, 건조지에서는 여러 가지 병해충에 걸리기 쉽다.

조경 흔히 볼 수 있는 수종은 아니지만 도시공원, 펜션과 주택의 아담한 심볼트리로 식재하거나 화단에 식재한다.

번식 가을에 채취한 종자의 과육을 제거한 뒤 약 2년 동안 노천매장했다가 봄에 파종한다. 녹지삽은 6월~7월에 한다.

병해충 매실자나방, 잎말이벌레 등이 발생하면 디프수화제, 세빈수화제1000배액으로 구제한다.

가지치기 병든 가지는 병들지 않은 녹색 부분을 찾아서 친다. 교차 가지는 상처가 많은 쪽 가지를 친다. 땅으로 향하는 하향지를 솎아낸다. 마지막으로 전체 가지 끝을 일률적으로 쳐서 가지마다 성장을 촉진하는데, 이때는 잎 위쪽으로 1cm 부분을 친다.

봄에는 흰꽃, 가을엔 붉은 열매

가막살나무

포기형

인동과 | 낙엽활엽 관목 | *Viburnum dilatatum* | 3m | 전국 | 양지~음지

연간계획	1월	2월	3월	4월	5월	6월	7월	8월	9월	10월	11월	12월
번식	심기		파종 · 숙지삽			녹지삽						심기
꽃/열매					꽃				열매			
전정	솎아내기					가지치기						솎아내기
수확/비료			비료			약용 줄기, 약용 잎 수확			약용 열매 수확			

▲ 여름 수형 ❶ 꽃 ❷ 잎 ❸ 열매 ▲ 가을 수형

토양	내조성	내습성	내한성	공해
보통	강	중	강	강

중부 이남의 깊은 산이나 숲 속에서 자란다. 나무껍질이나 가지가 검은 나무라 하여 붙여진 이름이다.

특징 가막살나무는 전체에 털이 있고, 산가막살나무에는 털이 적거나 없다. 5~6월 가지 끝에 흰색 꽃이 모여 핀다.

이용 잎, 줄기, 열매를 부종, 청열, 발열, 감기, 소아감적, 피부염, 항암 등에 약용한다.

환경 비교적 촉촉한 토양에서 잘 자라고 성장속도는 보통이다. 공해에 강해 도시공원의 조경수로 많이 보급하고 있는 추세이다.

조경 독립수, 산울타리, 큰 나무 하부에 식재한다. 음지에 식재하면 꽃이 불량하고 군락으로 군식하는 것이 좋다. 늦봄에 흰색 꽃을, 가을에는 빨간 열매를 관상할 수 있다.

번식 가을에 채취한 종자의 과육을 제거하고 건조시킨 후 모래와 섞어 노천매장한 뒤 이듬해 봄에 파종하면 2년 뒤 발아한다. 보통은 삽목과 취목으로 번식한다.

병해충 병해충에 비교적 강하다.

가지치기 약간 잡목처럼 자라고 잔가지가 많지만 가지치기를 하지 않고 자연 수형으로 기르는 것이 좋다. 가지치기는 꽃이 지면 바로 실시하는데 늙은 가지, 죽은 가지를 잘라내 통풍이 잘되도록 하고 젊은 가지가 많이 돋아나도록 한다. 또한 뿌리에서 올라온 잔가지를 전지한다. 꽃은 전년도 잎눈이 당해에 새 가지로 자란 뒤 그 가지 끝에 달린다.

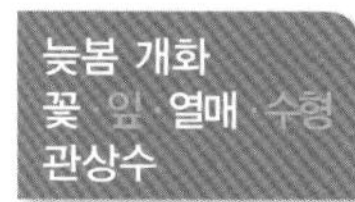

잎자루가 짧은 가막살나무의 사촌

덜꿩나무 / 라나스덜꿩

포기형

인동과 | 낙엽활엽 관목 | *Viburnum erosum* | 2m | 전국 | 양지~반음지

연간계획	1월	2월	3월	4월	5월	6월	7월	8월	9월	10월	11월	12월
번식			파종 · 숙지삽			녹지삽			파종			
꽃/열매					꽃				열매			
전정	솎아내기					가지치기						솎아내기
수확/비료			비료									

▲ 꽃과 턱잎

❶ 열매 ❷ 라나스덜꿩 수형

▲ 덜꿩나무 수형

토양	내조성	내습성	내한성	공해
사질양토	중	중	강	중

경기도 이남의 낮은 산지에서 자란다. 가막살나무와 비슷하나 가막살나무에 비해 꽃자루 밑에 턱잎이 있고, 잎자루가 짧다.

특징 4~5월 새 가지 끝에서 흰색 꽃이 모여 핀다. 덜꿩나무의 유사종 '라나스' 품종은 오히려 백당나무와 비슷하여 꽃차례의 가장자리에 무성화가 달린다.

환경 촉촉한 토양에서 잘 자란다. 숲 가장자리 햇볕이 들어오는 쪽에서 다른 잡목들과 같이 자란다.

조경 독립수, 산울타리, 경계지, 큰 나무 하부, 주택의 담장에 심어도 좋다. 가막살나무처럼 집단 밀식을 피하는 대신 5~6주를 군식해도 멋진 모양이 나온다. 가막살나무와 비슷한 시기에 꽃이 피고 열매를 맺는다. 9~10월에 익는 붉은색의 열매는 새들의 먹이가 된다.

번식 가을에 채취한 종자의 과육을 제거하고 조금 건조시킨 후 모래와 섞어 노천매장한 뒤 이듬해 봄에 파종하면 2년 뒤 발아한다. 가을에 채취한 종자를 바로 직파해도 된다. 봄과 가을에 삽목으로도 번식한다. 묘목을 식재할 때는 넓고 얇게 파고 식재한다.

병해충 병해충에 비교적 강하다.

가지치기 가막살나무와 비슷한 수형을 보이므로 앞의 가막살나무에 준해 가지치기를 실시한다.

가지가 세 갈래로 갈라지는

삼지닥나무

포기형

팥꽃나무과 | 낙엽활엽 관목 | *Edgeworthia chrysantha* | 1~3m | 남부지방 | 중용수

연간계획	1월	2월	3월	4월	5월	6월	7월	8월	9월	10월	11월	12월
번식		분주	종자				반숙지삽					
꽃/열매				꽃		열매						
전정	솎아내기				가지치기							
수확/비료												

▲ 개화기 수형 ❶ 잎 ❷ 꽃 ❸ 수피 ▲ 여름 수형

토양	내조성	내습성	내한성	공해
비옥토	중	중	약	중

가지가 세 갈래(三枝)로 갈라지는 특성과 나무껍질을 닥나무처럼 종이의 원료로 쓰기 때문에 붙여진 이름이다. 중국 원산으로 남부지방에서 정원수로 심어 기른다. 닥나무는 뽕나무과로 삼지닥나무와는 다르다.

특징 3~4월 가지 끝에 두상꽃차례로 노란색 꽃이 잎보다 먼저 핀다. 꽃자루가 아래로 휘어져 자라고 가지가 3개씩 갈라진다.

이용 꽃봉오리를 시력, 망막장애에 약용한다.

환경 비옥하고 습기가 적당한 토양에서 잘 자란다. 추위에는 약하고 맹아력이 강하며 생장속도가 빠르다.

조경 이른 봄 노란색 꽃이 피기 때문에 도시공원, 펜션, 주택의 심볼트리 또는 첨경목으로 적당하다.

번식 7월에 채취한 종자의 과육을 제거한 뒤 마른 모래와 섞어 저장하고 이듬해 봄에 파종한다. 분주는 2~3월에 한다. 여름에 반숙지삽은 당해년도에 자란 가지 중 상단은 녹색이고 하단부가 목질화된 것을 잘라 냉상에 심는다.

병해충 병해충에 비교적 강하다. 하늘소 유충 발생시 나무의 속을 파먹기도 하는데 이때 메프유제를 살포한다.

가지치기 닥나무처럼 아래에서 줄기가 많이 갈라지지만 비교적 규칙적으로 줄기가 상부로 퍼지는 수형이다. 따라서 가지치기 하지 않고 자연 수형으로 키우거나, 개화 후 원정형에서 평정형 수형이 되도록 약전지만 한다.

봄 개화
꽃·잎 열매 수형
관상수

관상보다 열매가 더 탐나는
뽕나무(오디나무) / 산뽕나무

원정형

뽕나무과 | 낙엽활엽 관목 또는 교목 | *Morus alba* | 3~20m | 전국 | 양지

연간계획	1월	2월	3월	4월	5월	6월	7월	8월	9월	10월	11월	12월
번식			숙지삽		종자	녹지삽						
꽃/열매					꽃	열매						
전정						가지치기					가지치기·솎아내기	
수확/비료							비료					

▲ 뽕나무 꽃
❶ 잎 ❷ 산뽕나무 열매 ❸ 수피 ▲ 산뽕나무 수형

토양	내조성	내습성	내한성	공해
비옥토	강	중	강	약

전국에서 심어 기르며, 국내에서는 누에의 먹이인 뽕잎을 수확하기 위해 남부지방에서 재배한다. 재배한 뽕나무의 잎과 열매는 야생의 것보다 비교적 크다.

특징 산에서 자라는 산뽕나무에 비해 잎 끝이 꼬리처럼 길지 않고 잎 가장자리의 톱니가 둔한 편이다. 열매는 6~7월 붉은색에서 검은색으로 익고 단맛이 난다.

이용 열매를 고혈압, 해열, 기침, 중풍 등에 약용한다.

환경 논밭같은 비옥토에서 잘 자란다.

조경 도시공원, 학교, 펜션, 주택의 관상수로 식재한다.

번식 6월 말에 채취한 종자의 과육을 제거한 뒤 비닐봉투에 습기흡수제와 함께 밀봉한 뒤 이듬해 5월에 파종한다. 녹지삽은 6월초 전후 발근촉진제에 30분간 침전한 후 심으면 된다.

병해충 뽕나무이(디노테퓨란 수화제), 흰가루병(비터타놀 수화제) 등이 있다.

가지치기 재배용 뽕나무는 수확이 끝난 6월 말 전후 15개 정도의 가지만 남기고 가지치기한다. 또한 이듬해에 수확이 편하도록 키높이에 맞춰 전지한 뒤 비료를 준다. 관상용 뽕나무는 잎이 낙엽으로 떨어지면 한달 내에 한다. 교차가지, 위로 뻗은 가지, 병든 가지를 치되, 가지의 분기점 위에 붙여서 친다. 관상용의 '처진뽕나무'도 같은 방식으로 가지치기한다.

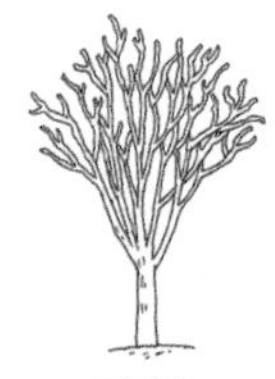

평정형

봄 개화
꽃 · 잎 · 열매 · 수형
관상수

수피를 한지(韓紙)로 사용했던

닥나무

뽕나무과 | 낙엽활엽 관목 | *Broussonetia kazinoki* | 3m | 전국 | 양수

연간계획	1월	2월	3월	4월	5월	6월	7월	8월	9월	10월	11월	12월
번식			종자 · 숙지삽 · 근삽			녹지삽 · 심기			종자 · 심기			
꽃/열매					꽃				열매			
전정	솎아내기						가지치기					
수확/비료												

▲ 수꽃과 암꽃　❶ 잎 ❷ 열매 ❸ 수피　▲ 수형

토양	내조성	내습성	내한성	공해
사질양토	중	중	강	중

전국의 밭둑이나 산지 숲에서 자라며 심어 기르던 것이 야생화하여 자라기도 한다. 나무껍질로 종이(한지)를 만들어 사용한 것으로 알려져 있다.

특징 짧은 잎자루에 난형 또는 긴 난형의 잎이 나고, 4~5월 새 가지의 잎겨드랑이에 수꽃차례 위에 암꽃차례가 모여 핀다. 잎이나 가지를 자르면 흰 액이 나온다.

이용 줄기를 이뇨, 혈액순환, 냉증, 피부염, 타박상에 약용한다. 뽕나무의 오디 맛과 비슷한 열매는 식용한다.

환경 비옥한 사질양토에서 잘 자란다.

조경 도시공원, 펜션, 아파트, 학교, 주택의 작은 정원이나 화단에 관상수로 식재한다.

번식 가을에 채취한 종자의 과육을 제거한 뒤 바로 직파한다. 11월경 채취한 뿌리를 하룻 동안 음건한 뒤 축축하지 않은 땅에 노천매장했다가 봄에 3mm 이상의 두께를 가진 뿌리만 10~20m 길이로 잘라 윗부분이 살짝 보이도록 심으면 번식이 잘된다. 삽목은 12cm~15cm 길이로 잘라 식재한다.

가지치기 밑에서 줄기가 많이 갈라진 뒤 불규칙하게 상부로 퍼지는 수형이다. 첫 2년째에는 주간(主幹)을 3~4개로 하고 전지한다. 3년째에 주간을 5~7개로 하고 전지한다. 수형은 원정형이나 평정형 수형이 좋다. 뿌리에서 올라온 싹과 줄기는 모두 잘라주는 것이 수세를 강하게 한다.

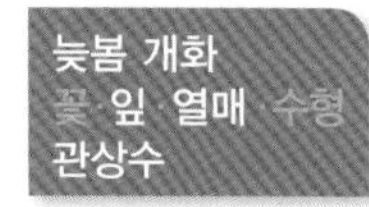

꽃보다 열매
무화과나무

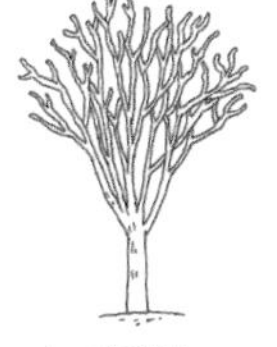
평정형

뽕나무과 | 낙엽활엽 관목 | *Ficus carica* | 2~4m | 전국 | 양지

연간계획	1월	2월	3월	4월	5월	6월	7월	8월	9월	10월	11월	12월
번식	숙지삽		종자·숙지삽			녹지삽						
꽃/열매					꽃			열매				
전정						가지치기						
수확/비료			비료				비료					

▲ 수형　❶ 잎 ❷ 꽃주머니 ❸ 열매　▲ 익어가는 열매

토양	내조성	내습성	내한성	공해
비옥토	강	중	중	강

서아시아, 지중해 연안 원산으로 국내에서는 남부지방에서 과실수로 심어 기른다.

특징 꽃이 피지 않아 무화과라는 이름이 붙었지만 꽃은 열매처럼 보이는 꽃주머니 안에서 4~8월 사이에 핀다.

이용 열매, 잎을 항암, 노화예방, 변비 등에 약용한다.

환경 비옥토를 좋아한다.

조경 추위에는 약하지만 서울에서도 노지월동이 가능하고, 강원도 해안지방에서 월동할 수 있다. 주로 충청이남의 공원, 아파트, 펜션, 주택의 정원수로 식재한다. 중부 내륙의 경우 화분에 식재한 뒤 실내에서 키운다.

번식 채취한 종자의 과육을 제거한 뒤 이듬해 봄에 온실에서 파종하여 말린 과실에서 추출한 종자로 번식한다. 삽목 번식은 겨울~이른 봄에 2~3년생 삽수를 20cm 길이로 준비해 삽목한다. 보통 3월에 발근촉진제에 침전한 후 삽목하는 것이 발근률이 높다.

병해충 탄저병, 깍지벌레, 심식충 등의 병해충이 있다.

가지치기 묘목일 때 키를 낮추면서 개장형 또는 평정형 수형으로 잡아준다. 먼저 원줄기 상단을 치고, 안쪽의 밀집 가지를 쳐서 통풍을 원할히 하고, 굵은 가지 5개 정도를 평정형 수형으로 남겨둔다. 어느 정도 자라면 뿌리에서 올라온 줄기를 솎아낸다. 잎 수가 부족하면 20cm 이상의 새 가지 위에서 3분의 1지점을 순지르기해 생장을 촉진시킨다.

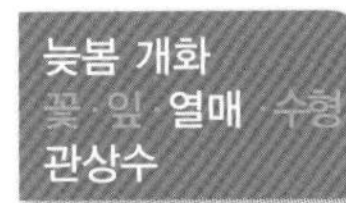

신선이 먹는 열매

천선과나무

개장형

뽕나무과 | 낙엽활엽 관목 | *Ficus erecta* | 2~4m | 남부지방 | 중용수

연간계획	1월	2월	3월	4월	5월	6월	7월	8월	9월	10월	11월	12월
번식			숙지삽			녹지삽						
꽃/열매	열매				꽃			열매				
전정	가지치기 · 솎아내기						가지치기					
수확/비료												

▲ 꽃주머니　❶ 잎 ❷ 열매 ❸ 수피　▲ 수형

토양	내조성	내습성	내한성	공해
비옥토	강	중	약	중

남부의 도서지역, 제주도에서 자란다. 무화과나무처럼 꽃 대신 꽃주머니가 열린다. 하늘의 신선이 먹는 열매라는 뜻에서 **'천선과(天仙果)'**라는 이름이 붙여졌다.

특징 암수딴그루로 5~7월에 잎겨드랑이에서 꽃주머니가 달린다. 흑자색으로 익는 열매를 은화과라고 부른다. 중국에서는 나무껍질로 종이를 만들었다.

이용 열매, 뿌리, 잎을 혈액순환, 류머티즘, 식욕부진, 기력쇠약, 항암에 약용한다. 열매는 무화과처럼 단맛이 나지만 생식하기는 어렵다.

환경 축축한 비옥토에서 잘 자란다.

조경 남해안과 제주도의 해안가 산에서 잘 자라므로 전주~대구 이남에서 식재한다. 공원, 펜션, 사찰의 관상수로 좋다. 관목이지만 높이 4m의 교목 형태로 자라므로 남부지방의 주택 화단에 식재할만하다. 중부지방에서는 노지월동이 불가능하므로 분재로 키운다.

번식 숙지삽이나 녹지삽으로 번식하는데 3~4월에 삽목하는 것이 발근율이 높다.

병해충 탄저병, 역병, 깍지벌레 등이 발생한다.

가지치기 무화과나무에 준해 가지치기한다. 개장형에서 평정형의 다양하고 깔끔한 수형이 잘 나오는 나무이다. 묘목일 때 원하는 수형을 만든 뒤 성목이 되면 자연 수형으로 키운다.

늦봄 개화
꽃 잎 열매 수형
산울타리

빨간 열매가 탐스럽게 달리는
까마귀밥나무

포기형

범의귀과 | 낙엽활엽 관목 | *Ribes fasciculatum* | 1~1.5m | 전국 | 중용수

연간계획	1월	2월	3월	4월	5월	6월	7월	8월	9월	10월	11월	12월
번식	심기		종자 · 숙지삽				녹지삽		종자			심기
꽃/열매				꽃					열매			
전정						가지치기						
수확/비료												

▲ 꽃 ❶ 잎 ❷ 열매 ❸ 수피 ▲ 가을 열매

토양	내조성	내습성	내한성	공해
사질양토	강	중	강	강

중부 이남의 산지 비옥한 계곡이나 산기슭에서 흔히 자란다. **'까마귀밥여름나무'**라고도 하며 이때 '여름'은 '열매'를 뜻한다.

특징 암수딴그루로 4~5월 2년지의 잎겨드랑이에서 황록색의 꽃이 모여 핀다. 열매가 쓰고 잎 뒷면에 털이 있다.
이용 뿌리, 열매, 줄기를 옻독, 생리불순에 약용한다.
환경 비옥한 사질양토에서 잘 자란다.
조경 열식, 군식, 산울타리, 화단 등에 식재한다. 반그늘에서도 꽃이 잘 피고 붉은 색의 열매가 달리므로 큰 나무 하부에 식재해도 성장이 양호하다.
번식 가을에 채취한 종자의 과육을 제거하고 축축한 모래와 섞어 노천매장한 뒤 이듬해 봄에 파종한다. 녹지삽은 당년에 자란 녹색가지의 끝을 10~25cm 길이로 잘라 상단부 잎 몇개를 남기고 심는데 7~8월에 한다. 3~4월에는 숙지삽으로 번식한다. 뿌리에서 새 줄기가 올라오면 그것을 굴취해 옮겨 심어도 된다.
가지치기 가지치기를 하지 않아도 개화를 잘하기 때문에 자연 수형으로 기른다. 병든 가지와 웃자란 가지를 정리한 뒤 가볍게 순지르기한다. 2~3년에 한번 꽃이 지면 즉시 지면에서 30cm 지점을 모두 잘라도 여름에서 가을에 새 줄기가 올라오고 이듬해 꽃이 핀다.

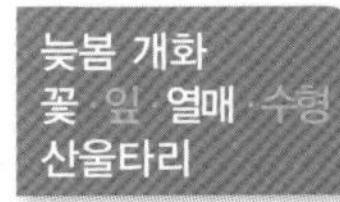

늦봄 개화
꽃·잎·열매·수형
산울타리

을릉도에서 자생하는 한국특산종

섬개야광나무

처진포기형

장미과 | 낙엽활엽 관목 | *Cotoneaster wilsonii* | 1.5m | 전국 | 중용수

연간계획	1월	2월	3월	4월	5월	6월	7월	8월	9월	10월	11월	12월
번식			종자									
꽃/열매					꽃			열매				
전정	가지치기 · 솎아내기											솎아내기
수확/비료												

▲ 꽃　❶ 잎 ❷ 열매 ❸ 수피　▲ 수형

토양	내조성	내습성	내한성	공해
사질양토	강	중	중~강	중

한국특산식물로 경북 울릉도의 암석절벽가, 바위지대에서 자란다. 조경수로 많이 보급되어 식물원에서 흔히 볼 수 있다.

특징 5~6월 가지 끝에서 흰색 또는 연한 홍색으로 5~20개씩 모여 핀다. 열매는 10월~11월에 붉은색에서 암적색으로 익으며 단맛이 난다.

이용 암석정원 등에 식재하면 좋다.

환경 비옥토를 좋아하나 건조에도 강하다. 그늘에서도 잘 자라며 양지에서 키우면 개화가 더욱 잘된다.

조경 도시공원, 펜션, 주택 등에 식재하며, 암석정원, 울타리, 심볼트리로 군식한다.

번식 가을에 채취한 종자의 과육을 제거하여 모래와 섞어 노천매장한 뒤 이듬해 봄에 파종한다. 녹지삽은 발근율이 낮으므로 봄에 숙지삽을 해볼 것을 권장한다.

가지치기 늦봄에 개화하기 때문에 꽃이 진 후 가지치기를 해야 하지만 줄기 곳곳에서 꽃이 달리기 때문에 이른 봄에도 가지치기할 수 있다. 이른 봄에 병든 가지, 늙은 가지, 늘어진 가지를 솎아내는데 전체 가지 중 30% 이하만 친다. 확장하는 것을 막으려면 새순에서 잎 몇 개만 남기고 그 위를 순지르기하여 잔가지가 많아지게 하고, 뿌리에서 불필요하게 올라온 싹을 친다. 꽃이 진 후에는 꽃이 피었던 줄기, 교차 가지, 웃자란 가지를 적절하게 가지치기한다.

늦봄 개화
꽃 잎 열매·수형
산울타리

꽃, 잎, 열매를 보는 팔방 관상수

홍자단(눈섬개야광나무)

처진포기형

장미과 | 반상록 또는 낙엽 관목 | *Cotoneaster horizontalis* | 1.5m | 전국 | 양지

연간계획	1월	2월	3월	4월	5월	6월	7월	8월	9월	10월	11월	12월
번식			종자·숙지삽			녹지삽						
꽃/열매					꽃				열매			
전정	가지치기·솎아내기											솎아내기
수확/비료												

▲ 꽃　❶ 잎 ❷ 열매　▲ 수형

토양	내조성	내습성	내한성	공해
사질양토	중	중	강	중

중국 원산의 관상수로 국내에서는 분재나 정원의 조경수로 많이 보급되었다.

특징 5~6월 가지 끝에 연한 홍색의 꽃이 피며 꽃잎이 잘 벌어지지 않는다. 가을 붉은색 열매는 오랫동안 달려 있다.

환경 비옥토를 좋아하고 건조에는 보통이다. 공원의 도로를 접하지 않은 안쪽에서는 비교적 양호한 성장을 보인다. 햇빛이 좋은 양지에 식재하면 위로 뻣뻣하게 성장하다가 처진 수형이 된다

조경 관상수, 산울타리, 암석정원에 잘 어울린다. 펜션, 한옥, 절개지, 지피식물로 열식 또는 군식하는 것도 좋다. 소형 관목이기 때문에 주택의 화단에서 식재한다. 윤기가 나는 작은 잎과 열매가 예뻐서 소품용 분재로도 인기가 높다.

번식 가을에 채취한 종자의 과육을 제거하여 모래와 섞어 노천매장한 뒤 이듬해 봄에 파종한다. 삽목 번식이 잘되므로 봄에 숙지삽, 장마철 전후에는 녹지삽으로 번식하는 것이 좋다.

병해충 진딧물, 개각충, 녹병, 흰가루병, 화상병(이미녹타딘트리아세테이트 500배액) 등이 발생한다.

가지치기 가지가 수평이나 포복하여 뻗어 자라므로 잎이 나오기 전에 가지치기를 해주고 새순이 자라는대로 순치기를 자주하여 필요 없는 가지의 성장을 막고 필요한 잔가지를 많이 만들어 주면 아름다운 수형을 만들 수 있다.

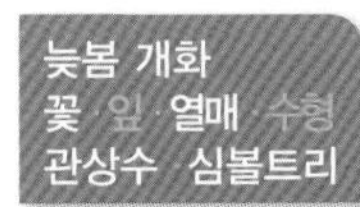

흰꽃과 흰열매를 보는 관상수
흰말채나무 / 노랑말채나무

다간형

층층나무과 | 낙엽활엽 관목 | *Cornus alba* | 2~3m | 전국 | 양지

연간계획	1월	2월	3월	4월	5월	6월	7월	8월	9월	10월	11월	12월
번식			숙지삽			녹지삽						
꽃/열매					꽃			열매				
전정	가지치기 · 솎아내기						가지치기					
수확/비료												

▲ 꽃

❶ 잎 ❷ 열매 ❸ 겨울눈

▲ 수형

토양	내조성	내습성	내한성	공해
사질양토	약	중	강	약

북한, 몽골, 중국 등지에 분포하며, 남한에서는 주로 북부지방에서 자란다. 열매가 흰색이고 교목인 말채나무와 닮았다 하여 붙여진 이름이다.

특징 말채나무와 달리 붉은색 줄기와 흰색의 열매를 관상하기 위해 식재하는 수목으로 교목인 말채나무가 10~15m로 자라는데 반해 흰말채나무는 2~3m 높이로 자라는 관목형 수목이다.

이용 열매와 수피를 신장염, 흉막염 등에 약용한다.

환경 비옥토를 좋아하고 건조에는 약하다.

조경 공해에는 약하므로 도로변에는 식재하지 않는다. 보통은 도시공원, 학교의 교정, 펜션의 산울타리로 식재하거나 심볼트리로 군식한다.

번식 종자가 결실을 잘 맺지 못하므로 숙지삽으로 번식시키는데 번식이 아주 잘된다.

병해충 반점병, 갈반병, 흰불나방 등이 발생할 수 있다. 지엽을 제거하거나 전정을 통해 통풍과 채광을 원활하게 해주고 아미스타탑 등으로 방제하여 구제한다.

가지치기 잔가지가 많은 다간형 관목이므로 여러 가지 수형을 만들 수 있다. 산울타리로 식재한 경우 2년 간격으로 강하게 전정하는데 쥐똥나무처럼 사각으로 깎아주어도 잘 자란다. 새로 난 가지는 여름에 청색빛이 돌다가 가을에는 붉은빛을 띤다.

유사종 구별하기

- **말채나무 :** 전국의 산지에서 자라며 높이 10~15m로 자라는 교목이다. 곰의말채나무와 달리 수피가 그물처럼 갈라진다. 낭창낭창한 가지가 말채찍으로 사용하기에 좋다는 뜻에서 붙여진 이름이다.
- **곰의말채나무 :** 전라도, 울릉도, 제주도에서 자라며 높이 10~15m로 자라는 교목이다. 말채나무에 비해 잎이 길쭉하다. 곰과는 관련성이 없다.
- **흰말채나무 :** 높이 2~3m로 자라는 관목으로 잔가지의 색상이 청갈에서 붉은색을 띠고 열매는 흰색이다.
- **노랑말채나무 :** 높이 2~3m로 자라는 원예종 관목으로 열매는 흰색이나 잔가지가 짙은 노란색을 띤다.
- **아모뭄말채나무 :** 미국 원산의 관목으로 잔가지는 자주빛을 띤 갈색에 가깝다.

▲ 노랑말채나무의 수형

▲ 노랑말채나무의 꽃

▲ 노랑말채나무의 잎

▲ 아모뭄말채나무의 꽃

▲ 아모뭄말채나무의 잎

▲ 아모뭄말채나무의 수피

붉게 익어 터지는 열매 관상수

참회나무

개장형

노박덩굴과 | 낙엽활엽 관목 소교목 | *Euonymus oxyphyllus* | 2~5m | 전국 | 중용수

연간계획	1월	2월	3월	4월	5월	6월	7월	8월	9월	10월	11월	12월
번식			숙지삽				녹지삽(반녹지삽)					
꽃/열매					꽃					열매		
전정						가지치기						
수확/비료			비료									

▲ 꽃
❶ 잎 ❷ 열매 ❸ 수피
▲ 수형

토양	내조성	내습성	내한성	공해
점질양토	강	중	강	강

우리나라 산야의 중턱이나 낮은 지대에서 자란다. 유사종으로 **'회나무'**와 **'나래회나무'**가 있다.

특징 회나무에 비해 잎이 좁다. 잎 가장자리 톱니가 뾰족하며 안으로 굽어져 있다. 5~6월 새 가지의 잎겨드랑이에서 황록색 또는 연한 적자색 꽃이 모여 핀다.

이용 뿌리와 수피를 골절, 무월경, 복통 등에 약용한다.

환경 비교적 촉촉한 토양에서 잘 자라지만 건조에도 강하다. 생장속도는 느린 편이다.

조경 공원이나 주택의 독립수, 산울타리, 경계지로 식재하지만 그늘에서도 성장이 양호하므로 보통 큰 나무 하부에 식재하는 것이 적당하다.

번식 가을에 채취한 종자의 과육을 제거하고 조금 건조시킨 뒤 저온저장했다가 이듬해 봄에 파종하면 2~3년 뒤 발아한다. 3월에 숙지삽으로 번식할 수 있지만 보통은 7~8월에 10cm 길이의 반녹지나 녹지를 준비해 삽목하는 것이 번식이 잘된다.

병해충 병해충에 비교적 강하다.

가지치기 교차 가지, 죽은 가지, 병든 가지, 웃자란 가지, 통행에 방해되는 가지를 정리한다. 가지가 길어지면 수양버드나무처럼 축 늘어지므로 늘어지는 것을 막으려면 가지치기한다. 뿌리에서 올라온 싹과 줄기도 정리한다. 묘목일 경우에는 비료를 주고, 성장하면 줄 필요는 없다.

늦봄 개화
꽃·잎·줄기·단풍
산울타리

가을 단풍이 돋보이는 관상수
화살나무

포기형

노박덩굴과 | 낙엽활엽 관목 | *Euonymus alatus* | 2~3m | 전국 | 중용수

연간계획	1월	2월	3월	4월	5월	6월	7월	8월	9월	10월	11월	12월
번식			종자 · 숙지삽			녹지삽			반숙지삽			
꽃/열매					꽃					열매		
전정	솎아내기 · 가지치기					가지치기						솎아내기
수확/비료												

▲ 수형
❶ 잎 ❷ 꽃 ❸ 열매
▲ 가을의 단풍든 수형

토양	내조성	내습성	내한성	공해
사질양토	중	중	강	강

높은 산의 활엽수림 아래의 비옥한 곳에서 흔하게 자생한다. 가을에 붉게 물드는 단풍이 매력적이다. 줄기에 화살 모양의 날개가 달려 있어 붙여진 이름이다.

특징 줄기에 코르크질의 날개가 있어 비슷한 수종인 회잎나무와 구별할 수 있다.

이용 날개가 있는 줄기를 항암, 당뇨, 산후어혈, 복통, 월경불순, 구충에 약용한다.

환경 비옥한 사질양토에서 잘 자라며 생장속도는 더디다.

조경 도시공원, 건물, 펜션, 도로변에 식재한다. 열식하거나 군식한다. 관상수, 산울타리, 가로수 울타리로도 적당하다. 주택의 화단에도 1~2주 군식하면 잘 어울린다.

번식 가을에 채취한 종자의 과육을 제거하고 저온저장한 뒤 이듬해 봄에 파종한다. 6~7월 녹지삽은 당해년에 자란 녹색가지의 끝을 10~20cm 길이로 잘라 상단부 잎 몇 개를 남기고 발근촉진제를 바른 뒤 심는다. 가을에는 녹지 중에서 하단부가 목질화된 단단한 것을 잘라 심는 반숙지삽이 번식이 잘된다.

병해충 진딧물, 깍지벌레, 그을음병 등이 발생하기 전 제때 방제한다.

가지치기 잔줄기가 많고 뿌리에서 줄기가 많이 올라와 다양한 수형을 만들 수 있는 수종이다. 관상수일 경우 부채형 수형도 좋지만 낮은 가지를 제거하거 상부 가지는 살려 원

▲ 화살나무 가지치기

개형이나 평정형 수형으로 키워도 좋다. 도로변이나 공원에 열식한 경우 사각형 형태의 산울타리 수형이 좋다. 가지치기한 후의 줄기와 잎은 차로 우려마시는 등의 약용으로 사용한다.

가벼운 가지치지는 연중 내내 실시할 수 있고 보통 꽃이 진 후 실시한다. 수형을 다듬기 위해 가지 끝을 가볍게 순지르기하는데 2~3개의 잎이나 눈을 남기고 그 위를 45도 각도로 순지르기하고, 웃자란 가지도 친다. 뿌리에서 올라온 싹이나 잔줄기가 보이면 포기로 키울 것인지 확장을 막기 위해 자를 것인지를 결정한다.

강한 가지치지는 겨울에서 이른 봄에 하는데 주로 병든 가지나 죽은 가지를 솎아낸다. 여름에 사각형 모양 등의 강한 가지치기를 한 경우에는 나무가 죽지 않도록 비료를 준다. 가을 이후에는 가지치기를 피하고 비료도 주지 않는다.

▲ 화살나무 산울타리의 예

초여름 개화
꽃 · 잎 · 열매 · 수형
관상수

잎 위에 놓인 고상한 꽃
회목나무

개장형

노박덩굴과 | 낙엽활엽 관목 | *Euonymus pauciflorus* | 1~3m | 전국 | 중용수

연간계획	1월	2월	3월	4월	5월	6월	7월	8월	9월	10월	11월	12월
번식			파종 · 숙지삽				녹지삽					
꽃/열매						꽃			열매			
전정	솎아내기						가지치기					
수확/비료												

▲ 꽃 ❶ 잎 ❷ 잎눈 ❸ 수피 ▲ 수형

토양	내조성	내습성	내한성	공해
사질양토	강	중	강	약~중

한국, 북한, 중국, 러시아 등의 깊은 산 능선에서 자란다. 독특한 적갈색의 꽃이 잎 위에 놓인 채 피기 때문에 관상 가치가 높다.

특징 줄기에 사마귀같은 돌기가 있고 꽃줄기가 가늘다. 6~7월 잎겨드랑이에 1~3개의 적갈색 꽃이 잎 위에 놓여져 다른 꽃들과는 달리 독특하게 핀다.

이용 자궁출혈, 진통에 약용한다.

환경 주로 강원도의 깊은 산 능선이나 바위 너덜지대, 혼합림의 숲에서 자란다. 내한성이 강하며 맹아력이 강해 산울타리로도 좋다.

조경 공원이나 주택, 펜션의 독립수, 산울타리, 경계지, 큰 나무의 하부, 화단, 암석정원에 식재한다. 잎 위에 놓여 피는 꽃 모양이 독특하고 예쁘기 때문에 소그룹으로 군식해 심볼트리로 식재할만한 가치가 있는 수종이다.

번식 가을에 채취한 종자의 과육을 제거하고 조금 건조시켜 모래와 섞어 2년간 노천매장한 뒤 다음해 봄에 파종한다. 뿌리에서 올라온 줄기를 나누어 심어 번식할 수 있고 녹지삽으로도 번식이 된다.

병해충 병해충에 비교적 강하다.

가지치기 가지치기하기에는 아까운 나무이지만 앞의 참회나무에 준해 가지치기한다. 웃자란 가지와 뿌리에서 올라온 가지는 버리지 않고 삽목용 삽수로 사용한다.

향기 좋은 산울타리 나무

쥐똥나무 / 금테쥐똥나무

포기형

물푸레나무과 | 낙엽활엽 관목 | *Ligustrum obtusifolium* | 2~3m | 전국 | 중용수

연간계획	1월	2월	3월	4월	5월	6월	7월	8월	9월	10월	11월	12월
번식			종자 · 숙지삽			녹지삽						
꽃/열매					꽃					열매		
전정	솎아내기		가지치기									솎아내기
수확/비료												

▲ 꽃 ❶ 잎 ❷ 열매 ❸ 수피 ▲ 수형

토양	내조성	내습성	내한성	공해
사질양토	강	중	강	강

전국의 낮은 산지에서 자라며 뿌리가 가늘고 잔줄기가 많아 수형이 잘 나오는 수종으로 주로 경계목이나 산울타리로 인기가 높다.

특징 5~6월 새 가지 끝에서 향기롭고 앙증맞은 흰색의 꽃이 모여 핀다. 10~11월 검은색으로 익는 열매가 쥐똥을 닮았다 하여 붙여진 이름이다.

이용 열매를 신체허약, 강장, 유정, 혈변, 지혈에 약용한다.

환경 토양을 가리지 않고 잘 자라며, 큰 나무 하부에서도 성장이 양호하고 음수이지만 양지에서도 잘 자란다.

조경 공해에 강해 대도심의 도로변 산울타리로 흔히 식재한다. 건물, 펜션, 주택, 한옥의 화단에도 적당하다.

번식 가을에 채취한 종자의 과육을 제거하고 바로 파종하거나 노천매장한 뒤 이듬해 봄에 파종한다. 숙지삽이나 녹지삽으로도 번식이 잘 되는데 눈이나 잎 1~3개가 있는 상단 가지를 10~20cm 길이로 준비해 삽목하면 된다.

병해충 녹병, 반점병, 흰가루병, 잎말이벌레병 등이 발생하면 다이센, 디프테렉스 800배 액 등을 살포하여 구제할 수 있다.

가지치기 향기로운 꽃이 피지만 꽃을 관상하고자 하는 목적보다는 산울타리로 많이 식재하기 때문에 가을을 피해 언제든지 가지치기 할 수 있다. 보통 늦겨울과 꽃이 진 후 하는 것이 좋다. 도로변 산울타리로 식재한 경우 사각형 형태로 가지치기한다. 동물이나 특정 모양을 만들려면 작은 토피어리 형태로 깎아 낼 수도 있다. 가지치기할 때는 쥐똥나무 수액에 피부발진이 발생할 수 있으므로 반드시 장갑을 착용하여야 한다. 늦겨울에 솎아낼 때는 죽은 가지, 교차가지 위주로 가지치기한다. 또는 안쪽에서 밀집된 가지 중 큰 가지나 곁가지를 쳐서 공기가 잘 통하도록 하면 여름에 병해충을 줄일 수 있다.

여름 가지치기는 꽃을 보고 싶다면 보통 꽃이 진 후 실시한다. 산울타리일 경우 좌우에 막대를 세운 뒤 줄을 치고 그 줄 높이와 각도에 맞게 직각으로 깎아낸다. 전체 수형을 보면서 통행에 방행되는 하향지와 기울어진 가지를 추가로 친다. 포기가 더 이상 확장되는 것을 막으려면 밑동에서 올라온 싹이나 잔가지를 친다.

다음 해에는 지난해 가지를 친 부분에서 잔가지가 많이 올라오는데 지난해 가지치기한 위치에서 정확히 가지치기를 하면 매년 같은 수형을 유지할 수 있다. 또한 몇 년에 걸쳐 주기적으로 가장 늙은 줄기 몇 개는 밑동에서 치는 것이 좋다.

유사종으로 쥐똥나무에 비해 잎이 큰 왕쥐똥나무, 한국특산식물이자 잎이 크고 잎 모양의 포엽이 달리는 섬쥐똥나무 등이 있으며, 도입종으로 금테쥐똥나무, 무늬쥐똥나무 등이 있다.

▲ 나쁜 산울타리

▲ 올바른 산울타리

▲ 쥐똥나무 산울타리의 식재

▲ 쥐똥나무 산울타리의 식재

▲ 무늬쥐똥나무의 잎

▲ 금테쥐똥나무의 잎

▲ 섬쥐똥나무의 잎

꽃보다 수형이 볼만한

향선나무

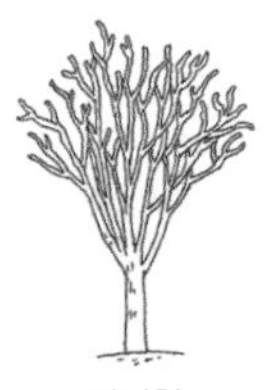
평정형

물푸레나무과 | 낙엽활엽 관목 | *Fontanesia phillyreoides* | 3m | 전국 | 중용수

연간계획	1월	2월	3월	4월	5월	6월	7월	8월	9월	10월	11월	12월
번식	심기		종자		심기		반숙지삽				심기	
꽃/열매					꽃					열매		
전정	솎아내기					가지치기						솎아내기
수확/비료												

▲ 꽃 ❶ 잎 ❷ 열매 ❸ 수피 ▲ 수형

토양	내조성	내습성	내한성	공해
점질토	중	중	강	중~강

중국, 지중해 원산으로 국내에서는 전국의 농가나 유원지에서 심어 기른다. 원산지에서는 계곡, 강변에서 자생한다. **'향쥐똥나무'**라고도 한다.

특징 잎은 긴 피침형에 버드나무 잎을 닮았고, 줄기 끝에서 흰색 꽃이 솜털처럼 달린다. 열매는 미선나무의 열매와 비슷하게 생겼다.

이용 중국에서는 진입로의 산울타리로 식재한다.

환경 그늘에서도 성장이 양호하고 축축한 환경을 좋아한다.

조경 진입로를 따라 일정하게 넓은 간격으로 식재하여 경계지 나무로 식재한다. 큰 나무 하부에 식재해도 성장이 양호하다. 꽃은 그다지 보잘 것 없지만 수형이 비교적 아름다워 주택의 작은 중심수로도 적당하다.

번식 가을에 채취한 종자의 과육을 제거한 뒤 이듬해 봄에 파종한다. 7~8월에는 당해년에 자란 가지 중 단단한 것을 준비해 삽목하면 번식이 된다. 이식에 좋은 시기는 여름과 겨울이다.

병해충 알려진 병해충이 없다.

가지치기 가지치기를 할 필요 없이 자연 수형으로도 좋다. 묘목일 때 평정형 수형을 만들기 위해 가지치기를 하고 그 뒤에는 하향지와 병든 가지만 정리하고 자연 수형으로 키운다.

늦봄 개화
꽃 · 잎 · 열매 · 수형
사방지 · 분재

매염재로 사용한
노린재나무

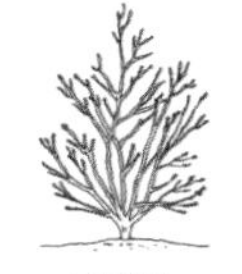
다간형

노린재나무과 | 낙엽활엽 관목 | *Symplocos chinensis* | 1~3m | 전국 | 중용수

연간계획	1월	2월	3월	4월	5월	6월	7월	8월	9월	10월	11월	12월
번식			종자		녹지삽		반숙지삽					
꽃/열매					꽃				열매			
전정	솎아내기					가지치기						
수확/비료												

▲ 개화기 수형 ❶ 잎 ❷ 꽃 ❸ 열매 ▲ 수형

토양	내조성	내습성	내한성	공해
비옥토	중	중	강	강

전국의 산지에서 흔히 자란다. 가지가 제멋대로 뻗는 성향이 강한 수종이다. 나무를 불에 태운 재로 만든 노란색의 잿물을 매염재로 사용하였다.

특징 5~6월 가지 끝에 흰색의 꽃이 모여 핀다. 9~10월에 파란색으로 익는 열매가 돋보인다. 유사종 검노린재나무는 열매가 검은색으로 익는다.

이용 줄기, 뿌리, 열매를 지혈, 청혈, 감기, 학질, 화상, 근육통에 약용하고 외용한다.

환경 배수가 잘되는 부식질의 비옥토에서 잘 자라며 건조함이나 공해에도 비교적 잘 견딘다.

조경 도시공원, 펜션 등에 군식하거나 주택의 화단에 식재한다. 뿌리가 심근성이기 때문에 절개지, 산사태 방지용 수종으로 식재할 수 있다. 집중호우가 발생하는 지역의 경사지나 절개지에 지피식물로 식재한다. 분재용 수종으로도 유명하다.

번식 가을에 채취한 종자의 과육을 제거하고 노천매장한 뒤 이듬해 봄에 파종한다. 삽목으로도 번식할 수 있다.

병해충 병해충에 비교적 강하며, 점무늬병이 발생하면 동수화제를 살포하여 방제한다.

가지치기 자유롭게 방임하면 거의 포기형 수형이 되지만 뿌리에서 올라온 싹이나 줄기, 원줄기 하단의 가지를 제때 정리하면 원개형 수형을 만들 수 있다.

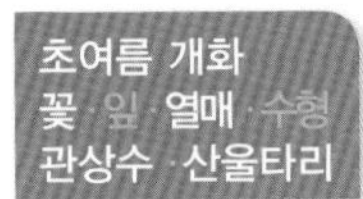

붉게 타는 듯한 열매 관상수

낙상홍 / 미국낙상홍 / 줄무늬낙상홍

포기형

감탕나무과 | 낙엽활엽 관목 | *Ilex serrata* | 2~3m | 전국 | 양지~반양지

연간계획	1월	2월	3월	4월	5월	6월	7월	8월	9월	10월	11월	12월
번식			숙지삽	접목	녹지삽	심기						
꽃/열매						꽃		꽃눈분화		열매		
전정		가지치기 · 솎아내기										
수확/비료												

▲ 수형

❶ 잎 ❷ 꽃 ❸ 수피

▲ 가을 열매

토양	내조성	내습성	내한성	공해
산성토	강	중	강	강

일본 원산으로 서리가 내린 뒤에도 붉은색의 열매가 달려 있다(落霜紅)는 뜻에서 붙여진 이름이다. 가을의 열매가 아름다워 전국의 조경수나 공원수로 심는다.

특징 암수딴그루이고, 미국낙상홍과 비교하여 꽃이 분홍색 또는 홍자색으로 핀다. 열매를 관상하려면 암수 두 그루를 식재해야 한다.

이용 뿌리를 결막염, 소염, 장염, 폐렴, 항균에 약용한다.

환경 건조하지 않으면 어떤 토양에서든 성장이 양호하나 산성토에서 더 잘 자란다.

조경 독립수, 열매 관상수, 산울타리로 좋고 소그룹으로 군식하거나 열식하는 것이 좋다. 공원수나 정원의 중심수로 삼을만 하다. 아파트나 고속도로 주변에 미국낙상홍을 많이 식재하는 편인데 하이브리드 품종 중 열매 색상이 예쁜 품종(줄무늬낙상홍 등)을 식재할 것을 권장한다.

번식 가을에 채취한 종자의 과육을 제거하고 축축한 모래와 3:1비율로 섞어 노천매장한 뒤 이듬해 3~4월에 파종하면 1년 뒤 발아한다. 숙지삽은 3월 말 전후, 접목은 암나무 가지 끝을 잘라 4월 말에 한다. 분주, 취목으로도 번식이 된다. 6월경 잎 1~2개가 붙어있는 녹지로 삽목하는 것이 가장 간편한 방법이다.

병해충 알칼리성 토양에서는 잎에 황변현상이 발생하므로 산성비료(석회질 비료)를 준다. 깍지벌레가 발생하면 발생 초기에 방제한다.

가지치기 가지치기를 하지 않고 그대로 두기도 하지만 다양한 수형을 만들 수 있는 수종이다. 열매 외에 잎도 아름다워 잎을 관상하려면 둥근 머리형으로 수형을 잡고, 열매를 관상하려면 그대로 두거나 평정형으로 수형을 잡는다. 가지가 복잡한 나무이므로 교차 가지, 병든 가지, 필요 없는 굵은 가지를 친 뒤 원하는 수형으로 순지르기한다.

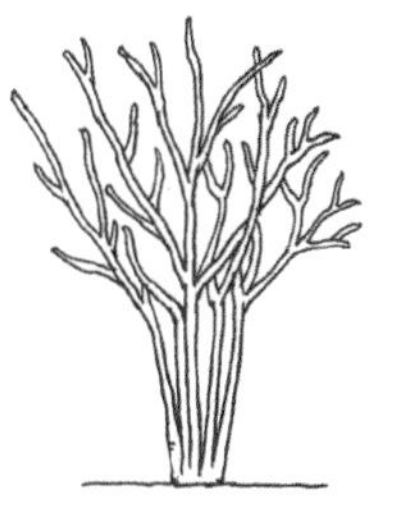
▲ 낙상홍 둥근 수형

유사종 구별하기

- **미국낙상홍 :** 북미 원산으로 낙상홍에 비해 꽃이 흰색 또는 연록색으로 피고 잎과 톱니가 크다.
- **흰낙상홍 :** 도입종으로 열매의 색깔이 흰색 또는 미색을 띤다.
- **줄무늬낙상홍 :** 꽃과 잎은 낙상홍에 가까우나 열매에 흰색 줄무늬가 있는 품종이다.

가지치기 적기

8월에 꽃눈분화가 있으므로 가지치기 적기는 꽃이 진 후지만 열매를 관상해야 하므로 보통 겨울에 가지치기를 한다. 낙상홍의 열매는 겨울철 새들의 좋은 먹이가 된다. 따라서 열매가 없는 늦겨울에서 이른 봄이 가지치기 적기이다.

▲ 미국낙상홍의 꽃

▲ 미국낙상홍의 잎

▲ 낙상홍의 열매

▲ 미국낙상홍의 열매

▲ 흰낙상홍의 열매

▲ 줄무늬낙상홍의 열매

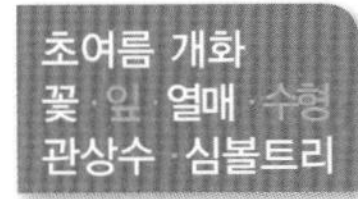

꽃보다 열매가 좋은

보리수나무 / 뜰보리수

원형

보리수나무과 | 낙엽활엽 관목 | *Elaeagnus umbellata* | 3~4m | 전국 | 중용수

연간계획	1월	2월	3월	4월	5월	6월	7월	8월	9월	10월	11월	12월
번식			파종 · 숙지삽			녹지삽			파종			
꽃/열매						꽃		열매				
전정	가지치기											가지치기
수확/비료												

▲ 여름 수형 ❶ 잎 ❷ 꽃 ❸ 수피 ▲ 가을 수형

토양	내조성	내습성	내한성	공해
사질양토	강	중	강	강

중부 이남의 풀밭이나 숲에서 자란다. 열매의 씨앗이 보리 모양인데서 유래한 이름이다. 맹아력이 좋아 뿌리에서 싹과 줄기가 잘 올라온다.

특징 4~6월 새 가지 끝에서 깔때기 모양의 은백색꽃이 모여 피며 흰색에서 노란색으로 변한다.

이용 잎, 열매, 뿌리를 설사, 청열, 지혈, 기침, 임병에 약용한다. 열매는 약간 떫고 단맛이 난다.

환경 척박한 토양이나 건조함에도 잘 견디지만 사질양토에서 더 잘 자란다.

조경 열매 관상수이다. 독립수, 산울타리, 심볼트리로 적당하다. 전정이 잘되기 때문에 주택이나 펜션의 정원수로도 좋다.

번식 9월에 채취한 종자의 과육을 제거하고 직파하거나 노천매장했다가 이듬해 봄에 파종한다. 숙지삽은 3월에, 녹지삽은 6~7월과 9월에 잘된다. 분주로도 번식할 수 있다.

병해충 깍지벌레, 반점병, 흰불나방, 갈반병 등이 발생하면 각 질병별 약제로 방제한다.

가지치기 죽은 가지는 제일 밑에서, 병든 가지는 녹색이 있는 부분에서 자르고, 웃자란 가지는 위에서 30% 지점에서 자른다. 안쪽의 교차가지, 밀집가지를 잘라 통풍이 잘되고 햇빛이 가도록 한다. 뿌리에서 맹아지가 잘 올라오므로 확장되지 않게 하려면 뿌리에서 올라온 줄기를 밑동에서

▲ 보리수나무의 열매

친다. 그 외 불필요해 보이는 잔가지를 친다.

보리수나무의 꽃은 그해 발생한 눈이 햇가지로 자란 뒤 햇가지의 잎 겨드랑이에 달린다. 따라서 가지치기를 할 때 만일 눈이 보이면 눈에서 2마디 위를 쳐야 당해의 여름에 꽃을 볼 수 있다.

유사종 구별하기

- **뜰보리수** : 일본 원산으로 주로 심어 기르며, 보리수나무에 비해 꽃이 적게 달리고 꽃자루가 길며, 열매가 크다.
- **보리장나무** : 전남의 도서지역과 제주도에서 자란다. 10~11월에 깔때기 모양의 황갈색 꽃이 피고 열매에는 비늘털이 퍼져있다.
- **보리밥나무** : 10~11월에 깔때기 모양의 은백색 꽃이 모여 핀다. 구불거리는 잎에 잎 뒷면에는 은백색의 비늘털이 밀생한다.

▲ 뜰보리수의 수형

▲ 꽃

▲ 잎

▲ 뜰보리수의 열매

▲ 왕보리수의 열매

▲ 보리장나무의 열매

초여름 개화
꽃·잎·단풍·수형
공원수

독특한 수피와 단풍이 예쁜
사람주나무

원개형

대극과 | 낙엽활엽 소교목 | *Sapium japonicum* | 3~6m | 전국 | 양지~반음지

연간계획	1월	2월	3월	4월	5월	6월	7월	8월	9월	10월	11월	12월
번식			파종						파종			
꽃/열매						꽃			열매			
전정		가지치기									솎아내기	
수확/비료		비료										

▲ 꽃 ❶ 잎 ❷ 열매 ❸ 수피 ▲ 수형

토양	내조성	내습성	내한성	공해
사질양토	강	중~강	강	중~강

남한 전역은 물론 설악산 같은 깊은 산, 도서 해안지역에서도 드문드문 자란다. 나무껍질이 희다 하여 **'백목(白木)'**이라고도 한다.

특징 암수한그루로 5~6월 황록색의 꽃이 모여 핀다. 어린 가지에 상처를 내면 유백색의 유액이 나온다.

이용 종자의 기름을 등불로 사용하거나 식용한다.

환경 물빠짐이 좋은 촉촉한 토양에서 잘 자라고 건조함에는 약하다.

조경 공원수, 펜션이나 주택의 중심수, 지방도의 가로수로 식재한다. 밑에서 줄기가 많이 올라오므로 밀식하면 성장이 불량해진다. 사람주나무의 화려한 단풍을 보려면 그늘보다는 양지에 식재한다.

번식 가을에 채취한 종자의 과육을 제거하고 조금 건조시킨 뒤 직파하거나 모래와 섞어 노천매장한 뒤 이듬해 봄에 파종한다.

병해충 대극과이므로 별다른 병해충이 없다. 건강한 잎을 보기 위해 2월경 비료를 준다.

가지치기 방임하는 것이 좋지만 외각으로 향한 평행지는 잘라내고 상향지 위주로 남겨 쭉쭉 상승하는 수형을 만드는 것이 좋다. 봄에는 가볍게 가지를 치고 11~12월경에는 솎아내거나 강하게 전지를 하되, 뿌리에서 올라온 주간과 주간 옆의 올라온 가지는 보호한다.

초여름 개화
꽃·잎·열매·단풍
관상수

가을 단풍과 열매가 볼만한
까마귀베개 / 갈매나무 / 망개나무

원개형

갈매나무과 | 낙엽활엽 관목 또는 소교목 | *Rhamnella franguloides* | 3~7m | 전국 | 양지~음지

연간계획	1월	2월	3월	4월	5월	6월	7월	8월	9월	10월	11월	12월
번식			파종									
꽃/열매						꽃			열매			
전정		가지치기										
수확/비료												

▲ 꽃　❶ 잎 ❷ 열매 ❸ 수피　▲ 수형

토양	내조성	내습성	내한성	공해
비옥토	강	중	강	중~강

충남이남과 전라도, 제주도에서 자란다. 열매가 베개 모양이라고 해서 까마귀베개라고 하지만 까마귀와의 연관성은 거의 없다.

특징 6~7월 잎겨드랑이에서 황록색의 꽃이 피고 가을의 열매는 노란색에서 붉은색으로, 다시 검은색으로 익는다.

이용 완전히 익은 검보라색 열매를 식용할 수 있다.

환경 음지에서도 성장이 양호하지만 반그늘을 권장한다. 건조한 환경에서는 생육이 불량하다. 중부지방에서도 양호한 성장을 보인다. 맹아력이 좋아 번식이 잘되는 편이나 성장속도는 보통이다.

조경 독립수, 관상수, 한옥 조경, 큰 나무 밑 반그늘이 좋다. 가지가 옆으로 퍼지는 성질이 있으므로 1.2~1.5m 간격을 유지한다. 가을에 단풍 든 잎과 열매 관상에 좋다.

번식 가을에 채취한 종자의 과육을 제거하고 모래와 섞어 노천매장한 뒤 이듬해 봄에 파종한다. 뿌리에서 돋아난 싹을 나누어 심어도 번식이 된다.

병해충 알려진 병해충이 없다.

가지치기 가지치기할 필요가 없지만 죽거나 병 든 가지를 쳐준다. 모양이 한쪽으로 치우쳐 있으면 당해에 자란 가지를 쳐서 수형을 잡고 안쪽의 복잡한 교차 가지도 통풍이 되도록 정리한다. 위로 자라게 하려면 잔가지 중 밖으로 향한 평행지를 바짝 친다.

유사종 구별하기

- **갈매나무** : 공해에 약한 수종으로 중부 이북의 깊은 산 능선 및 계곡가에서 자란다. 암수딴그루에 황록색의 꽃이 모여 피며, 3~5m 높이의 소교목으로 자란다. 갈매나무는 가을에 열매를 관상하는 것 외에 큰 매력은 없어 보인다.
- **망개나무** : 충북과 경북에서 자라는 비교적 큰 키의 교목이다. 관상가치가 까마귀베개나 갈매나무에 비해 월등히 뛰어난 수종으로 가을의 열매와 노란 단풍을 관상하기 위해 식재한다. 종자, 근삽(봄), 숙지삽(가을)으로 번식할 수 있다. 공해에 견디는 힘은 보통이다. 까마귀베개와 달리 열매가 붉은색이다.

▲ 갈매나무의 수형

▲ 갈매나무의 꽃

▲ 갈매나무의 잎

▲ 망개나무의 수형

▲ 망개나무의 꽃

▲ 망개나무의 열매

여름 개화
꽃 · 잎 · 열매 · 수형
관상수 · 산울타리

진주처럼 영롱한 보랏빛 열매

작살나무 / 좀작살나무 / 흰작살나무

개장형

마편초과 | 낙엽활엽 관목 | *Callicarpa japonica* | 2~3m | 전국 | 양지~반음지

연간계획	1월	2월	3월	4월	5월	6월	7월	8월	9월	10월	11월	12월
번식			파종 · 분주	정식						심기	파종	
꽃/열매							꽃			열매		
전정	가지치기 · 솎아내기			꽃눈분화								
수확/비료												

▲ 꽃　❶ 잎 ❷ 열매 ❸ 수피　▲ 수형

토양	내조성	내습성	내한성	공해
비옥토	중~강	중	강	강

전국의 산지에서 자란다. 작살나무 외에 왕작살나무, 좀작살나무와 꽃과 열매가 흰색인 흰작살나무, 흰좀작살나무 등이 있다.

특징 6~8월에 잎겨드랑이에 연한 홍자색 꽃이 모여 피고 가을에 보랏빛 열매를 관상한다.

이용 뿌리, 줄기, 잎을 항균, 자궁출혈, 산후오한, 신장염, 혈변, 지혈에 약용한다. 열매는 새들의 먹이가 되고 꽃꽂이의 소재로도 이용한다. 생장속도는 빠르다.

환경 다소 비옥한 토양에서 잘 자라고 건조에도 강하다.

조경 독립수, 관상수, 산울타리, 화단, 혼식으로 적당하고 큰 나무 하부의 반그늘이 가장 좋다.

번식 11월에 채취한 종자의 과육을 제거하고 조금 건조시킨 뒤 노천매장했다가 이듬해 봄에 파종하거나 11월에 바로 직파한다. 파종시에는 관수에 신경 써 건조하지 않도록 한다. 맹아력이 강해 봄에는 분주로 번식시킨다. 4월 말 묘목을 심은 경우에는 비료를 공급하고, 5월 초에 몇 개의 가지를 정리해 기본 수형을 만든다. 기본적으로 한번 비료를 주고 이후에는 비료를 주지 않는다.

병해충 잎 뒷면에 응애가 발생하면 제때 방제한다.

가지치기 가지치기할 필요가 없지만 교차 가지, 죽은 가지, 병든 가지는 이른 봄 싹이 나기 전 가지치기한다. 잔가지가 무성할 때 깊숙히 치면 수형이 볼품 없으므로 얇게 친다. 가지치기를 끝낸 뒤에는 가지 끝에 살균제를 발라준다. 또한 매년 겨울 밑에서 올라온 줄기 5개 중 상태가 나쁜 1개는 밑에서 가지치기하여 제거한다. 꽃눈은 당해년도 햇가지의 잎겨드랑이에 있으므로 봄에 가지치기할 경우 잎눈을 보호한다.

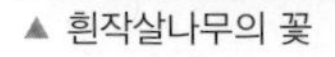

▲ 흰작살나무의 꽃

▲ 흰작살나무의 열매

▲ 좀작살나무의 꽃

▲ 좀작살나무의 잎

▲ 흰좀작살나무의 꽃

▲ 왕작살나무의 잎

TIP BOX 잎 가장자리의 톱니가 잎의 중반을 기준으로 아래쪽까지 내려와 있으면 작살나무류이다. 좀작살나무류는 잎의 중반을 기준으로 상단부에 톱니가 있다.

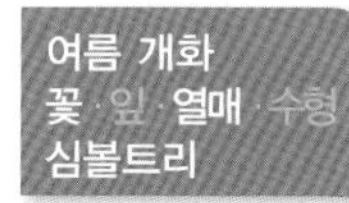

장구통 모양에 밤맛이 나는

장구밤나무

다간형

피나무과 | 낙엽활엽 관목 | *Grewia parviflora* | 2m | 서남해안 | 양지

연간계획	1월	2월	3월	4월	5월	6월	7월	8월	9월	10월	11월	12월
번식			종자 · 숙지삽									
꽃/열매							꽃		열매			
전정	가지치기 · 솎아내기											
수확/비료												

▲ 꽃 ❶ 잎 ❷ 열매 ❸ 수피 ▲ 수형

토양	내조성	내습성	내한성	공해
구별안함	강	중	중~강	강

중국, 타이완에 분포하며 국내에서는 서남해안에서 자란다. 서해안의 섬 산기슭이나 능선에서 많이 볼 수 있다. 열매가 장구통 모양에 밤맛이 난다하여 붙여진 이름이다. **'장구밥나무'**라고도 한다.

특징 6~7월 잎겨드랑이에서 2~8개의 흰색 꽃이 모여 핀다. 열매는 9~10월 붉은색으로 2~4개의 작은 열매가 달리며 단맛이 난다. 자생지에서 자라는 장구밤나무는 대체로 잡목처럼 엉켜 자란다.

이용 열매를 자궁출혈, 대하, 구충, 식욕증진에 약용한다.

환경 토양을 가리지 않고 척박지에서도 잘 자란다.

조경 도시공원, 빌딩, 펜션, 주택, 사찰 등에 식재한다. 흰색의 앙증맞게 피는 꽃이 관상 가치가 있어 화단이나 도시공원의 심볼트리로 식재할 수 있다. 절개지에도 식재한다.

번식 가을에 채취한 종자의 과육을 제거한 뒤 노천매장했다가 이듬해 봄에 파종한다. 삽목이 잘 되는 수종이다.

병해충 알려진 병해충이 없다.

가지치기 원개형에서 평정형 수형을 만들 수 있는 나무이다. 자유롭게 방임하면 잡목처럼 엉켜 자라므로 하단에서 올라온 줄기 중 건강한 몇 개만 남기고 나머지는 가지치기한다. 겨울에는 교차 가지, 밀집 가지를 솎아내고 꽃이 진 후에는 순지르기를 하여 곁가지를 발생시킨다.

여름 개화
꽃·잎·열매·수형
약용·산울타리

약용수로 잘 알려진 관상수

오갈피나무 / 가시오갈피 / 섬오갈피나무

원형

두릅나무과 | 낙엽활엽 관목 | *Eleutherococcus sessiliflorus* | 3~4m | 전국 | 양지~반음지

연간계획	1월	2월	3월	4월	5월	6월	7월	8월	9월	10월	11월	12월
번식			파종·정식·숙지삽			녹지삽		취목	녹지삽		정식	
꽃/열매								꽃		열매		
전정		가지치기										솎아내기
수확/비료				비료				약용근피 수확		약용잎·열매수확		

▲ 꽃 ❶ 잎 ❷ 열매 ❸ 수피 ▲ 수형

토양	내조성	내습성	내한성	공해
보통	약	중	강	중~강

중부 이남의 숲속에서 흔히 자라며 약용식물로 심어 기른다. 잎은 작은 잎 3~5개가 손가락 모양으로 붙어 있는 겹잎이다.

특징 가시오갈피에 비해 꽃이 자주색이고 줄기에 가시가 듬성 듬성 있다.

이용 근피, 잎, 열매를 혈액순환, 피로, 허약, 강장, 진통에 약용한다. 약용 목적의 뿌리는 4~5년에 한번 굴취한다.

환경 비교적 촉촉한 토양에서 잘 자란다. 공해에 강해 큰 나무 밑에 흔히 식재한다. 관상이 아닌 약용 목적이면 열매 수확량이 많아야 하므로 양지에 독립으로 식재한다.

조경 독립수, 관상수, 산울타리, 한옥 조경에 좋다. 큰 나무 하부 반음지에 심어도 괜찮다.

번식 가을에 채취한 종자의 과육을 제거하고 약간 촉촉하게 건조시킨 후 모래와 섞어 노천매장한 뒤 이듬해 봄에 파종하는데 발아율이 낮아 보통은 삽목이나 분주로 번식한다. 이른 봄 휴면지를 채취해 24시간 동안 물에 침전시킨 뒤 발근제를 발라 삽목한다. 장마철 전후와 9월에는 녹지삽으로 번식한다. 삽목시에는 눈이나 잎이 1~3개 붙어 있는 가지를 20cm 길이로 잘라 심는다. 맹아력이 좋기 때문에 이른 봄에 뿌리를 잘라 심거나 분주를 해도 번식이 잘 된다.

병해충 진딧물, 탄저병 방제를 하고 여름철 고온에는 일소병(여름 직사광선에 줄기가 타들어가며 고사)이 나타날 수 있으므로 방제한다.

가지치기 전초를 약용할 수 있으므로 가지치기를 하지 않는다. 그러나 묘목이라면 이른 봄 싹이 나기 전 몇 개의 굵은 가지만 남기고 잘라낸다. 남아있는 가지에 잔가지가 많이 돋아나므로 후에 꽃과 열매 수확이 많아진다. 강한 전정은 3~4년에 한번 실시한다.

▲ 가시오갈피

▲ 가시오갈피의 꽃

▲ 가시오갈피의 열매

▲ 가시오갈피의 수피

▲ 가시오갈피의 잎

▲ 섬오갈피나무의 꽃

▲ 섬오갈피나무의 잎

▲ 털오갈피의 잎자루

▲ 지리산오갈피의 잎

유사종 구별하기

- **가시오갈피** : 줄기에 가시가 많고 꽃이 황백색으로 핀다.
- **털오갈피** : 잎자루와 잎 뒷면 잎맥에 갈색털이 있다.
- **지리산오갈피** : 잎자루와 뒷면 잎맥에 털과 드문드문 가시가 있다.
- **섬오갈피나무** : 줄기에 삼각상의 가시가 굵고 아래를 향해 달린다.

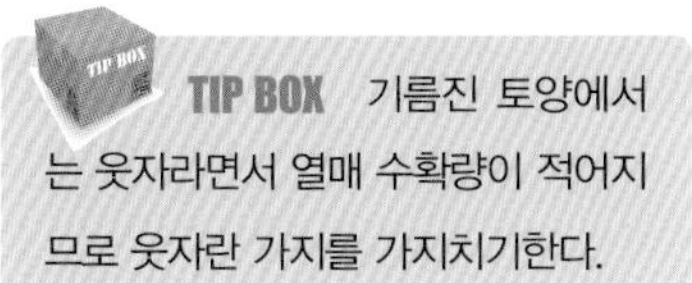

TIP BOX 기름진 토양에서는 웃자라면서 열매 수확량이 적어지므로 웃자란 가지를 가지치기한다.

벌들이 좋아하는 밀원식물

좀목형

원개형

마편초과 | 낙엽활엽 관목 | *Vitex negundo* | 2~3m | 전국 | 중용수

연간계획	1월	2월	3월	4월	5월	6월	7월	8월	9월	10월	11월	12월
번식			종자			녹지삽	반숙지삽					
꽃/열매							꽃		열매			
전정	가지치기 · 솎아내기											
수확/비료												

▲ 꽃차례 ❶ 꽃 ❷ 잎 ❸ 열매 ▲ 수형

토양	내조성	내습성	내한성	공해
부식토	강	중	강	중

중국과 한국에 분포하며 국내에서는 경기도와 충청도, 강원도 높은 산의 낮은 지대 계곡가 주변이나 바위 틈에서 자란다.

특징 벌들이 좋아하는 밀원식물로 6~7월 가지 끝에서 연한 보라색의 꽃이 모여 핀다. 잎이 손 모양의 겹잎이며, 전체에서 박하향이 난다.

이용 뿌리, 줄기, 종자 등을 천식, 해수, 감기, 류머티즘, 치통 등에 약용한다.

환경 비옥한 부식질 토양에서 잘 자란다.

조경 양지에서 잘 자라지만 반그늘에서도 양호한 성장을 보인다. 도시공원, 펜션, 주택(한옥) 등에 식재하거나 화단에 식재한다. 큰 나무의 하부 반그늘에 식재해도 비교적 잘 개화한다.

번식 가을에 채취한 열매의 껍데기를 털어 종자를 채취한 뒤 노천매장하고 이듬해 봄에 파종하는데 발아율이 낮다. 3월에 온실에서 파종하면 발아율이 높다. 보통 6~7월에 녹지삽, 7~8월에 반숙지삽으로 번식한다.

병해충 병해충에 비교적 강하다.

가지치기 매년 가지치기를 하여 수형을 유지해야 한다. 늘어지고 약한 가지들은 꼭 가지치기한다. 그렇지 않으면 다음 해에 늘어진 가지들이 죽은 가지가 될 확률이 높다.

여름 개화
꽃·잎·열매·수형
향신료

으뜸 향신료로 알려진
산초나무 / 초피나무 / 개산초

원형

운향과 | 낙엽활엽 관목 | *Zanthoxylum schinifolium* | 2~3m | 전국 | 양지

연간계획	1월	2월	3월	4월	5월	6월	7월	8월	9월	10월	11월	12월
번식			종자				반숙지삽			종자		
꽃/열매								꽃		열매		
전정		가지치기 · 솎아내기										
수확/비료												

▲ 꽃차례 ❶ 잎 ❷ 열매 ❸ 줄기 ▲ 수형

토양	내조성	내습성	내한성	공해
사질양토	강	중	강	약

전국의 산지에서 자란다. 도시의 야산에서도 흔히 볼 수 있다. 전체에서 특유의 향내가 나지만 초피나무에 비해 덜하고 초피나무는 전체에서 강한 향과 매운맛이 난다.

특징 초피나무와 달리 가시가 어긋나게 달리며 잎끝이 둔하고 여름(7~8월)에 황록색의 꽃이 핀다. 열매는 가을에 붉은색에서 갈색으로 익는다.

이용 열매 또는 열매껍질을 살충, 어독, 소화불량, 치통, 음부소양증 등에 약용한다. 흔히 추어탕에 향신료 쓰는 것을 '산초'라고 하는데 이는 산초나무에서 분말한 것이 아닌 초피나무의 열매껍질을 분말한 것이다.

환경 비옥한 사질양토에서 잘 자란다.

조경 도시공원, 펜션, 사찰, 주택 정원에 식재한다. 화단이나 화분에 식재해도 잘 자란다.

번식 가을에 채취한 종자를 바로 온실에서 직파하는 것이 가장 좋다. 또는 1월에 노천매장한 뒤 봄에 파종하기도 하는데 이 경우 2년 뒤 발아하는 경우도 있다. 묘목 이식은 이른 봄이 좋고 반숙지삽은 7~8월이 좋다.

병해충 식물체에 살균 성분이 있어 병해충에 강하다.

가지치기 가지치기를 하지 않고 자연 수형으로 키운다. 가지가 많이 웃자라면 가시에 찔리는 경우가 많으므로 이 경우 원하는대로 적당히 가지치기한다.

유사종 구별하기

- **산초나무** : 줄기의 가시가 어긋난다. 꽃의 개화기는 여름철인 8월이다. 초피나무에 비해 향신료 가치가 떨어지기 때문에 동네 야산에서도 흔히 볼 수 있다.
- **민산초나무** : 산초나무와 거의 비슷하지만 줄기에 가시가 없다.
- **초피나무** : 산초나무와 거의 비슷하지만 줄기의 가시가 마주난다. 열매껍질을 산초가루라 하여 추어탕 향신료로 사용한다. 개화기는 5~6월이고 꽃의 모양은 산초나무 꽃과 전혀 다르다. 번식은 9월에 채취한 종자를 젖은 모래에 묻어두었다가 가을이나 이듬해 3월에 파종한다. 열매껍질을 향신료로 사용하기 때문에 산에서 남획하는 경우가 많아 지금은 깊은 산에서나 볼 수 있다.
- **민초피나무** : 초피나무와 비슷하지만 줄기에 가시가 없다.
- **왕초피나무** : 제주도에서 자생하며 잎의 크기가 초피나무나 산초나무 잎에 비해 2배 정도 크다. 공원수로 적당하다.
- **개산초** : 줄기의 가시가 마주나지만 잎자루에 날개가 있다.

▲ 초피나무의 꽃

▲ 초피나무 줄기의 가시

▲ 초피나무의 잎

▲ 왕초피나무의 잎

▲ 민초피나무의 잎

▲ 민초피나무의 꽃

▲ 개산초의 잎

▲ 개산초의 열매

▲ 민산초나무의 잎

낙엽교목 정원수

가을에 잎을 떨구는 낙엽수 중 높이 4~5m 이상 자라는 교목들은 양분을 듬뿍 축적하고 있는 휴면기간(겨울)기간이 가지치기의 적기이다.

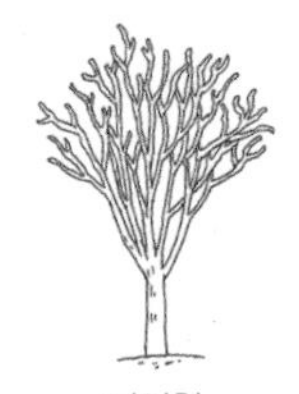
평정형

초봄 개화
꽃 · 잎 · 열매 · 수형
관상수

노란색 꽃과 붉은색 열매의 관상수

산수유

층층나무과 | 낙엽활엽 소교목 | *Cornus officinalis* | 3~7m | 전국 | 중용수

연간계획	1월	2월	3월	4월	5월	6월	7월	8월	9월	10월	11월	12월
번식			종자	심기		녹지삽				심기	종자	
꽃/열매			꽃						열매			
전정	솎아내기				가지치기							
수확/비료					비료					열매 수확기		

▲ 개화기 수형　❶ 잎 ❷ 꽃 ❸ 열매　▲ 여름 수형

토양	내조성	내습성	내한성	공해
사질양토	중	중	강	약

중부 이남 민가 등에서 열매를 얻기 위해 심어 기르거나 재배한다. 생강나무 꽃이 비슷하여 혼동하곤 하는데 생강나무 꽃에 비해 작은 꽃자루가 길고 수피가 벗겨지는 점이 다르다.

특징 3~4월 가지 끝에 노란색 꽃이 잎보다 먼저 핀다.

이용 열매를 간, 신장, 빈뇨, 정력 증강에 약용한다.

환경 비옥한 사질양토에서 잘 자란다. 공해에 약하지만 도시공원의 도로를 접하지 않은 안쪽에서는 양호한 성장을 보인다.

조경 주택, 펜션, 한옥의 정원의 독립수로 좋다. 아파트, 도시공원의 안쪽에 중심수나 산책로의 가로수로도 식재한다. 식재 간격은 5m 이상 간격을 유지한다.

번식 가을에 채취한 종자의 과육을 제거하고 노천매장한 후에 2년 뒤 봄에 파종한다. 녹지삽은 당해년에 자란 녹색 가지를 6~7월에 식재하는데 발근율은 저조하다. 묘목 식재는 4월과 10월이 적기이다. 열매 수확은 식재 후 7~8년 뒤 본격적으로 할 수 있다.

병해충 갈방병은 장마철 전후에 발생하므로 미리 방제하고, 잎마름나방은 5~6월에 발생하므로 방제한다.

가지치기 열매를 많이 수확하려면 적심을 하되, 주축 가지를 바짝 쳐서 곁가지가 많이 나오게 해야 열매가 많이 달린다. 가지가 밀집되면 병해충에 약하므로 적당히 친다.

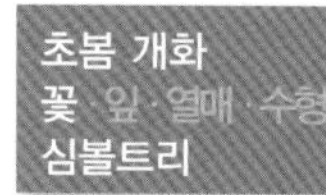

우리나라 봄 정원의 심볼트리
목련 / 백목련 / 별목련 / 일본목련

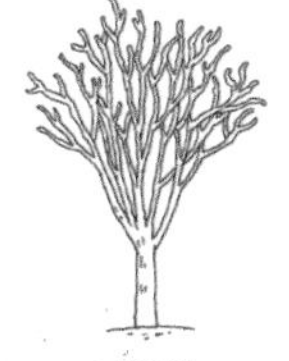
평정형

목련과 | 낙엽활엽 교목 | *Magnolia kobus* | 10~15m | 전국 | 중용수

연간계획	1월	2월	3월	4월	5월	6월	7월	8월	9월	10월	11월	12월
번식			종자						종자			
꽃/열매			꽃		꽃눈분화				열매			
전정						가지치기						
수확/비료												

▲ 백목련 꽃　　❶ 수형 ❷ 잎 ❸ 수피　　▲ 개화기 수형

토양	내조성	내습성	내한성	공해
사질양토	강	중	강	중

제주도 한라산에서 자생하며 관상수로 심는다. 흔히 볼 수 있는 것은 중국 원산의 백목련이며 흰색의 꽃이 풍성하고 주로 공원이나 학교에서의 정원수로 심는다.

특징 목련은 백목련에 비해 꽃잎이 좁고 수평으로 펼쳐지며 꽃 밑에 1개의 잎이 달린다. 화피조각은 9개이다.

이용 꽃봉오리를 비염, 축농증, 두통, 가래에 약용한다.

환경 비옥한 사질양토에서 잘 자라고 음지에서도 잘 견딘다.

조경 도시공원, 학교, 아파트, 빌딩 조경수로 인기가 높아 봄철 심볼트리로 좋고 펜션, 주택에도 식재한다. 공해에는 비교적 잘 견디지만 도로변 보다는 주차장, 진입로, 산책로 등에 식재한다.

번식 가을에 채취한 종자를 바로 직파하거나 노천매장한 뒤 이듬해 봄에 파종한다. 목련을 대목으로 하여 접목하기도 한다. 별목련은 6~7월에 발근촉진제에 침전한 후 녹지삽하면 뿌리를 내린다. 백목련, 별목련은 어느 정도 이식이 가능하지만(보통 3월에 이식한다.) 태산목, 일본목련, 자목련은 이식이 잘 안된다. 이식할 때는 뿌리를 잘 내리도록 밑거름을 준다.

병해충 반점병(만코지 500배 액), 깍지벌레(메프유제 1000배 액), 응애(아조사이클로틴 수화제 700배 액), 박쥐나방유충이 발생하기도 한다.

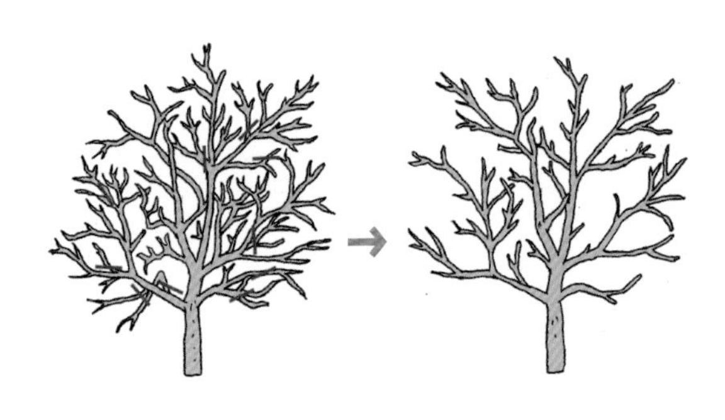

▲ 백목련 가지치기

가지치기 농촌 민가에서 키울 경우 가지치기 할 필요가 없지만 아파트나 빌딩, 주택의 정원수로 키우려면 담장 등의 위치에 따라 가지치기를 하여 수형을 잡는다. 상록성 목련은 늦봄~여름에, 낙엽성 목련은 한여름~초가을에 가지치기를 한다. 병든 가지, 잘못 뻗은 가지, 통행에 방해되는 하향지, 위로 꼿꼿하게 뻗는 상승지, 웃자란 가지, 교차 가지, 뿌리에서 올라온 가지를 친다. 잔가지를 칠 때는 분기점 바로 위에서 자르거나 마디 바로 위에서 자른다. 강전지를 한 경우에는 몇 년간 가지치기를 중지하여 스트레스를 방지한다. 어린 묘목은 스트레스를 많이 받으므로 강전지를 피하고 약전지를 한다. 그런 뒤 성목이 되면 가지치기를 중단하고 자연 수형으로 키운다.

유사종 구별하기

- **백목련** : 중국 원산으로 꽃이 풍성하게 피고 목련류 중 가장 흔히 볼 수 있다. 화피조각이 9개이다.
- **별목련** : 꽃잎(화피조각)이 12~18개로 많다.
- **자목련** : 화피조각의 안과 바깥쪽 모두 자주색을 띤다. 화피가 가 곧추 서고 암술도 자주색을 띤다.
- **황목련** : 화피조각이 연한 노란색을 띤다.
- **자주목련** : 백목련과 비슷하나 화피조각의 안쪽은 흰색이고 바깥쪽은 자주색을 띤다.
- **일본목련** : 목련이나 백목련에 비해 꽃이 늦게 피고(5~6월) 잎이 난 후에 꽃이 핀다. 꽃과 잎이 크고 잎 뒷면이 회백색을 띤다.

▲ 목련

▲ 별목련

▲ 자주목련

▲ 자목련

▲ 일본목련

▲ 황목련

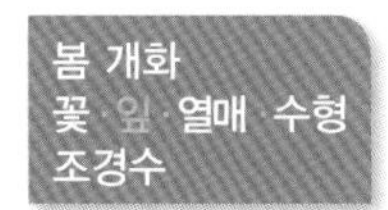

우리나라 봄 꽃나무의 여왕

벚나무 / 왕벚나무 / 산벚나무 / 올벚나무

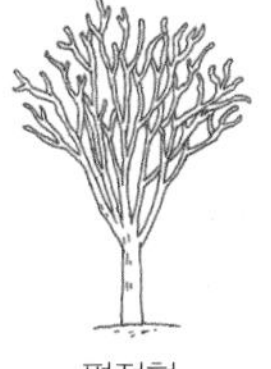
평정형

장미과 | 낙엽활엽 교목 | *Prunus serrulata* | 10~20m | 전국 | 양지

연간계획	1월	2월	3월	4월	5월	6월	7월	8월	9월	10월	11월	12월
번식		심기	종자 · 심기		녹지삽		종자	반숙지삽			심기	
꽃/열매				꽃			열매					
전정							꽃눈분화					가지치기
수확/비료							열매 수확					

▲ 개화기 수형　❶ 꽃 ❷ 잎 ❸ 수피　▲ 여름 수형

토양	내조성	내습성	내한성	공해
점질토	강	중~강	강	중~강

우리나라, 중국, 일본에 분포하며 대개 높거나 낮은 산지 및 계곡 등에서 자란다. 벚나무 외 다양한 품종의 유사종들이 있다.

특징 4~5월 가지마다 2~4개의 흰색 또는 연한 홍색의 꽃이 잎과 함께 핀다. 흑자색의 열매를 '버찌'라고 한다.

이용 내피와 씨앗을 기침 등에 사용하고 싱싱한 꽃과 열매는 식용한다.

환경 비옥한 부식질의 점질토에서 잘 자라며 건조한 토양에서는 성장이 불량하다. 공해에 강하다.

조경 도시공원, 빌딩, 학교, 펜션, 주택, 아파트, 사찰, 한옥 등 어느 곳에서나 잘 어울리는 수종이다. 지방도의 가로수로도 많이 식재한다. 잎과 씨앗에 독성이 있는 경우가 있어 말목장 등 가축농장에서의 식재는 피한다.

번식 가을에 채취한 종자의 과육을 제거하고 너무 건조하지 않도록 음지에서 기건저장한 뒤 12월에 노천매장했다가 이듬해 봄에 파종한다. 종자의 후숙성 때문에 18개월 뒤 발아하기도 한다. 반숙지삽은 8월에 하는데 두 개중 하나가 뿌리를 내린다. 접목은 산벚나무, 개벚나무 실생묘(종자 파종으로 자란 나무)에 접목한다.

병해충 백분병은 타이젠, 천공갈반병은 보로도액, 진딧물은 오트란, 천구소병은 석회유황합제로 방제한다. 깍지벌레는 스미치온 1000배액, 미국흰불나방, 털벌레는 디프테렉스를 살포하면 낙엽이 빨리 지므로 BT제 성분 살충제로 구제한다.

가지치기 가지치기를 할 필요가 없다. 가지치기를 하려면 개화기 직후의 가지치기는 가지치기한 부분의 상처 치유가 어렵고 가지치기한 가지가 죽는 경우가 많으므로 낙엽이 진 후부터 12월에 한다. 뿌리에서 올라온 싹이나 줄기를 정리하는 정도만 한다. 때에 따라 통행에 방행되는 가지와 병에 걸린 가지를 제거하고 수형을 관찰하면서 균등하게 하되, 밀집된 가지, 교차 가지를 제거해 통풍을 원활히 한다. 가지치기한 부분에는 도포제를 바른다.

▲ 왕벚나무

▲ 산벚나무

▲ 올벚나무

▲ 섬벚나무

▲ 겹벚나무

▲ 양벚나무

유사종 구별하기

- **왕벚나무** : 한국특산식물로 제주도 한라산 중턱에서 자생한다. 꽃대에 전체적으로 털이 있다.
- **산벚나무** : 지리산 이북의 높은 산에서 자란다. 작은 꽃대는 길고 털이 없다.
- **올벚나무** : 남부지방과 제주도의 산지에서 자란다. 꽃대에 전체적으로 털이 있고, 꽃받침통이 둥글다. 벚나무종류 중 가장 먼저 꽃이 핀다 하여 '올'자가 붙었다.
- **섬벚나무** : 한국특산식물로 섬(울릉도)에서 자라는 벚나무 종류라 하여 붙여진 이름이다. 작은 꽃대에 털이 없고 꽃받침이 뒤로 조금 젖혀진다.
- **겹벚나무** : 꽃잎이 겹꽃인 꽃과 홑꽃인 꽃이 무리지어 같이 핀다.
- **양벚나무** : 서양에서 들어온 벚나무로 체리나무의 야생종이다. 품종에 따라 꽃대에 털이 있는 품종과 털이 없는 품종이 있다. 열매(버찌)가 벚나무에 비해 크고 맛있다.

봄 개화
꽃·잎·열매·수형
풍치수

북미에서 온 야생 체리나무
세로티나벚나무

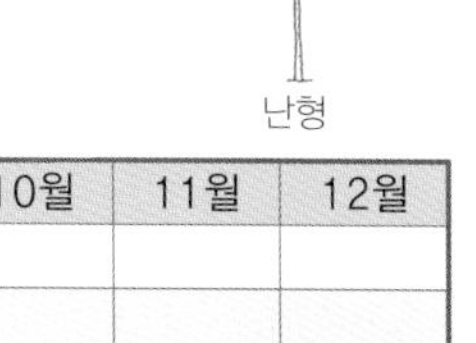
난형

장미과 | 낙엽활엽 교목 | *prunus serotina* | 8~18m | 전국 | 양지

연간계획	1월	2월	3월	4월	5월	6월	7월	8월	9월	10월	11월	12월
번식			종자		녹지삽		반숙지삽		종자			
꽃/열매				꽃				열매				
전정							꽃눈분화					가지치기
수확/비료												

▲ 세로티나벚나무 꽃

❶ 잎 ❷ 열매 ❸ 수피

▲ 여름 수형

토양	내조성	내습성	내한성	공해
점질토	중	중	강	약

북미 원산으로 우리나라에서는 심어 기른다. 영명은 '(Wild) Black Cherry'이다. 높이 8m~18m로 자라고, 최 30m까지 자라는 것도 있다.

특징 봄에 잎보다 꽃이 먼저 피며 꽃뭉치를 이룬다.

이용 검정색으로 익은 열매를 체리처럼 식용하거나 잼을 담가 먹는다. 미국 인디언들은 수피와 뿌리를 수렴, 기침, 강장, 건위에 약용하였다.

환경 석회질의 점질토에서 잘 자라고 축축한 토양을 좋아하지만 건조에는 약하다. 공해에도 비교적 약하다. 오존에 민감하게 반응하기 때문에 오존 지표성 식물로 사용한다.

조경 꽃이 독특하고 예쁘기 때문에 도시공원의 독립수나 풍치수로 적당하다. 그 외 대단지 규모의 아파트나 관공서, 빌딩의 독립수, 조경수로도 좋다. 벚나무류 식물들은 잎과 씨앗에 독성이 있으므로 말목장 등의 가축농장에서의 식재는 피하며 실제 미국에서는 말농장의 말이 피해를 입은 사례가 있다.

번식 가을에 채취한 종자의 과육을 제거한 뒤 즉시 냉상에 파종하며 일반적으로 3~4개월 뒤 발아하지만 때에 따라 발아에 36개월 걸릴 수도 있다.

병해충 벚나무에 준해 병해충을 방비한다.

가지치기 가지치기를 할 필요가 없다. 가지치기를 하려면 벚나무에 준해 가지치기한다.

봄 개화
꽃 · 잎 · 열매 · 수형
풍치수

최고의 수변 조경수

처진개벚나무(수양벚나무) / 수양겹벚나무

수양형

장미과 | 낙엽활엽 교목 | *Prunus verecunda* | 15m | 전국 | 양수

연간계획	1월	2월	3월	4월	5월	6월	7월	8월	9월	10월	11월	12월
번식			숙지삽 · 접목					녹지삽				
꽃/열매				꽃			열매					
전정							꽃눈개화					가지치기
수확/비료												

▲ 개화기 수형 ❶ 꽃 ❷ 잎 ❸ 열매 ▲ 여름 수형

토양	내조성	내습성	내한성	공해
사질양토	중	중~강	강	약

전국의 수변공원 등지에서 심어 기른다. 조경수로 식재하는 것은 대부분 원예용 하이브리드 품종이다.

특징 벚나무의 한 품종으로서 가지가 수양버드나무처럼 처진 형태로 자란다. 비슷한 모양의 꽃이 피는 품종이 많으므로 꽃자루가 긴지를 확인한다. 벚나무 종류중에는 대기오염에 비교적 약한 나무이다.

이용 다른 벚나무처럼 나무껍질은 약용하고 열매는 식용한다.

환경 비옥한 부식질의 사질양토에서 잘 자라며 건조에도 약하다.

조경 수양버드나무만큼 아름답고 단아한 수형을 갖고 있다. 호수나 저수지를 낀 산책로의 관상수나 도시공원, 학교, 유원지, 펜션, 사찰 등의 독립수, 풍치수로 좋고 주로 연못가 주변에 많이 식재한다. 서울 동작동 국립현충원의 수양벚나무 군락이 유명하다.

번식 3월에 산벚나무 실생묘에 접목하거나 3~4월에 숙지삽, 8월에 녹지삽으로 번식한다. 발근촉진제를 바르고 삽목한다.

병해충 벚나무에 준해 방제한다.

가지치기 가지치기를 할 필요가 없지만 병든 가지와 위로 뻗는 상승형 가지는 가지치기한다. 가지치기한 뒤에는 반드시 도포제를 바른다.

유사종 구별하기

처진개벚나무, 수양벚나무는 옥매 등의 매화류와 헷갈리는 경우가 많은데 꽃자루가 벚나무처럼 길면 수양벚나무 종류이다. 품종에 따라 꽃잎이 겹꽃인 품종, 꽃의 색상이 분홍색인 품종, 올벚나무이지만 처진 형태의 '처진올벚나무' 등 다양한 품종이 있다. 봄바람이 불면 늘어진 가지와 꽃이 하늘거리며 흔들리기 때문에 조경수로서 관상 가치가 높다.

▲ 수양겹벚나무의 꽃

▲ 분홍겹벚나무의 꽃

▲ 처진개벚나무

▲ 수양겹벚나무

▲ 처진올벚나무 꽃

▲ 처진올벚나무

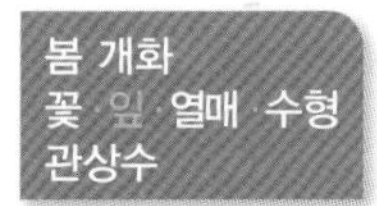

제주도에서 온 꽃나무

채진목

원개형

장미과 | 낙엽활엽 소교목 | *Amelanchier asiatica* | 5~10m | 전국 | 중용수

연간계획	1월	2월	3월	4월	5월	6월	7월	8월	9월	10월	11월	12월
번식		분주	종자 · 숙지삽			녹지삽	종자				종자	
꽃/열매					꽃				열매			
전정	가지치기 · 솎아내기					가지치기						
수확/비료												

▲ 꽃　　❶ 잎 ❷ 열매 ❸ 수피　　▲ 수형

토양	내조성	내습성	내한성	공해
사질양토	중	중	강	중

제주도에서 자생하지만 전국에서 식재할 수 있다. 개화기 때 흰색의 꽃이 화려하게 피고, 가을의 노란 단풍과 흑자색의 열매가 관상 가치가 있다.

특징 봄에는 만발한 흰꽃, 가을에는 노란 단풍과 열매가 아름답다 꽃은 심은지 3~4년 뒤부터 개화한다.

이용 8~9월 흑자색으로 익는 단맛이 나는 열매를 식용할 수 있다.

환경 부식질의 석회질 토양에서 잘 자란다. 음수지만, 음지와 양지 모두에서 잘 자란다.

조경 높이 5~10m로 자라지만 일반적으로 3m 내외의 관목으로 자라므로 도시공원, 아파트, 놀이터나 주택 정원의 관상수로도 좋다.

번식 6월경 흑자색으로 익기 전의 녹색 열매를 채취한 뒤 과육을 제거하고 물에 세척한 뒤 음건하고 바로 냉상에 파종한다. 또는 몇 개월간 저온저장한 후 11월경 파종한다. 발아에 2년이 걸릴 수도 있다. 녹지삽은 6월에 하고 분주는 2월에 한다.

병해충 백분병, 알락하늘소, 깍지벌레 등의 충해가 발생하기 전에 방제하고, 진딧물에는 메타유제, 포리스유제를 살포하여 방제한다.

가지치기 묘목일 때 약전정으로 수형을 잡고 그 후에는 자연 수형으로 키운다.

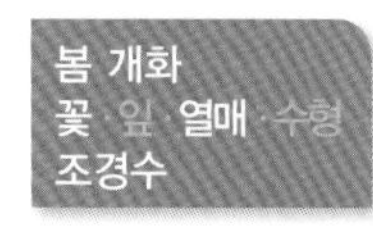

자연 수형이 아름다운 공원수

산사나무

장미과 | 낙엽활엽 교목 | *Crataegus pinnatifida* | 6m | 전국 | 양지

연간계획	1월	2월	3월	4월	5월	6월	7월	8월	9월	10월	11월	12월
번식			분주				분주				종자	
꽃/열매				꽃					열매			
전정	가지치기·솎아내기					가지치기						
수확/비료												

▲ 개화기 수형 ❶ 꽃 ❷ 열매 ❸ 수피 ▲ 수형

토양	내조식	내습성	내한성	공해
사질양토	강	중	강	강

전국의 산야에서 흔히 자란다. 다양한 개량종이 보급되어 도시공원에서 많이 식재한다. **'산사목(山査木)'**에서 유래한 이름이다.

특징 5~6월 가지 끝에서 흰색의 꽃이 모여 핀다. 잎에 결각이 있다. 가을에 붉게 익는 열매도 관상 가치가 있다.

이용 열매, 뿌리, 줄기를 어혈, 요통, 관절통, 이질, 징하에 약용한다. 열매를 '산사자(山査子)'라 하여 차로 마신다.

환경 비옥토를 좋아한다. 음지에서는 성장이 불량하다.

조경 도시공원, 학교, 펜션, 한옥에 식재한다. 공해에도 강하지만 도심 도로변 보다는 차량 진입로를 따라 식재한다. 하부에는 라벤더, 속단 등을 식재하면 잘 어울린다.

번식 가을에 채취한 종자의 과육을 제거한 뒤(건조시키면 발아하지 않으므로 주의) 2년간 노천매장한 뒤 파종해도 되지만 보통은 10월 말~11월 중순에 채취해 바로 직파한다. 봄과 여름에 뿌리에서 올라온 싹이나 줄기를 굴취해 심어도 된다. 삽목번식은 잘 안된다.

병해충 진딧물(디노테퓨란 수화제), 붉은별무늬병(클로로탈로닐 수화제) 등이 발생한다.

가지치기 가지가 구불구불하게 뻗는 나무이므로 자연 수형으로 키우는 것이 가장 좋다. 때에 따라 6월경 웃자란 가지나 교차 가지를 치고 수형을 만드는 수준으로 약전지를 한다.

열매는 팥알, 꽃은 배꽃 닮은

팥배나무

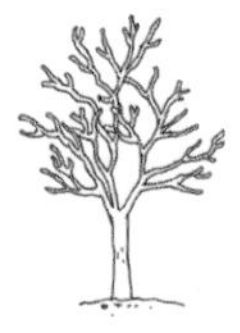
원정형

장미과 | 낙엽활엽 소교목 | *Sorbus alnifolia* | 15m | 전국 | 중용수

연간계획	1월	2월	3월	4월	5월	6월	7월	8월	9월	10월	11월	12월
번식			종자			녹지삽						
꽃/열매					꽃				열매			
전정		솎아내기				가지치기						
수확/비료												

▲ 수형 ❶ 꽃 ❷ 잎 ❸ 열매 ▲ 가을 단풍

토양	내조성	내습성	내한성	공해
구별안함	중	중	강	약

전국의 산지에서 자란다. 열매가 팥알처럼 생겼고, 꽃이 배나무를 닮았다 하여 붙여진 이름이다. 수형과 가을 단풍, 열매의 관상 가치가 높은 수종이다.

특징 4~6월 가지 끝에서 6~10개의 흰색 꽃이 모여 핀다. 9~10월에 붉은색으로 익는 열매에는 흰색 반점이 있고 시큼한 맛이 난다.

이용 열매로 담은 술을 과로, 피로에 음용한다.

환경 건조에 잘 견디고 척박지에서 잘 견딘다.

조경 공해에 약하지만 도시공원에서 양호한 성장을 보인다. 공원, 골프장, 학교, 펜션 등에 식재하거나 큰 나무 하부에 식재한다. 유원지 산책로를 따라 가로수로도 식재한다. 가을철 노랗게 물든 단풍이 아름답다.

번식 가을에 채취한 종자의 과육을 제거하고 살짝 음건한 후 2년 간 노천매장한 뒤 봄에 파종한다. 또는 2개월간 저온저장 후 냉상에 파종한다. 7월 초 당해년에 자란 가지를 발근촉진제(IBA)에 침전한 후 삽목하면 60%가 뿌리를 내린다.

병해충 녹병, 백분병, 근류병, 불마름병, 짚신깍지벌레, 흰불나방이 발생하기도 한다.

가지치기 묘목일 때는 가지치기를 피하고 일정 높이 이상 자라면 상대적으로 긴 잔가지를 분기점에서 바짝 쳐서 생장을 자극시킨다.

늦봄 개화
꽃 · 잎 · 열매 · 수형
관상수

말의 이빨을 닮은 새싹
마가목 / 당마가목

난형

장미과 | 낙엽활엽 소교목 | *Sorbus commixta* | 6~10m | 전국 | 중용수

연간계획	1월	2월	3월	4월	5월	6월	7월	8월	9월	10월	11월	12월
번식			종자 · 심기		숙지삽		녹지삽			심기		
꽃/열매					꽃				열매			
전정	가지치기 · 솎아내기						가지치기			가지치기 · 솎아내기		
수확/비료												

▲ 꽃 ❶ 잎 ❷ 열매 ❸ 수피 ▲ 수형

토양	내조성	내습성	내한성	공해
사질양토	강	중	강	중

강원도 이남의 높은 산과 경북 울릉도에서 흔히 자란다. 뿌리에서 올라온 새싹이 '말의 이빨(馬牙木)' 같다 하여 붙여진 이름이다.

특징 5~6월 가지 끝에 자잘한 흰색 꽃이 모여 핀다. 9~10월 익는 열매는 붉은색이다. 당마가목은 중국(당)에서 자라는 마가목이라 하여 붙여진 이름으로 주로 높은 산이나 고지대에서 자란다.

이용 수피와 열매를 강장, 기침, 요슬통, 신체허약, 백발, 기관지염, 위염에 약용한다.

환경 비옥한 사질양토에서 잘 자란다.

조경 도시공원, 골프장, 펜션, 산책로의 관상수로 좋다. 가을 단풍이 아름다운 수종이어서 주택이나 한옥의 작은 정원의 중심수로도 적당하다.

번식 가을에 채취한 종자의 과육을 제거하고 모래와 함께 충적저장한 뒤 이듬해 3월에 파종한다. 발아율은 90% 내외이다. 삽목은 숙지삽, 녹지삽이 가능하다.

병해충 깍지벌레, 적성병 등이 발생한다.

가지치기 어린 나무일 때 기본적인 수형을 잡은 뒤 자연 수형으로 키운다. 성목이 된 후에는 통행에 방해되는 밑 부분 가지, 웃자란 가지 등을 치고 도포제를 바른다. 겨울 가지치기에서는 좀 더 강하게 전정을 하면서 타원형에서 난형 수형을 만든다.

유사종 구별하기

- **당마가목** : 꽃차례와 잎에 털이 있거나 없고 소엽은 13~15개, 동아와 어린 줄기에 털이 있다. 잎 가장자리 상단에만 톱니가 있고 하단에는 톱니가 없다.
- **차빛당마가목** : 당마가목처럼 소엽은 13~15개이다. 잎 뒷면에 갈색털, 꽃대에 흰색털이 있다. 잎 가장자리에 톱니 혹은 겹톱니가 있다.
- **서양마가목** : 유럽 원산으로 잎은 마주나고 끝이 점차 뾰족해지며 잎 뒷면은 흰빛이 돈다.

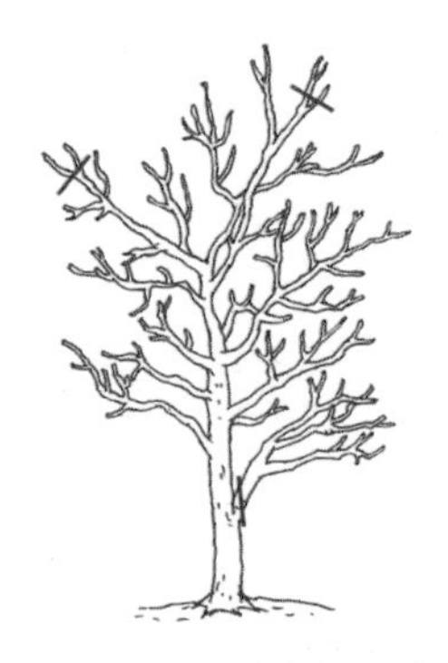
▲ 마가목 가지치기

▲ 당마가목

▲ 당마가목 어린잎의 털

▲ 당마가목의 수형

▲ 서양마가목

▲ 서양마가목의 잎

▲ 서양마가목의 수형

늦봄 개화
꽃·잎·열매·수형
조경수

시원한 그늘을 만들어주는
귀룽나무

장미과 | 낙엽활엽 교목 | *Prunus padus* | 15m | 전국 | 중용수

원개형

연간계획	1월	2월	3월	4월	5월	6월	7월	8월	9월	10월	11월	12월
번식			종자					녹지삽				
꽃/열매					꽃	열매						
전정	솎아내기					가지치기					솎아내기	
수확/비료												

▲ 꽃

❶ 잎 ❷ 열매 ❸ 수피

▲ 수형

토양	내조성	내습성	내한성	공해
사질양토	강	중	강	강

지리산 이북 깊은 산의 계곡 주변이나 능선에서 자란다. 벚나무의 벚꽃이 질 무렵에 맞춰 흰꽃이 만발하기 때문에 봄꽃 조경수로서 관상 가치가 높다.

특징 4~6월 새 가지 끝에 흰색 꽃이 모여 핀다. 가지를 자르면 고무 탄 내 같은 좋지 않은 냄새가 난다. 7~9월에 익는 열매는 광택이 나는 검은색이다.

이용 열매와 줄기를 진통, 동통, 관절통, 설사를 멈추게 할 때 약용한다.

환경 비옥하고 조금 촉촉한 사질양토에서 잘 자란다.

조경 도시공원, 사찰, 학교, 펜션 등에 식재한다. 산책로를 따라 식재해도 좋다. 놀이터나 작은 소공원에 식재하기에는 수형이 다소 큰 편이나 시원한 그늘을 만든다.

번식 채취한 종자의 과육을 제거한 뒤 모래와 섞어 음지에서 저장한 뒤 이듬해 봄에 파종한다. 녹지삽은 8월에 한다. 벚나무를 대목으로 하여 접목 번식도 할 수 있다.

병해충 진딧물, 벚나무하늘소, 불나비 등이 발생하면 관련 약을 살포하여 구제한다.

가지치기 사과나무 종류에 잘 걸리는 은입병이 발생하면 가지치기를 한 뒤 가지를 친 부분에 도포제를 바른다. 그 외는 자연 수형으로 키우되, 병든 가지, 손상된 가지, 밀집 가지, 교차 가지는 정리한다.

분재용 소재로 인기 있는

윤노리나무

원개형

장미과 | 낙엽활엽 소교목 | *Pourthiaea villosa* | 5m | 전국 | 중용수

연간계획	1월	2월	3월	4월	5월	6월	7월	8월	9월	10월	11월	12월
번식			종자 · 숙지삽									
꽃/열매					꽃			열매				
전정	솎아내기					가지치기						
수확/비료												

▲ 줄기와 꽃　　❶ 꽃 ❷ 잎 ❸ 열매　　▲ 수형

토양	내조성	내습성	내한성	공해
비옥토	약	중	강	약

중부 이남의 산지, 제주도와 남부지방의 산지에서도 많이 자란다. 윷을 만들기에 좋은 나무라 하여 **'윷노리나무'**에서 변한 이름으로 추정한다.

특징 5~6월 가지 끝에서 흰색 꽃이 모여 피고, 열매는 9~10월에 붉은색으로 익는데 약간 떫지만 단맛이 난다. 분재용으로 만들어 가지치기 하면 제법 멋진 수형이 나오지만 노지에서는 수형이 방만하다.

이용 뿌리를 설사, 습열에 약용한다.

환경 부식질의 비옥토를 좋아하며, 건조한 곳에서도 생장이 양호하나 공해에는 약하다

조경 도시공원, 유수지 주변, 학교, 주택의 정원수로 좋다.

번식 가을에 열매가 흑자색이 될 때 채취한 뒤 종자의 과육을 제거하고 세척한 후에 모래와 섞어 노천매장한 뒤 이듬해 봄에 파종하면 2년 뒤 발아하기도 한다. 삽목은 숙지삽으로 번식한다.

병해충 병해충에 비교적 강하다. 전정을 통해 통풍과 채광을 좋게 하여 사전에 해충의 배설물로 인한 그을음병 등을 예방할 수 있다.

가지치기 수형이 제멋대로이지만 원줄기의 하단부 잔가지를 잘라 상승형 수형을 만들거나 원개형 수형을 만들 수 있다. 가지가 구불구불 자유자재로 뻗으므로 교차지, 하향지, 쓸모없는 가지를 신경 써서 정리한다.

초봄 개화
꽃·잎·열매·수형
관상수·심볼트리

강원 이북에서 자라는 야생 산사나무
이노리나무

원정형

장미과 | 낙엽활엽 소교목 | *Crataegus komarovii* | 5m | 전국 | 양지

연간계획	1월	2월	3월	4월	5월	6월	7월	8월	9월	10월	11월	12월
번식			종자 · 숙지삽			녹지삽						
꽃/열매					꽃				열매			
전정	솎아내기						가지치기					
수확/비료												

▲ 꽃　❶ 잎 ❷ 열매 ❸ 묘목　▲ 수형

토양	내조성	내습성	내한성	공해
사질양토	강	중	강	중

중국과 한국에 분포하며 강원도 설악산 이북과 북한 지역의 깊은 산속 또는 능선에서 자란다. 일종의 야생의 산사나무라고도 할 수 있다.

특징 전체적으로 산사나무와 비슷하다. 산사나무에 비해 잎이 손바닥 모양으로 갈라진다. 자생지에서는 높이 5m까지 자라지만 식물원 등에 심겨진 것은 보통 1m 내외의 것만 볼 수 있다.

이용 열매를 산사나무와 같은 약재로 사용하며 어혈, 요통, 거풍, 이질, 관절통에 약용한다.

환경 비옥한 사질양토에서 잘 자라지만 건조한 곳에서도 성장이 양호하다.

조경 도시공원, 학교, 펜션, 주택 정원의 심볼트리로 식재한다.

번식 가을에 열매가 낙과하기 전 채취하여 종자의 과육을 제거한 뒤 세척하고 젖은 모래와 섞어 서늘한 곳에 노천매장한 뒤 이듬해 봄에 파종한다. 종자가 건조하면 발아하지 않으므로 관리를 잘한다.

병해충 특별히 알려진 병해충이 없다.

가지치기 산사나무와의 유사성을 고려하여 산사나무에 준한 가지치기를 해주는 것이 바람직하다.

하천변을 좋아하는 물가의 조림수

느릅나무 / 미국느릅나무

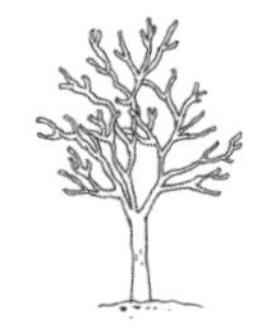
원정형

느릅나무과 | 낙엽활엽 교목 | *Ulmus davidiana* | 30m | 전국 | 중용수

연간계획	1월	2월	3월	4월	5월	6월	7월	8월	9월	10월	11월	12월
번식				반숙지삽		직파						
꽃/열매			꽃		열매							
전정	속아내기				가지치기							
수확/비료												

▲ 성숙한 느릅나무 ❶ 꽃 ❷ 잎 ❸ 열매 ▲ 어린 느릅나무

토양	내조성	내습성	내한성	공해
사질양토	약	강	강	약

느릅나무, 참느릅나무, 왕느릅나무, 혹느릅나무, 당느릅나무, 미국느릅나무 등이 있다. 조경수으로 보급된 느릅나무는 대부분 미국느릅나무 종류이다. 창경궁에 많이 심어진 느릅나무도 사실은 미국느릅나무이다.

특징 느릅나무는 꽃자루와 열매자루가 거의 없고 참느릅나무는 조금 있다. 미국느릅나무는 꽃자루와 열매자루가 길고 잎도 크다. 어릴 때는 성장속도가 빠르지만 시간이 지나면 더디다. 3~4월 2년지에 적갈색의 꽃이 모여 핀다.

이용 수피를 유백피라 하며 비염, 이뇨, 항염에 약용한다.

환경 하천변 비옥토에서 잘 자라고, 내음성은 좋으나 공해에 약하다.

조경 도시공원이나 연못가의 독립수, 혹은 하천변의 조림수로 좋다.

번식 6월에 채취한 종자를 바로 파종하면 그 해 겨울이 오기 전 어린 묘목으로 생장한다. 봄에 반숙지를 잘라 따뜻한 곳에서 발근시킨 뒤 삽목한다.

병해충 진딧물이 발생하지 않도록 제때 방제한다.

가지치기 꽃을 관상하는 나무가 아니므로 가지치기를 원하는 시기에 하되, 5~6월에 하는 것이 좋다. 순지르기를 하여 생장을 촉진시킨다. 약전정을 하여 삼각꼴에서 원정형 수형을 만든다. 성목이 되면 자연 수형으로 키운다.

▲ 참느릅나무

▲ 참느릅나무의 꽃

▲ 참느릅나무의 잎

▲ 왕느릅나무

▲ 당느릅나무

▲ 수양당느릅나무

▲ 미국느릅나무

▲ 미국느릅나무의 꽃

▲ 미국느릅나무의 열매

유사종 구별하기

- **참느릅나무** : 한국특산식물로 느릅나무에 비해 잎이 좁고 혁질이며 9~10월에 꽃이 핀다.
- **당느릅나무** : 느릅나무에 비해 열매 표면에 털이 있다. 어린나무의 수피는 흑갈색이고 성목으로 자라면서 거칠게 갈라진다.
- **혹느릅나무** : 줄기나 가지에 혹 같은 코르크질이 발달해있다.
- **미국느릅나무** : 도입종으로 열매에 긴 자루가 있고 아래로 늘어져 자란다.

늦봄 개화
꽃·잎·열매·수형
조경수

우리나라 정원 관상수의 기본종

단풍나무 / 홍단풍 / 당단풍나무 / 신나무

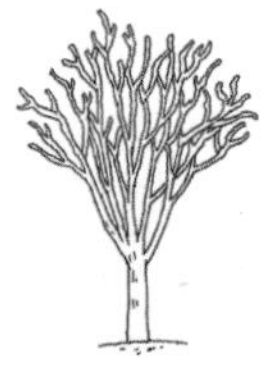
평정형

단풍나무과 | 낙엽활엽 교목 | *Acer palmatum* | 15m | 전국 | 중용수

연간계획	1월	2월	3월	4월	5월	6월	7월	8월	9월	10월	11월	12월
번식			종자			녹지삽				심기		
꽃/열매					꽃					열매		
전정								가지치기			가지치기 · 솎아내기	
수확/비료		수액채취										

▲ 수형 ❶ 꽃 ❷ 잎 ❸ 수피 ▲ 홍단풍 수형

토양	내조성	내습성	내한성	공해
사질양토	중	중	강	강

남부지방 산지에서 자란다. 잎이 붉게 물드는 단풍(丹楓)이 드는 나무라는 뜻에서 유래된 이름이다. 주택의 정원수로 흔히 식재하며, 홍단풍, 청단풍 등 다양한 품종들이 있다.

특징 4~5월 가지 끝에 붉은색 꽃이 모여 핀다. 잎은 마주나며 손바닥 모양의 5~7 또는 9갈래로 갈라진다.

이용 이른 봄 채취한 수액을 약용한다.

환경 비옥토를 좋아하고 과습이나 지나친 건조지에서는 성장이 불량하다. 생장속도는 느리고 병해충에 강하다.

조경 도시공원, 골프장, 학교, 펜션, 주택 정원의 경계지에 식재하거나 관상수, 심볼트리로 식재한다. 빌딩 조경수, 도로변 가로수, 주차장 조경수로 좋다.

번식 10월 초~중순에 종자를 채취한 뒤 노천매장했다가 이듬해 봄에 파종한다. 단풍나무 녹지삽은 6월에 잎이 달린 새 가지를 잘라 온실에서 심으면 뿌리를 내린다. 이식은 봄과 가을에 하는데 10월에 하는 것이 좋다. 비료를 줄 필요는 없지만 비료를 줄 경우에는 질소계 비료가 아닌 칼륨계 비료를 공급해야 단풍이 곱게 나온다.

병해충 백분병은 타이젠이나 만코지 등으로 방제한다. 가지마름병 등이 발생하면 병든 가지를 제거한다. 그 외 잎마름병, 진딧물, 개각충이 발생하기도 한다.

가지치기 수액이 흐르는 나무는 봄에 가지치기를 하면 상처 난 곳에 곰팡이가 생기거나 가지가 고사하기도 하고 수세가 약해진다. 따라서 수액의 흐름이 없는 늦여름~늦겨울에 가지치기를 해야 하지만 단풍나무류는 휴면이 짧기 때문에 11~12월에 하는 것이 가장 좋다. 보통은 늦여름, 늦가을, 초겨울에 하고, 초가을은 피한다. 주로 병든 가지, 교차 가지, 밀집 가지, 하향지, 웃자란 가지를 치고 수형 형성에 방해되는 불필요한 곁가지, 곧게 솟은 상행지를 친다. 불필요한 가지는 Y자 분기점 위에 바짝 붙여서 친다. 눈이 있는 가지는 눈이 향한 방향으로 새 가지가 돋아나므로 미리 엉키지 않게 하기 위해 적절하지 않는 방향으로 눈이 나있는 가지를 쳐낸다. 가지치기를 할 때 전체 가지(전체 잎)의 20% 이상을 치면 단풍나무가 증산작용을 못해 스트레스를 받다가 고사할 수 있으므로 주의한다.

▲ 단풍나무 가지치기

▲ 서울 태평로의 단풍나무

▲ 평강식물원의 신나무

▲ 홍단풍, 흰산철쭉, 철쭉 식재의 예

▲ 당단풍나무

▲ 신나무

▲ 벚나무, 홍단풍, 청단풍

▲ 단풍나무, 세열단풍

▲ 단풍나무, 원추리 식재의 예

▲ 단풍나무, 회양목, 홍단풍 식재의 예

▲ 단풍나무, 주목, 그 외 화초류

▲ 당단풍나무의 잎

▲ 모미지단풍의 잎

▲ 서울단풍의 잎

▲ 섬단풍의 잎

▲ 야촌단풍의 잎

▲ 은단풍의 잎

▲ 조일단풍의 잎

▲ 좁은단풍의 잎

▲ 내장단풍의 잎

▲ 삼손단풍의 잎

▲ 복장나무의 잎

▲ 플라맹고단풍의 잎

▲ 신나무의 잎

▲ 청시닥나무의 잎

▲ 미국꽃단풍나무의 잎

어디든 잘 어울리는 조경수

세열단풍 / 홍세열단풍 / 공작단풍

수양형

단풍나무과 | 낙엽활엽 교목 | *Acer palmatum var. dissectum* | 1~10m | 전국 | 중용수

연간계획	1월	2월	3월	4월	5월	6월	7월	8월	9월	10월	11월	12월
번식				접목		접목 · 녹지삽			접목			
꽃/열매					꽃					열매		
전정								가지치기			가지치기 · 솎아내기	
수확/비료												

▲ 세열단풍 ❶ 잎 ❷ 홍세열 잎 ❸ 홍세열 ▲ 공작단풍

토양	내조성	내습성	내한성	공해
사질양토	중	중	강	강

세열단풍, 홍세열단풍, 공작단풍은 일본에서 육종된 원예종 단풍나무 수종들이다. 하지만 국내에서는 품종 구별 없이 공작단풍 또는 세열단풍이라고 부른다.

특징 잎에 매우 잘게 갈라지는 수양형 품종으로 공원이나 학교, 식물원 등에 정원수로 식재되어 있다.

이용 주로 학교 정원이나 빌딩의 조경수로 인기가 높다.

환경 지나친 과습이나 건조지에서는 성장이 불량하다.

조경 도시공원, 골프장, 펜션, 아파트, 주택 정원의 경계지에 식재하거나 관상수, 심볼트리로 식재한다. 공해에 강하므로 빌딩 조경수, 도로변 가로수, 주차장 조경수로 좋다. 가정집의 화단에도 잘 어울린다.

번식 번식은 삽목과 접목으로 한다. 삽목의 경우 6월에 잎이 달린 새 가지를 잘라 온실에서 심으면 뿌리를 내리는데 품종에 따라 녹지삽이 안되는 경우가 많다. 이 때문에 세열단풍류는 대개 단풍나무나 청단풍 등의 단풍나무에 고접, 저접 등으로 접목한다. 일반적으로 4월 중순 전후와 8월 하순 전후에 접목이 잘된다.

병해충 단풍나무에 준하여 병해충을 방제한다.

가지치기 자연적으로 늘어지는 수형 그 자체가 아름답지만, 수형을 잡아주기 위한 강전정은 휴면기간인 12월~3월 사이에 실시한다. 그외 허약한 가지, 병든 가지, 내향지, 하향지 등을 잘라준다.

노란 가을 단풍이 수려한

고로쇠나무

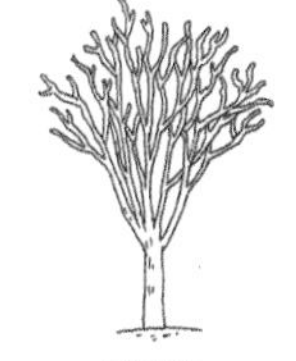
평정형

단풍나무과 | 낙엽활엽 교목 | *Acer pictum* | 20m | 전국 | 중용수

연간계획	1월	2월	3월	4월	5월	6월	7월	8월	9월	10월	11월	12월
번식			종자			녹지삽						
꽃/열매					꽃				열매			
전정											가지치기 · 솎아내기	
수확/비료		수액채취										

▲ 여름 수형　　❶ 꽃 ❷ 잎 ❸ 수피　　▲ 가을 수형

토양	내조성	내습성	내한성	공해
사질양토	강	중	강	중

전국의 깊은 산에서 자란다. 조경수로 도시공원에 흔하게 식재하며 생장속도는 보통이다.

특징 4~5월 가지 끝에 황록색의 꽃이 모여 핀다. 손바닥 모양의 잎은 5~7개 또는 9갈래로 갈라진다.

이용 이른 봄에 채취한 수액을 고로쇠수액(골리수, 骨利水)이라고 부르며 약용한다.

환경 공해에 약하다고 하지만 도시공원 안쪽에서는 비교적 양호한 성장을 보인다.

조경 도시공원, 골프장, 학교, 아파트, 산책로, 사찰 등에 정원수로 식재한다.

번식 가을에 채취한 종자(열매가 갈색으로 성숙했을 때 채취)를 젖은 모래와 1:2로 섞어 노천매장한 뒤 이듬해 봄에 파종한다. 6월 녹지삽은 상단에 잎이 1~2개 붙어있는 가지를 10~20cm 길이로 준비한 뒤 발근촉진제에 침전시킨 후 삽목한다.

병해충 병해충에 비교적 강하지만 청고병, 위조병, 진딧물 등이 발생할 수도 있다.

가지치기 자연 수형으로 키우되, 초기에 기본 모양을 만들어주는 것이 좋다. 일직선으로 곧게 자라는 가지는 친다. 상대적으로 매우 굵은 가지는 곁가지로 대체하고 친다. 병든 가지, 교차 가지, 하향지를 친다. 상행지, 곁가지를 칠 때는 분기 지점에 바짝 붙여서 친다.

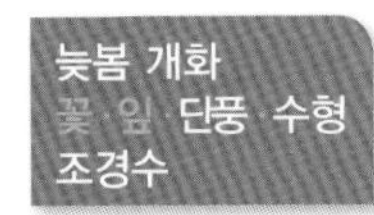

가을 붉은 단풍의 으뜸수

복자기

원정형

단풍나무과 | 낙엽활엽 교목 | *Acer triflorum* | 20m | 전국 | 중용수

연간계획	1월	2월	3월	4월	5월	6월	7월	8월	9월	10월	11월	12월
번식			종자			종자						
꽃/열매					꽃				열매			
전정											가지치기 · 솎아내기	
수확/비료		수액채취										

▲ 여름 수형 ❶ 꽃 ❷ 잎 ❸ 수피 ▲ 가을 단풍

토양	내조성	내습성	내한성	공해
사질양토	중	중	강	중

중부지방과 북한지방의 산지에서 자란다. 가을에 붉은색으로 물드는 단풍이 아름답고 관상 가치가 높다. **'나도박달'**이라고도 한다.

특징 수피가 오래될수록 세로로 갈라지고 종잇장처럼 벗겨진다. 4~5월에 황록색 꽃이 아래를 향해 핀다.

이용 봄에 수액을 채취할 수 있는 나무이지만 고로쇠수액만큼은 못하다.

환경 비옥한 사질양토를 좋아하고 음지에서의 성장이 양호하며, 내한성도 있다.

조경 가을 단풍이 빼어날정도로 아름답고 나무껍질이 독특하기 때문에 도시공원, 아파트, 골프장, 펜션의 조경수나 중심수, 심볼트리로 식재한다. 큰 나무 하부의 반 그늘에 식재하거나 산책로를 따라 가로수로도 식재할 수 있다. 봄철 노랗게 피는 꽃과 가을철의 붉은 단풍이 녹색 환경과 어우러져 아름다운 경관을 만들어 낸다. 흔하지는 않지만 키우기가 쉬워 조경수로서의 가치가 높다.

번식 6~7월에 채취한 열매의 껍데기를 제거하고 바로 파종한다. 또는 2년 동안 노천매장한 뒤 봄에 파종한다. 발아율은 25% 내외이다.

병해충 진딧물, 진드기, 뿌리썩음병이 있다.

가지치기 자연 수형으로 키운다. 가지치기를 할 경우 단풍나무에 준해 가지치기를 한다.

우람한 수형의 공원수

중국단풍

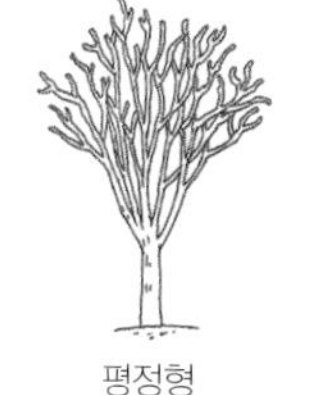
평정형

단풍나무과 | 낙엽활엽 교목 | *Acer buergerianum* | 15~20m | 전국 | 중용수

연간계획	1월	2월	3월	4월	5월	6월	7월	8월	9월	10월	11월	12월
번식	심기		종자			녹지삽				종자	심기	
꽃/열매				꽃					열매			
전정											가지치기·솎아내기	
수확/비료						비료						

▲ 수형 ❶ 꽃 ❷ 잎 ❸ 열매 ▲ 가을 수형

토양	내조성	내습성	내한성	공해
사질양토	중	중	강	중~강

중국과 대만 원산으로 단풍나무 종류 중에 우람한 수형을 뽐내는 수종이다. 전국의 공원수 또는 가로수로 즐겨 심는다.

특징 단풍나무에 비해 잎 가장자리가 3개로 얇게 갈라지므로 쉽게 알아볼 수 있다. 신나무의 잎과 비교하면 잎 가장자리가 밋밋하다.

이용 수형을 잡을 수 있는 나무이기 때문에 분재로도 인기가 있다.

환경 비옥토를 좋아하고 건조한 곳에서도 성장이 양호하며 공해에 대한 저항력과 맹아력이 강하다.

조경 도시공원, 유원지, 빌딩, 학교, 펜션의 중심수, 조경수로 식재하며, 공해에 강해 가로수로도 적당하다.

번식 가을에 갈색으로 익는 열매를 채취하여 종자를 꺼내 노천매장한 뒤 이듬해 봄에 파종하고, 당해년 11월에 파종하려면 완전히 익은 종자를 준비한다. 6~7월에 녹지를 삽수로 준비해 발근촉진제에 침전시킨 후 삽목해도 번식이 된다.

병해충 가지마름병이 발생하면 비료를 조금 더 공급한다.

가지치기 어린 묘목일 때는 6월경 비료를 주어 성장을 촉진시킨다. 조경수로 식재한 경우 높이 1.5m 자랐을 때 가지치기를 하여 기본 수형을 만드는데 주로 하단부 잔가지를 제거하는 수준으로 한다. 이후는 자연 수형으로 키운다.

낙엽이 날리면 달콤한 향기를 내는

계수나무

난형

계수나무과 | 낙엽활엽 교목 | *Cercidiphyllum japonicum* | 10~30m | 전국 | 양지

연간계획	1월	2월	3월	4월	5월	6월	7월	8월	9월	10월	11월	12월
번식			종자			뿌리접		종자				
꽃/열매					꽃			열매				
전정		솎아내기									가지치기	
수확/비료												

▲ 암꽃 ❶ 잎 ❷ 열매 ❸ 수피 ▲ 수형

토양	내조성	내습성	내한성	공해
사질양토	강	중	중	중

중부 이남에서 자생하며 전국에서 조경수로 많이 식재되는 수종이다. 가을에 노랗게 단풍이 들어 낙엽이 날릴 때 솜사탕 같은 달콤한 향기를 풍긴다.

특징 암수딴그루로 3~4월 잎겨드랑이에 붉은색의 꽃이 잎보다 앞서 핀다.

이용 목재는 연하고 부드러워 가구재로 사용한다.

환경 비옥토를 좋아하고 반그늘에서도 성장이 양호하며 건조한 곳을 싫어한다.

조경 도시공원, 아파트, 펜션, 주택, 골프장 등에 식재하며 중심수, 녹음수, 심볼트리로 식재한다. 산책로의 가로수로도 제격이다.

번식 가을에 열매가 벌어질 무렵 채취하여 껍데기를 제거한 뒤 직파하거나 기건저장했다가 이듬해 봄에 파종한다. 삽목 번식은 성공률이 낮다. 뿌리에서 올라온 싹이나 줄기를 뿌리와 함께 굴취해 심거나, 뿌리접으로 번식하는 것이 더 성공률이 높다.

가지치기 단풍이 떨어진 후인 늦가을에 가지치기를 한다. 나무가 부드럽고 잘 부러지기 때문에 옆으로 퍼지는 평형지와 하향지 중 약해 보이는 가지를 찾아낸 뒤 제거한다. 죽은 가지, 병든 가지, 교차 가지를 잘라낸다. 성목은 너비 6m 이상 퍼지기 때문에 식재할 때 넓은 간격으로 식재한다. 어린 묘목일 때 뿌리에서 올라온 싹과 줄기는 미리 없앤다.

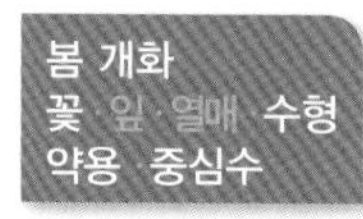

불로장생 약용나무

두충

원형

두충과 | 낙엽활엽 교목 | *Eucommia ulmoides* | 15m | 중부이남 | 중용수

연간계획	1월	2월	3월	4월	5월	6월	7월	8월	9월	10월	11월	12월
번식			종자 · 심기			녹지삽					종자	
꽃/열매					꽃					열매		
전정						가지치기						
수확/비료					비료							

▲ 꽃　❶ 잎 ❷ 열매 ❸ 수피　▲ 수형

투양	내조성	내습성	내한성	공해
사질양토	중	중	강	중

중국 원산으로 1926년 국내에 도입된 후 전국에 심어 기르며 약용수로 즐겨 재배한다. 암수딴그루로 최초로 도입된 암수그루가 서울 홍릉수목원에 식재되어 있다.

특징 잎이나 열매를 자르면 끈끈한 점액질이 나온다.

이용 수피, 어린잎은 간과 신장을 보하고 고혈압, 뼈에 약용한다. 약용 수확은 파종 후 8~10년 후부터 할 수 있다.

환경 비옥한 사질양토에서 잘 자라고 중용수이지만 양지에 식재하는 것이 좋다.

조경 공원이나 펜션의 정원수, 관상수, 중심수로 식재하거나 약용수로 재배한다.

번식 10~11월에 채취한 종자를 2~3일 음건한 뒤 모래와 섞어 노천매장하고 이듬해 봄 파종 며칠 전 꺼내 냉장 보관했다가 파종한다. 개인은 6~7월에 녹지삽으로 번식하되, 발아율이 보통이므로 발근촉진제를 바른 뒤 10여개를 삽목해본다. 묘목은 3~4월에 심고 심을 때 퇴비를 준다. 밭에서 대량 재배할 경우 식재 간격을 1~3m로 한다.

병해충 탄저병, 갈색무늬병이 발생하면 즉시 방제한다.

가지치기 1~2년차 묘목일 때 수형을 만들 목적으로 2회 가지치기를 하고 그 뒤에는 할 필요 없다. 주간을 1~3개로 남기고 잔가지를 모두 잘라내면 된다. 가정에서는 매년 6월경 가볍게 순지르기한 잎과 잔가지를 약재로 사용하거나 술을 담근다.

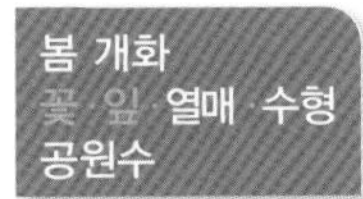
봄 개화
꽃·잎·열매·수형
공원수

단아한 수형의 관상수
참빗살나무

원형

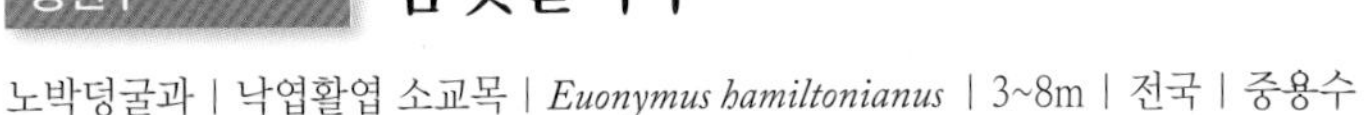
노박덩굴과 | 낙엽활엽 소교목 | *Euonymus hamiltonianus* | 3~8m | 전국 | 중용수

연간계획	1월	2월	3월	4월	5월	6월	7월	8월	9월	10월	11월	12월
번식			종자 · 숙지삽									
꽃/열매					꽃					열매		
전정		솎아내기				가지치기						솎아내기
수확/비료												

▲ 자연 수형 ❶ 꽃 ❷ 잎 ❸ 열매 ▲ 정리한 수형

토양	내조성	내습성	내한성	공해
사질양토	강	중	강	중~강

전국의 산지 숲속이나 능선, 하천변에서 흔히 자생하며 공원수로 많이 보급되고 있다. 단아한 수형의 가을 단풍과 붉은색의 열매가 관상 가치를 높여 준다.

특징 10~11월에 붉게 익는 사각상 구형의 열매가 아름답고, 5~6월에 피는 황록색 꽃보다 단풍이 더 매력적이다.
이용 수피와 가지를 항암, 기침, 구충, 진통에 약용한다.
환경 비옥한 사질양토에서 잘 자란다.
조경 도시공원, 펜션, 주택의 정원수로 식재한다. 가을 단풍이 아름다워 심볼트리로도 식재할만하다. 중용수이므로 큰 나무 하부에 식재하며, 공해에는 비교적 강하지만 잡목 형태로 자라고 잔가지가 평형이나 하향지로 자라므로 가로수로는 적당하지 않다.
번식 가을에 채취한 종자의 과육을 제거하여 노천매장한 뒤 이듬해 봄에 파종한다. 숙지삽은 2~4월에 전년도 가지를 10~20cm 길이로 준비해 발근촉진제에 침전시킨 뒤 삽목한다.
병해충 진딧물이 발생하면 제때 방제한다.
가지치기 꽃을 관상하는 수종이 아니므로 가지치기는 가을을 제외한 아무 때나 할 수 있고 보통은 꽃이 진 후에 하는 것이 좋다. 일반적으로 몇 년 간격으로 가지치기를 하되, 늙은 가지나 병든 가지, 통행에 방해되는 가지를 정리하는 수준으로 한다.

봄 개화
꽃·잎·열매·수형
조경수 관상수

진한 노란색 단풍이 아름다운
비목나무

원형

녹나무과 | 낙엽활엽 소교목 | *Lindera erythrocarpa* | 6~15m | 경기도이남 | 중용수

연간계획	1월	2월	3월	4월	5월	6월	7월	8월	9월	10월	11월	12월
번식			종자				녹지삽					
꽃/열매				꽃						열매		
전정						가지치기						
수확/비료												

▲ 수형 ❶ 꽃 ❷ 잎 ❸ 열매 ▲ 가을 단풍

토양	내조성	내습성	내한성	공해
사질양토	강	중	중	약

중부 이남의 산지와 서해안의 양지바른 곳에서 자란다. 가을 단풍이 진할정도로 노랗게 들어 조경수로서 관상 가치가 있는 수종이다.

특징 암수딴그루로 4~6월 황록색의 꽃이 모여 피고, 9~10월 붉은색의 열매가 탐스럽다. 수피가 비늘처럼 벗겨지는 것도 특징이다.

이용 줄기, 열매, 잎을 관절통, 중풍, 감기, 혈액순환 등에 약용한다.

환경 비옥한 사질양토에서 잘 자라며 건조한 곳에서는 성장이 약하다. 공해에 약하나 공원 안쪽에서는 비교적 양호한 성장을 보인다.

조경 공원이나 펜션의 독립수, 관상수로 식재한다. 수형과 가을의 샛노란 단풍이 아름다워 정원의 중심수로 심을 만하다.

번식 가을에 채취한 종자의 과육을 제거하여 모래와 섞어 노천매장한 뒤 2년 뒤 봄에 파종한다. 7~8월에 녹지로 삽목하면 발근이 잘된다.

병해충 알려진 병해충이 없다.

가지치기 잔가지가 옆으로 퍼지거나 땅으로 향하는 성질이 있고 땅에서 포기가 많이 올라온다. 가지를 솎아내는 방법에 따라 상승형, 확산형, 원형 등의 수형을 만들 수 있다. 한번 수형을 잡은 뒤에는 가지치기할 필요가 없다.

꽃보다 잎이 예쁜 관상수

굴피나무

부정형

가래나무과 | 낙엽활엽 소교목 | *Platycarya strobilacea* | 12m | 전국 | 중용수

연간계획	1월	2월	3월	4월	5월	6월	7월	8월	9월	10월	11월	12월
번식			종자		심기				종자			
꽃/열매					꽃				열매			
전정							가지치기					
수확/비료												

▲ 수꽃 ❶ 잎 ❷ 열매 ❸ 수피 ▲ 어린 묘목의 수형

토양	내조성	내습성	내한성	공해
점질토	강	중	강	중

중부 이남의 산지 양지바른 기슭이나 바닷가 암석 숲에서 자란다. 굴피집(굴참나무로 만듦)과는 관련성이 없고, 중국에서 도입된 중국굴피나무가 흔한 편이다.

특징 암수한그루로 6월 새가지 끝에 황록색의 꽃이 피며, 열매는 가을에 적갈색으로 익는다.

이용 잎과 열매를 종기, 통증, 살충, 근골통, 개선피부염에 약용한다.

환경 비옥한 부식질의 토양에서 잘 자라고 축축한 토양을 좋아하지만 건조에도 강하다. 공해에 약한 편이지만 도로를 접하지 않은 공원의 안쪽에서는 성장이 양호하다.

조경 잎 모양이 단아하고 수형이 단정하게 나오는 수종으로 도시공원, 펜션, 학교, 주택, 사찰, 한옥의 독립수, 풍치수로 좋다.

번식 가을에 채취한 종자의 과육을 제거한 뒤 즉시 파종하거나 기건저장했다가 이듬해 봄에 파종한다. 묘목을 식재할 경우에는 밀식을 피한다. 취목으로 번식할 수 있다.

병해충 알려진 병해충이 없으나 이 수종의 뿌리는 진달래과 식물의 성장에 나쁜 영향을 주는 화학성분(juglones)을 내므로 진달래과 식물과는 함께 식재하지 않는다.

가지치기 가지치기를 할 필요가 없다. 간혹 어린 묘목일 때 수형을 만들거나 수간(樹幹, 나무 줄기)을 완만히 높일 목적으로 가지치기를 하기도 한다.

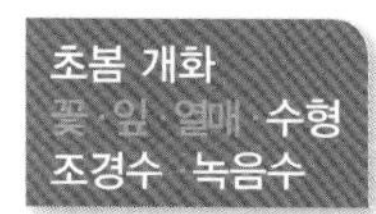

5리(里)마다 심은 이정표 나무

오리나무

부정형

자작나무과 | 낙엽활엽 교목 | *Alnus japonica* | 20m | 전국 | 양지~반그늘

연간계획	1월	2월	3월	4월	5월	6월	7월	8월	9월	10월	11월	12월
번식	심기		종자			심기				종자	심기	
꽃/열매			꽃							열매		
전정								가지치기				
수확/비료			수액채취									

▲ 암꽃과 수꽃 ❶ 잎 ❷ 열매 ❸ 수피 ▲ 수형

토양	내조성	내습성	내한성	공해
구별안함	강	중~강	강	강

제주도를 제외한 전국의 산과 들에서 지린다. 엣날에 5리(里)마다 심어서 이정표를 삼았다고 하여 **'오리목(五里木)'** 이라고도 부른다.

특징 암수한그루로 3월에 적갈색의 꽃이 잎보다 먼저 핀다. 열매는 10월~11월경 다갈색으로 익는다.

이용 수피와 줄기를 장염, 설사, 외상출혈, 항암 등에 약용한다. 또한 오리나무는 공중의 질소를 고정 작용을 하는 수종으로 알려져 있다.

환경 생장속도가 빠르고 토양을 가리지 않으며, 해변가나 황무지, 습기가 있는 땅에서도 잘 자란다.

조경 성목은 수형이 아름다워 큰 공원의 공원수나 학교, 골프장 등 대단위 장소의 조경 녹음수로 잘 어울린다. 오리나무는 공중 질소를 고정하는 작용을 한다.

번식 9~10월에 갈색으로 변하기 직전 열매를 채취한 뒤 탈곡하여 종자를 꺼낸 뒤 기건저장했다가 이듬해 봄에 파종한다. 열매를 채취한 후 바로 냉상에 파종해도 된다.

병해충 백분병, 잎마름병, 비늘잎오갈병, 갈색무늬병, 빗자루병, 녹병, 점무늬병, 미국흰불나방, 박쥐나방 등의 병해충이 발생하면 약제를 살포하여 방제한다.

가지치기 가지치기가 필요 없는 수종이다. 굳이 필요하면 높이 3m 이상 자랐을 때 한, 두 번 가지치기한 뒤 자연 수형으로 키운다.

잎이 넓은 오리나무

물오리나무

난형

자작나무과 | 낙엽활엽 교목 | *Alnus hirsuta* | 20m | 전국 | 양지~반그늘

연간계획	1월	2월	3월	4월	5월	6월	7월	8월	9월	10월	11월	12월
번식			종자							종자		
꽃/열매			꽃							열매		
전정								가지치기 · 솎아내기				
수확/비료			수액채취									

▲ 수꽃과 암꽃

❶ 잎 ❷ 열매 ❸ 수피

▲ 수형

토양	내조성	내습성	내한성	공해
구별안함	약	강	강	중~강

전국의 산지 및 계곡에서 자라지만 사방조림용으로 1차 식재되어 전국의 야산 경사지에서 흔하게 볼 수 있는 나무이다.

특징 암수한그루로 3~4월에 적갈색의 꽃이 잎보다 먼저 피고, 잎은 오리의 발바닥처럼 생겼다. 수피는 매끈한 회갈색이다.

이용 수피를 가래, 기침, 소염에 약용한다. 수액을 채취하기도 하지만 거의 채취하지 않는 편이다.

환경 생장속도가 빠르며 토양을 가리지 않고 잘 자란다. 척박지에서도 성장이 양호할 뿐 아니라 충분히 축축한 습식토에서도 비교적 잘 자란다. 공중의 질소를 고정하는 작용을 하는 수종이다.

조경 오리나무와 달리 곧게 상승형으로 자라는 나무이다. 황갈색의 가을 단풍이 아름다워 공원의 공원수나 학교 등에 식재하고 훼손지나 경사지 복구용으로도 식재한다.

번식 가을에 채취한 열매를 탈곡해 종자를 꺼낸 뒤 기건 저장했다가 이듬해 봄에 파종한다. 열매를 채취한 후 바로 냉상에 파종해도 된다. 삽목 번식률은 3% 이하이고 조직배양은 70% 성공률을 보인다.

병해충 미국흰불나방 같은 병해충이 발생한다.

가지치기 가지치기가 필요 없는 나무이므로 자연 수형으로 키운다.

사방공사에 쓰이는 오리나무
사방오리

난형

자작나무과 | 낙엽활엽 소교목 | *Alnus firma* | 7m | 남부지방 | 양지

연간계획	1월	2월	3월	4월	5월	6월	7월	8월	9월	10월	11월	12월
번식			종자									
꽃/열매			꽃							열매		
전정										가지치기·솎아내기		
수확/비료												

▲ 꽃 ❶ 잎 ❷ 열매 ❸ 수피 ▲ 수형

토양	내조성	내습성	내한성	공해
구별안함	강	중~강	약	강

일본 원산이다. 국내에서는 남부지방의 척박지나 경사지 복구용으로 널리 심었다. 사방(砂防)공사, 즉 모래나 흙이 무너지는 것을 막는 공사에 쓰이는 오리나무 종류라는데서 이름이 붙었다.

특징 암수한그루로 3~4월 가지 끝에 황록색의 꽃이 잎보다 먼저 핀다. 잎은 마름모꼴에 끝이 뾰족하고 가장자리에 날카로운 톱니가 있다. 측맥 수는 13~17쌍이다.

이용 염료용이나 땔감, 기구재로 사용한다. 사방오리는 국내 사방조림용으로 일본에서 도입된 수종인데, 당초 일본에서 도로의 붕괴지 비탈면에 널리 식재했으나, 최근에는 꽃가루가 화분병의 원인이 된다 하여 더 이상 식재하지 않는 추세라고 한다.

환경 생장속도가 빠르며, 토양을 가리지 않고 잘 자라지만 내한성이 약하다.

조경 충남이남 남부지방의 척박지, 경사지 복구용으로 심거나 고속도로 주변에 식재한다. 공중의 질소를 고정하는 작용을 한다.

번식 가을에 채취한 열매를 탈곡해 종자를 꺼낸 뒤 기건저장했다가 이듬해 봄에 파종한다.

병해충 알려진 병해충은 없다.

가지치기 특별히 가지치기를 하지 않고 자연 수형으로 키운다.

분재용 소재로 유명한
소사나무

원형

자작나무과 | 낙엽활엽 관목 또는 소교목 | *Carpinus turczaninowii* | 4~15m | 전국 | 양지

연간계획	1월	2월	3월	4월	5월	6월	7월	8월	9월	10월	11월	12월
번식			종자 · 심기						종자		심기	
꽃/열매				꽃					열매			
전정	가지치기							가지치기 · 솎아내기				
수확/비료				수액채취								

▲ 수형

❶ 꽃 ❷ 열매 ❸ 수피

▲ 잎

토양	내조성	내습성	내한성	공해
구별안함	강	중	강	중~강

자작나무과의 키가 작은 관목성 수종으로 서남해안의 바닷가 산지와 섬 지역의 암석기슭에서 자란다. 서어나무(西木)보다 작다는 뜻의 **'소서목(小西木)'**이 변한 이름이다.

특징 암수한그루로 4~5월 잎이 나면서 꽃이 아래를 향해 함께 핀다. '소서나무'라고도 한다.

이용 분재애호가들 사이에서 꽤 인기 있는 나무로서 서양에서도 분재로 많이 알려져 있다.

환경 생장속도는 더디나 토양을 가리지 않고 잘 자라는 편이고 건조한 곳에서도 잘 견딘다.

조경 가을 단풍이 화려하여 도시공원, 학교, 펜션 등에 식재하며, 아담한 수형으로 주택의 정원수로도 식재한다.

번식 가을에 채취한 열매의 껍데기를 벗기고 바로 직파하거나 모래와 종자를 섞어 노천매장한 뒤 이듬해 봄에 파종한다.

가지치기 봄에 수액이 나오는 나무이므로 봄에 가지치기를 하면 썩거나 곰팡이 등이 발생하고 나무의 수세가 약해진다. 수액이 흐르는 철의 가지치기를 피하고 가급적 늦여름~겨울(8~1월)에 가지치기를 한다. 우선 병든 줄기, 교차 가지, 밀집 가지를 제거한다. 새 잎이 아주 잘 돋아나는 나무이므로 잎이 5~6개 달려있는 새 가지의 끝부분 잎 2개가 있는 위치를 순지르기한다.

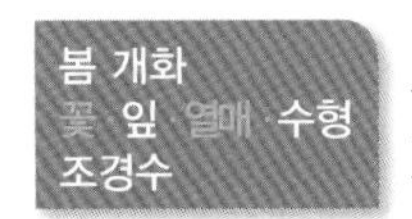

꼬리모양의 열매가 열리는

까치박달

난형

자작나무과 | 낙엽활엽 교목 | *Carpinus cordata* | 15m | 전국 | 중용수

연간계획	1월	2월	3월	4월	5월	6월	7월	8월	9월	10월	11월	12월
번식			종자					종자				
꽃/열매				꽃					열매			
전정								가지치기				
수확/비료												

▲ 꽃 ❶ 열매 ❷ 잎 ❸ 수피 ▲ 수형

토양	내조성	내습성	내한성	공해
사질양토	강	중	강	강

전국의 깊은 산의 숲 속에서 자생한다. 자작나무과 나무중에서는 비교적 공해에 강하다. 서어나무와 함께 극상림을 대표하는 수종이기도 하다.

특징 암수한그루로 4~5월 잎이 나면서 꽃이 핀다. 잎맥이 뚜렷하고 잎의 측맥 수는 16~22쌍이다.

이용 목재의 재질이 좋기 때문에 농기구, 건축재, 버섯 재배목 등에 사용한다.

환경 유기질의 비옥한 사질양토에서 잘 자란다. 생장속도는 보통이며, 공해에 강하다.

조경 아파트, 빌딩, 도시공원, 펜션에 식재한다. 음지에서도 성장이 양호하므로 큰 나무 하부에 식재하되 너무 그늘에 식재하면 백분병이 발생할 수도 있다.

번식 열매가 성숙하기 직전(갈색으로 변하기 전) 채취한 뒤 물에 담가 무거운 종자만 선별한 뒤 1개월간 음건한 후 냉장보관했다가 이듬해 봄에 파종한다. 갈색으로 변한 열매에서 종자를 채취한 뒤 바로 직파하기도 하는데 이 경우 발아에 18개월 걸릴 수 있다. 열매가 갈색 직전 녹색일때 종자를 채취해 직파하면 이듬해 봄에 발아하는 경우가 많다.

병해충 알려진 병해충이 없다.

가지치기 통행에 방해되는 가지, 병든 가지만 가지치고 자연 수형으로 기른다.

목재의 품질이 좋은
박달나무

난형

자작나무과 | 낙엽활엽 교목 | *Betula schmidtii* | 30m | 전국 | 양지

연간계획	1월	2월	3월	4월	5월	6월	7월	8월	9월	10월	11월	12월
번식			종자		심기				종자			
꽃/열매					꽃				열매			
전정										가지치기·솎아내기		
수확/비료				수액채취								

▲ 암꽃과 수꽃 ❶ 잎 ❷ 열매 ❸ 수피 ▲ 수형

토양	내조성	내습성	내한성	공해
사질양토	약	중	강	약

전라도를 제외한 전국의 심산유곡에서 자란다. 수형이 좋고 가을에 노랗게 물든 단풍이 관상 가치가 있다.

특징 잎의 측맥이 9~12쌍이고 열매가 위로 서는 것으로 유사 나무와 구별하는 포인트이다. 노목의 수피는 갈라지고 껍질이 잘게 벗겨진다.

이용 목재가 무겁고 단단하여 농기구, 다듬이 방망이, 마차용재, 나무바퀴, 고급 목공예와 산업용재로 사용한다.

환경 양지에서 잘 자란다. 공해에는 약하지만 도로를 비켜난 도시공원 안쪽에서는 양호한 성장을 보인다.

조경 도시공원의 공원수, 학교, 골프장 등에 중심수로 식재할 수 있다.

번식 가을에 열매를 채취한 뒤 봄에 껍질을 까고 종자를 30일 동안 냉장보관했다가 파종하거나, 가을에 채취 즉시 냉상에 파종하고 햇빛이 잘 들어오는 곳에 둔다. 발아성공률은 20% 이다. 발아가 안되면 유리뚜껑을 덮어 냉상의 온도를 올려준다. 묘목의 이식적기는 늦봄이다.

병해충 알려진 병해충이 없다.

가지치기 봄에 수액이 흐를 때 가지치기를 하면 썩거나 곰팡이 등이 발생하고 나무의 수세가 약해진다. 수액이 흐르는 철의 가지치기를 피한다. 가급적 가지치기를 하지 않고 자연 수형으로 키우되, 병든 줄기, 교차 가지, 밀집 가지를 제거하려면 늦여름에서 겨울(8~1월)에 실시한다.

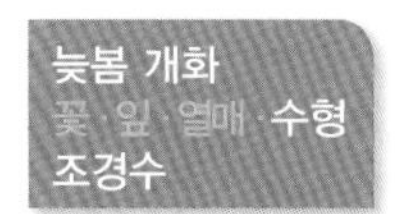

푸석하게 벗겨지는 수피를 가진

물박달나무

난형

자작나무과 | 낙엽활엽 교목 | *Betula davurica* | 20m | 전국 | 양지~반그늘

연간계획	1월	2월	3월	4월	5월	6월	7월	8월	9월	10월	11월	12월
번식			종자									
꽃/열매					꽃					열매		
전정										가지치기 · 솎아내기		
수확/비료				수액채취								

▲ 꽃 ❶ 잎 ❷ 열매 ❸ 수피 ▲ 수형

토양	내조성	내습성	내한성	공해
사질양토	약	강	강	약

제주도와 남부지방을 제외한 전국의 깊은 산지에서 자란다. 대도시 인근의 야산에도 조림된 경우가 많아 비교적 흔히 볼 수 있다.

특징 암수한그루로 4~5월 잎이 나면서 꽃이 함께 핀다. 잎은 마름모꼴로 가장자리에 불규칙한 겹톱니가 있고 잎의 측맥이 7~8쌍이다. 열매가 아래로 달리는 점이 박달나무와 다르고 노목의 수피가 박달나무에 비해 더 많이 벗겨지는 것이 특징이다.

이용 나무에 수액이 많아 봄에 채취한 수액은 피로회복, 당뇨, 면역력 증강에 효능이 있다.

환경 반그늘에서도 성장이 양호하다. 물을 좋아하지만 건조에도 견디는 힘이 있다.

조경 짙은 색의 가을 단풍이 아름다워 공원, 골프장, 펜션, 연못가, 하천변에 식재한다.

번식 9월 중순~10월 중순에 열매를 채취한 뒤 파종 전 30일 동안 냉장보관했다가 파종한다.

병해충 철황백증, 진딧물, 나무좀, 갈색무늬병, 매미나방 등의 병해충이 발생한다.

가지치기 봄에 수액이 흐르는 나무이므로 수액이 흐를 때 가지치기를 피한다. 가급적 가지치기를 하지 않고 자연 수형으로 키운다. 병든 줄기, 교차 가지, 밀집 가지를 제거하려면 늦여름에서 겨울(8~1월) 사이에 실시한다.

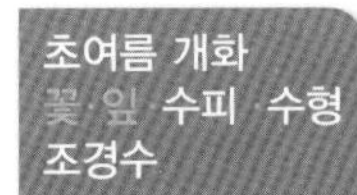

한겨울 고산지대에서 돋보이는

사스래나무

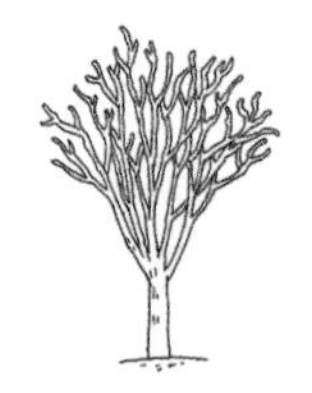
평정형

자작나무과 | 낙엽활엽 교목 | *Betula ermanii* | 7~20m | 전국 | 양지~반그늘

연간계획	1월	2월	3월	4월	5월	6월	7월	8월	9월	10월	11월	12월
번식			종자									
꽃/열매						꽃			열매			
전정										가지치기 · 솎아내기		
수확/비료				수액채취								

▲ 사스래나무 암꽃 ❶ 잎 ❷ 열매 ❸ 수피 ▲ 수형

토양	내조성	내습성	내한성	공해
사질양토	중	중~강	강	중

높은 산 고산지대에서 자란다. **'고채목'** 또는 **'새수리나무'**라고 한다. 거제수나무와 비슷하지만 가장자리 겹톱니가 불규칙하면서 잎의 측맥 수가 8~10쌍이면 사스래나무, 측맥수가 10~16쌍이면 거제수나무이다.

특징 암수한그루이고 5~6월에 잎이 나면서 꽃이 함께 핀다. 잎의 삼각상 난형에 끝은 뾰족하며 측맥은 7~12쌍이다. 수피는 자작나무처럼 벗겨지고 육성 방법에 따라 수피 색이 조금씩 달라지고 심은지 5년 뒤 좋은 색상이 나온다.

이용 목재의 재질이 좋기 때문에 농기구, 건축재, 가구재, 목공예 등에 사용한다.

환경 축축한 비옥토를 좋아하고 반그늘에서도 양호한 성장을 보인다. 좋은 환경에서는 높이 20m까지 자라지만 국내 환경에서는 높이 2~8m까지 자란다.

조경 수형이 좋아 도시공원, 골프장, 펜션, 주택 정원의 중심수, 심볼트리로 식재한다.

번식 가을에 채취한 종자를 기건저장했다가 이듬해 봄에 파종한다.

병해충 알려진 병해충이 없다.

가지치기 봄에 수액이 흐르는 나무이므로 수액이 흐를 때 가지치기를 피한다. 가급적 자연 수형으로 키운다. 병든 줄기, 교차 가지, 밀집 가지를 제거하려면 늦여름에서 겨울(8~1월) 사이에 실시한다.

늦봄 개화
꽃 잎 열매 수형
조경수

꽃보다 아름다운 열매를 가진
대팻집나무

원개형

감탕나무과 | 낙엽활엽 교목 | *Ilex macropoda* | 15m | 전국 | 중용수

연간계획	1월	2월	3월	4월	5월	6월	7월	8월	9월	10월	11월	12월
번식			종자							종자		
꽃/열매					꽃					열매		
전정	가지치기 · 솎아내기					가지치기						
수확/비료												

▲ 꽃　❶ 잎 ❷ 열매 ❸ 수피　▲ 자연 수형

토양	내조성	내습성	내한성	공해
사질양토	약	중	강	약

충북이남의 높은 산 중턱에서 자라지만 중부지방에서도 양호한 성장을 보인다. 대팻날을 끼울 때 사용하는 대팻집을 만드는 나무라 하여 붙여진 이름이다.

특징 암수딴그루이며, 5~6월 짧은 가지 끝에 녹백색의 꽃이 모여 핀다. 타원형의 잎은 끝이 뾰족하고 윤채가 있어 상록성의 느낌이 있다. 9~10월에 익는 열매는 붉은색으로 단맛이 나며 새들의 먹이가 된다.

이용 목재가 치밀하고 무거워 대팻집 등을 만들었다.

환경 비옥한 사질양토에서 자라고 음지와 양지에서도 모두 자라는 중용수이다.

조경 가을에 붉게 익는 열매와 수형이 아름다워 도시공원, 학교, 펜션 등에 식재하거나 큰 나무 하부에 식재한다.

번식 가을에 채취한 종자의 과육을 제거하고 직파하거나 노천매장한 뒤 이듬해 봄에 파종한다. 발아에는 보통 18개월 이상이 필요하다. 실생묘(종자를 뿌려 키운 묘목)에 암나무 가지를 접목하기도 한다. 반녹지삽은 거의 숙지와 같은 딱딱한 가지 끝을 15~20cm 길이로 준비한 뒤 8월에 냉상에서 삽목하고 그늘에서 잘 관리한다.

병해충 알려진 병해충이 없다.

가지치기 가지가 확산되고 밑으로 처지는 수형이므로 웃자란 가지, 하향지를 적절하게 치고 병든 가지는 정리한다. 그 외는 자연 수형으로 키운다.

늦봄 개화
꽃·잎·열매·수형
관상수

깊은 산에서 자라는 목련

함박꽃나무

원개형

목련과 | 낙엽활엽 소교목 | *Magnolia sieboldii* | 7m | 전국 | 중용수

연간계획	1월	2월	3월	4월	5월	6월	7월	8월	9월	10월	11월	12월
번식			종자						종자			
꽃/열매					꽃				열매			
전정	가지치기 · 솎아내기					가지치기						
수확/비료												

▲ 수형
❶ 꽃 ❷ 잎 ❸ 열매
▲ 화악산 함박꽃나무

토양	내조성	내습성	내한성	공해
사질양토	약	강	강	약

함경도를 제외한 전국의 깊은 산 산비탈이나 계곡 주변, 절벽가 등에서 흔히 자란다. **'산목련'**이라고도 하며 꽃이 함지박처럼 커다란 나무라는 뜻이다.

특징 5~6월에 목련이나 백목련과 달리 잎이 난 후에 꽃이 아래나 옆을 향해 핀다. 꽃 향기가 좋고 화피조각은 9~12개이다.

환경 적습한 비옥토를 좋아하고 물가와 반그늘에서도 잘 자란다.

조경 도시공원, 학교, 펜션, 사찰, 주택 정원에 식재한다. 연못가에서도 잘 자라고 뿌리의 일부가 물에 닿아도 성장이 양호하다. 큰 나무 하부의 반그늘에도 식재한다. 대기오염에는 약하다.

번식 가을에 채취한 종자의 과육을 제거하고 직파하거나 노천매장한 뒤 이듬해 봄에 파종한다. 목련을 대목으로 하여 접목으로 번식할 수 있다.

병해충 여름철에 흰가루병이 발생하면 해당 잎을 제거하거나 바라톤 수화제, 바이비탄 수화제 등으로 방제한다.

가지치기 가지가 넓게 퍼지는 수형이지만 가지치기하지 않고 자연 수형으로 키운다. 간혹 병든 가지, 교차 가지, 하향지, 밀집 가지, 불필요한 가지만 전지한다. 하단 가지를 전지하여 상향형 수형으로 만들기도 하지만 그럴 경우 수형이 좋지 않으므로 넓게 퍼지는 형태가 좋다.

여름 개화
꽃 · 잎 · 열매 · 수형
관상수 · 심볼트리

미끈한 수피에 차나무 꽃을 닮은

노각나무

차나무과 | 낙엽활엽 교목 | *Stewartia pseudocamellia* | 7~15m | 전국 | 중용수

평정형

연간계획	1월	2월	3월	4월	5월	6월	7월	8월	9월	10월	11월	12월
번식			종자			녹지삽 · 심기				종자		
꽃/열매							꽃		열매			
전정	가지치기 · 솎아내기											
수확/비료												

▲ 개화기 수형 ❶ 꽃 ❷ 잎 ❸ 열매 ▲ 수형

토양	내조성	내습성	내한성	공해
사질양토	강	중	강	강

경북 소백산 이남 산지에서 자란다. **'비단나무'** 또는 **'하동백'**이라고도 한다. 꽃 모양이 차나무꽃과 닮았다.

특징 6~8월 잎겨드랑이에서 5~6개의 꽃잎이 흰색으로 핀다. 수피는 오래될수록 배롱나무처럼 수피가 미끈해진다.

이용 목재가 단단하여 기구재 등을 만들고 특히 목기류를 만들 때 사용한다. 분재의 소재로도 인기가 높다

환경 유기질 사질양토에서 잘 자라고, 여름철 석양 빛이 긴 고온의 위치를 피해 식재한다. 큰 나무 하부의 반그늘에서도 잘 자란다.

조경 자생지는 충청이남에 분포되어 있지만 추위에 강해 전국에 식재할 수 있다. 여름에 몽실하게 달리는 흰꽃과 수피가 아름다워 관상용 조경수로 인기가 있다. 도시공원, 빌딩, 학교, 주택의 관상수나 조경수로 좋다. 한옥의 정원에 심으면 기품이 있어 보인다.

번식 가을에 채취한 열매의 껍데기를 까고 바로 이끼 위에 직파하거나 2년 동안 노천매장했다가 봄에 촉촉한 땅에 파종한다. 6~7월에 녹지삽으로 번식할 수도 있다. 생장속도는 느린 편이고 꽃은 10년 이상 된 나무에서 개화한다. 식재 간격은 최소 3m이다.

병해충 병해충에 비교적 강하다.

가지치기 자연 수형으로 키운다. 일정 크기로 자라면 밑의 잔가지를 제거해 평정형 수형을 만드는 것이 좋다.

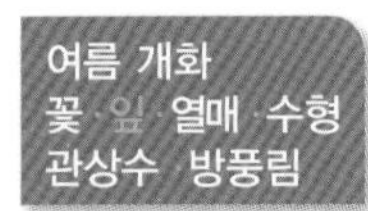

노란꽃이 만발하는 여름 꽃나무

모감주나무

원개형

무환자나무과 | 낙엽활엽 소교목 | *Koelreuteria paniculata* | 8~10m | 전국 | 양지

연간계획	1월	2월	3월	4월	5월	6월	7월	8월	9월	10월	11월	12월
번식			종자 · 심기			녹지삽				종자	심기	
꽃/열매						꽃			열매			
전정	가지치기 · 솎아내기											
수확/비료												

▲ 꽃 ❶ 잎 ❷ 열매 ❸ 꽃대 ▲ 가을 단풍

토양	내조성	내습성	내한성	공해
구별안함	강	약~중	강	강

강원도 이남 해안가나 충청 내륙의 일부지역에 자란다. 열매 안에 구슬 모양의 단단한 씨앗으로 염주를 만들어 사용했다 하여 **'염주나무'**라고도 부른다.

특징 6~7월 새 가지끝에 노란색의 꽃이 모여 피고 열매가 꽈리 모양으로 달리고 열매 안에 종자(씨)가 있다.

이용 꽃과 종자를 간염, 장염, 이질, 소화불량, 충혈된 눈 등에 약용한다.

환경 척박지에서도 잘 자라고 건조에도 강하다.

조경 도시공원, 빌딩 조경, 골프장, 학교, 펜션, 주택, 한옥의 정원수, 관상수로 좋다. 공해에 강해 지방도로의 가로수나 주차장 등에 식재한다. 내염성이 강해 바닷가 방풍림으로도 좋다.

번식 가을에 채취한 열매의 주머니를 벗기고 종자를 직파하거나 노천매장한 뒤 이듬해 봄에 파종한다. 여름에 녹지삽으로도 번식이 잘 된다. 이식은 3~4월, 10~11월 사이가 좋다.

병해충 박쥐나방, 심식충 등의 병해충이 발생하면 약을 쳐서 구제한다. 가지가 마르는 증세가 보이면 토양의 물빠짐을 좋게 해야 한다.

가지치기 유지보수가 필요한 수종이다. 일반적으로 병든 가지나 부러진 가지를 주기적으로 잘라내고 밀집 가지, 교차 가지를 정리하는 수준으로 한다.

여름 개화
꽃 · 잎 · 열매 · 수형
독립수

유용한 수피를 가진
피나무

피나무과 | 낙엽활엽 교목 | *Tilia amurensis* | 10~20m | 전국 | 중용수

평정형

연간계획	1월	2월	3월	4월	5월	6월	7월	8월	9월	10월	11월	12월
번식			종자 · 취목			녹지삽			종자			
꽃/열매						꽃			열매			
전정	가지치기 · 솎아내기						가지치기					
수확/비료												

▲ 꽃　❶ 잎 ❷ 열매 ❸ 수피　▲ 수형

토양	내조성	내습성	내한성	공해
점질토	중	중	강	강

전국의 높은 산지 능선이나 계곡에서 자생한다. 유사종으로 찰피나무, 구주피나무, 섬피나무 등 다양한 수종이 있다. 껍질(皮)이 유용한 나무라는 뜻이다.

특징 6~7월에 잎겨드랑이에서 황백색의 꽃이 피고 꽃에 꿀샘이 많아 벌을 유인한다.

이용 건조시킨 꽃을 감기, 해열에 약용한다.

환경 토양은 가리지 않으나 비옥한 점질토, 중성에서 알칼리성 토양에서 잘 자란다. 매우 건조한 토양, 매우 젖은 토양, 황폐지에서는 성장이 불량하므로 식재에 주의한다.

조경 넓은 풀밭 중앙의 독립수, 풍치수로 좋다. 도시공원의 중심수, 산책로나 지방도의 가로수로도 적당하다.

번식 중부지방에서는 9월에 채취한 종자의 과육을 제거하고 노천매장한 뒤 2년 뒤 봄에 파종하고, 남부지방에서는 최종 즉시 파종하되, 발아가 더딘 편이다. 녹지삽이 가능하지만 발근이 어렵다. 이른 봄 잎이 나올 무렵 뿌리에서 올라온 싹이나 줄기를 굴취해 번식하는게 빠르다.

병해충 탄저병, 백분병, 갈색무늬병, 각종 나방에 의한 병해충이 발생하므로 미리 방제하거나 발생 즉시 구제한다.

가지치기 파종 후 3~4년 전후 겨울에서 이른 봄 사이에 가지치기로 생장을 자극시킨다. 수형이 어느 정도 생성되면 가지치기를 하지 않고 자연 수형으로 키우며, 간혹가다 죽은 가지, 병든 가지, 교차 가지를 제거한다.

유사종 구별하기

- **피나무** : 전국의 산지에서 자란다. 잎 뒷면 맥 겨드랑이의 털이 갈색이다.
- **섬피나무** : 울릉도에서 자란다. 잎 뒷면 맥 겨드랑이의 털이 흰색이다.
- **찰피나무** : 제주도를 제외한 전국의 산지나 계곡 주변에서 자란다. 꽃과 열매에 달려있는 포엽이 피나무 포엽보다 크고 잎 뒷면이 회백색을 띤다. 열매도 다른 것에 비해 상대적으로 실한 편이다.
- **구주피나무** : 일본 원산으로 관상용으로 심어 기르며, 일본 구주(九州, 큐슈) 지방의 피나무라는 뜻이다. 마주나는 잎은 좁은 난형으로 잎 가장자리는 불규칙하게 갈라지고 잎끝은 꼬리처럼 길다. 6월에 피는 황백색의 꽃은 향기가 좋아 벌을 불러 모은다.

▲ 섬피나무의 꽃

▲ 섬피나무의 잎

▲ 찰피나무의 꽃

▲ 찰피나무의 잎

▲ 구주피나무의 꽃망울

▲ 구주피나무의 잎

초여름 개화
꽃 잎 열매 수형
관상수 · 중심수

관상수나 중심수로 좋은
말채나무

원정형

층층나무과 | 낙엽활엽 교목 | *Cornus walteri* | 10m | 전국 | 중용수

연간계획	1월	2월	3월	4월	5월	6월	7월	8월	9월	10월	11월	12월
번식		숙지삽		종자		녹지삽			종자			
꽃/열매						꽃			열매			
전정	가지치기 · 솎아내기						가지치기					
수확/비료												

▲ 꽃
❶ 잎 ❷ 열매 ❸ 수피
▲ 봄 수형

토양	내조성	내습성	내한성	공해
사실양토	강	중	강	중

전국의 깊은 산지 계곡 주변에서 자란다. 이 나무의 가지로 말의 채찍으로 만들어 사용했다고 하여 붙여진 이름이다.

특징 층층나무에 비해 잎이 마주나고 측맥이 3~5쌍으로 적다. 열매는 검정색으로 익는다. 층층나무과의 층층나무, 말채나무, 흰말채나무의 꽃 모양이 거의 비슷하지만 말채나무는 층층나무와 달리 층을 이루어 자라지 않는다.

이용 잎을 설사 치료에 약용한다.

환경 생장속도가 더디며, 비옥토를 좋아하고 건조에는 조금 견디는 힘이 있다.

조경 도시공원, 학교, 비교적 단지가 큰 아파트, 펜션의 관상수나 중심수로 좋다.

번식 가을에 채취한 종자의 과육을 제거한 뒤 직파한다. 1:2 비율로 종자와 축축한 모래를 섞어 노천매장한 뒤 이듬해 봄에 파종한다. 숙지삽은 3~4월, 녹지삽은 6~7월과 9월에 한다.

병해충 반점병, 갈반병, 흰불나방 등이 발생하면 관련 약제를 뿌려 구제한다.

가지치기 가지치기를 해도 고유의 자연 수형으로 자라는 나무이다. 그러므로 수형을 만들 목적으로 약간의 가지치기를 하고 그 후부터는 자연 수형으로 키운다.

초여름 개화
꽃 잎 열매 수형
관상수

1속 1종의 열매 관상수
이나무

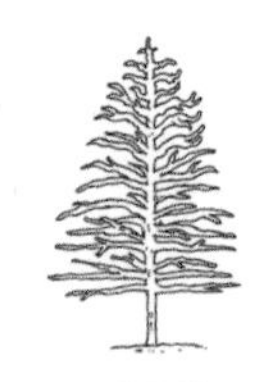
원추형

이나무과 | 낙엽활엽 교목 | *Idesia polycarpa* | 15m | 남부지방 | 양지~반그늘

연간계획	1월	2월	3월	4월	5월	6월	7월	8월	9월	10월	11월	12월
번식			종자 · 근삽				녹지삽					
꽃/열매						꽃				열매		
전정	솎아내기						가지치기					
수확/비료												

▲ 꽃 ❶ 잎 ❷ 열매 ❸ 수피 ▲ 수형

토양	내조성	내습성	내한성	공해
사질양토	강	중	약	강

전라도 등의 남부지방 산지와 해안가 주변의 산에서 자란다. **'의(椅)나무'**에서 변한 이름이다.

특징 암수딴그루로 5~6월 새 가지 끝에 황록색의 꽃이 모여 늘어지면서 핀다. 잎 모양은 삼각상 심장형이고 잎자리에 샘점이 있다. 10~11월에 익는 붉은색 열매도 알알이 늘어지면서 열려 겨우내 달린다.

이용 폭설이 내린 뒤 붉게 물든 열매의 관상 가치가 높고 붉은색의 열매는 겨울철 동박새 등 새의 먹이가 된다.

환경 비옥한 사질양토와 바닷가에서 잘 자란다. 반그늘에서도 성장이 양호하다.

조경 충남 이남 남부지방의 진입로에 열식한다. 도시공원, 빌딩 조경수, 학교, 펜션 등에 식재한다. 공해에 강해 지방 도로변에 식재해도 좋다. 주로 겨울철 열매의 관상 가치가 높아 식재하는 수종이다.

번식 가을에 채취한 종자의 과육을 제거한 뒤 기건저장했다가 이듬해 봄에 파종한다. 6~7월에 녹지삽으로 삽목해도 된다. 3~4월에는 근삽으로 번식할 수 있다.

병해충 병해충에 비교적 강하다.

가지치기 자연 수형으로 키우는 것이 좋고, 간혹 약전지를 하기도 한다. 약전지를 할 때는 원추형 수형으로 모양을 잡는 것이 관상에 적합하다.

여름 개화
꽃 · 잎 · 열매 · 수형
약용 관상수

약용식물로 유명한

헛개나무

원개형

갈매나무과 | 낙엽활엽 교목 | *Hovenia dulcis* | 10m | 전국 | 양지

연간계획	1월	2월	3월	4월	5월	6월	7월	8월	9월	10월	11월	12월
번식			종자 · 숙지삽								심기	
꽃/열매							꽃			열매		
전정	가지치기					가지치기						가지치기
수확/비료		비료			비료	수확	비료		수확			

▲ 꽃　❶ 잎 ❷ 열매 ❸ 수피　▲ 수형

토양	내조성	내습성	내한성	공해
사질양토	강	중	강	강

울릉도에서는 흔하게 자라며 황해도, 경기 이남의 산지에서 자란다. 주로 약용을 목적으로 심어 재배하는 수종이다. **'지구자나무'**라고도 한다.

특징 6~7월 잎겨드랑이에서 흰색 또는 황록색의 꽃이 모여 핀다. 꽃에 벌이 많이 모이는 밀원수종 중 하나이다.

이용 열매, 뿌리, 줄기, 잎을 혈액순환, 근골통, 변비, 사지마비, 간에 효능이 있다. 약용재배시 해동 전후, 봄, 여름에 비료를 준다.

환경 비옥한 사질양토에서 잘 자라고 건조에는 약하다.

조경 수형이 시원하고 단정하여 도시공원의 주변, 학교의 운동장 주변, 아파트, 사찰 등에 식재한다. 공해에 강해 산책로, 진입로에도 식재한다.

번식 가을에 채취한 종자를 노천매장한 뒤 이듬해 봄에 껍질을 까고 파종한다. 숙지삽은 4월초 10년 이하 나무에서 삽주를 채취해 발근촉진제에 침전한 후 삽목하면 뿌리를 잘 내린다.

병해충 모잘록병, 잎말이나방, 박쥐나방, 쐐기나방, 노린재 등의 병해충이 있다.

가지치기 재배할 경우 병든 가지, 손상 가지를 다른 싱싱한 가지로 대체하고 친다. 안쪽의 밀집가지는 통풍이 잘되게 쳐주고, 결과지를 한정시켜 줄기, 잎, 열매 산출량을 높인다. 겨울에는 강전지, 여름에는 약전지를 한다.

여름 개화
꽃 잎 열매 수형
약용 조경수

남해안 바닷가에 어울리는
예덕나무

원형

대극과 | 낙엽활엽 소교목 | *Mallotus japonicus* | 3~10m | 남부지방 | 양지

연간계획	1월	2월	3월	4월	5월	6월	7월	8월	9월	10월	11월	12월
번식			종자			녹지삽						
꽃/열매						꽃		열매				
전정	가지치기 · 솎아내기											
수확/비료			약용 수피 수확						약용 수피 수확			

▲ 꽃 ❶ 잎 ❷ 열매 ❸ 수피 ▲ 수형

토양	내조성	내습성	내한성	공해
구별안함	강	중~강	약	중

우리나라 충남, 남해안 숲 속과 제주도 산지와 바닷가에서 자라며, 잎이 폭 5~15cm, 길이 7~20cm로 큰 수종이다. **'야오동(野梧桐)'**이라고도 한다.

특징 암수딴그루로 6~7월 가지 끝에 연한 노란색 꽃이 모여 핀다. 어린잎은 적갈색을 띤다.

이용 수피를 위궤양, 위암, 소염, 통풍에 약용한다.

환경 척박한 장소와 건조에도 잘 견딘다. 음지보다는 양지에서 자라고 내한성이 약해 중부지방에서는 야외월동이 불가능하다.

조경 전주에서 대구 이남에서 양호한 성장을 보이며, 특히 해안가 숲에서 흔히 볼 수 있다. 남부지방의 도시공원, 학교, 펜션, 주택의 정원수로 식재한다. 그 외 해안도로의 조경수로도 좋고, 큰 나무 하부에 식재해도 적당하다. 최근 들어 항암에 효능이 알려지면서 약용 목적으로 재배하는 경우도 많다.

번식 가을에 채취한 종자를 노천매장한 뒤 이듬해 봄에 파종한다. 삽목으로도 번식하는데 성공률은 낮은 편이다.

병해충 병해충에 비교적 강하다.

가지치기 주간의 하단에서 나오는 곁가지만 정리하고 방임으로 키워도 원정형에서 원개형 수형이 나오는 나무이다. 상단 가지들은 옆으로 벋는 성질이 있으므로 조경수로 식재한 경우 평행지, 하향지만 제때 가지치기한다.

늦여름 개화
꽃·잎·열매·수형
관상수 밀원식물

꽃벌들의 쉼터

쉬나무

원정형

운향과 | 낙엽활엽 소교목 | *Euodia daniellii* | 7~10m | 전국 | 중용수

연간계획	1월	2월	3월	4월	5월	6월	7월	8월	9월	10월	11월	12월
번식			종자·근삽									
꽃/열매								꽃		열매		
전정		가지치기										가지치기
수확/비료												

▲ 꽃 ❶ 잎 ❷ 열매 ❸ 수피 ▲ 수형

토양	내조성	내습성	내한성	공해
사질양토	중~강	중	강	강

전국의 양지바른 산야나 민가에서 자란다. 꽃을 보기 힘든 한여름에 꽃이 피기 때문에 벌들이 모이는 밀원 수종이다. **'수유나무'**라고도 한다.

특징 암수딴그루로 7~8월 새 가지 끝에 흰색의 꽃이 꿀 향기를 내며 모여 핀다. 잎을 자르면 특유의 향이 있고 씨에서는 매운맛이 난다. 밀원 가치가 높은 수종이다.

이용 뿌리와 잎을 요통, 두통, 설사에 약용한다. 옛날 씨에서 짠 기름을 이용해 등불에 사용하였다.

환경 비옥한 사질양토에서 잘 자라며 맹아력이 좋고 공해에도 비교적 강하다.

조경 도시공원, 아파트, 빌딩, 학교, 펜션 등에 식재한다. 공해에 강하기 때문에 도심 주차장, 빌딩 진입로, 산책로 등에 적당하다. 주택 정원의 중심수로도 좋다.

번식 가을에 채취한 종자의 과육을 제거하고 1월에 노천매장한 뒤 봄에 파종한다. 기건저장 후 세척제로 종자 표면의 기름성분을 세척하고 파종해도 된다. 근삽은 3월에 직경 0.5~1cm 되는 뿌리를 20cm 길이로 준비해 심는다. 밀원식물로 키우려면 암나무를 심어야 한다.

병해충 흰가루병, 하늘소 등의 병해충이 발생한다.

가지치기 7m 정도의 소교목이지만 수형이 강인하다. 가지가 퍼져 자라는 수형이므로 통행에 방해되는 가지, 폭우에 손상된 가지, 병든 가지가 있을 때 가지치기를 한다.

늦여름 개화
꽃 · 잎 · 열매 · 수형
조경수 · 정자목

우리나라 기품의 학자수

회화나무

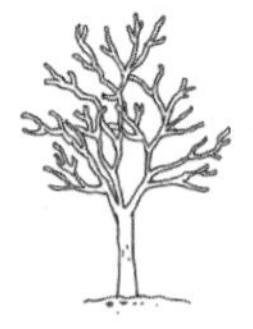
원정형

콩과 | 낙엽활엽 교목 | *Sophora japonica* | 10~30m | 전국 | 양지

연간계획	1월	2월	3월	4월	5월	6월	7월	8월	9월	10월	11월	12월
번식			종자 · 숙지삽 · 심기			녹지삽				종자 · 심기		
꽃/열매								꽃		열매		
전정	가지치기 · 솎아내기						가지치기				가지치기 · 솎아내기	
수확/비료												

▲ 수형　　❶ 꽃 ❷ 잎 ❸ 열매　　▲ 줄기

토양	내조성	내습성	내한성	공해
비옥토	중	중	강	강

중국 원산으로 전국에서 정원수로 즐겨 심는 나무이다. 기품이 있고 수형이 빼어나 조경수로 있기가 높다. 선비가 심는 출세수이자, **'학자수'**라 하여 양반집에서 즐겨 심었다.

특징 7~8월 가지 끝에 황백색의 꽃이 모여 핀다. 10월경 긴 타원형의 열매가 콩의 꼬투리처럼 알알이 달린다. 가지를 자르면 좋지 않은 냄새가 나며 잎은 매우 쓰고 아까시나무와 비슷하지만 가시가 없다.

이용 꽃, 뿌리, 수피, 가지를 혈변, 비출혈, 마비, 개선피부염, 종기 등에 약용한다.

환경 비옥토를 좋아하고 내한성 및 공해에 강하다.

조경 도시공원, 궁궐, 유원지, 학교, 전통가옥의 정원수로 식재한다. 지방도로의 가로수, 산책로의 가로수로도 좋다. 느티나무, 팽나무와 함께 마을 초입의 정자나무로도 많이 식재하는 수종이다.

번식 9~10월에 채취한 종자의 과육을 제거하고 직파하거나 노천매장한 뒤 봄에 파종하되 파종 전 50도의 더운물에 24시간 담근 후 파종하면 늦봄에서 초여름 사이에 발아한다. 삽목은 숙지삽과 녹지삽이 가능하지만 발근율이 매우 낮으므로 발근촉진제에 침전한 뒤 삽목하고 해가림 시설을 한다. 이식 적기는 3~4월, 10~11월이다.

병해충 탄저병, 녹병, 개각충, 미국흰불나방, 선충 등이 발생하기도 한다. 잎이 나오기 전 석회유황합제를 살포하면 녹병이 방제된다. 탄저병은 만코지 600배액으로 구제하고 미국흰불나방은 50% 디프유제로 구제한다.

가지치기 수형이 매우 아름다운 나무로서 자연 그대로 두어도 평정형~원정형의 수형으로 자라므로 가지치기를 굳이 하지 않는다. 단, 원줄기에 붙어있는 가지중 통행에 방해되는 낮은 가지는 일반적으로 직경 6cm가 되기 전 잘라내는 것이 좋다. 가로수로 식재한 경우에는 웃자란 가지, 병든 가지, 교차 가지, 방향을 잘못 뻗은 가지, 통행에 방해되는 하향지, 위로 꼿꼿하게 뻗는 상승지, 폭설에 부러질 것 같은 가지를 가지치기한다. 병든 가지를 가지치기할 때는 병들지 않은 녹색 부분을 찾은 뒤 약 10cm 아래를 치면 병이 확산되는 것을 방비할 수 있다. 일반적으로 강전지는 늦겨울에는 하고, 약전지는 여름에 하되 여름에는 꽃눈을 피해 가지치기한다.

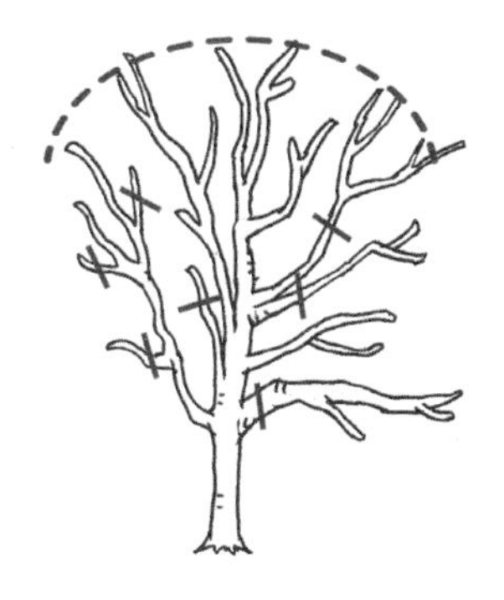
▲ 회화나무 가지치기

▲ 경주 양동마을의 회화나무

▲ 서울 창경궁의 회화나무

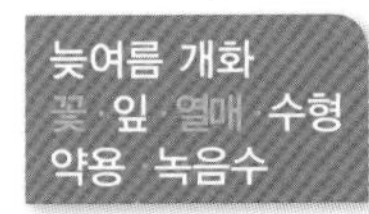

엄나무로 알려진 약용수

음나무

원정형

두릅나무과 | 낙엽활엽 교목 | *Kalopanax septemlobus* | 20m | 전국 | 중용수

연간계획	1월	2월	3월	4월	5월	6월	7월	8월	9월	10월	11월	12월
번식			종자 · 근삽		심기		녹지삽		종자			
꽃/열매								꽃	열매			
전정	가지치기 · 솎아내기											
수확/비료			새순수확									

▲ 수형 ❶ 꽃 ❷ 잎 ❸ 열매 ▲ 묘목

토양	내조성	내습성	내한성	공해
비옥토	중~강	중	강	중

전국의 산지나 숲에서 자란다. 어린 가지에는 굵은 가시가 달리지만 성장하면서 대부분 사라진다. 흔히 **'엄나무'**라고 부르며 조경은 물론 약용식물로도 키운다.

특징 잎이 손바닥 모양의 5~9갈래로 갈라진다.

이용 음나무의 새순을 개두릅이라 하여 두릅나무의 두릅처럼 데쳐 먹는다. 향이 강하다.

환경 비옥토를 좋아하고 건조한 곳을 싫어한다.

조경 높이 자라고 잎이 커서 공원이나 학교의 녹음수, 조류 유인목으로 적당하다. 새순과 가지를 약용 목적으로 키우기 위한 주택의 정원수로 좋다.

번식 가을에 채취한 열매를 밀봉 후 과육을 썩혀 3일 동안 물에 침전 세척하여 직파하거나 땅에 가매장했다가 이듬해 봄 파종한다. 가을에 뿌리를 15~20cm 길이로 잘라 밭에 가매장했다가 이듬해 봄 뿌리의 위아래를 유지하면서 10~15cm 깊이로 근삽하는 방법이 좋다. 녹지삽은 1년생 묘목에서 채취해 삽목해야 50% 발근율을 보이고 2년 이상 된 나무에서 채취한 삽수는 발근율이 현저하게 떨어진다.

병해충 진딧물, 잎벌레, 박쥐나방, 흑색무늬병, 갈색무늬병, 탄저병 등이 발생할 수 있다.

가지치기 재배는 매년 전정하여 새순을 많이 발생시킨 뒤 새순을 수확해 나물로 사용한다. 정원수는 병든 가지, 하향지, 교차 가지, 밀집 가지를 치고 자연 수형으로 키운다.

풍치수&
가로수

주변 환경을 고려하여 시원스러운 품격을 유지해주는 풍치수(風致樹)와
공해에 강하며 병해충에도 비교적 강한 가로수종들에 대해 알아본다.

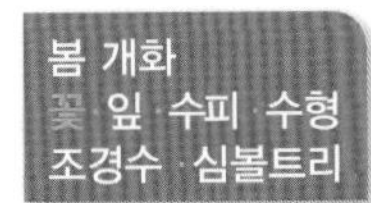

수피가 아름다운 고산 풍치수

자작나무

난형

자작나무과 | 낙엽활엽 교목 | *Betula platyphylla* | 25m | 전국 | 양수

연간계획	1월	2월	3월	4월	5월	6월	7월	8월	9월	10월	11월	12월
번식			종자 · 심기			녹지삽			종자		심기	
꽃/열매				꽃					열매			
전정	가지치기					가지치기						가지치기
수확/비료												

▲ 수형 ❶ 꽃 ❷ 잎 ❸ 수피 ▲ 개화기 수형

토양	내조성	내습성	내한성	공해
사질양토	중	약	강	약

남한에서 자라는 것은 모두 심어 기르는 것이며 북한의 함경도 지방 고산지대에서 자란다. 흰 수피가 아름다워 **'백화(白樺)'**라고도 한다.

특징 암수한그루로 4~5월 잎이 나면서 꽃이 함께 핀다. 수피는 광택이 나는 흰색이며 종이처럼 얇게 벗겨진다. 거제수나무보다 수피가 더 희다.

이용 목재로 기구나 가구를 만든다. 수피를 항균, 항염, 항암에 약용한다. 자작나무 수액은 중부지방 기준 4월 초에 받을 수 있다.

환경 사질양토에서 잘 자라지만 척박지에서도 양호하고 수분은 보통으로 공급한다. 공해에 약하지만 도시공원 안쪽에서의 성장은 양호한 편이다.

조경 내습성이 약하나 물에 직접 닿지 않는 한 강변에도 많이 식재한다. 도시공원, 아파트, 학교에 식재할 경우 도로변과 인접하지 않은 곳에 식재하며, 심볼트리로 군식해도 좋으나 너무 좁은 간격으로 식재하지 않는다. 산책로의 진입로를 따라 열식해도 좋고, 골프장은 물론 주택의 정원수로도 적당하다.

번식 가을에 채취한 종자를 직파하거나 노천매장했다가 이듬해 봄에 파종하는데 발아율이 낮다. 녹지삽은 잎 몇 개가 달린 새 가지를 20cm 길이로 준비해 발근촉진제(IBA 50ppm)에 24시간 침전했다가 꽂는다.

병해충 녹병, 갈색무늬병, 진딧물, 나방류의 병해충이 있으므로 다이센 500배 액, 테프수용제 등으로 발생 즉시 방제한다.

가지치기 일반적으로 가지치기를 하지 않는다. 만일 가지치기를 하려면 겨울 휴면기나 한 여름에만 한다. 이른 봄인 3월 중순 수액이 나올 무렵이면 휴면기에서 깨어난 상태이므로 가지치기를 금한다. 가지치기는 강전지를 할 필요 없이 병든 가지나 통행에 방해되는 가지만 친다. 여름에는 자잘한 가지치기만 한다.

▲ 북서울꿈의숲 자작나무 군식의 예

▲ 자작나무 나이테
▲ 자작나무의 덜익은 열매
▲ 자작나무 겨울 수형

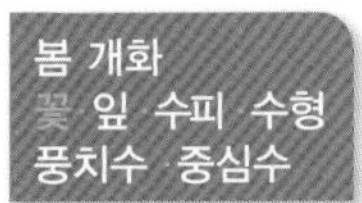

극상림의 대표 수종

서어나무 / 개서어나무

난형

자작나무과 | 낙엽활엽 교목 | *Carpinus laxiflora* | 15m | 전국 | 중용수

연간계획	1월	2월	3월	4월	5월	6월	7월	8월	9월	10월	11월	12월
번식			종자							종자		
꽃/열매				꽃						열매		
전정	가지치기					가지치기						가지치기
수확/비료												

▲ 꽃　❶ 잎 ❷ 열매 ❸ 수피　▲ 수형

토양	내조성	내습성	내한성	공해
사질양토	강	중	강	약

강원도 이남 깊은 산지에서 자생한다. **'서목(西木)'** 또는 **'서나무'**라고도 한다. 풍채가 좋은 한국적 수형의 수종으로 정원의 중심수로 인기가 있다.

특징 암수한그루로 4~5월 잎이 나면서 꽃이 함께 핀다. 잎끝이 꼬리처럼 길게 뾰족하고 가장자리에 날카로운 겹톱니가 불규칙하게 나 있다.

이용 목재의 품질이 우수해 건축재, 피아노 공명판, 고급 가구재를 만든다. 분재 소재로도 이용한다.

환경 비옥토를 좋아하고 그늘에서도 잘 자란다.

조경 도시공원, 골프장, 학교, 산책로 등에 식재한다. 수형과 수피가 아름다워 자연 수형의 중심수나 풍치수로 삼기에 적당한 수종이다.

번식 가을에 갈색으로 변하기 전 종자를 채취해 음건한 후 바로 직파하는 것이 좋은데 이 경우 봄에 발아하거나 늦으면 18개월 뒤 발아한다. 12월에 노천매장한 뒤 이듬해 봄에 파종하면 발아율 15% 내외이다. 녹지삽은 6월 말~7월 초에 한다.

병해충 미국흰불나방, 잎벌레, 탄저병 등이 발생한다.

가지치기 수액이 나오는 나무이므로 가지치기 시기는 자작나무와 같다. 기본 수형을 만든 뒤에는 가지치기를 하지 않고 자연 수형으로 키우고 병든 가지나 하향지는 정리한다.

유사종 구별하기

- **서어나무** : 1년생 가지와 겨울눈에 털이 없다. 잎의 측맥은 10~12쌍이다. 잎 뒷면 맥에 털이 있다. 잎자루에 털이 있다가 나중에 없어진다.
- **긴서어나무** : 1년생 가지와 겨울눈에 털이 없다. 잎의 측맥은 10~12쌍이다. 잎 뒷면 맥에 털이 있다. 잎자루에 털이 없다.
- **개서어나무** : 1년생 가지에 털이 있다. 잎의 측맥은 12~15쌍(평균 13쌍 이상)이다. 잎 앞면과 뒷면 맥에 복모가 있고 잎자루에 털이 있다.
- **당개서어나무** : 지리산 등에서 자생한다. 1년생 가지에 털이 있다. 잎의 측맥은 14~16쌍이다. 잎 뒷면 맥에 털이 있고 잎자루에도 털이 있다.
- **왕서어나무** : 잎이 둥근 타원형이다.

▲ 개서어나무의 수꽃

▲ 개서어나무의 수형

▲ 개서어나무의 잎

▲ 당개서어나무의 수형

▲ 당개서어나무의 겨울눈

▲ 당개서어나무의 수피

원정형

봄 개화
꽃 잎 열매 수형
경관수 녹음수

공해에 강한 경관수
백합나무(튤립나무)

목련과 | 낙엽활엽 교목 | *Liriodendron tulipifera* | 30m | 전국 | 양지

연간계획	1월	2월	3월	4월	5월	6월	7월	8월	9월	10월	11월	12월
번식			종자 · 심기				반숙지삽		종자			
꽃/열매					꽃				열매			
전정	가지치기 · 솎아내기						가지치기					
수확/비료												

▲ 꽃　❶ 잎 ❷ 열매 ❸ 수피　▲ 수형

토양	내조성	내습성	내한성	공해
비옥토	중	중	강	강

북미 원산으로 꽃과 수형, 가을 단풍이 아름다워 전국의 가로수나 공원수로 흔히 심는다. 백합같은 꽃이 피는 나무라는 뜻이며 **'튤립나무'**라고도 한다.

특징 5~6월 가지 끝에 황록색의 꽃이 백합처럼 위를 향해 핀다. 잎은 사각상이며 가을에 노란 단풍이 든다.

이용 꽃에서 꿀이 많이 산출되어 벌을 유인하는 밀원수종이다.

환경 비옥한 유기질 토양에서 잘 자란다. 공해와 병해충에 강하다.

조경 폭설이나 비바람에 줄기가 잘 손상되므로 차량통행이 많은 도심부 가로수로는 적당하지 않지만 꽃, 잎, 수형이 아름다워 도심 빌딩의 조경수, 녹음수, 경관수로 좋다. 도시공원, 공장, 빌딩, 유원지, 학교, 산책로, 진입로 등에 식재한다.

번식 가을에 채취한 열매를 며칠 건조시키면 껍데기가 떨어지고 종자가 나오는데 이때 냉상에 직파하면 발아율은 1~2% 내외이다. 노천매장한 뒤 이듬해 봄에 파종하면 6월경 발아하고 발아율은 10% 내외이다. 이 나무는 고목의 가장 꼭대기에서 채취한 종자를 파종해야 발아율이 높아진다. 종자는 냉장고에 장기간 보관할 수 있다. 반숙지삽은 7~9월에 당년에 자란 가지중 반목질화된 딱딱한 가지를 채취해 발근촉진제에 침전시킨 뒤 삽목한다.

병해충 병해충에 비교적 강하다. 깍지벌레가 발생했을 때 스프라사이드 1000배 액으로 방제한다.

가지치기 가지치기가 필요한 수종으로 폭설, 폭우로 인해 손상된 가지를 정리하거나 통행에 방해되는 가지를 전지한다. 가지치기 시기는 보통 늦겨울에서 이른 봄 사이지만 꽃이 진 후 바로 실시할 수도 있다.

◀ 서울 강남고속버스터미널의 백합나무 가로수
◀ 서울 홍릉수목원의 황금튤립나무
▲ 완주 대아저수지의 백합나무 가로수

난형

봄 개화
꽃 · 잎 · 열매 · 수형
녹음수

단풍잎을 닮은 풍치수
풍나무(대만풍나무) / 미국풍나무

조록나무과 | 낙엽활엽 교목 | *Exochorda serratifolia* | 3~6m | 전국 | 중용수

연간계획	1월	2월	3월	4월	5월	6월	7월	8월	9월	10월	11월	12월
번식							반숙지삽		종자 · 취목			
꽃/열매			꽃						열매			
전정	가지치기 · 솎아내기					가지치기						
수확/비료												

▲ 대만풍나무 수형　❶ 잎 ❷ 미국풍나무 잎 ❸ 수피 ▲ 미국풍나무의 꽃과 열매

토양	내조성	내습성	내한성	공해
구별없음	강	중	강	강

중국 원산으로 근대에 가로수로 도입된 품종이다. 남부지방에서 조경수로 심고, 잎이 단풍나무와 비슷하다 하여 붙여진 이름이다. **'대만풍나무'**라고도 한다.

특징 북미 원산의 미국풍나무는 잎이 5개로 갈라지지만 풍나무는 잎이 3개로 갈라진다.

이용 미국풍나무 목재는 가구, 펄프재로 사용한다. 수피에서 나오는 황색 수액은 천식, 이뇨, 거담, 구충, 방광염에 약용하고 껌처럼 씹을 수 있다. 미국풍나무의 수피와 줄기는 코르크질이 발달해 있다.

조경 생장이 빠른 속성수로 도시공원, 공장, 골프장, 아파트 정원의 풍치수, 가로수로 식재한다. 병해충이 거의 없다.

번식 가을에 잘 익은 종자를 채취한 뒤 즉시 파종한다. 따뜻한 지방에서는 11월까지 파종할 수 있다. 발아에 2년이 걸리기도 한다. 7~8월에 당해년에 자란 가지 중 딱딱한 가지를 골라 삽목하고, 10~11월에는 취목으로 번식한다. 가로수로 식재할 때의 최소 간격은 6m이다.

가지치기 톱은 반드시 소독하고 자를 때는 45도 각도 이내로 자른다. 부러지거나 병든 가지를 녹색 부분에서 자른다. 뿌리에서 올라온 싹이나 줄기를 자른다. 통행에 방해되는 가지는 상단 3분의 1 지점에서 친다. 엉뚱한 방향으로 뻗는 잔가지를 칠 때는 눈이나 분기점의 1cm 아래를 친다. 그럴 경우 보통 새 가지가 돋아날 때 방향을 틀고 돋는다.

봄 개화
꽃·잎·열매·수형
수변 풍치수

우아함을 뽐내는 수변 풍치수
버드나무 / 왕버들 / 용버들

원개형

버드나무과 | 낙엽활엽 교목 | *Salix koreensis* | 20m | 전국 | 양지

연간계획	1월	2월	3월	4월	5월	6월	7월	8월	9월	10월	11월	12월
번식			숙지삽		종자	녹지삽						
꽃/열매				꽃	열매							
전정	가지치기·솎아내기											
수확/비료												

▲ 꽃

❶ 잎 ❷ 열매 ❸ 수피

▲ 수형

토양	내조성	내습성	내한성	공해
비옥토	중	강	강	강

제주도를 제외한 전국의 산과 하천 주변에서 흔히 자란다. 종류가 다양하며 우아한 수형을 자랑하며 수변의 풍치수로 인기가 높다.

특징 암수딴그루로 4월 꽃이 피면서 암나무에서 솜털같은 씨가 날린다. 도심지에서는 잘 식재하지 않는다. 수양버들에 비해 가지가 처지지는 않는다.

이용 수피, 뿌리, 줄기를 방광염, 관절염, 치통에 약용한다.

환경 물가에서 잘 자라지만 건조에도 잘 견딘다.

조경 공원의 넓은 풀밭, 펜션, 한옥, 산책로, 도로변에 식재한다. 또한 연못가, 하천변, 뚝방, 학교의 운동장 주변에 많이 식재한다.

번식 5월에 채취한 종자를 바로 저습지나 축축한 땅에 파종한다. 숙지삽은 3~4월에 전년도 가지를 20cm 길이로 잘라 삽목하고, 녹지삽은 6~7월에 당해년도 가지로 삽목한다.

병해충 세균성구멍병(디티아논 액상수화제), 탄저병(만코제브), 백분병(비터타놀 수화제), 잎말이벌레, 미국흰불나방(클로르피리포스 수화제)이 발생하기도 한다.

가지치기 식재한 후 몇 년 동안은 원하는 높이가 될 때가지 가지치기를 하지 않는다. 원하는 높이가 되면 바람에 부러지는 가지가 발생하기 쉬운 나무이므로 연중내내 기본적인 가지치기가 필요하다.

▲ 버드나무 가지치기

바람에 부러지는 것을 예방하기 위해 병든 가지, 손상 가지, 쇠약지, 웃자란 가지를 전정한다. 늦겨울에는 원개형, 원정형 등의 수형으로 순지르기를 하여 생장을 촉진시키고, 교차 가지, 밀집 가지, 뿌리에서 올라온 줄기, 통행에 방해되는 가지를 정리한다. 생장력이 왕성하기 때문에 높이를 제한하려면 위로 뻗은 상승지 중에서 가장 굵은 줄기를 원하는 높이에서 잘라준다.

▲ 주산지 왕버들의 수형

▲ 왕버들의 꽃

▲ 왕버들의 잎

▲ 용버들의 수형

▲ 용버들의 꽃

▲ 용버들의 잎

유사종 구별하기

- **왕버들** : 버드나무와 달리 꽃차례가 길고 잎 뒷면에 털이 없다.
- **용버들** : 중국 원산으로 버드나무에 비해 잎과 가지가 구불거리면서 아래로 처지는 점이 다르다.

봄 개화
꽃·잎·열매·수형
수변 풍치수

한국의 능수버들, 중국의 수양버들

능수버들 / 수양버들

수양형

버드나무과 | 낙엽활엽 교목 | *Salix pseudolasiogyne* | 20m | 전국 | 양지

<table>
<tr><th>연간계획</th><th>1월</th><th>2월</th><th>3월</th><th>4월</th><th>5월</th><th>6월</th><th>7월</th><th>8월</th><th>9월</th><th>10월</th><th>11월</th><th>12월</th></tr>
<tr><td>번식</td><td></td><td></td><td></td><td>숙지삽</td><td>종자</td><td colspan="2">녹지삽</td><td></td><td></td><td></td><td></td><td></td></tr>
<tr><td>꽃/열매</td><td></td><td></td><td></td><td>꽃</td><td>열매</td><td></td><td></td><td></td><td></td><td></td><td></td><td></td></tr>
<tr><td>전정</td><td colspan="12">가지치기 · 솎아내기</td></tr>
<tr><td>수확/비료</td><td></td><td></td><td></td><td></td><td></td><td></td><td></td><td></td><td></td><td></td><td></td><td></td></tr>
</table>

▲ 개화시 능수버들 ❶ 꽃 ❷ 잎 ❸ 수피 ▲ 수형

토양	내조성	내습성	내한성	공해
사질양토	중	강	강	강

전국의 산과 하천, 평야지대에서 흔히 자란다. 능수버들은 중국 원산의 수양버들과 유사하여 구별이 쉽지 않다.

특징 둘 다 암수딴그루이다. 능수버들은 씨방에 털이 있고 어린 가지는 황록색을 띠지만, 수양버들은 씨방에 털이 없고 어린 가지는 적갈색을 띤다.

이용 주로 공원수로 심고, 목재는 포장재, 펄프용재로 이용한다.

환경 건조에도 잘 견디는 편이지만 가급적 연못가에 식재한다.

조경 도시공원, 펜션, 산책로, 풀밭, 연못가, 강변, 뚝방의 풍치수로 식재한다. 연못가나 강변에 일정 간격으로 열식하는 것이 좋다.

번식 5월에 채취한 종자를 바로 저습지나 축축한 땅에 파종한다. 숙지삽은 2~3월에 숫나무의 전년도 가지로 잘라서 냉암소에 보관했다가 4월에 삽목한다.

병해충 세균성구멍병(디티아논 액상수화제), 탄저병(만코제브), 백분병(비터타놀 수화제), 잎말이벌레, 미국흰불나방(클로르피리포스 수화제)이 발생하기도 한다.

가지치기 버드나무에 준해 가지치기를 하되, 숙지(1년 이상된 가지) 위주로 가지치기를 하고 당해년에 자란 가지는 남겨둔다.

▲ 수양버들

▲ 수양버들의 줄기

▲ 수양버들의 꽃

▲ 수양버들의 잎

▲ 수양버들의 수피

유사종 구별하기

- **능수버들** : 1년생 가지의 색상이 황록색이다. 씨방에 털이 있다. 우리나라 자생종이다.
- **개수양버들** : 1년생 가지의 색상이 황록색이다. 씨방에 털이 없다. 우리나라 자생종이다.
- **수양버들** : 1년생 가지의 색상이 적갈색이다. 씨방에 털이 없다. 중국 원산으로 해변가에서도 잘 자란다.

참고

도심 조경수로 최근 식재한 풍치수들은 대부분 수양버들로 추정되고, 오래된 고목들은 대부분 능수버들로 추정된다. 보통 1년생 가지의 색상이 황록색이면 능수버들, 적갈색이면 수양버들로 동정하지만 이를 거꾸로 표기한 식물원이 하도 많아서 구분하는 것이 애매모호해졌다. 일반적으로 1, 2년생 줄기도 잘 늘어지는 것은 수양버들, 1년생 줄기 위주로 늘어지는 것은 능수버들로 본다.

봄 개화
꽃 잎 열매 수형
수변 관상수

물가의 키 작은 버드나무
갯버들

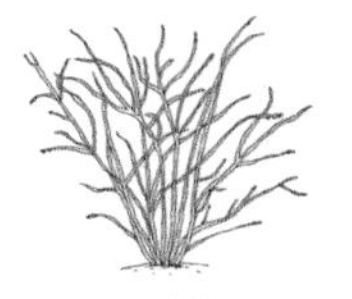
포기형

버드나무과 | 낙엽활엽 관목 | *Salix gracilistyla* | 2~3m | 전국 | 양지

연간계획	1월	2월	3월	4월	5월	6월	7월	8월	9월	10월	11월	12월
번식			숙지삽			녹지삽						
꽃/열매			꽃		열매							
전정	가지치기 · 솎아내기											
수확/비료												

▲ 겨울 수형 ❶ 꽃 ❷ 잎 ❸ 열매 ▲ 봄 수형

토양	내조성	내습성	내한성	공해
사질양토	강	강	강	중

제주도를 제외한 전국의 산야 물가 주변이나 냇가에서 자란다. 개울가에서 자라는 버드나무 종류라는 뜻이며, 비슷한 수종으로 한국특산식물인 **'키버들'**이 있다. 갯버들이나 키버들은 버드나무 종류 중에서 비교적 키가 작은 관목에 속한다.

특징 암수딴그루이다. 3~4월 잎겨드랑이에서 잎보다 꽃이 먼저 핀다. 줄기 하단에서 잔가지가 많이 갈라지고 뿌리에서도 줄기가 올라와 포기형을 이룬다. 키버들은 갯버들에 비해 잎과 꽃차례가 마주나게 달린다.

이용 버드나무에 준해 약용한다.

환경 건조에도 잘 견디는 편이지만 가급적 연못가에 식재한다.

조경 도시공원의 물가, 펜션의 개울가, 연못가에 식재한다. 오염된 물에서는 성장이 불량하므로 깨끗한 물가에 식재한다.

번식 3~7월에 숙지삽이나 녹지삽으로 번식시킨다.

가지치기 버드나무에 준해 연중내내 가지치기를 할 수 있지만 보통은 꽃이 진 후 5~6월에 가지치기를 한다. 밑에서 줄기가 많이 올라오므로 일반 관목처럼 매년 상대적으로 늙은 가지 3분의 1을 정리하는 리뉴얼(회춘) 가지치기를 할 수 있다. 밑에서 30~50cm 위를 싹뚝 잘라내 어린 나무로 만들 수도 있다.

봄 개화
꽃 잎 열매 수형
풍치수 가로수

대기오염에 강한 가로수
양버즘나무(플라타너스) / 버즘나무

난형

버드나무과 | 낙엽활엽 교목 | *Platanus occidentalis* | 20~40m | 전국 | 양지

연간계획	1월	2월	3월	4월	5월	6월	7월	8월	9월	10월	11월	12월
번식			종자 · 숙지삽						녹지삽			
꽃/열매			꽃						열매			
전정			가지치기				가지치기					
수확/비료												

▲ 꽃과 열매 ❶ 잎 ❷ 열매 ❸ 수피 ▲ 수형

토양	내조성	내습성	내한성	공해
사질양토	중	중	강	강

북미 원산으로 국내에는 전국의 가로수나 공원수로로 보급되면서 알려졌다. 대기오염 정화능력이 은행나무에 비해 5~6배 탁월하지만 병해충이 많아 가로수로는 점차 인기를 잃고 있다.

특징 암수한그루로 4~5월 열매처럼 생긴 구형의 꽃이 모여 핀다. 수피에 버즘같은 얼룩무늬가 있다. 양버즘나무는 추위에 강하고, 버즘나무는 추위에 약하다. 중부지방의 가로수로 식재된 품종은 대부분 양버즘나무이다.

이용 목재의 질이 좋지 않아 나무상자, 가구, 악기재로 사용한다. 뿌리와 수피는 류머티즘, 이질, 감기, 폐질환, 소아발진에 약용하거나 외용한다.

환경 비옥한 사질토양에서 잘 자라고 가뭄에도 강하다. 생장속도는 매우 빠르다.

조경 도시공원, 공장, 아파트, 빌딩, 학교, 도로변의 풍치수, 소음 방음수, 가로수로 식재한다.

번식 봄에 딱딱한 열매를 채취한 뒤 종자만 꺼낸다. 흐르는 물에 10일 정도 담가 놓았다가 파종한다. 삽목은 봄에 하는 숙지삽이 잘된다.

병해충 탄저병, 진드기, 미국흰불나방 등의 병해충에 많이 시달리므로 매년 봄 미리 방제하거나 발생 즉시 약을 살포해 구제한다.

가지치기 자연 수형으로 키우려면 안으로 밀집된 가지와 밖으로 뻗는 잔가지 위주로 친다. 가로수로 식재한 경우, 봄 가지치기는 통행에 방해되는 가지, 부러진 가지, 병든 가지, 틀린 방향으로 뻗은 가지를 친 뒤, 이런저런 자잘한 가지도 모두 친다. 상태 좋은 굵은 가지 8개 정도를 남긴다. 여름철 가지치기는 가지치기한 부분에서 새로 돋아난 가지가 많을 때 실시한다. 새로 돋아난 가지를 각각 2~3개 정도 남기고 모두 친다. 다음해에는 새로 돋아난 가지 위주로 계속 가지치기를 하고, 굵은 가지 수가 많아지면 앞의 8개를 남기는 작업을 반복한다.

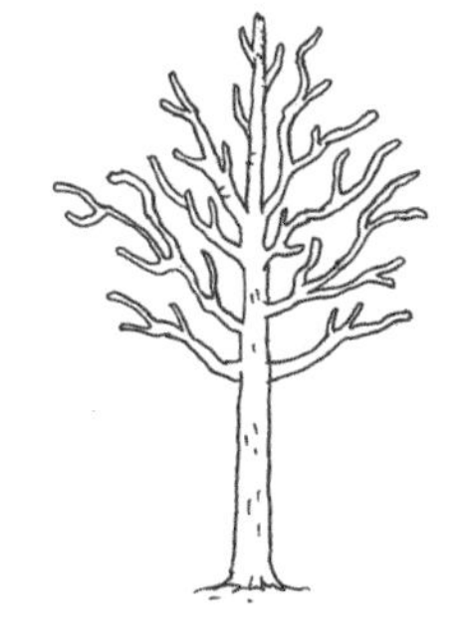

▲ 상태 좋은 가지를 남긴 모습

유사종 구별하기

- **양버즘나무** : 잎 가장자리가 3~5개로 깊게 갈라지고 열매가 하나씩 달린다.
- **버즘나무** : 잎 가장자리가 5~7개로 깊게 갈라진다. 갈라진 부분에 커다란 톱니가 있어 톱니가 둘쑥날쑥한 것처럼 보인다. 열매가 2~3개씩 달린다.

▲ 버즘나무 잎

▲ 버즘나무의 수형

▲ 버즘나무의 줄기
▲ 버즘나무의 수피

봄 개화
꽃·잎·수피·수형
녹음수·방음수

군식에 잘 어울리는 나무
은사시나무 / 사시나무(백양나무)

난형

버드나무과 | 낙엽활엽 교목 | *Populus tomentiglandulosa* | 20m | 전국 | 양지

연간계획	1월	2월	3월	4월	5월	6월	7월	8월	9월	10월	11월	12월
번식					종자							
꽃/열매				꽃	열매							
전정	가지치기 · 솎아내기											
수확/비료												

▲ 열매　❶ 꽃 ❷ 잎 ❸ 수피　▲ 수형

토양	내조성	내습성	내한성	공해
사질양토	약	약~중	강	강

한국특산식물로 사시나무와 은백양 사이에 생겨난 자연교잡종이다. 전국의 지방 빈터, 하천변, 야산에 흔히 식재되어 있다.

특징 암수딴그루로 4월 잎보다 꽃이 먼저 핀다. 사시나무와 달린 암꽃은 붉은색, 수꽃은 황갈색을 띤다. 잎은 난형 또는 난상 타원형이고 가장자리에 불규칙한 톱니가 있으며 뒷면에 백색 밀모가 있다.

이용 목재는 가볍고 틀어진다. 성냥개비, 이쑤시개, 나무상자, 펄프용재로 사용한다.

환경 비옥하고 축축한 토양에서 잘 자란다.

조경 생장속도가 빠른 속성수이다. 도시공원, 하천변의 풍치수, 방음수로 식재한다. 열매이삭의 솜털로 인해 다소 지저분하므로 은사시나무 대신 사시나무를 식재할 것을 권장한다. 공장지대 등지에 식재하면 주변이 지저분하게 보이는 편이나 대기오염 정화에는 매우 탁월하다.

번식 5월에 종자를 채취한 뒤 바로 파종한다.

병해충 녹병, 윤문병이 발생하면 보르드액(4-4식)을 뿌려 구제한다. 5월에 열매가 맺힐 때는 솜털이 날려 지저분한 하천변에 식재한 경우 각종 유충이 잘 낀다. 이 때문에 최근에는 거의 베어 버리는 경우가 많다.

가지치기 저절로 난형의 수형이 만들어지므로 가지치기할 필요가 없다. 병든 가지가 보이면 가지치기를 한다.

유사종 구별하기

- **사시나무 :** 백양나무라고도 하며 경기도, 강원도 등지에 분포한다. 잎은 넓은 원형~난형이고 잎 가장자리에 물결 모양의 톱니가 있다. 잎 뒷면은 회록색이고 털이 있다가 점점 없어진다. 은사시나무와 마찬가지로 5월에 채취한 종자를 바로 축축한 땅에 직파하면 번식이 된다. 은사시나무에 비해 조금 더 깔끔하고 수형도 좋으므로 골프장, 도시공원에 식재한다. 또한 난형 수형이 저절로 만들어지는 나무이므로 가지치기를 할 필요가 없다.
- **현사시나무 :** 은사시나무가 사시나무와 은백양 사이에 자연적으로 생겨난 잡종이라면 현사시나무는 인공 육종교배로 만들어진 수종이다. 현재는 은사시나무와 현사시나무를 같은 종으로 취급한다.

▲ 현사시나무의 수형 ▲ 열매 ▲ 수피

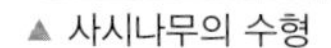

▲ 사시나무의 수형 ▲ 잎 ▲ 수피

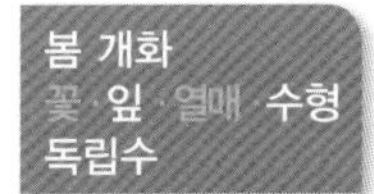

생장이 빠른 조림수

이태리포플러 / 양버들(포플러) / 미루나무

난형

버드나무과 | 낙엽활엽 교목 | *Populus euramericana* | 30m | 전국 | 양지

연간계획	1월	2월	3월	4월	5월	6월	7월	8월	9월	10월	11월	12월
번식			숙지삽									
꽃/열매			꽃		열매							
전정	가지치기 · 솎아내기											
수확/비료												

▲ 열매　❶ 꽃 ❷ 잎 ❸ 수피　▲ 해남 이태리포플러

토양	내조성	내습성	내한성	공해
비옥토	중~강	중	강	강

이태리에서 처음 들여온 포플러 품종이라는 뜻이지만, 캐나다 원산으로 양버들과 미루나무 사이의 잡종이다. 전국의 하천 또는 호숫가나 길가에 심는다.

특징 암수딴그루로 4월 잎이 나기 전에 꽃이 핀다. 어긋나게 달리는 잎은 삼각상의 난형이고 끝이 길게 뾰족하다. 잔가지는 황록색이었다가 다음해에 회갈색으로 변하고 늙은 수피는 세로로 갈라지며 흑갈색이다. 생장속도가 매우 빠른 속성수이다.

이용 잎을 가축사료로 사용한다. 화상, 해열, 종기 등에 외용한다.

환경 비옥하고 축축한 토양에서 잘 자란다.

조경 도시공원, 공장, 하천변, 호수 주변, 골프장의 독립수나 풍치수로 식재한다. 요즘은 식재하지 않지만 해외에서는 방풍수로 식재하는 경우가 많았다. 뿌리가 확장되면서 높이 자라기 때문에 가옥이나 담장 옆에는 식재하지 않는다. 잔가지는 직립성이고 여름에는 빨리 단풍이 들기 때문에 그늘을 만드는 수종으로서의 가치는 없지만 수형이 예쁘기 때문에 풍치수로 적당하다.

번식 번식은 숙지삽으로 한다. 직경 1cm 전년지가 좋다. 상단에 눈이 있는 줄기를 20cm 길이로 잘라 식재한다. 자를 때는 눈이 있는 위치에서 1cm 높은 부분에서 비스듬히 자른다.

병해충 녹병, 갈반병, 윤문병, 미국흰불나방 등의 병해충이 있다. 병해충에 따라 메프수화제, 디프수화제, 만코지수화제, 다이젠 M500액 등의 약제를 사용한다.

가지치기 줄기가 직립, 상향지로 자라기 때문에 달리 가지치기를 할 필요가 없다. 간혹 죽은 가지와 병든 가지를 정리한다.

유사종 구별하기

- **양버들 :** 높이 30m로 자라고 흔히 '포플러'라고도 한다. 전국의 논둑이나 하천변에서 볼 수 있다. 빗자루 모양의 수형을 가진 나무로서 흔히 '미루나무'로 혼동하지만 정식명칭은 '양버들'이다. 암수딴그루로 남아있는 것은 대개 숫나무이기 때문에 자연도태되고 있다. 양버들 이후 논둑이나 하천변에 많이 식재한 것이 '이태리포플러'이다. 번식은 3월경 전년지를 준비해 냉장보관했다가 4월경 삽목한다.
- **미루나무 :** 높이 30m로 자란다. 북미 원산으로 미국에서 전래되었다고 하여 '미류(美柳)'나무라고 부르던 것이 미루나무가 되었다. 수형은 빗자루 모양이 아닌 평정형에 가깝다. 번식은 양버들과 같다. 양버들에 비해 잎이 좁다.

▲ 안동의 양버들

▲ 양버들의 잎

▲ 양버들의 열매

▲ 미루나무

▲ 미루나무의 잎

▲ 미루나무의 수피

물을 푸르게 하는 풍치수

물푸레나무 / 들메나무

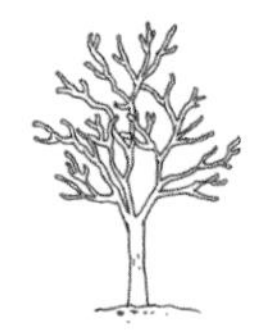
원정형

물푸레나무과 | 낙엽활엽 교목 | *Fraxinus rhynchophylla* | 10m | 전국 | 중용수

연간계획	1월	2월	3월	4월	5월	6월	7월	8월	9월	10월	11월	12월
번식	심기		종자						종자			심기
꽃/열매				꽃					열매			
전정	가지치기 · 솎아내기					가지치기						
수확/비료												

▲ 꽃

❶ 잎 ❷ 열매 ❸ 수피

▲ 수형

토양	내조성	내습성	내한성	공해
비옥토	약	강	강	중

전국의 깊은 산에서 자생한다. 능선부 이하, 산비탈, 계곡 주변에서 흔히 볼 수 있다. 가지를 물에 담그면 물이 푸른색으로 보인다 하여 붙여진 이름이며 **'수청목(水青木)'**이라도도 한다.

특징 암수딴그루이거나 잡성이다. 어린 나무는 수피에 흰색의 얼룩이 있고 매끈하지만 성목이 될수록 얼룩이 사라지고 세로로 갈라진다. 들메나무에 비해 작은 잎의 수가 적고 꽃이 새 가지에 달린다.

이용 목재의 질이 좋은 목재용수 중 하나이다. 수피는 청열, 기침, 이질, 백대하, 침침한 눈에 약용한다.

환경 비옥토를 좋아하고 내음성이 있으나 성장하면서 양지를 좋아한다.

조경 도시공원, 유원지, 빌딩, 학교, 사찰, 펜션, 한옥 정원에 식재한다. 공해에도 어느 정도 견디지만 도로변 보다는 공원 산책로에 어울린다. 물을 좋아하는 나무이므로 하천변이나 연못가에도 식재한다. 수피가 아름답고 수형이 단정하기 때문에 풍치수, 중심수로 좋다.

번식 가을에 채취한 종자를 1:2 비율로 젖은 모래와 섞어 노천매장한 뒤 이듬해 봄에 파종하거나 채취 즉시 즉파한다.

병해충 흰불나방, 미국흰불나방, 진디물 등의 병해충이 있다.

▲ 물푸레나무 성목 가지치기

가지치기 일반적으로 가지치기를 하지 않고 자연 수형으로 키우는 것이 좋다. 때에 따라 묘목일 때 사방으로 뻗은 가지중 가장 굵고 직립으로 자라는 가지를 주간으로 정하고 나머지는 가지치기한 뒤 주간 위주로 키우기도 한다. 성목이 되면 3~4년에 한번 통행에 방해되는 가지, 밀집 가지, 교차 가지, 웃자란 가지, 병든 가지를 정리한다.

유사종 구별하기

- **물푸레나무** : 꽃이 당해년에 자란 새 가지의 잎 겨드랑이에 달린다. 소엽은 5~7개이고 끝에 있는 소엽이 다른 소엽에 비해 상대적으로 조금 크다.
- **들메나무** : 꽃이 2년지 가지 잎 겨드랑이에 달린다. 소엽은 소엽은 3~17개인데 일반적으로 9~11개가 달린다. 소엽의 크기는 서로 비슷하다. 잎끝이 물푸레나무에 비해 길게 뾰족하다.

▲ 들메나무의 수형

▲ 들메나무의 꽃
▲ 들메나무의 잎

흰색 꽃이 피는 물푸레나무

쇠물푸레나무 / 좀쇠물푸레나무

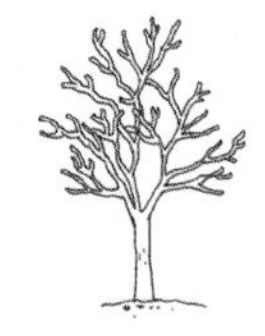
원정형

물푸레나무과 | 낙엽활엽 교목 | *Fraxinus sieboldiana* | 10m | 경기이남 | 중용수

연간계획	1월	2월	3월	4월	5월	6월	7월	8월	9월	10월	11월	12월
번식			종자						종자			
꽃/열매					꽃				열매			
전정	가지치기 · 솎아내기					가지치기						
수확/비료												

▲ 꽃 ❶ 잎 ❷ 열매 ❸ 수피 ▲ 수형

토양	내조성	내습성	내한성	공해
점질토	중	중~강	중~강	중~강

황해도와 강원도 이남의 깊은 산 계곡이나 산록에서 자생한다. 물푸레나무와 달리 꽃의 색상이 흰색이다. 물푸레나무에 비해 잎이 작다는 뜻의 이름이다.

특징 암수딴그루이다. 물푸레나무에 비해 잎이 좁고 열매의 색이 적갈색이다. 4~5월에 피는 꽃은 새 가지 끝에 자잘한 흰색의 꽃이 모여 핀다.

이용 수피는 눈의 통증, 충혈, 백대하, 장염에 약용한다.

환경 비옥한 점질토를 좋아하지만 조금 척박한 곳에서도 양호한 성장을 보인다.

조경 수형은 물푸레나무에 비해 조금 빈약하지만 봄에 흰색의 꽃이 다발로 피는 것이 관상 포인트이다. 도시공원, 유원지, 빌딩, 학교, 사찰, 펜션, 한옥 정원에 식재하며 중심수로 삼을 수 있다. 공해에도 어느 정도 견디기 때문에 한적한 지방도의 가로수로도 식재한다.

번식 가을에 채취한 종자의 과육을 제거하고 노천매장한 뒤 이듬해 봄에 파종한다. 또는 가을에 갈색으로 변하기 직전 녹색일 때 채취하여 냉상에 파종하고 육묘하는데 이 경우 보통 이듬해 봄에 발아한다.

병해충 물푸레나무에 준해 방제한다.

가지치기 가지치기하지 않고 자연 수형으로 기르며, 가지치기가 필요한 경우 물푸레나무와 비슷한 방식으로 가지치기한다.

유사종 구별하기

- **물푸레나무 :** 소엽은 5~7개, 잎 가장자리에 물결 모양의 톱니가 있거나 없고, 잎 뒷면 주맥에 털이 있다.
- **쇠물푸레나무 :** 소엽은 5~7개, 잎 가장자리에 톱니가 확실하게 있고, 잎 뒷면 주맥에 털이 있다.
- **좀쇠물푸레나무 :** 꽃은 쇠물푸레처럼 흰색이고, 소엽은 5~9개이다. 잎 가장자리에 톱니가 거의 없는 듯 보인다.
- **광릉물푸레나무 :** 높이 15m까지 자란다. 잎 가장자리에 물결 모양의 톱니가 있다.
- **개물푸레나무 :** 소엽은 9~11개이고 잎 뒷면에 털이 있다. 깊은 산에서 자생하며 공해에 강하다.
- **미국물푸레 :** 소엽은 5~9개이고 잎 가장자리는 밋밋하나 상부에 약간 톱니가 있는 경우도 많다. 잎 뒷면에 털이 없는 경우가 많다. 원산지인 북미에서는 높이 40m까지 자라기 때문에 가장 굵고 직립하는 줄기를 주간으로 하고 나머지는 가지치기하여 키우는 경우가 많다.

▲ 좀쇠물레나무의 수형

▲ 좀쇠물푸레나무의 꽃

▲ 좀쇠물푸레나무의 잎

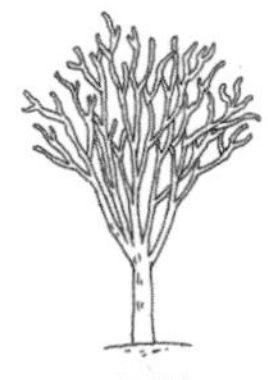
평정형

늦봄 개화
꽃·잎·열매·수형
관상수·가로수

꽃이 흰눈처럼 쌓이는 풍치수

이팝나무

물푸레나무과 | 낙엽활엽 교목 | *Chionanthus retusus* | 25m | 전국 | 중용수

연간계획	1월	2월	3월	4월	5월	6월	7월	8월	9월	10월	11월	12월
번식			종자									
꽃/열매					꽃					열매		
전정	솎아내기					가지치기						
수확/비료												

▲ 개화기 수형 ❶ 꽃 ❷ 잎 ❸ 열매 ▲ 여름 수형

토양	내조성	내습성	내한성	공해
사질양토	강	중	강	강

중부 이남의 깊은 산 계곡이나 해변가에서 자생한다. 공해에 강해 도심지 가로수로 많이 보급되고 있다. 5월에 모여 피는 꽃이 사발에 담긴 쌀밥(이밥)처럼 보여 **'이밥나무'**라고 하던 것이 변해 이팝나무가 되었다.

특징 5월 2년지 끝에 흰색의 꽃이 모여 핀다. 화관이 깊게 갈라지고 열매는 10~11월 검은색으로 익는다.

이용 5월에 풍성하게 꽃핀 모습이 마치 여름에 눈이 쌓인 모습이어서 조경수로 인기가 높다.

환경 비옥한 사질양토를 좋아하고 건조에는 약한다.

조경 도시공원, 공장, 빌딩, 학교, 펜션의 관상수로 심는다. 도심지의 가로수로 식재해도 잘 성장하고 연못 주변의 풍치수로 식재해도 좋다.

번식 가을에 채취한 종자의 과육을 제거하고 2년간 노천매장한 뒤 봄에 파종한다.

병해충 병해충에 강하지만 간혹 쥐똥나무깍지벌레 등이 발생할 수도 있다.

가지치기 주로 꽃을 관상하는 나무이므로 꽃이 지면 1개월 내 가지치기한다. 수형을 만들 때는 주간으로 삼을만한 몇 개의 가지만 남겨놓고 가지치기한다. 성목이 된 후의 가지치기는 병든 가지, 밀집 가지, 교차 가지, 통행에 방해되는 가지, 부러질 것 같은 약한 가지만 정리하고 자연 수형으로 키워도 충분하다.

늦봄 개화
꽃·잎 열매·수형
풍치수·심볼트리

살아 있는 화석식물
은행나무

원추형

은행나무과 | 낙엽 교목 | *Ginkgo biloba* | 60m | 전국 | 양지

연간계획	1월	2월	3월	4월	5월	6월	7월	8월	9월	10월	11월	12월
번식			종자				녹지삽			종자		
꽃/열매					꽃					열매		
전정			가지치기				가지치기 · 솎아내기					
수확/비료										열매 수확		

▲ 여름 수형

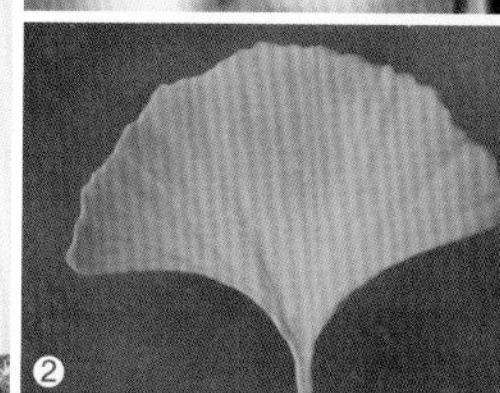

❶ 수꽃 ❷ 잎 ❸ 열매

▲ 가을 수형

토양	내조성	내습성	내한성	공해
사질양토	중	중	강	강

중국 원산으로 오래 전부터 심어 길렀다. 전국에서 가로수나 풍치수로 심어 기른다. 살아 있는 화석식물로 불리며 국내 장수목 중 느티나무 다음으로 많다.

특징 암수딴그루이고 4~5월에 잎겨드랑이에서 암그루의 생식기가 나오고 수꽃은 연한 노란색이다. 열매를 수확하려면 암나무와 수나무를 같이 식재한다.

이용 열매, 근피, 잎을 해수, 하리, 백대하, 유정 등에 약용한다. 열매의 속살을 식용한다.

환경 비옥토를 좋아하고 건조에도 잘 견딘다.

조경 도시공원, 공장, 빌딩, 학교, 운동장, 펜션, 한옥, 사찰 등에 풍치수, 심볼트리로 식재한다. 공해에 강하므로 도로변, 주차장, 산책로에 식재할 수 있다. 열매 껍질이 익으면 악취가 나기 때문에 도심지 가로수로는 식재하지 않는다.

번식 가을에 채취한 종자를 바로 파종하거나 노천매장한 뒤 이듬해 봄에 파종한다. 삽목이 잘되는 나무이므로 봄~가을 중 원하는 시기에 당년에 자란 연필 굵기만한 가지를 꺾어 삽목한다.

병해충 줄기마름병(헥사코나졸 유제 등), 자주날개무늬병(티오파네이트메틸 수화제, 토로스수화제), 어스랭이나방(페니트로티온 유제 50% 1,500배액) 등이 발생한다.

가지치기 7~8월에 가지치기를 한다. 웃자란 가지, 밀집 가지, 교차 가지, 하향지, 병든 가지를 아래 그림을 참고해

정리한다. 전깃줄에 걸릴 경우 전깃줄에 걸리는 상단부를 수평으로 잘라도 무방하다. 가로수일 경우 절지목 전정을 하기도 하는데 보통 3월 중순에 절지목 전정을 한다. 절지목 전정을 하면 잘린 부분에서 새싹이 나온다.

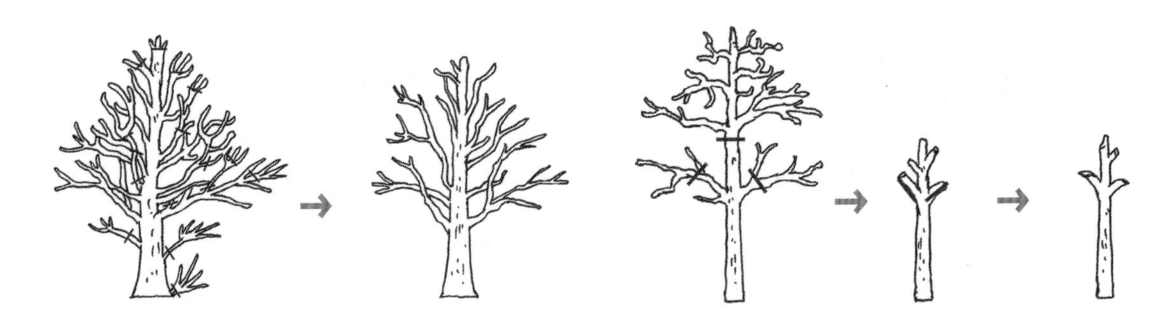

▲ 여름철의 일반적인 가지치기

▲ 이른 봄 절지목 방식의 가지치기

▲ 일산 호수공원의 은행나무와 수양버들 하부의 산철쭉류, 흰산철쭉 식재의 예

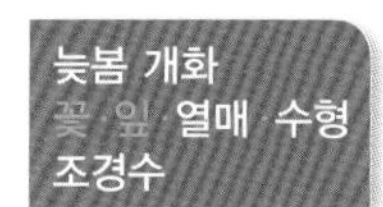

남부지방의 우람한 관상수
무환자나무

원개형

무환자나무과 | 낙엽활엽 교목 | *Sapindus mukorossi* | 20m | 대전 이남 | 양수

연간계획	1월	2월	3월	4월	5월	6월	7월	8월	9월	10월	11월	12월
번식				종자								
꽃/열매						꽃				열매		
전정		가지치기 · 솎아내기					가지치기					
수확/비료												

▲ 수형

❶ 꽃 ❷ 잎 ❸ 열매

▲ 가을 수형

토양	내조성	내습성	내한성	공해
사질양도	중	중	약	강

중국, 일본 등에서 자생한다. 국내에서는 남부지방에서 관상수로 심어 기른다. 집안에 심으면 우환이 없고 귀신이 싫어하는 나무라 하여 붙여진 이름이다.

특징 6~7월 새 가지 끝에 황백색의 꽃이 모여 핀다. 수형이 멋지게 나오며 난대성 기후에서는 우람한 수형을 자랑한다. 열매는 심은 뒤 10년 정도 후부터 결실을 맺는다.

이용 나무 전체를 종기, 개창, 통증, 마비, 회충에 약용하거나 외용한다. 말린 열매 껍질이나 줄기 속에 사포닌 성분의 표면활성제가 있어 세정제로 사용하기도 하여 '비누나무'라고도 한다. 면주머니에 열매 껍질을 몇 개 넣고 세탁기에 돌리면 세척 효과가 나타난다.

환경 비옥토를 좋아하고 그늘에서는 생장이 불량하다.

조경 대전 이남 남부지방의 도시공원, 공장, 학교, 빌딩, 펜션, 사찰 등에 식재한다. 공해에 강하므로 지방도로의 풍치수로도 적당하다.

번식 9~10월에 열매가 황갈색일때 채취하여 과육을 제거한 뒤 모래와 섞어 건조하지 않도록 보관하여 이듬해 봄 파종 직전 조금 뜨거운 물에 7일 정도 침전한 뒤 파종한다.

병해충 병해충에 비교적 강하다.

가지치기 자연 수형으로 키워도 원개형의 멋진 수형이 나오므로 하향지만 정리한다.

조경수로 인기 있는 참나무

상수리나무

원개형

참나무과 | 낙엽활엽 교목 | *Quercus acutissima* | 20m | 전국 | 양지

연간계획	1월	2월	3월	4월	5월	6월	7월	8월	9월	10월	11월	12월
번식			종자 · 심기									
꽃/열매					꽃					열매		
전정				가지치기 · 솎아내기								
수확/비료										열매수확		

▲ 수꽃　❶ 잎 ❷ 열매 ❸ 수피　▲ 가을 수형

토양	내조성	내습성	내한성	공해
구별안함	강	중	강	강

전국의 낮은 산지에서 자라며, 참나무류 수종 중에 상수리나무와 졸참나무가 조경수로 가장 인기가 높다. 흑회색으로 갈라지는 오래된 수피를 보면 위엄이 느껴지는 수종이다.

특징 암수한그루로 4~5월 황록색의 꽃이 핀다. 잎은 긴 타원형으로 가장자리에 바늘 모양의 날카로운 톱니가 나 있고 잎끝은 뾰족하다.

이용 탈항, 나력, 악창에 효능이 있다. 도토리 열매는 가루를 내어 최상급의 도토리묵을 만들어 식용할 수 있다.

환경 토양을 가리지 않고 잘 자란다.

조경 도시공원, 공장, 아파트, 골프장, 학교, 산책로, 사찰의 중심수, 녹음수, 풍치수로 좋다. 늠름한 수형을 뽐내는 나무이기 때문에 주택 정원에서는 키우기가 어렵다.

번식 가을에 채취한 종자를 기건저장했다가 이듬해 봄에 파종한다. 삽목은 발근율이 낮고 접목 번식이 좋다. 뿌리에서 올라온 포기를 굴취해 심어도 번식이 된다.

병해충 독나방, 텐트나방, 흰가루병, 털녹병 등이 발생할 수 있다.

가지치기 초기 몇 년 사이에 원개형으로 수형을 만든다. 그 후에는 병든 가지나 고사될 것 같은 가지를 미리 찾아내어 밑동에서 가지치기하고 그 외는 자유롭게 방임으로 키운다.

늦봄 개화
꽃 잎 열매 수형
관상수 심볼트리

붉은 단풍이 아름다운 풍치수
핀오크(대왕참나무)

원정형

참나무과 | 낙엽활엽 교목 | *Quercus palustris* | 20~40m | 전국 | 양지

연간계획	1월	2월	3월	4월	5월	6월	7월	8월	9월	10월	11월	12월
번식			종자 · 심기									
꽃/열매					꽃					열매		
전정	가지치기 · 솎아내기											
수확/비료												

▲ 여름 수형　❶ 잎 ❷ 열매 ❸ 수피　▲ 가을 수형

토양	내조성	내습성	내한성	공해
점질토	강	중	강	강

북미 원산으로 **'대왕참나무'**라고도 알려져 있다. 가을에 붉은색으로 물드는 단풍이 아름다워 정원이나 공원수로 인기가 높다.

특징 잎 가장자리에 3~7개의 뾰족한 침 모양으로 깊게 파인 톱니가 있다. 생장속도가 빠른 속성수로서 묘목 식재 후 10년 뒤 10m 높이로 자란다. 열매는 10년 이상이 되야 결실한다.

이용 북미에서 주로 가로수로 식재한다. 열매는 매우 쓰기 때문에 식용하지 않는다.

환경 토양을 가리지 않으나 점질의 산성토에서 잘 자라고 알칼리성 토양은 피한다. 물빠짐이 좋은 토양에 식재한다.

조경 도시공원, 골프장, 공장, 아파트, 학교, 산책로의 중심수, 풍치수로 좋다.

번식 가을에 채취한 종자를 음지에서 기건저장했다가 이듬해 봄에 파종한다. 발아율은 60% 이상이나 건조하면 발아가 잘 안되므로 주의한다.

병해충 알칼리성 토양에서는 백화현상이 생기고, 상수리나무와 같은 병해충이 발생한다.

가지치기 썩은 가지가 저절로 떨어지지 않으므로 잘라내야 한다. 병든 가지, 낮은 가지, 고사될 것 같은 가지를 찾아내어 밑동에서 가지치기하고 그 외는 자유롭게 방임으로 키운다.

극상림의 최고 수종

너도밤나무

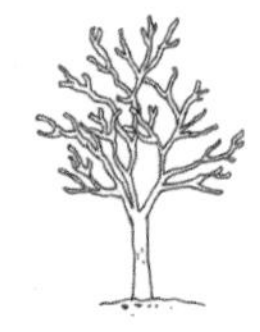
원정형

참나무과 | 낙엽활엽 교목 | *Fagus engleriana* | 20m | 전국 | 중용수

연간계획	1월	2월	3월	4월	5월	6월	7월	8월	9월	10월	11월	12월
번식			종자									
꽃/열매					꽃					열매		
전정	가지치기 · 솎아내기					가지치기						
수확/비료												

▲ 수꽃

❶ 잎 ❷ 암꽃 ❸ 수피

▲ 수형

토양	내조성	내습성	내한성	공해
구별안함	강	중	강	약~중

중국, 한국에 분포하며 경북 울릉도의 산지에서 자란다. 밤나무와 유사하다는 뜻의 이름이며, 열매도 밤나무와 비슷하다.

특징 암수한그루로 4~5월에 황록색의 꽃이 핀다. 열매는 10월에 익고 삼각상 난형의 견과 열매는 고소한 맛이 난다. 밤나무에 비해 잎에 톱니가 거의 없으며 견과의 열매가 매우 작다. 극상림에서 나타나는 최고의 수종으로 꼽힌다.

이용 열매와 어린잎을 식용하지만 낮은 독성이 있으므로 소량 섭취한다. 특히 설익은 열매에 낮은 독성이 많다.

환경 토양을 구별하지 않고 비교적 잘 자라지만 생장속도는 더디다.

조경 도시공원 안쪽의 풍치수 또는 중심수로 좋다. 펜션, 사찰 등에도 어울린다. 큰 나무 하부에 식재한다. 일본과 유럽에서는 조림수로 인기가 있다.

번식 가을에 채취한 종자의 과육을 제거한 뒤 노천매장했다가 이듬해 봄에 파종하고 해가림 시설을 해준다. 가정에서는 분재로도 키운다. 삽목을 시도할만하나 발근이 거의 안된다.

병해충 알려진 병해충이 없다.

가지치기 원정형, 원개형, 원추형, 원형 수형이 가능한 수종이므로 묘목일 때 원하는 수형으로 가지치기하고 그 뒤에는 자연 방임으로 키운다.

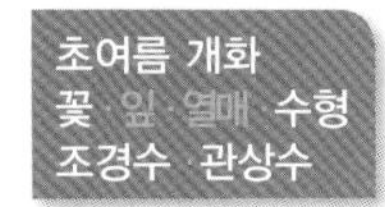

밤나무 잎을 닮은 풍치수
나도밤나무

원정형

나도밤나무과 | 낙엽활엽 소교목 | *Meliosma myriantha* | 10m | 충남이남 | 중용수

연간계획	1월	2월	3월	4월	5월	6월	7월	8월	9월	10월	11월	12월
번식			종자			녹지삽						
꽃/열매						꽃				열매		
전정	가지치기 · 솎아내기											
수확/비료												

▲ 꽃 ❶ 잎 ❷ 열매 ❸ 수피 ▲ 수형

토양	내조성	내습성	내한성	공해
사질양토	중	중	중	약

충청남도와 경상남도 이남의 계곡가, 서해 도서지역에서 자생한다. 잎이 밤나무잎과 닮았다고 해서 나도밤나무라고 이름이 붙여졌다. 참나무과의 너도밤나무와 달리 나도밤나무과에 속한다.

특징 6~7월에 새 가지 끝에서 꽃은 원추꽃차례로 연한 황백색의 꽃이 모여 피며 구수한 꿀 향기가 강하게 난다. 잎은 긴 타원형으로 끝은 뾰족하고 가장자리에 예리한 잔톱니가 나 있다. 합다리나무의 꽃과 비슷한 꽃이 달리지만 잎 모양은 완전히 다르다.

이용 조경수나 관상수로 식재한다.

환경 비옥토를 좋아하고 건조에는 약하다.

조경 추위에는 약하지만 서울에서도 월동이 가능하다. 도시공원, 펜션, 주택의 정원수나 독립수, 중심수, 심볼트리로 식재해도 좋고, 큰 나무 아래에 식재해도 적당하다.

번식 가을에 채취한 종자의 과육을 제거한 뒤 노천매장했다가 이듬해 봄에 파종한다. 삽목으로도 번식할 수 있다.

병해충 알려진 병해충은 없지만 합다리나무와 비슷한 병해충이 있을 것으로 추정된다.

가지치기 수형이 잘 나오는 나무 중 하나이지만 원줄기가 하나인 경우보다 여러 개인 경우가 수형이 좋다. 묘목일 때 원하는 수형으로 가지치기하고 그 뒤 자유 방임으로 키운다.

장대한 수형의 풍치수

참죽나무(참중나무)

원추형

멀구슬나무과 | 낙엽활엽 교목 | *Cedrela sinensis* | 20m | 서울이남 | 양지

연간계획	1월	2월	3월	4월	5월	6월	7월	8월	9월	10월	11월	12월
번식			종자									
꽃/열매						꽃			열매			
전정	가지치기 · 솎아내기						가지치기					
수확/비료				새순 채취시기								

▲ 꽃 ❶ 잎 ❷ 열매 ❸ 수피 ▲ 수형

토양	내조성	내습성	내한성	공해
사질양토	강	중	중	강

중국, 동남아 원산으로 양반집, 사찰, 마을에 식재하였었다. 지금은 전국의 민가 주변에서 나물(어린 순) 채취 목적으로 심기도 한다.

특징 6월 가지 끝에 아래를 향해 자잘한 흰색 꽃이 모여 핀다. 10~11월 황갈색의 열매가 익는다. 수형이 장대하고 가죽나무에 비해 잎이 짝수깃꼴겹잎이다.

이용 수피, 근피, 열매, 잎을 관절염, 칠창, 유정, 대하, 이질에 약용한다. 어린 잎은 나물로 섭취한다.

환경 비옥한 사질양토에서 잘 자란다.

조경 수형이 좋고 가을 단풍이 아름다워 풍치수로 적당하다. 도시공원, 유원지, 아파트의 중심수, 빌딩 조경수, 펜션, 한옥, 사찰 등에 식재하는데 담장 옆을 피해 넓은 장소에 식재하는 것이 좋다.

번식 9월에 열매가 터지기 전 채취한 종자를 이듬해 2월 물에 불린 후 노천매장했다가 3~4월에 파종한다. 근삽은 가을에 6cm 길이로 뿌리를 채취해 밭에 가매장했다가 봄에 10cm 깊이로 식재하고 흙을 덮는다.

병해충 참죽나무녹병, 줄기마름병, 흰가루병 등이 발생한다. 트리아디메폰 수화제 800배액을 살포하여 방제한다.

가지치기 재배시에는 2m 정도로 성장했을 때 상순을 순지르기하여 더 커지는 것을 막는다. 조경수는 자연 수형으로 키우며 병든 가지, 하향지는 적절하게 가지를 친다.

초여름 개화
꽃·잎·열매·수형
관상수

원정형

바람개비를 닮은 꽃
멀구슬나무

멀구슬나무과 | 낙엽활엽 교목 | *Melia azedarach* | 15m | 대전이남 | 중용수

연간계획	1월	2월	3월	4월	5월	6월	7월	8월	9월	10월	11월	12월
번식			종자			녹지삽				종자		
꽃/열매					꽃					열매		
전정							가지치기					
수확/비료												

▲ 꽃 ❶ 잎 ❷ 열매 ❸ 수피 ▲ 개화기 수형

토양	내조성	내습성	내한성	공해
사질양토	강	중	약	강

대만, 필리핀, 호주 등에서 자생한다. 우리나라에서는 남부지방에서 오래 전부터 식재해 왔다. 멀건 구슬 같은 열매가 달리는 나무라 하여 붙여진 이름이다.

특징 5월에 가지 끝에 무리지어 피는 좋은 향의 연보라색 꽃이 아름답다. 10월에 연한 갈색의 열매가 익는다. 열매와 뿌리껍질에 독성이 있으므로 주의해야 한다.

이용 수피, 꽃, 열매, 잎, 뿌리를 습진, 땀띠, 옴, 통증, 살충에 약용하거나 외용한다. 열매는 독성이 많으므로 식용할 수 없지만 야생 조류의 좋은 먹이가 된다.

환경 비옥토를 좋아하고 반그늘에서도 양호한 성장을 보인다.

조경 대전 이남 남부지방의 도시공원, 빌딩, 학교, 펜션의 중심수, 관상수, 풍치수로 좋다.

번식 가을에 채취한 종자의 과육을 제거한 뒤 바로 사질양토에 0.3cm 깊이로 식재하는 것이 가장 좋고 보통 2년 뒤 발아한다. 근삽, 녹지삽도 가능하다.

병해충 병해충에 비교적 강하다.

가지치기 원정형 수형의 나무로서 구불구불한 가지가 매력적이다. 가끔 순지르기를 하여 잔가지가 많이 나오게 하는 것이 좋다. 밀집 가지, 교차 가지, 병든 가지, 통행에 방해되는 하향지를 정리한다.

아무 곳에서나 잘 자라는 녹음수

가죽나무(가중나무)

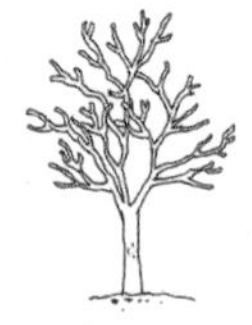
원정형

소태나무과 | 낙엽활엽 교목 | *Ailanthus altissima* | 20m | 전국 | 양지

연간계획	1월	2월	3월	4월	5월	6월	7월	8월	9월	10월	11월	12월
번식			종자									
꽃/열매							꽃		열매			
전정	가지치기 · 솎아내기											
수확/비료												

▲ 꽃 ❶ 잎 ❷ 열매 ❸ 수피 ▲ 수형

토양	내조성	내습성	내한성	공해
구별안함	강	중	강	강

중국 원산으로 도시 야산은 물론 시골의 야산, 도로변, 강변, 버려진 땅에서 아까시나무처럼 비교적 흔하게 자라며, 풍치수로도 심는다. **'가승목(假僧木)'** 또는 **'개가죽나무'**라고도 부른다.

특징 암수딴그루로 5~6월 가지 끝에 백록색의 꽃이 모여 핀다. 열매는 10월에 황갈색으로 익는다.

이용 뿌리, 잎을 설사, 회충, 유정, 대하에 약용한다.

환경 생장속도가 빠르고 무성하게 자라는 수종으로 황폐지, 못쓰는 땅에서도 잘 자란다. 매우 흔한 나무로서 자연스럽게 번식하므로 굳이 식재할 필요는 없지만 가격이 싸고 쉽게 구할 수 있기 때문에 나무가 없는 장소에 녹음수로 조림하기에 적합하다.

조경 공원 내의 황폐한 곳 등을 감추기 위해 조림하거나 임야의 경계지, 지방도로의 가로수로 식재한다. 공해에 강하므로 공장주변의 버려진 땅 등에도 식재한다.

번식 가을에 채취한 종자를 노천매장한 뒤 이듬해 봄에 파종한다. 앞서 설명한 참죽나무처럼 근삽으로 번식할 수 있다.

병해충 흰불나방 등의 병해충이 있다.

가지치기 자연 수형으로 키우며 병든 가지, 밀집 가지, 통행에 방해되는 가지는 정리한다. 가로수일 경우 양버즘나무와 동일한 방식으로 가지치기를 한다.

초여름 개화
꽃 잎 열매 수형
관상수 공원수

이국적 경관을 뽐내는 공원수

칠엽수 / 가시칠엽수 / 미국칠엽수

난형

칠엽수과 | 낙엽활엽 교목 | *Aesculus turbinata* |30m | 전국 | 양지

연간계획	1월	2월	3월	4월	5월	6월	7월	8월	9월	10월	11월	12월
번식			종자			심기		종자				
꽃/열매						꽃				열매		
전정	솎아내기						가지치기					
수확/비료			비료									

▲ 수형 ❶ 꽃 ❷ 잎 ❸ 열매 ▲ 가을 단풍

토양	내조성	내습성	내한성	공해
비옥토	중	중	강	약

일본 원산으로 우리나라에서는 전국의 조경수 또는 공원수로 심어 기른다. 공해에 다소 약하지만 꽃과 잎, 수형이 아름다워 공원의 풍치수로 인기가 높다.

특징 5~6월 새 가지 끝에서 흰색 꽃이 원뿔 모양으로 모여 핀다. 9월 갈색으로 동그랗게 익는 열매 표면은 매끈하다. 이에 반해 유럽 원산의 가시칠엽수(마로니에, 유럽칠엽수)는 열매 표면에 가시가 돋아 있다.

환경 비옥토를 좋아하고 묘목은 음수이지만 성장하면 양수가 된다.

조경 수형이 장대하고 단정하여 공원, 학교, 산책로 등에 풍치수, 중심수로 식재한다. 뿌리가 크게 발달하여 담을 타고 오를 수 있으므로 담장 옆에는 식재하지 않는다.

번식 8월에 채취한 종자의 과육을 제거 후 세척하고 음건한 뒤 마른 모래와 섞어 저장했다가 이듬해 봄에 파종한다. 채취 즉시 노지나 냉상에 직파해도 되는데 노지에 직파한 경우 발아 후 악천후로부터 보호해준다. 3월 숙지삽은 발근율이 낮다.

병해충 개각충, 흰불나방 등의 병해충이 발생하면 관련 약을 살포한다.

가지치기 자연 수형으로 키우며 병든 가지, 교차 가지, 밀집 가지, 하향지, 약한 가지는 정리한다. 가지의 분기점에서 가지치기할 때는 지피융기선 외각에서 비스듬히 자른다.

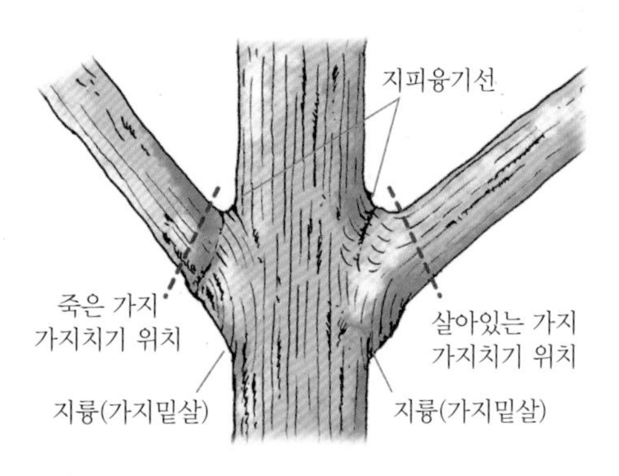

▲ 가지 밑동에서 가지치기할 때
가장 자연적인 가지치기 위치이자
병해충 예방에 좋은 가지치기 위치

▲ 칠엽수의 꽃

▲ 대학로 마로니에공원의 가시칠엽수

▲ 가시칠엽수의 꽃

▲ 가시칠엽수의 열매

▲ 파비아칠엽수(미국칠엽수)

▲ 파비아필엽수의 꽃

▲ 파비아필엽수의 잎

▲ 송도국제도시 공원에 식재된 칠엽수

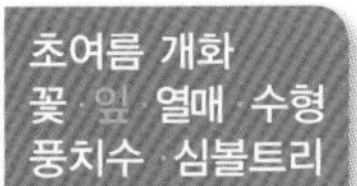

밑동에 날카로운 가시를 가진
주엽나무 / 조각자나무

난형

콩과 | 낙엽활엽 교목 | *Gleditsia japonica* | 20m | 전국 | 양지~반그늘

연간계획	1월	2월	3월	4월	5월	6월	7월	8월	9월	10월	11월	12월
번식			종자 · 숙지삽		녹지삽							
꽃/열매						꽃				열매		
전정	솎아내기						가지치기					
수확/비료												

▲ 꽃　　❶ 잎 ❷ 열매 ❸ 수피　　▲ 수형

토양	내조성	내습성	내한성	공해
점질토	강	중	강	중~강

전국의 산기슭 계곡가나 냇가에서 자생한다. 열매를 '조엽'이라하여 **'조엽나무'**라고 부른던 것이 변한 이름이다. **'쥐엄나무'**라고도 한다.

특징 5~6월 짧은 가지 끝에 녹황색의 꽃이 모여 피고 10월에 익는 열매 꼬투리가 비틀려 자라는 것이 특징이다. 꼬투리 안의 씨는 흑갈색이며 광택이 있다. 수피 밑동에 잔가지 모양의 날카로운 가시가 자란다.

이용 수피, 가시, 열매를 폐결핵, 유선염, 변비, 지혈, 매독성 피부염 등에 약용하지만 독성이 있으므로 전문가의 처방을 받아 사용해야 한다.

환경 비옥한 점질토에서 잘 자라고 건조에는 약하다.

조경 공해에 강하지만 수피에 가시가 있어 가로수로는 적합하지 않다. 도시공원, 빌딩의 중심수로 추천하며 풍치수는 아니지만 수피에 난 특색있는 가시 때문에 심볼트리로 식재할 수 있다. 세련된 펜션보다는 그윽한 풍경의 한옥에 옛스러운 분위기를 내기 위해 많이 식재한다.

번식 가을에 채취한 종자의 과육을 제거하고 기건저장한 뒤 이듬해 봄에 파종 한다. 하루 전 뜨거운 물에 24시간 정도 침전 후 냉상에서 파종하면 20도 온도에서 2~4주 뒤 발아한다.

병해충 나무 자체에 약간의 독성이 있어 병해충에는 강한 편이다.

가지치기 가지치기를 하지 않고 자연 수형으로 키운다. 만일 가지치기를 하려면 늦여름에 가지치기를 한다. 가지에 가시가 있기 때문에 병든 가지, 낮은 가지, 통행에 방해되는 가지, 하향지 위주로 가지치기를 하여 사람이 다치지 않도록 한다. 하부의 잔가지가 정리되면 성목이 된 후 가지치기를 할 필요는 없다.

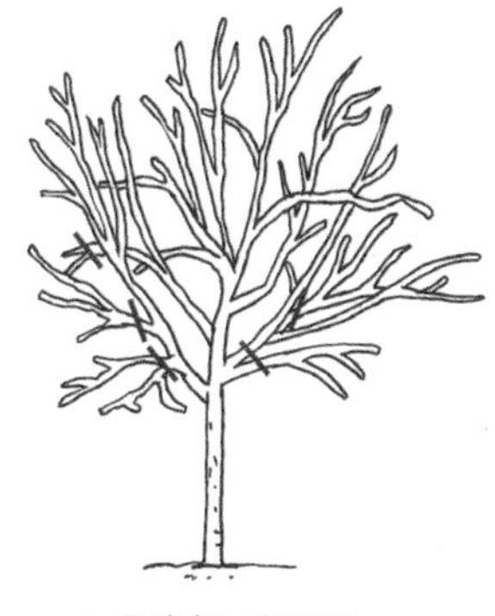
▲ 주엽나무 가지치기

유사종 구별하기

- **주엽나무** : 우리나라에서 자생하며 수피의 가시가 납작한 모양이다. 1년생 가지에 짧은 털이 있다.
- **민주엽나무** : 원줄기에는 가시가 없고 1년생 가지에 납작한 가시가 있다.
- **조각자나무** : 중국 원산으로 주엽나무에 비해 가시가 둥근 모양에 통통하다. 열매도 주엽나무와 달릴 비틀리지 않게 열린다. '중국주엽나무'라고도 한다.

▲ 조각자나무의 수형

▲ 조각자나무의 시든 꽃

▲ 조각자나무의 가시

여름 개화
꽃 잎 열매 수형
관상수 풍치수

부부금실을 상징하는 관상수
자귀나무 / 왕자귀나무

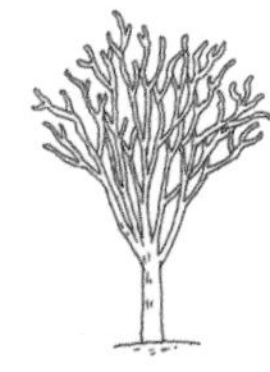
평정형

콩과 | 낙엽활엽 소교목 | *Albizia julibrissin* | 3~5m | 전국 | 양지

연간계획	1월	2월	3월	4월	5월	6월	7월	8월	9월	10월	11월	12월
번식			종자									
꽃/열매						꽃			열매			
전정		가지치기 · 솎아내기										
수확/비료				비료								

▲ 꽃 ❶ 잎 ❷ 열매 ❸ 수피 ▲ 수형

토양	내조성	내습성	내한성	공해
부식토	강	중	중	약~중

충청 이남 산지에서 자생하지만 수도권 도심과 강원도 해안지방에서도 양호한 성장을 보인다. 잎이 수면활동을 하여 '좌귀목(佐歸木)'에서 변한 이름이다. **'합혼수(合婚樹)'**라고도 한다.

특징 6~7월 가지 끝에 분홍색의 꽃이 모여 핀다. 어긋나게 달리는 잎은 해가 지거나 밤이 되면 작은 잎들이 접히는 수면운동을 한다.

이용 수피를 우울증, 불면증, 불안증에 약용한다.

환경 비옥토를 좋아한다. 강원 내륙에서는 겨울에 동해방지를 해준다.

조경 잎과 꽃, 수형이 아름다워 관상수, 풍치수로 좋다. 공해에 약하지만 한적한 지방도로변에서는 가로수로 식재해도 성장이 양호하다. 도시공원, 유원지, 아파트, 펜션, 한옥 등에 식재한다. 아담한 크기의 나무이므로 작은 정원의 풍치수로도 적당하다.

번식 가을에 채취한 열매에서 껍데기를 제거하고 종자(담갈색일 때)를 노천매장한 뒤 이듬해 봄 파종 한달 전 꺼내 습층처리 후 파종한다.

병해충 진딧물과 그을음병이 발생할 수 있으므로 통풍이 잘 되도록 하고 심하면 약제를 살포하여 구제한다.

가지치기 간혹 가지치기를 하는데 강전지를 하면 회복이 어려우므로 강전지는 피한다. 시기는 늦겨울~4월에 한다.

가지치기 위치는 분기점, 잎, 눈이 있는 위치에서 약 1cm 위가 좋다. 병든 가지, 손상 가지, 기울어진 가지, 원줄기에서 나온 잔가지, 웃자란 가지 정도만 친다.

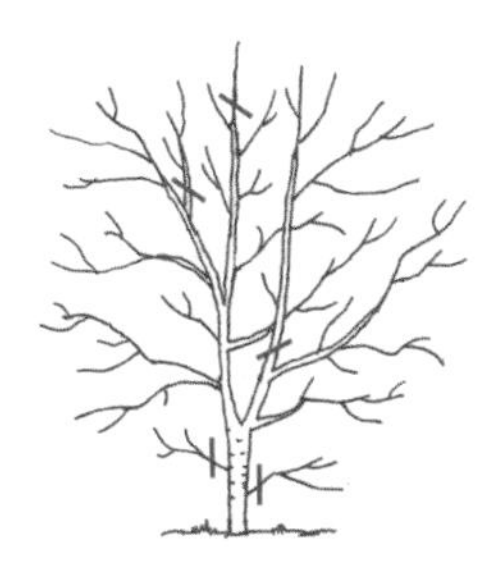

▲ 자귀나무 가지치기

▲ 자귀나무 개화기

▲ 안면도수목원의 독특한 수형의 자귀나무

▲ 왕자귀나무의 수형

▲ 왕자귀나무의 꽃
▲ 왕자귀나무 개화기

나비가 앉은듯한 관상수
산딸나무 / 꽃산딸나무(미국산딸나무)

원형

층층나무과 | 낙엽활엽 소교목 | *Cornus kousa* | 7m | 전국 | 중용수

연간계획	1월	2월	3월	4월	5월	6월	7월	8월	9월	10월	11월	12월
번식	심기		숙지삽			녹지삽			종자			심기
꽃/열매						꽃			열매			
전정	가지치기 · 솎아내기						가지치기	꽃눈분화			가지치기 · 솎아내기	
수확/비료												

▲ 수형 ❶ 꽃 ❷ 열매 ❸ 잎 ▲ 유명산 산딸나무

토양	내조성	내습성	내한성	공해
비옥토	중	중	강	강

중부 이남의 산지에서 자란다. 산딸나무와 꽃산딸나무는 수형, 꽃, 잎 모양이 거의 같지만 열매 모양이 다른 점에서 구별된다.

특징 5~7월 가지 끝에 황록색의 꽃이 자잘하게 피며 꽃잎처럼 보이는 총포조각이 흰색으로 4개가 핀다. 산딸나무의 열매는 둥글고, 꽃산딸나무의 열매는 작은 대추알처럼 열매가 무리지어 달린다. 잎 모양은 층층나무와 비슷하지만 측맥수가 층층나무 잎에 비해 적다. 산딸나무의 개량품종은 약 50여 종으로 자생종, 미국계, 중국계 등의 도입 품종이 많고 관상수로 인기가 높다.

이용 자생종 산딸나무는 붉게 익은 열매를 생으로 식용한다.

환경 비옥한 토양에서 잘 자라고 그늘에서도 양호한 성장을 보인다. 여름에 잎 끝이 마르면 수분이 부족한 것이므로 즉시 관수한다.

조경 도시공원, 공장, 아파트, 주택, 펜션, 학교, 도로변의 가로수로 좋고 보통 3~5그루씩 심는다.

번식 9월경 열매가 붉게 익으면 과육을 제거하고 세척하여 직파한 후 짚을 덮고 물을 관수하여 건조에 방비한다. 녹지삽으로도 번식할 수 있다.

병해충 병해충에 강한 편이다.

가지치기 묘목일 때 수형을 만들 수 있다. 묘목의 원줄기가 여러 개로 갈라지면 똑바로 자란 가지 1개를 주간으로 삼고 나머지 가지는 밑동이나 분기점에서 처서 정리한 뒤 지지대를 세운다.

가지치기 시기는 품종에 따라 다르다. 꽃산딸나무는 4~5월에 꽃이 피므로 6월에 가지치기를 하고, 산딸나무는 6월에 꽃이 피므로 꽃이 진 후 바로 가지치지를 한다. 가지가 확장하면서 좋은 그늘을 만들어주는 나무이므로 확장형 수형을 유지하며 병든 가지, 하향지, 교차 가지, 밀집 가지를 전지한다. 때에 따라 사람의 키보다 낮은 가지는 원줄기에서 잘라낸다.

유사종 구별하기

- **꽃산딸나무** : 북미 원산으로 '서양산딸나무' 또는 '미국산딸나무'라고도 한다. 산딸나무와 비교하여 총포조각이 넓은 도란형에 잎은 길쭉한 타원형이다. 열매는 무리지어 달리는데 대추알 여러 개가 모여 있는 것처럼 생겼다.

▲ 산딸나무의 가을 단풍

▲ 꽃산딸나무의 분홍꽃 품종

▲ 꽃산딸나무 흰꽃 품종

▲ 꽃산딸나무 분홍꽃 품종

▲ 꽃산딸나무의 열매

TIP BOX 산딸나무는 꽃잎처럼 보이는 총포편의 끝이 뾰족하다. 꽃산딸나무의 총포편 끝은 오목하다.

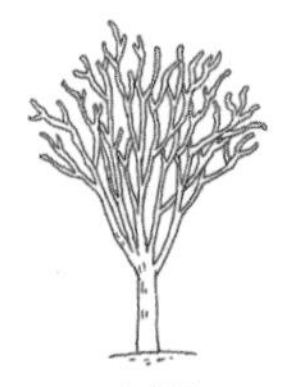
평정형

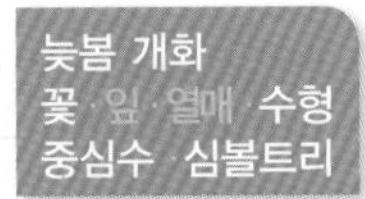
늦봄 개화
꽃 · 잎 · 열매 · 수형
중심수 · 심볼트리

층층이 자라는 공원의 풍치수
층층나무

층층나무과 | 낙엽활엽 교목 | *Cornus controversa* | 20m | 전국 | 중용수

연간계획	1월	2월	3월	4월	5월	6월	7월	8월	9월	10월	11월	12월
번식			종자			녹지삽			녹지삽			
꽃/열매					꽃				열매			
전정		가지치기				가지치기	꽃눈분화					
수확/비료												

▲ 개화기 수형 ❶ 꽃 ❷ 잎 ❸ 수피 ▲ 수형

토양	내조성	내습성	내한성	공해
사질양토	약	중	강	강

전국의 깊은 산 비옥한 계곡가에서 흔히 자란다. 그늘에서도 성장이 양호한 중용수이다. 가지가 층층이 자란다 하여 붙여진 이름이다.

특징 5~6월 가지 끝에 자잘한 흰색 꽃 층층으로 모여 피며 장관을 이룬다. 열매는 9~10월 흑자색으로 익는다.

이용 잎, 수피, 열매를 허리통, 관절염, 인후통 등에 약용한다.

환경 비옥한 사질양토에서 잘 자란다.

조경 도시공원, 아파트, 빌딩 조경의 심볼트리, 중심수, 풍치수로 식재한다. 펜션, 사찰의 중심수로 식재할 수 있다. 산책로를 따라 가로수처럼 심어도 좋다. 유원지나 골프장의 잔디밭에서도 잘 어울린다.

번식 가을에 채취한 종자의 과육을 제거한 뒤 노천매장했다가 이듬해 봄에 파종한다. 파종보다는 2~3월에 숙지삽으로, 6~7월, 9월에 녹지삽으로 하는 것이 번식이 더 잘 된다. 어린 묘목일 때는 성장속도가 빠르나 성목이 될수록 성장속도가 늦어진다.

병해충 백분병, 선충 등의 병해충이 발생하면 살충제를 뿌려 방제한다.

가지치기 평정형~우산형 수형이므로 자연 수형으로 키운다. 보통 1~3년 간격으로 이른 봄이나 꽃이 진 후 가지치기를 한다.

일반적으로 초여름에 꽃이 진 뒤 안쪽으로 공기가 통하도록 밀집된 곁가지, 교차된 가지를 가볍게 치고 병든 가지, 통행에 방해되는 웃자란 가지 정도만 친다. 가지치기할 때 강전지를 하면 수형을 망치고 나무가 죽을 수 있으므로 조심한다.

▲ 층층나무 가지치기

▲ 아모뮴층층나무

▲ 바리가타층층나무

▲ 창경궁의 층층나무

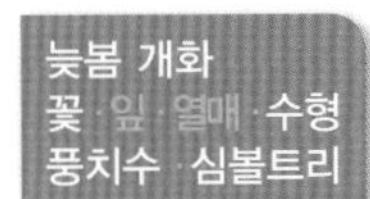

늠름한 수형과 화려한 꽃의 풍치수

오동나무 / 참오동나무

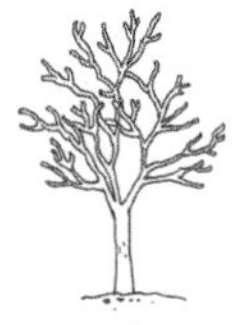
원정형

현삼과 | 낙엽활엽 교목 | *Paulownia coreana* | 20m | 전국 | 양수

연간계획	1월	2월	3월	4월	5월	6월	7월	8월	9월	10월	11월	12월
번식			종자 · 근삽			녹지삽						
꽃/열매					꽃					열매		
전정	가지치기 · 솎아내기					가지치기						
수확/비료												

▲ 오동나무 꽃 ❶ 잎 ❷ 열매 ❸ 수피 ▲ 중미산 오동나무

토양	내조성	내습성	내한성	공해
사질양토	강	중	강	강

오동나무와 참오동나무는 화관 안쪽에 줄무늬가 있고 없음으로 구분하지만 최근에는 같은 것으로 보기도 한다. 오동나무는 강원 이남 산지에서 자생하며, 울릉도에서 자생하는 참오동나무는 전국의 산야에서 자라고 정원수로 심어 기르기도 한다.

특징 5~6월 가지 끝에 연한 보라색 꽃이 종 모양으로 모여 핀다. 화관 안쪽에 줄무늬가 없는 것은 오동나무, 줄무늬가 있는 것은 참오동나무로 본다.

이용 수피, 잎을 임병, 단독, 타박상, 편도선염 등에 사용한다.

환경 비옥한 사질양토를 좋아하고 척박지에서는 생장하지 않는다.

조경 풍치수, 심볼트리로 좋은 나무이다. 도시공원, 공장, 빌딩, 아파트, 학교, 펜션에 식재하고 마당이 넓은 주택의 정원수로 식재한다. 공해에 강하므로 지방도로변 가로수나 주차장에도 식재한다.

번식 가을에 채취한 종자를 기건저장했다가 이듬해 봄에 파종하되, 냉상을 소독한 후 20일 후 파종한다. 근삽은 3~4월에 뿌리를 10~15cm 길이로 잘라 심는데 보통 근삽으로 많이 번식한다. 녹지삽은 6~7월에 한다.

병해충 빗자루병(옥시테트라사이클린 수화제), 탄저병, 부란병(이미녹타딘트리아세테이트 액제), 하늘소(클로티아니딘 액제) 등이 발생한다.

가지치기 묘목을 식재한 경우 첫 해에는 하단부 가지를 모두 치고 상단부 가지들만 남긴다. 2~3년째 해에 하단에서 다시 돋아난 가지를 친다. 상단 가지는 그대로 두되, 병든 가지가 보이면 친다. 4~5년째 해에는 높이 1.5m 이하에 있는 가지는 모두 치는데 뿌리에서 올라온 싹이나 줄기도 친다. 그 후 상단부 위주의 자연 수형으로 키우되 상단부에서 병든 가지와 손상 가지를 발견하면 가지치기를 한다.

▲ 오동나무 가지치기

▲ 정원수로 흔히 식재하는 참오동나무

▲ 참오동나무의 꽃
▲ 참오동나무의 열매

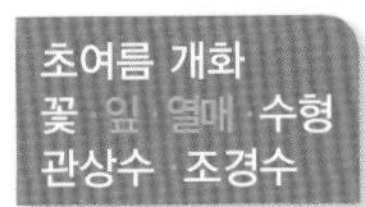

팝콘처럼 꽃피는 관상수

개오동 / 꽃개오동

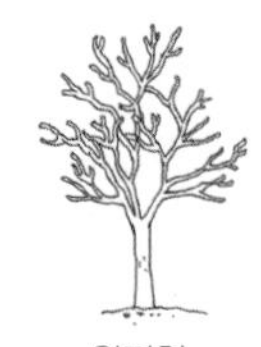

원정형

능소화과 | 낙엽활엽 교목 | *Catalpa ovata* | 12~15m | 전국 | 중용수

연간계획	1월	2월	3월	4월	5월	6월	7월	8월	9월	10월	11월	12월
번식			종자 · 근삽			녹지삽				종자		
꽃/열매						꽃				열매		
전정	가지치기 · 솎아내기											
수확/비료												

▲ 개오동 수형 ❶ 꽃 ❷ 수피 ❸ 꽃개오동 꽃 ▲ 꽃개오동 수형

토양	내조성	내습성	내한성	공해
비옥토	강	중	강	강

개오동은 중국 원산이고 꽃개오동은 북미 원산의 수종이다. 전국에서 관상수로 심어 기르며 오동나무와 유사하다는 뜻의 이름이나 개오동은 능소화과이고 오동나무는 현삼과이다.

특징 6~7월 가지 끝에 쪼글쪼글한 고깔 모양의 황백색 꽃이 모여 핀다. 꽃개오동은 개오동에 비해 꽃이 흰색으로 피고 꽃과 열매가 좀더 큰 편이다. 둘다 공해에 강해 공원수나 지방도의 가로수로 많이 식재하고 있다.

이용 뿌리, 줄기, 잎을 피부소양증, 소아장열, 이뇨, 종기, 부종, 만성신염에 약용하거나 외용한다.

환경 비옥적습한 토양에서 잘 자란다.

조경 공해에 강하고 해풍에도 잘 견딘다. 도시공원, 공장, 골프장, 학교, 빌딩, 펜션, 산책로, 주차장에 식재한다. 그 외 지방도로나 건물의 진입로를 따라 가로수로 식재한다.

번식 가을에 채취한 종자를 직파하거나 이듬해 봄에 파종한다. 근삽은 3월에, 녹지삽은 6~7월에 한다.

병해충 흰빛잎마름병(페나진수화제), 제비나비(페니트로티온 50% 유제 1,000배액), 탄저병, 하늘소 등의 병해충이 발생한다.

가지치기 넓게 바퀴 모양으로 퍼지며 자라는 나무이다. 가지치기에 좋은 시기는 꽃이 진 후 바로 초여름이지만 죽은 가지나 손상 가지는 연중 원할 때 가지치기 할 수 있다.

묘목인 경우 원하는 높이까지 자라도록 낮은 위치에 있는 가지들을 제거하고 뿌리에서 올라온 싹과 줄기를 제거하여 양분 손실을 막는다.
성목이 되면 죽은 가지는 밑동(분기점이나 원줄기와 맞닿은 곳)에서 자른다. 병든 가지, 손상된 가지는 병들지 않은 녹색 가지에서 자른다. 뿌리에서 올라온 싹, 줄기, 교차 가지를 자른다.
위로 뻗거나 옆으로 퍼지는 가지가 많을 때 나무의 높이와 너비를 제한하려면 그 중 가장 강성한 가지들을 골라내어 분기점 위에서 붙여서 친다. 초봄에 가지치기를 하면 겨울 휴면기에 접어들기 전 다시 생장할 수 있다. 강전지를 할 경우 전체 가지의 25% 이상을 전지하지 않는다.

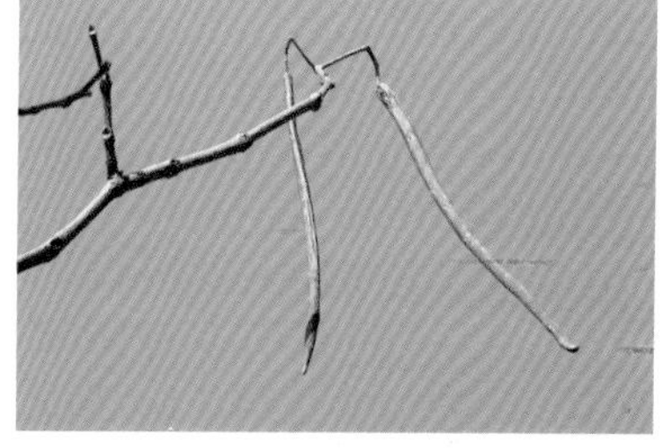

▲ 경복궁의 개오동

▲ 개오동의 열매
▲ 개오동의 잎

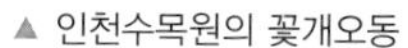

▲ 인천수목원의 꽃개오동

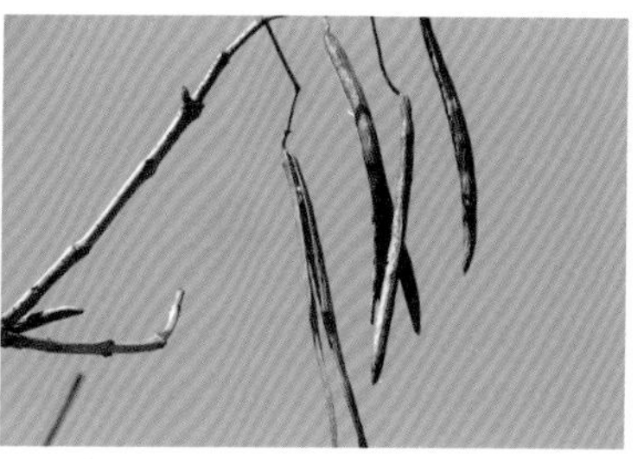

▲ 꽃개오동의 열매

초여름 개화
꽃 · 잎 · 수피 · 수형
조경수

청록색의 수피를 가진 풍치수

벽오동

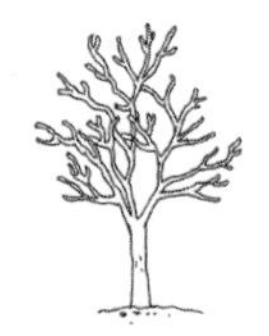
원정형

벽오동과 | 낙엽활엽 교목 | *Firmiana simplex* | 15m | 경기이남 | 양지

연간계획	1월	2월	3월	4월	5월	6월	7월	8월	9월	10월	11월	12월
번식			종자 · 숙지삽									
꽃/열매						꽃				열매		
전정	가지치기 · 솎아내기											
수확/비료												

▲ 꽃　❶ 잎 ❷ 열매 ❸ 수피　▲ 수형

토양	내조성	내습성	내한성	공해
사질양토	중	중	중	강

중국 원산으로 주로 남부지방에 많이 식재하지만 공해에 강하여 전국의 정원수나 풍치수, 아파트의 조경수로도 널리 심어 기른다.

특징 6~7월 가지 끝에 노란색의 꽃이 모여 달린다. 수피가 청록색이다.

이용 혈액순환, 통증, 고혈압, 종기 등에 효능이 있다.

환경 비옥한 사질양토에서 잘 자란다.

조경 한옥이나 정자 옆에 심는 관상수였으나 공해에 강해 도시공원, 공장, 아파트, 빌딩에서 널리 식재한다. 그 외 주차장, 지방도의 가로수로, 골프장, 풀밭의 풍치수로 식재한다. 생장속도가 빨라 주택의 마당에는 식재할 수 없다.

번식 가을에 채취한 열매의 껍데기를 제거한 뒤 직파하거나 모래와 혼합해 저장한 뒤 이듬해 봄에 파종한다. 숙지삽은 3~4월에 한다. 뿌리에서 올라온 싹을 굴취해 심어도 된다.

병해충 깍지벌레(스미치온 유제 1000배 액) 등이 발생한다.

가지치기 초기에 가지치기를 해서 하나의 주간만 남기고 그 주간을 계속 키우는 것이 좋다. 성목이 되면 가지치기할 필요가 없다. 생장속도가 빠르기 때문에 옆 담장이나 경계를 넘는 경우가 발생하는데 그런 경우에만 줄기의 확장을 방지하기 위해 가지치기한다.

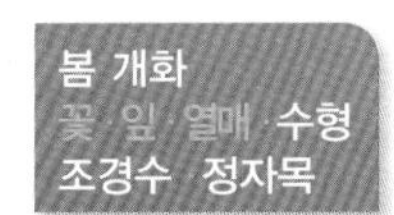

우리나라 대표 당산목

느티나무

원개형

느릅나무과 | 낙엽활엽 교목 | *Zelkova serrata* | 20m | 전국 | 양지

연간계획	1월	2월	3월	4월	5월	6월	7월	8월	9월	10월	11월	12월
번식			종자 · 심기		녹지삽				심기	종자	심기	
꽃/열매				꽃						열매		
전정	솎아내기		가지치기									
수확/비료												

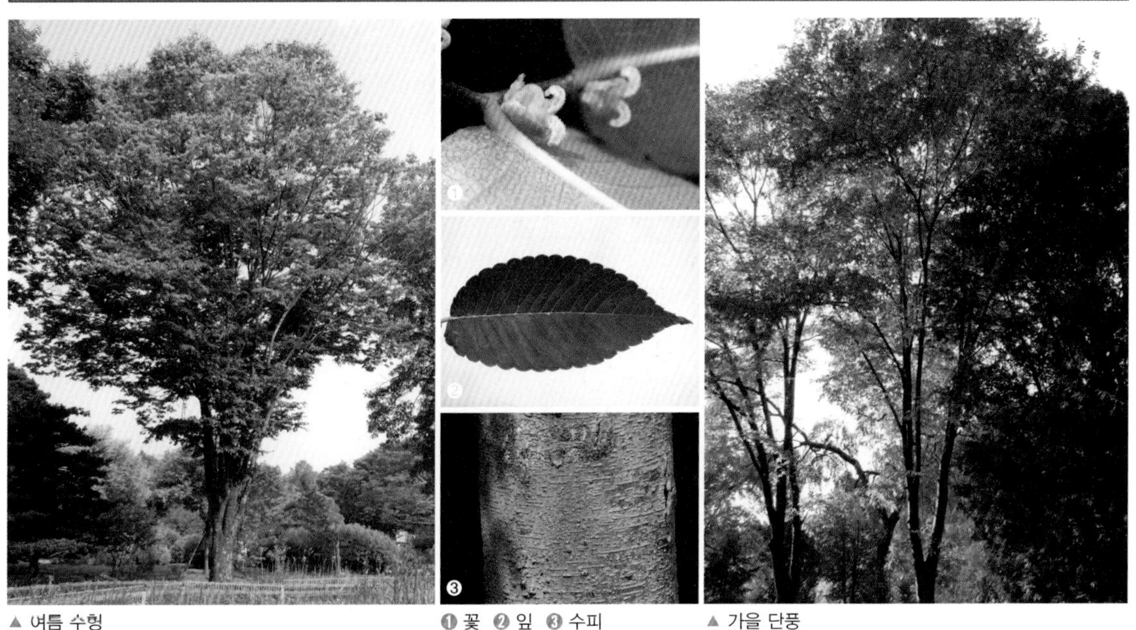
▲ 여름 수형　❶ 꽃 ❷ 잎 ❸ 수피　▲ 가을 단풍

토양	내조성	내습성	내한성	공해
사질양토	강	중	강	약~중

전국의 산지나 계곡에서 자생하지만 민가의 정자나무로 심으면서 농촌 마을 어귀에서 가장 흔히 볼 수 있는 나무가 되었다.

특징 암수한그루로 4~5월 어린 가지에 황록색의 꽃이 핀다. 여름철 시원한 그늘을 만들어 주는 수형 탓에 마을 어귀의 정자나무나 당산나무로 많이 식재하며, 우리나라에서 천연기념물이 많기로 유명한 수종이다.

이용 목재를 건축재, 바둑판, 선박재로 사용한다.

환경 중성의 사질양토에서 잘 자라고 바람에도 강하다.

조경 도시공원, 골프장, 학교, 빌딩의 조경수, 펜션, 사찰, 한옥에 식재한다. 그 외 산책로, 진입로, 마을 어귀에 식재한다. 공해에 약하다고 알려져있지만 내성이 생겨 대도심 도로변이 아니면 번화가의 산책로에도 식재할 수 있다.

번식 5월에 열매가 갈색이 될 무렵 채취한 뒤 종자를 꺼내 바로 파종하거나 음건한 뒤 냉장고에 모래와 섞어 보관했다가 봄에 1~2일간 물에 침전한 뒤 파종한다. 2년 후 발아하기도 한다. 녹지삽은 5~6월에 하는데 발근율이 좋지 않다.

병해충 진딧물(사이안화수소 훈증제, 티아클로프리드 액상수화제 등등), 잎말이벌레, 흰불나방(클로르피리포스 수화제 500배 액)의 병해충이 있다.

가지치기 원래 수형이 부채형으로 퍼지기 때문에 가지치기를 하지 않고 자연 수형으로 키우지만 처음 묘목을 식재한 후 좌우상하 부채형이 되도록 약전지를 한다. 약전지를 할 때는 분기된 지점이나 눈에서 0.5~1cm 위를 45도 각도로 자른다.

성목이 되면 자유 방임으로 키우되 병든 가지, 웃자란 가지, 쇠약지, 고사지, 하향지, 뿌리에서 올라온 줄기, 통행에 방해되는 낮은 가지만 정리한다.

▲ 느티나무 가지치기

▲ 경주 노동리 고분군의 느티나무

▲ 강화 전등사의 느티나무

▲ 송도 센트럴파크의 느티나무

▲ 일산 호수공원의 느티나무

▲ 서울 한강공원의 느티나무

해안가의 방풍수
팽나무

원개형

느릅나무과 | 낙엽활엽 교목 | *Celtis sinensis* | 20m | 전국 | 양지

연간계획	1월	2월	3월	4월	5월	6월	7월	8월	9월	10월	11월	12월
번식			종자 · 숙지삽									
꽃/열매				꽃						열매		
전정	가지치기 · 솎아내기											
수확/비료												

▲ 팽나무

❶ 꽃 ❷ 잎 ❸ 열매

▲ 팽나무의 봄

토양	내조성	내습성	내한성	공해
사질양토	강	중	강	강

주로 남부지방과 해안가에서 자라지만 전국에서 조경수로 심어 기르기도 한다. 팽나무의 열매(씨)를 팽총(대나무총)의 총알로 쓰였다 하여 이름이 붙여졌다.

특징 4~5월 황록색의 꽃이 모여 핀다. 열매는 10월 황적색으로 익는다. 남부지방에서 마을 어귀에 당산목이나 정자목으로 식재한 기록이 있지만 주로 바닷가 마을의 방풍수로 더 많이 식재하였다.

이용 수피를 폐농양, 담마진에 약용한다.

환경 비옥토에서 잘 자란다.

조경 내조성이 강한 수종이라 바닷가 주변의 방풍림으로 적당하며, 도시공원, 골프장, 학교, 빌딩, 사찰, 한옥 등에 식재한다. 그 외 공원의 산책로나 진입로, 마을 어귀에도 식재한다.

번식 가을에 채취한 종자의 과육을 제거하고 노천매장한 뒤 이듬해 봄에 파종한다. 숙지삽이나 접목으로도 번식할 수 있다.

병해충 진딧물, 흰가루병(비터타놀 수화제), 뿔나비 등의 병해충이 있다.

가지치기 가지치기를 하지 않고 자연 수형으로 키우는 수종이다. 그 외의 방법으로 가지치기를 할 경우 느티나무에 준해 가지치기할 수 있다.

20리(里) 마다 심은 이정표 나무

시무나무

원개형

느릅나무과 | 낙엽활엽 교목 | *Hemiptelea davidii* | 20m | 전국 | 양지

연간계획	1월	2월	3월	4월	5월	6월	7월	8월	9월	10월	11월	12월
번식			종자 · 심기		심기				종자			
꽃/열매				꽃					열매			
전정	가지치기 · 솎아내기											
수확/비료												

▲ 꽃

❶ 잎 ❷ 줄기 ❸ 수피

토양	내조성	내습성	내한성	공해
사질양토	강	강	강	강

중국과 한국에서 자생하고 전국의 하천변에서 자란다. 옛날에 20리마다 심어 이정표로 삼았다 하여 **'스무나무'**라고 하던 것이 변한 이름이다.

특징 4~5월 새 가지 끝에 황록색의 꽃이 모여 핀다. 잎은 타원형이며 가장자리에 둔한 톱니가 있고 끝은 뾰족하다. 어린 가지에는 긴 가시가 발달해 있다.

이용 잎, 줄기, 뿌리는 이수, 종기에 효능이 있다.

환경 비옥한 사질양토에서 잘 자라고 건조에는 약하다.

조경 어디에 심어도 좋지만 어린 줄기에 가시가 있어 많이 보급되지는 않는다. 성목으로 도시공원, 펜션, 한옥, 연못가, 하천변에 식재한다. 느티나무보다는 좀 떨어지는 편이나 옛스러운 풍취가 있으므로 연못가의 풍치수로도 적당한 수종이다.

번식 가을에 채취한 종자의 과육을 제거하고 완전히 건조시킨 후 직파하거나 냉상에 파종한다. 노천매장한 뒤 이듬해 봄에 파종하기도 한다.

병해충 시무나무 잎 등에 시무나무혹응애가 발생할 수 있다. 새 잎이 나온 직후에 피리다펜티온 유제 1,000배 액을 살포하여 방제한다.

가지치기 가지치기를 하지 않고 자연 수형으로 키우거나 앞서 언급한 느티나무 수종에 준하여 가지치기 할 수 있다.

봄 개화
꽃 잎 열매 수형
수변 풍치수

습지와 물가에 어울리는 조경수
낙우송

원추형

낙우송과 | 낙엽침엽 교목 | *Taxodium distichum* | 50m | 전국 | 양지

연간계획	1월	2월	3월	4월	5월	6월	7월	8월	9월	10월	11월	12월
번식			종자 · 숙지삽				녹지삽					
꽃/열매				꽃					열매			
전정	가지치기				가지치기							
수확/비료												

▲ 군락 ❶ 잎 ❷ 열매 ❸ 수피 ▲ 가을 수형

토양	내조성	내습성	내한성	공해
사질양토	강	강	강	중~강

북미 원산으로 가을 단풍과 원뿔 모양의 수형이 아름다워 우리나라에서는 연못가, 호숫가 등에 관상수로 식재하는 수종으로 알려져 있다.

특징 임수한그루로 4~5월에 꽃이삭이 달리고 잎은 어긋나게 달린다. 잎은 어긋나게 달려 마주나는 메타세쿼이아 잎과 구분할 수 있다.

이용 수피로 밧줄을 만들고 목재는 연하기 때문에 나무통을 만든다.

환경 석회질의, 비옥한 습윤지에서 잘 자라고 건조지에서는 생량이 불량하다. 생장속도는 빠르다.

조경 도시공원, 아파트, 호수, 늪지, 습지공원의 풍치수, 중심수, 차폐수로 좋다. 줄기 밑동이 물 속에 잠겨도 잘 자라므로 물에 뿌리가 닿도록 식재해도 괜찮다.

번식 10월에 열매를 채취하여 종자를 꺼내 노천매장한 뒤 이듬해 봄에 파종하고 싹이 나면 3년 뒤 이식하는데 발아율이 낮은 편이다. 녹지삽은 7월에 하는데 발근촉진제를 바르면 활착이 잘되며, 특히 삽수를 어린 나무에서 채취하는 것이 더 활착이 잘된다. 3월 말 숙지삽은 전년도 가지를 20cm 길이로 준비해 꽂는데 활착이 잘되는 편이다.

병해충 알려진 병해충이 없다.

가지치기 자연적으로 원추형 수형이 만들어지므로 가지치기할 필요가 없지만 때에 따라 난형 등의 수형을 만들 수

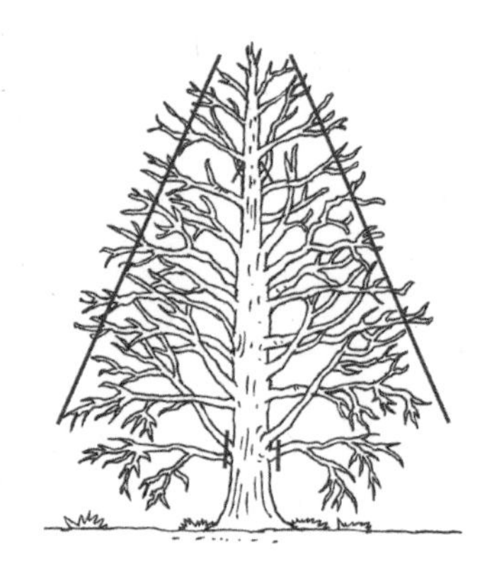

▲ 낙우송 가지치기

있는 나무이다. 먼저 병든 가지가 보이면 가지치기를 한다. 만일 성장이 왕성하면 늦봄에 새 잎을 가지치기해 성장을 막을 수 있다.

머리에서 2개의 꼭지가 보이면 하나를 제거해야 원추형 수형을 만들 수 있다. 2개의 머리꼭지 중 하나를 제거할 때는 강건한 쪽 줄기는 주간으로 삼고 약한 쪽 줄기를 제거하데 분기점에서 1cm 위를 바짝 쳐서 제거한다. 또한 사람이나 차량 통행에 방해되는 직경 2cm 이상의 줄기는 분기점에서 제거한다. 병해충에 잘 걸리지 않는 나무이지만 가지치기를 한 뒤에는 잘린 부분에 상처보호제(도포제)를 바른다.

▲ 낙우송을 심고 연못에 물을 채운 모습

▲ 호수 옆에 식재한 낙우송

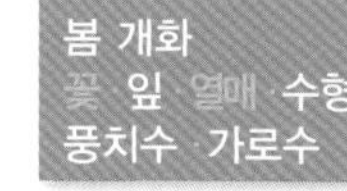

생장이 빠르고 공해에 강한 가로수

메타세쿼이아

원추형

낙우송과 | 낙엽침엽 교목 | *Metasequoia glyptostroboides* | 35m | 전국 | 양지

연간계획	1월	2월	3월	4월	5월	6월	7월	8월	9월	10월	11월	12월
번식			종자 · 숙지삽			녹지삽						
꽃/열매			꽃					열매				
전정	가지치기				가지치기			가지치기				
수확/비료												

▲ 수형

❶ 꽃 ❷ 잎 ❸ 수피

▲ 열매

토양	내조성	내습성	내한성	공해
사질양토	강	강	강	강

중국 원산으로 낙우송과 비슷하다. 원뿔 모양으로 곧게 자라는 수종이라 전국의 가로수나 공원수로 줄지어 심는다.

특징 마주나는 잎은 잎이 어긋나는 낙우송과 구분할 수 있다.

환경 비옥한 사질양토에서 잘 자라고 생장속도가 매우 빨라 30년이면 30m까지 자란다.

조경 도시공원, 공장, 아파트, 학교, 유원지, 호수, 늪지, 습지공원의 풍치수, 중심수, 소음차폐수로 좋다. 내습성이 강하므로 물가에 심어도 좋고, 공해에 아주 강해 대도시 중심가의 가로수로도 적당하다. 바람에도 비교적 강한 편이다.

번식 10월에 채취한 종자를 기건저장했다가 이듬해 봄 파종하거나 1개월 전 노천매장했다가 파종한다. 녹지삽, 반숙지삽은 6~7월에 하는데 6월에 하는 것이 활착률이 높다. 3월 중순~말 숙지삽은 전년도 가지를 준비해 꽂는데 녹지삽보다는 활착률이 낮다.

병해충 병해충이 없는 나무로 유명하다.

가지치기 자연적으로 원추형 수형이 나오므로 가지치기할 필요가 없다. 만일 가지치기를 하려면 낙우송에 준해 가지치기를 한다. 가로수로 식재한 경우엔 봄에 4~5년 주기로 큰 가지를 친다. 여름에는 매년 봄 새로 자라는 가지가 많으므로 불필요한 새 가지를 치고 전깃줄에 걸리는 가지와 도로로 뻗는 가지를 제거한다. 가로수의 경우 매년 여름에 새 가지를 치는 작업을 반복한다.

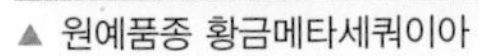
▲ 원예품종 황금메타세쿼이아

▲ 서울 노원역 메타세쿼이아 가로수

▲ 공주 금강수목원 메타세쿼이아 가을 단풍

일본에서 온 목질 좋은 방풍수

삼나무

원추형

낙우송과 | 상록침엽 교목 | *Cryptomeria japonica* | 40m | 대전이남 | 양지

연간계획	1월	2월	3월	4월	5월	6월	7월	8월	9월	10월	11월	12월
번식			종자			녹지삽		분주				
꽃/열매			꽃								열매	
전정	가지치기				가지치기							
수확/비료												

▲ 수형　❶ 꽃 ❷ 열매 ❸ 수피　▲ 개화기 수형

토양	내조성	내습성	내한성	공해
비옥토	강	중	약	약

일본 원산으로 우리나라 남부지방과 세주도에서 방풍림으로 식재하였다. 원추 모양의 수형이 아름답다.

특징 암수한그루로 3~4월 가지 끝에 꽃이삭이 달리며, 잎은 굽은 침형으로 억센 편이다. 추위에 약하나 충남의 경우 맞바람이 불지않는 계곡에 식재하면 동해를 입지 않으므로 성장이 양호하다. 보통 전라도, 경남, 제주도 등 연평균 강수량이 많은 지역에 식재한다.

이용 오래전부터 선박재, 건축재, 교량재로 사용하였고, 목재가 소나무만큼 단단하여 활용가치가 높다. 삼나무 오일은 임질에 효능이 있는 성분이 함유되어 있다.

환경 공중습도가 높은 지역의 비옥한 토양에서 잘 자란다.

조경 공해에 약하나 한적한 지방도의 가로수로 식재할 수 있다. 남부지방의 도시공원, 유원지, 학교, 골프장의 풍치수로 좋다. 남부지방 도로변의 방풍림, 소음차폐수로도 좋다. 목재를 얻기 위해 대규모로 재배하거나 숲을 이루기 위해 녹음수로 심기도 한다.

번식 열매 성숙기가 10월~이듬해 3월로 매우 길기 때문에 알맞게 성숙한 종자를 찾기가 애매하다. 그래서 종자 번식은 어렵다. 보통 10월에 채취한 종자를 밀봉저장한 뒤 이듬해 봄에 파종하거나 1개월 전 노천매장했다가 파종하는데 성공률이 매우 낮다. 그래서 여름에서 가을 사이에 뿌리에서 올라온 줄기나 싹을 굴취해 몇 개월 간 안전하게 육묘한 뒤 정식하는 경우가 많다. 4~8월 사이에 상태 좋은 새 가지를 여러 개 준비하고 밑 부분을 발근촉진제에 침전한 뒤 냉상에서 삽목하고 2~3주 물이 건조하지 않도록 육묘하면 뿌리가 내린다.

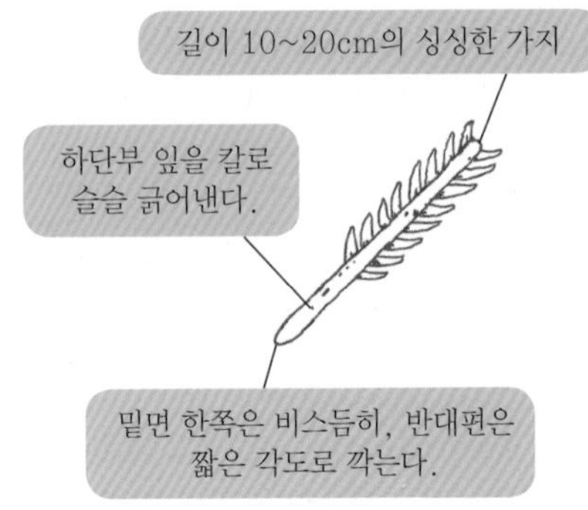

병해충 응애, 눈마름병, 잎마름병, 진드기 등이 발생하면 약을 뿌려 구제한다.

가지치기 자연적으로 원추형 수형이 만들어지는 수종이므로 가지치기할 필요가 없다. 가지치기는 보통 어린 묘목에서 줄기가 2개 올라온 경우 강건한 줄기는 살리고 약한 줄기를 밑동에서 친다. 도로변에 식재한 경우 통행에 방해되는 가지를 친 뒤 죽은 가지와 기형 가지, 안쪽에서 교차된 가지를 찾아내서 친다. 좀 더 날씬한 수형을 만들려면 낮은 가지와 지면으로 향한 하향지를 친다. 직경을 둥글게 만들게 위해 둥근 범위를 벗어난 웃자란 가지를 친다.

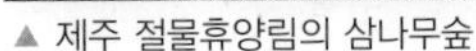
▲ 제주 절물휴양림의 삼나무숲

▲ 보성 차밭의 삼나무 가로수길

가을 개화
꽃 잎 열매 수형
풍치수 심볼트리

삼각 수형의 풍치수
개잎갈나무(히말라야시다)

원추형

소나무과 | 상록침엽 교목 | *Cedrus deodara* | 30m | 대전이남 | 양지

연간계획	1월	2월	3월	4월	5월	6월	7월	8월	9월	10월	11월	12월
번식			종자·삽목	분주					녹지삽			
꽃/열매									열매	꽃		열매
전정		가지치기			가지치기							가지치기
수확/비료												

▲ 수형

❶ 꽃 ❷ 열매 ❸ 수피

▲ 잎

토양	내조성	내습성	내한성	공해
사질양토	약	중	약	강

중앙아시아와 서아시아 원산으로 **'히말라야시다'**라고도 한다. 남부지방의 도심지에 식재하기 위해 도입되었으나 지금은 전국에서 심어 기른다.

특징 암수한그루이다. 잎본잎갈나무와 비교하여 상록성이고 열매가 더 크다. 꽃은 10~11월에 피고 열매는 이듬해 9~12월에 결실을 맺는다.

이용 가지를 해독, 수렴, 이뇨, 류머티즘, 신장결석, 당뇨에 약용한다. 오일은 안구염, 기관지염, 피부염에 사용한다.

환경 비옥한 사질양토에서 잘 자라고 해풍에는 잎이 시들기 때문에 바닷가는 피한다.

조경 수형이 매우 아름다워 남부지방의 도시공원, 학교, 유원지 등의 심볼트리나 공원수로 널리 식재되어 있다. 그 외 도심 중심가의 가로수로도 심는다.

번식 가을에 채취한 종자를 건조시킨 후 이듬해 봄에 파종 전 몇 시간 물에 침전시킨 뒤 파종하는데 보통 3주 후 발아하고 3~4년 지나면 묘목으로 심을 수 있다. 녹지삽은 늦여름에서 가을에 한다. 삽수 길이와 준비 요령은 삼나무에 준해 실시한다.

병해충 엽고병, 삼나무독나방, 미국흰불나방 등의 충해가 발생하면 발생 즉시 방제한다. 사용하는 약은 보르도액과 페니트로티온 살충제 등이 있다.

가지치기 자연적으로 원추형 수형이 만들어지므로 가지치기할 필요가 없다. 만일 가지치기를 하려면 겨울이나 5~6월이 좋은데 보통 5~6월에 하는 것이 좋다. 병든 가지, 교차가지, 통행에 방해되는 가지를 친다. 그런 뒤 왕성하게 자라는 가지가 있을 경우 끝눈을 잘라 자라지 못하게 한다.

▲ 개잎갈나무의 잎

▲ 개잎갈나무의 줄기

▲ 익산 원광대 교정의 개잎갈나무

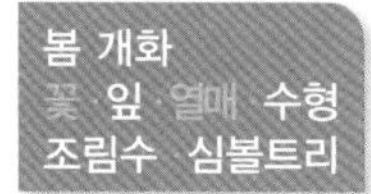

낙엽송으로 알려진 풍치수

일본잎갈나무(낙엽송)

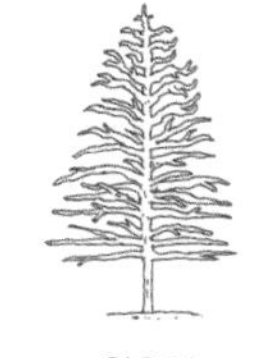
원추형

소나무과 | 낙엽침엽 교목 | *Larix kaempferi* |30m | 남해안 제외 전국 | 양지

연간계획	1월	2월	3월	4월	5월	6월	7월	8월	9월	10월	11월	12월
번식			종자				녹지삽					
꽃/열매				꽃					열매			
전정		가지치기										
수확/비료												

▲ 명지산 일본잎갈나무

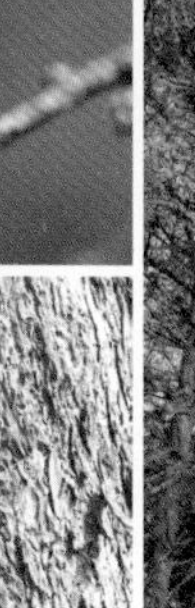
❶ 잎 ❷ 열매 ❸ 수피

▲ 천마산 일본잎갈나무

토양	내조성	내습성	내한성	공해
비옥토	중	중	강	약

일본 원산으로 전국에 조림수로 많이 식재되었다. '**낙엽송**'이라고도 한다.

특징 열매 실편이 50~60개이고 뒤로 젖혀지면 '일본잎갈나무', 실편이 20~45개이고 젖혀지지 않는 동시에 암꽃 이삭이 납작하면 '잎갈나무'이다. 국내에 조림된 것들은 대부분 일본잎갈나무이고, 잎갈나무는 강원도 북단의 깊은 산에서나 드물게 볼 수 있다.

이용 목재는 강하고 무겁고 질겨서 대패질과 못질이 잘 안된다. 난연성 나무로 산불 복구용으로 많이 심으며, 방풍림으로도 사용한다. 보통 전신주, 선박재로 사용한다.

환경 비옥하고 진흙과 모래가 섞인 토양에서 잘 자라고 산성토양에서는 성장이 불량하다.

조경 속성수이며, 가을 단풍과 수형이 아름다워 골프장, 도시공원 산책로나 진입로의 풍치수, 심볼트리로 군식 및 열식한다. 경사진 산기슭에서도 성장이 양호하므로 벌거벗은 산의 조림수로 식재한다. 산에 식재할 경우 북사면과 동사면이 좋고 산불에 강하므로 방화수로 식재해도 좋다. 대기오염이 심한 도시에서는 매연에 그을림이 많고 공해에도 약하므로 식재하지 않는다. 차량흐름이 뜸하고 산을 끼고 있는 지방도로변에서는 양호한 성장을 보인다.

번식 가을에 채취한 종자를 밀봉한 뒤 기건저장했다가 이듬해 파종하거나 1개월 전 노천매장했다가 파종하면 발아율은 50% 내외이다. 녹지삽이나 반숙지삽은 6월 중순~7월에 하는데 10~20cm 길이의 삽주의 밑 부분을 발근촉진제(IBA 100ppm)에 2시간 침전시킨 후 삽목한다. 처음 2~3년은 성장속도가 더디고 이후는 속성수이다.

병해충 가지끝마름병, 잎마름병, 낙엽송테두리잎벌, 독나방, 솔나방, 진딧물 등이 발생하면 발생 초기에 방제한다.

가지치기 자연적으로 원추형 수형이 만들어지므로 가지치기할 필요가 없다. 병든 가지와 통행에 방해되는 가지만 정리한다.

▲ 울진 소광리 도로변의 일본잎갈나무

TIP BOX 비슷한 나무인 '잎갈나무'는 금강산 이북에서만 자생한다. 번식 방법은 일본잎갈나무와 같다.

식재할 경우 일본잎갈나무 대신 금강산 이북에서 자생하는 잎갈나무를 식재하는 것도 좋다.

때때로 강원도 깊은 산에 잎갈나무가 자생하는 경우도 있겠지만 암꽃 이삭과 열매를 확인하거나 유전자 조사를 하지 않는 한 바로 알아보는 것이 어렵다.

태백산, 지리산, 소백산 고지대의 잎갈나무 군락은 산불 피해 후 급히 조림한 일본잎갈나무이다.

초봄 개화
꽃·잎·열매·수형
조경수 정자목

한옥, 펜션, 공원의 풍치수
비술나무

원개형

느릅나무과 | 낙엽활엽 교목 | *Ulmus pumila* | 25m | 중부 이북 | 중용수

연간계획	1월	2월	3월	4월	5월	6월	7월	8월	9월	10월	11월	12월
번식					종자							
꽃/열매			꽃		열매							
전정	가지치기 · 솎아내기											
수확/비료			노지 수피(한약재)		잎(한약재)							

▲ 수형　❶ 꽃 ❷ 열매　▲ 수피

토양	내조성	내습성	내한성	공해
사질양토	강	중	강	강

우리나라 중부 이북 평지나 하천 부근에서 자란다. 그 외 중앙아시아, 몽골, 중국 북부, 북한 등지에서 자생하며, 이식력이 좋아 어디에서도 조경수로 심을 수 있다. 3~4월 잎이 나기 전에 꽃이 먼저 핀다.

특징 꽃과 열매, 수형이 느릅나무와 비슷하며 생장속도는 느릅나무 계통에서 가장 빠르다. 나무의 수명은 60~150년, 공해가 없는 자연 환경에서는 더 오랫동안 생존한다.

이용 봄에 늙은 가지의 수피 안쪽 껍질을 느릅나무 약재인 유백비와 동일하게 취급하며 약용한다. 목재는 선박재, 가구재, 건축재로 사용하고 어린잎은 죽을 끓일 때 넣는다.

환경 사질양토에서 잘 자라고 건조함에는 약하다.

조경 고풍스러운 느낌을 주는 나무라서 그런지 한옥이나, 펜션, 공원의 풍치수로 심는다.

번식 5월에 성숙한 종자를 채취한 뒤 즉시 파종한다.

병해충 병해충에 강하지만 때로는 진딧물, 흰가루병이 발생하기도 한다.

가지치기 이름 봄인 3월에 개화하지만 꽃은 관상가치가 없기 때문에 가지치기를 이른 봄에 하는데 팽나무 등에 준하여 가지치기를 한다. 담장 옆에 심을 경우 잔가지가 생장하면서 담장에 닿지 않도록 충분히 떨어트려 심고 하단부는 통행에 방해되지 않도록 가지치기한다.

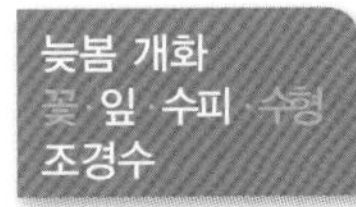

관상 가치가 좋은 황색 단풍의

소태나무

원정형

소태나무과 | 낙엽활엽 소교목 | *Picrasma quassioides* | 9~12m | 전국 | 양수

연간계획	1월	2월	3월	4월	5월	6월	7월	8월	9월	10월	11월	12월
번식			종자									
꽃/열매					꽃				열매			
전정		가지치기 · 솎아내기				가지치기						
수확/비료				수피(약용)						수피(약용)		

▲ 수형 ▲ 잎 ▲ 꽃

토양	내조성	내습성	내한성	공해
사질양토	강	중	강	중

전국의 비옥한 산비탈이나 숲가장자리, 골짜기, 시냇가 등에서 자생하지만 바닷가에서도 생장이 양호하다. 그 외 한국, 일본, 대만, 중국, 인도 등지에 분포한다. 가을에 잎이 황색으로 변하며 나무껍질에는 쿼사인(quassin) 성분이 있어 매우 쓰다.

특징 수피에 쿼사인(Quassin)이란 쓴맛 성분이 있어 "소태 씹는 듯하다."라는 문학적 표현이 생겼는데 이는 기분이 아주 쓰고 좋지 않다는 뜻이다.

이용 수피와 근피, 잎을 항균소염이나 살충, 해독약으로 사용하는데 임산부는 약용을 피한다. 살충효능이 높아 유기농법에서 소태나무 잎의 즙을 자연 살충제로 사용한다.

환경 토양을 가리지 않고 잘 자라고 건조함도 잘 견딘다.

조경 한옥, 펜션, 가정집, 공원에서 단풍을 감상할 목적으로 식재한다. 국내에서는 그다지 인기가 높지 않으나 해외에서는 밝은 노란색의 단풍이 관상 가치가 높아 조경수로 보급되고 있다.

번식 가을에 채취한 종자의 과육을 제거한 뒤 모래와 섞어 저장했다가 이듬해 봄에 파종한다.

병해충 병해충에 강한 편이다.

가지치기 꽃은 관상 가치가 없으므로 가지치기는 이른 봄이나 초여름에 실시한다.

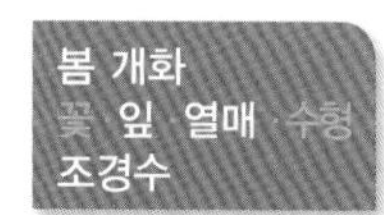

이듬해 봄까지 떨어지지 않는 단풍

감태나무

원개형

녹나무과 | 낙엽활엽 소교목 | *Lindera glauca* | 2~5m | 충청 이남 | 양수

연간계획	1월	2월	3월	4월	5월	6월	7월	8월	9월	10월	11월	12월
번식			종자									
꽃/열매				꽃					열매			
전정	가지치기 · 솎아내기											
수확/비료												

▲ 수형 ❶ 꽃 ❷ 열매 ▲ 잎

토양	내조성	내습성	내한성	공해
사질양토	강	중	강	강

충청 이남에서 자생하며 중국, 베트남, 일본 등에도 분포되어 있다.

특징 암수딴그루이고 식물체에 향이 있다. 영하 15도 이하에서는 월동할 수 없다.

이용 목재가 연하기 때문에 목공예 분야에서 인기가 높다. 지팡이, 소코뚜레를 만든다. 기근기에는 어린잎의 분말을 식용하거나 차로 우려 마신다. 열매, 잎, 뿌리는 어혈, 냉통 등에 약용한다.

환경 그늘에서 식재하면 생장이 불량하므로 햇빛이 잘 들어오는 곳에 식재한다.

조경 충청 이남의 도시공원, 사찰, 펜션, 타운하우스 마당의 정원수로 식재한다. 가을 단풍이 이듬해 봄까지 떨어지지 않고 유지되므로 단풍을 감상하는 나무로 적합하다.

번식 가을에 채취한 종자를 건조하지 않도록 노천매장한 뒤 이듬해 봄에 파종한다.

병해충 알려진 병해충이 없으므로 녹나무과에 준해 관리한다.

가지치기 가지가 사방으로 뻗지만 그늘에서는 햇볕이 들어오는 쪽으로 뻗으면서 수형이 나빠진다. 가급적 양지에 식재한다. 밑동에서부터 과감하게 가지치기를 해도 가지가 잘 나온다.

우아한 단풍의
복장나무

난형

단풍나무과 | 낙엽활엽 소교목 | *Acer mandshuricum* | 10~30m | 전국 | 양수

연간계획	1월	2월	3월	4월	5월	6월	7월	8월	9월	10월	11월	12월
번식			종자									
꽃/열매					꽃	열매						
전정											가지치기 · 솎아내기	
수확/비료												

▲ 대학산 복장나무 ❶ 잎 ❷ 수피 ▲ 꽃

토양	내조성	내습성	내한성	공해
사질양토	중	중	강	중

전국의 깊은 산 아고산 지대에서 자생한다. 중국 만주와 러시아 동부지역에도 분포한다. 단풍나무과 수종 중 가을 단풍이 곱고 아름답기로 유명하다.

특징 같은 단풍나무과인 복자기나무와 비슷하지만 수피가 우아하고 어렸을 때는 음수이지만 성장하면 양수가 되어 위로 자라는 성질이 있다. 국내 환경에서는 15m, 해외에서는 30m까지 자라기도 한다.

이용 목재의 조직이 치밀해 가구재, 건축재로 사용한다.

환경 적습의 사질양토는 물론 건조한 환경에서도 잘 자란다.

조경 공해에 견디는 힘은 중간이므로 도시공원의 독립수, 중심수, 가로수, 풍치수로 좋다. 단풍이 들면 잎의 색상이 분홍색에서 주황색이 되어 작은 정원의 중심수, 풍치수로도 적당하다.

번식 채취한 종자를 노천매장 했다가 이듬해 봄에 파종한다.

병해충 알려진 병해충이 없으므로 단풍나무에 준해 관리한다.

가지치기 성장하면서 양수가 되어 위로 쑥쑥 자라는 나무이다. 통행에 방해되는 하단부 가지만 가지치기를 하면 알아서 시원하게 잘 자라고 식재 후 50년 뒤면 높이 10미터 이상으로 성장한다. 단풍나무이지만 자작나무 같은 시원스런 수형을 보여준다.

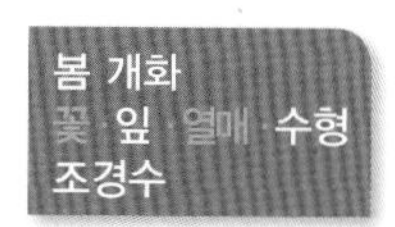

정원의 독립수와 공원수로 좋은

산겨릅나무

원개형

단풍나무과 | 낙엽활엽 소교목 | *Acer tegmentosum* | 10m | 중부 이북 | 중용수

연간계획	1월	2월	3월	4월	5월	6월	7월	8월	9월	10월	11월	12월
번식			종자						종자			
꽃/열매					꽃				열매			
전정												
수확/비료	잔가지 수확(약용)											

▲ 수형 ❶ 잎 ❷ 수피 ▲ 꽃

토양	내조성	내습성	내한성	공해
사질양토	중	중	강	중

중부 이북의 높은 산 아고산지대에서 자생한다. 벌나무 또는 산청목이라고 하여 민간에서는 약용한다. 관상 가치가 있어 공원수나 정원수로도 좋다.

특징 수피는 녹청색이고 백색의 줄이 있다. 반음지에서 잘 자라지만 양지나 음지에서도 생장이 좋다. 잔가지가 녹청색이기 때문에 겨울에 눈에 띈다.

이용 목재는 악기재, 가구재로 사용하고 잎과 줄기는 민간에서 간 기능에 약용한다.

환경 충청권에서도 자생하지만 벌채가 심해 지금은 강원도 깊은 산에서만 볼 수 있다.

조경 가을에 샛노랗게 물 드는 단풍이 아름다운 나무이다. 정원의 독립수나 중심수는 물론 큰 나무 하부의 반그늘에 식재할 수 있다.

번식 가을에 채취한 종자를 바로 파종하거나 살균 처리하여 노천매장한 뒤 이듬해 봄에 파종한다.

병해충 병해충에 강하지만 너무 양지일 경우 수피가 갈라지면서 병해충이 생길 수 있다.

가지치기 잔가지가 사방으로 길게 뻗는 나무이므로 담장에 붙여서 식재하는 것을 피한다. 밑동에서 올라오는 가지는 살려주데 통행에 방해되는 가지 정도만 제거한다.

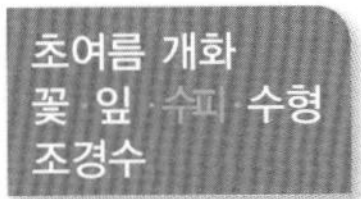

도시공원의 중심수로 좋은
부게꽃나무

원형

단풍나무과 | 낙엽활엽 소교목 | *Acer ukurunduense* | 10~15m | 전국 | 중용수

연간계획	1월	2월	3월	4월	5월	6월	7월	8월	9월	10월	11월	12월
번식			종자									
꽃/열매						꽃			열매			
전정	가지치기 · 솎아내기											
수확/비료												

▲ 태백산 부게꽃나무 ❶ 잎 ❷ 수피 ▲ 꽃

토양	내조성	내습성	내한성	공해
사질양토	강	중	강	중~강

히말라야, 러시아 동부, 일본 등지에서 자생한다. 국내는 지리산 이북의 아고산지대 깊은 숲에서 자란다.

특징 맹아력이 좋기 때문에 잔가지가 사방으로 뻗고 넓적한 잎이 많이 달린다. 잎의 가장자리는 5~7개로 갈라진다.

이용 목재를 땔감, 건축재, 가구재, 조각재로 사용한다.

환경 자연산은 산의 높은 지대의 비옥하고 다소 습한 곳에서 볼 수 있다.

조경 공해에 강해 도시공원, 아파트, 학교, 사찰, 교회, 펜션, 주택의 독립수로 좋은데 특히 6월 초에 개화하는 꽃이 특이하기 때문에 악센트 식물로 좋다.

번식 가을에 채취한 종자를 마른모래와 혼합하여 저장한 뒤 이듬해 봄에 파종한다.

병해충 병해충에 대해 알려진 바가 없으나 단풍나무과에 준해 취급한다.

가지치기 맹아력이 좋기 때문에 가지치기를 해도 잔가지가 잘 나온다. 공원 등의 중심수나 악센트 나무로 심을 경우 가지치기를 하지 않아도 둥근 수형이 나온다. 길 가에 심을 경우 통행에 방해되지 않도록 하단부를 가지치기를 하면서 모양을 만들어간다.

과실 정원수

식용 가능한 열매를 얻기 위하여 재배하거나 심는 정원의 과실수들을 살펴보도록 한다.

포기형

봄 개화
꽃 · 잎 · 열매 · 수형
관상수 · 산울타리

푸른 열매의 몸에 좋은 과실수
블루베리

진달래과 | 낙엽활엽 관목 | *Vaccinium corymbosum* | 1~3m | 전국 | 양지~반그늘

연간계획	1월	2월	3월	4월	5월	6월	7월	8월	9월	10월	11월	12월
번식			파종			녹지삽					심기	
꽃/열매				꽃			열매					
전정	가지치기					꽃눈분화						가지치기
수확/비료			비료		비료		비료					

▲ 꽃
❶ 잎 ❷ 열매 ❸ 어린 가지
▲ 가을 수형

토양	내조성	내습성	내한성	공해
유기토양	약	중	중	중

북미 원산으로 파란색의 열매가 맺는다는 뜻의 이름이다. 관상수는 물론, 열매를 얻기 위해 전국에서 심어 기른다.

특징 4~5월 새 가지나 2년지에서 꽃눈 분화 후 흰색의 꽃이 핀다. 열매는 7~9월 흑자색으로 익는다.

이용 열매를 '블루베리'라 하여 식용하고 시력에 좋다.

환경 과실수로 재배하려면 지역에 따라 조생종, 중생종, 만생종 등의 품종을 선택하여야 한다. 비료는 연간 3회 정도면 충분하다.

조경 산울타리, 독립수, 관상수로 적당하다. 과실수로 재배할 경우 식재 간격은 1.2~1.5m로 한다.

번식 8월에 종자를 채취한 뒤 냉장고에 넣어 보관하고 이듬해 봄에 냉상에서 파종한 뒤 5cm 정도 자랐을 때(2~3개월 뒤) 노지에 이식한다. 삽목은 3월 말 전후 전년도 가지로 하거나 6월 말 전후 금년도 가지로 한다. 6월 말 녹지삽이 전년도 가지로 하는 것보다 발근율이 높다. 묘목은 3월과 11월에 심는데 11월에 심는 것이 더 좋다. 종자로 번식한 실생묘는 3~4년 뒤부터 개화하고 열매를 수확할 수 있으므로 보통 묘목으로 재배하는 것이 좋다.

병해충 싹이 날 때부터 꽃이 필 때까지 미라병에 약하고 수확기에는 탄저병에 약하다. 싹이 나기 전 멀칭하고 베노밀수화제를 살포하면 미라병을 방제할 수 있다. 블루베리

농장에서 대규모로 식재할 경우 발생하므로 가정의 관상수로 심을 때는 신경쓰지 않아도 된다.

가지치기 1차로 죽거나 병든 가지를 친다. 2차로 동서남북으로 가지를 남기되, 보통 10개 정도의 가지만 남기고 나머지 가지를 친다. 3차로 가운데에 두꺼운 가지가 있으면 통풍과 빛이 들어오는데 방해되므로 밑에서 자른다. 4차로 다른 가지의 성장을 방해하는 겹쳐있는 가지를 친다. 5차로 남아있는 가지에서 곁가지가 많은 가지의 곁가지를 적당히 쳐서 큰 열매가 열리도록 한다. 마지막으로 땅으로 향한 가지를 친다. 가지를 칠 때는 전체 꽃눈의 70%는 남기고 30%를 쳐서 큰 열매가 결실 맺도록 하고, 전체적으로 넓게 상승하며 퍼지는 평정형(배상형) 수형을 만드는 것이 좋다(V자형). 매년 가지치기를 할 때마다 4~5년 된 오래된 가지는 꽃눈이 잘 생기지 않으므로 지면의 10cm 부분에서 잘라내어 정리한다. 이렇게 하면 어린 가지에서 꽃눈이 활발히 발생한다.

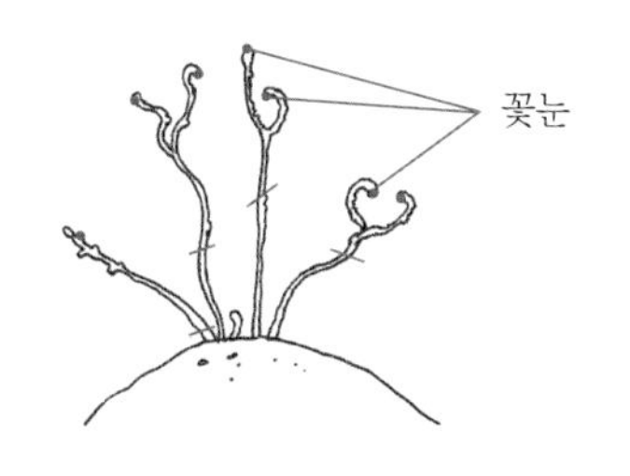

▲ 심은 첫 2월 꽃눈이 있는 가지를 모두 치거나 꽃눈을 딴다.

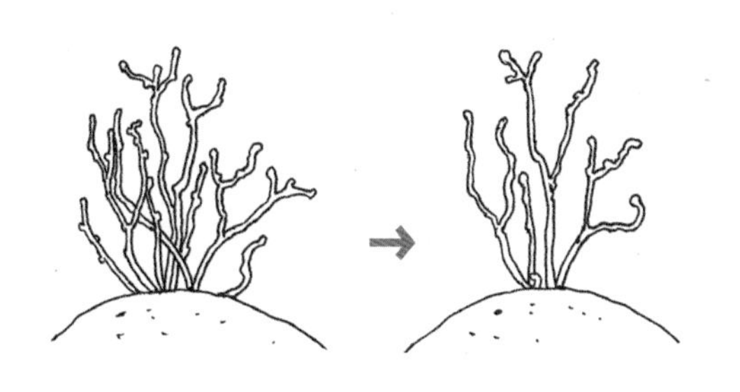
▲ 2년째 되는 해 2월의 가지치기

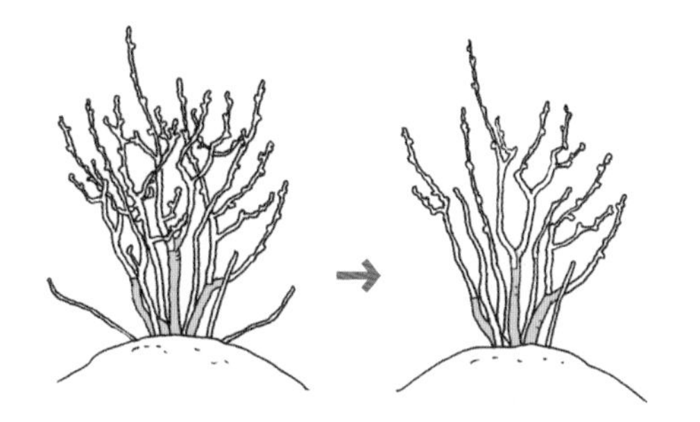
▲ 3년째 되는 해 2월의 가지치기

TIP BOX 더 좋은 열매를 얻으려면?

화원에서 구입한 블루베리 묘목을 심은 경우에는 가지치기를 할 필요가 없으므로 병든 가지나 겹쳐있는 가지만 잘라낸다. 이때 다음해 봄에 꽃이 피면 모두 잘라내는 것이 그 다음해부터 더 좋은 열매를 맺게 한다.

참고 블루베리 최적 수확기는?

블루베리 열매 수확기는 툭 건들 때 저절로 잘 떨어지는 때가 최적의 수확기이다. 가지치기를 잘못해 Y자형 수형을 만들면 수확기 때 바람에 의해 열매가 떨어지므로 열매의 상품성이 떨어진다.

늦봄 개화
꽃·잎·열매·수형
관상수

두뇌를 맑게 하는 과실수
호두나무 / 가래나무

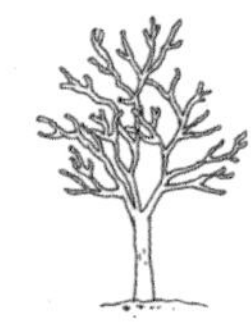
원정형

가래나무과 | 낙엽활엽 교목 | *Juglans regia* | 20m | 경기 이남 | 양지

연간계획	1월	2월	3월	4월	5월	6월	7월	8월	9월	10월	11월	12월
번식			종자		접목					접목 · 심기		
꽃/열매					꽃					열매		
전정								가지치기				
수확/비료										열매 수확		

▲ 수꽃

❶ 암꽃 ❷ 잎 ❸ 열매

▲ 수형

토양	내조성	내습성	내한성	공해
비옥토	중	약	중	중

중국, 서남아시아 원산으로 주로 경기 이남 지방에서 심어 기른다. 중국에서 전래된 최초의 호두나무는 천안 광덕사에 있다.

특징 암수한그루로 4~5월에 꽃이 핀다. 식재 후 7년 뒤부터 호두 수확이 가능하다. 경제성 있는 수확은 식재 후 20년~50년 사이이다.

이용 열매는 천식, 고혈압, 두뇌, 강장, 정력, 유선염에 효능이 있다.

환경 매우 비옥한 토양이어야 성장이 양호하고 물빠짐이 좋아야 뿌리가 썩지 않는다.

조경 가정에서 유실수로 흔히 기르고, 농가에서 많이 재배한다. 도시공원이나 펜션, 한옥에도 식재한다.

번식 10월 하순에 채취한 종자의 과육을 제거하고 물빠짐이 좋은 토양에 노천매장한 뒤 이듬해 봄에 심되, 호두의 이음새 부분을 세로로 세워서 심는다. 호두나무나 가래나무를 대목으로 하여 접목할 수도 있다. 삽목은 실패율이 높은 편이다.

병해충 잿빛고약병(기계유제), 흰날개무늬병(베노밀 수화제 1500배액), 탄저병(마이겐 수화제 500배액), 오리나무좀(페니트로티온유제 50% 1,000배액), 가지마름병 등이 발생한다.

가지치기 겨울에 가지치기를 하면 수액이 흐르므로 한여름~초가을에 가지치기를 한다. 가지치기를 하되, 약전지만 하고 (뿌리가 크기 때문에) 강전지는 피해야 한다. 재배일 경우 묘목을 심은 후 수확에 용이하도록 가지치기를 하여 수형을 잡는데 곁가지를 많이 발생시키기 위해 1년째에 주간을 친다. 2년째부터는 곁가지를 순지르기하여 계속 더 많은 곁가지를 발생시킨다. 3~4년째에도 곁가지를 순지르기하여 계속 곁가지를 발생시킨다.

조경수도 위와 같은 방법으로 가지치기를 하면서 원하는 수형을 만든다. 그 후부터는 자연 수형으로 키우고 병든 가지, 웃자란 가지, 교차 가지, 밀집 가지, 하향지, 상향지가 보이면 친다. 가지치기 후에는 반드시 도포제를 바른다.

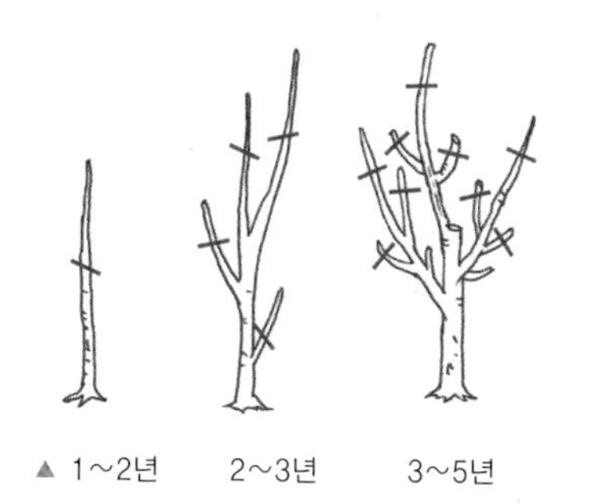
▲ 1~2년 2~3년 3~5년

유사종 구별하기

- **호두나무 :** 홀수깃꼴겹잎이다. 소엽은 5~7개로 끝 잎이 제일 크고 아래로 내려갈수록 소엽의 크기가 작아진다. 소엽의 가장자리는 밋밋하고 톱니는 거의 없다. 열매는 구형으로 익는다.
- **가래나무 :** 호두나무와 거의 비슷하나 소엽이 7~17개로 크기가 서로 비슷하고, 소엽의 가장자리에 잔톱니가 있다. 열매는 녹갈색의 타원형으로 익는다. 가래나무는 공원의 조경수로 인기 있는 수종이다.

▲ 가래나무의 수꽃 ❶ 암꽃 ❷ 잎 ❸ 열매 ▲ 수형

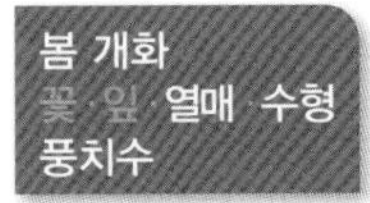

미국산 호두 열매

피칸나무

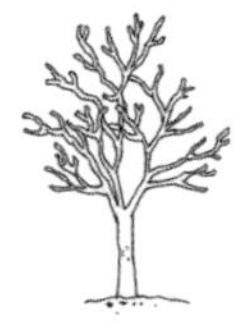

원정형

가래나무과 | 낙엽활엽 교목 | *Carya illinoinensis* | 50m | 경기 이남 | 양지

연간계획	1월	2월	3월	4월	5월	6월	7월	8월	9월	10월	11월	12월
번식			종자							종자		
꽃/열매				꽃						열매		
전정	가지치기 · 솎아내기											
수확/비료			비료			비료			비료	열매수확		

▲ 수형　❶ 꽃 ❷ 잎 ❸ 열매　▲ 가을 수형

토양	내조성	내습성	내한성	공해
점질토	약	중	강	중

미국의 미시시피강 일원에서 자생한다. '피칸'이라고 불리는 미국산 호두열매가 열리는 수종으로 **'버터나무'**라고도 한다.

특징 잎은 가래나무, 호두나무의 잎과 닮았다. 높이 20~40m로 자라고 생육 환경이 호두나무와 유사하다.

이용 열매 안의 씨앗을 우유, 아이스크림, 제과, 제빵에 넣거나 맥주의 안주로 식용한다.

환경 비옥하고 촉촉한 사질양토, 바람이 불지 않는, 고온다습한 곳에서 잘 자란다. 생장 속도는 매우 빠르고 실생묘는 5~8년 뒤부터 수확 가능하다.

조경 강원도와 일부 내륙을 제외한 경기 이남에서 월동이 가능하다. 도시공원, 아파트, 학교, 펜션의 독립수, 중심수, 풍치수로 좋다. 재배할 경우 한대성 품종으로 재배한다.

번식 열매의 과육을 제거한 뒤 물에 세척하고 호두알처럼 생긴 딱딱한 열매를 냉상에 심는다(뾰족하고 벌어진 부분 위로). 또는 봄에 3일간 물에 침전한 뒤 심는다. 접목 번식도 한다.

병해충 흰불나방, 어스렝이나방, 굴나방, 갈반병, 흑성병, 탄저병, 흰가루병 등이 있다.

가지치기 수액이 흐르는 나무이므로 2월 중순에 가지치기한다. 묘목일 때 1~2m 아래의 가지를 정리하여 수형을 잡는다. 묘목이 조금 성장해갈 때 호두나무에 준해 가지치기한다.

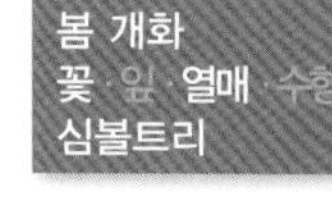

봄 개화
꽃·잎·열매·수형
심볼트리

꽃과 열매를 주는 심볼트리
복사나무(복숭아나무)

개장형

장미과 | 낙엽활엽 관목 | *Prunus persica* | 6m | 전국 | 양수

연간계획	1월	2월	3월	4월	5월	6월	7월	8월	9월	10월	11월	12월
번식			종자 · 숙지삽				접목					
꽃/열매				꽃				열매				
전정	가지치기 · 솎아내기						꽃눈분화					
수확/비료					비료			품종별 열매 수확 시기 다름			비료	

▲ 꽃　　❶ 잎 ❷ 열매 ❸ 수피　　▲ 수형

토양	내조성	내습성	내한성	공해
점질토	강	중	중~강	중~강

중국 원산으로 전국의 가정집 정원수나 과실수로 재배하거나 야생화하여 자란다. **'복숭아나무'**라고도 한다.

특징 4~5월 기지마다 연한 홍색의 꽃이 잎보다 먼저 핀다. 열매의 수확은 7~9월이며, 조생종은 6월 말부터, 만생종은 9월에도 수확한다.

이용 열매, 줄기, 꽃, 수피는 각기, 혈액순환, 변비, 종기, 피부염에 효능이 있다.

환경 비옥한 점질토에서 잘 자라고 건조에는 약하다.

조경 주택 등 가정에서 유실수로 흔히 기르고, 농가에서 많이 재배하는 과실수이다. 도시공원, 학교, 건물, 펜션, 한옥, 사찰 등에 식재한다. 봄에 피는 연한 홍색의 꽃이 심볼트리로 적당하다.

번식 가을에 채취한 종자의 과육을 제거하고 젖은 모래에 섞어 노천매장한 뒤 봄에 파종한다. 녹지삽은 봄에, 접목은 가을에 한다. 비료는 연 3회 정도 준다.

병해충 대량 재배 할 경우 응애, 깍지벌레, 진딧물, 민달팽이, 탄저병, 갈반병, 흰가루병 등이 발생하지만 정원수로 식재한 경우에는 크게 신경쓰지 않아도 된다.

가지치기 눈이나 열매 수를 보며 전정을 하며 전체 눈의 60~70%만 가지치기로 정리한다. 비옥한 토양에서 눈이 많이 생성된 경우 크고 좋은 열매를 수확하기 위해 70% 이상을 전정하기도 한다.

봄 개화
꽃 잎 열매 수형
관상수

오얏나무(李木)라고도 하는
자두나무 / 자엽자두나무

장미과 | 낙엽활엽 소교목 | *Prunus salicina* | 10m | 전주이북 | 양수

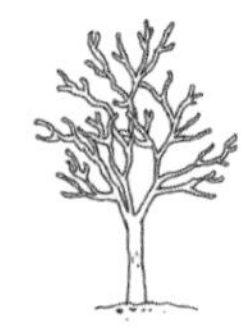
원정형

연간계획	1월	2월	3월	4월	5월	6월	7월	8월	9월	10월	11월	12월
번식			종자					녹지삽				
꽃/열매				꽃			열매					
전정	가지치기 · 솎아내기				솎아내기							
수확/비료			비료			비료	열매 수확		비료			

▲ 수형
❶ 꽃 ❷ 잎 ❸ 열매
▲ 자엽자두나무

토양	내조성	내습성	내한성	공해
비옥토	약	약	강	중

중국 원산으로 전주, 대구 이북에서 유실수로 재배하거나 가정집의 관상수로 식재한다. 열매가 복숭아와 비슷하고 보라색이라는 뜻의 '자도(紫桃)나무'가 변한 이름이다. **'오얏나무'**라고도 한다.

특징 3~4월 잎이 나기 전 흰색의 꽃이 핀다. 붉게 익는 탐스러운 열매는 6~8월에 익는다. 가정의 관상수로 많이 심으며 최근 조경수로 심는 것은 자엽자두나무(서양자두 개량종)같은 개량 품종인 경우가 많다.

이용 열매, 뿌리, 줄기를 당뇨, 치통, 종기 등에 약용한다.

환경 유기질의 비옥토에서 잘 자란다.

조경 가정에서 유실수로 식재하고, 농가에서 재배한다. 도시공원, 아파트, 학교, 펜션, 사찰 등에도 잘 어울린다. 공해에도 어느 정도 견디므로 한적한 도로변에 식재한다.

번식 가을에 채취한 종자를 모래와 섞어 건조하지 않도록 보관한 뒤 봄에 파종한다. 녹지삽은 8월에 하고, 접목번식도 할 수 있다. 과수재배일 경우 보통 1년에 3회 비료를 준다.

병해충 보자기주머니병(석회유황합제), 검은무늬병(6두보르도액) 등이 발생한다.

가지치기 과실수로 재배할 경우 겨울에 불필요한 가지를 전정하고, 5월에는 상대적으로 부실한 열매를 제거해 남아 있는 열매에 영양분이 미치도록 한다.

봄 개화
꽃·잎·열매·수형
심볼트리

주택 정원에 잘 어울리는
살구나무

원정형

장미과 | 낙엽활엽 소교목 | *Prunus armeniaca* | 5~10m | 전국 | 양수

연간계획	1월	2월	3월	4월	5월	6월	7월	8월	9월	10월	11월	12월
번식		종자									심기	
꽃/열매				꽃			열매					
전정	가지치기·솎아내기					가지치기						
수확/비료			비료				열매 수확		비료			

▲ 개화기 수형 ❶ 꽃 ❷ 잎 ❸ 열매 ▲ 수형

토양	내조성	내습성	내한성	공해
사질양토	중	약	강	강

중국 원산으로 전국에 심어 기른다. 자두나무에 비해 수형이 작아 주택의 정원에서 흔히 키우며, 열매의 맛은 새콤달콤하여 식용하기에 좋다.

특징 3~4월 가지 끝에 연한 홍색의 꽃이 잎보다 먼저 피고 6~7월에 황적색의 살구가 탐스럽게 열린다.

이용 열매, 줄기, 잎, 꽃을 타박상, 기침, 가래, 불임, 변비, 종기, 안질에 약용한다.

환경 비옥한 사질양토를 좋아하고 과실수는 대개 물에 노출되면 고사하므로 물빠짐이 좋은 토양에 식재한다.

조경 가정에서는 묘목으로 심어 유실수로 심고, 농가에서 재배한다. 도시공원, 아파트, 빌딩, 학교, 펜션, 한옥 등에 식재한다. 공해에 강하므로 주차장이나 도로변에도 식재한다.

번식 종자, 접목, 취목으로 번식한다. 가을에 땅에 낙과한 열매에서 종자를 채취한 뒤 모래층 사이에 켜켜이 층적저장 후 1월 말~해빙기에 파종한다.

병해충 탄저병, 검은별무늬병(디티아논 수화제 1000배액), 축과병 등이 발생한다.

가지치기 묘목은 일단 식재 후 1년째 겨울에 원가지 위쪽 70% 지점에서 자른다. 2년째 여름에 좌 1, 3, 5번, 우 2, 4, 6번... 가지를 하부 5~10cm 지점에서 비틀어준다. 3년째 겨울에는 원가지를 포함한 세력이 강한 가지의 위 70% 지점을 순지르기하여 기본 수형을 만든다.

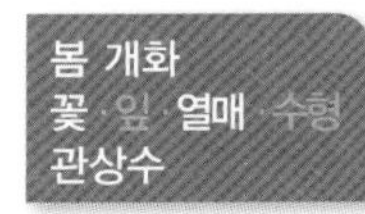

과실수 대명사
사과나무

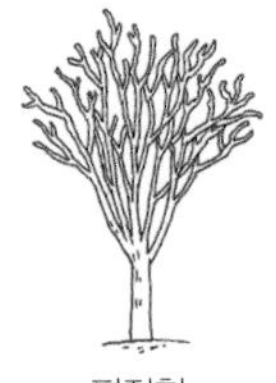
평정형

장미과 | 낙엽활엽 소교목 | *Malus pumila* | 3~5m | 전국 | 양수

연간계획	1월	2월	3월	4월	5월	6월	7월	8월	9월	10월	11월	12월
번식			접목 · 심기									
꽃/열매				꽃					열매			
전정	가지치기 · 솎아내기					가지치기	꽃눈분화 · 가지치기					
수확/비료								품종별 열매 수확 시기 다름				

▲ 꽃

❶ 잎 ❷ 열매 ❸ 수피

▲ 수형

토양	내조성	내습성	내한성	공해
비옥토	약	약	강	중

유럽 및 서아시아 원산으로 주로 경기 이남지방에서 열매를 얻기 위해 과실수로 재배한다. 사과나무는 다양한 품종이 있으며, 품종에 따라 열매의 색깔과 모양, 맛이 조금씩 다르다.

특징 묘목 4~5월 가지 끝에서 흰색 또는 연한 홍색의 꽃이 모여 피고 열매는 9~10월에 붉은색으로 익는다. 사과나무는 보통 묘목 식재 후 3년 후부터 결실을 맺는다.

이용 열매는 다이어트, 변비, 우울증, 피부미용에 효능이 있고 고혈압, 성인병, 항암, 노화 예방에 좋다.

환경 유기질의 비옥한 토양에서 잘 자란다.

조경 도시공원, 학교, 유치원, 펜션, 한옥, 사찰 등에서 관상용 과실수로 식재하고 농가에서는 주로 재배한다. 학교나 주택 정원에서는 사과나무보다는 정원수인 꽃사과나무를 많이 식재하기도 한다.

번식 종자 번식을 하면 열매가 콩알만한 잡종이 나오므로 묘목 식재나 접목 번식을 한다.

병해충 갈색무늬병(베노밀 수화제 1500배액 등), 검은별무늬병(디티아논 수화제 1000배액 등), 겹무늬썩음병(만코제프 수화제 1000배액 등), 그을음병, 부란병(이미녹타딘트리아세테이트 액제 500배액 등) 등이 발생한다.

가지치기 묘목일 때 주간 상단부를 20cm 정도 자르고, 곁가지는 몇 개만 남기고 치고 지주대를 세운다. 2년차 가지가 여러개 이상일 때 세력이 강한 가지를 치고 곁가지로 대체한다. 곁가지가 없으면 기부를 몇 mm 남기어 절단하여 새 가지가 나오도록 한다. 새 순의 상단 잎을 따주어 곁가지를 발생시킨다. 수형은 상승형보다 퍼진 수형이 좋다. 강전지는 피하고 약전지를 한다.
사과나무의 경우 품종에 따라 가지치기 방법이 다르지만 보통 아래와 같이 가지치기를 한다.

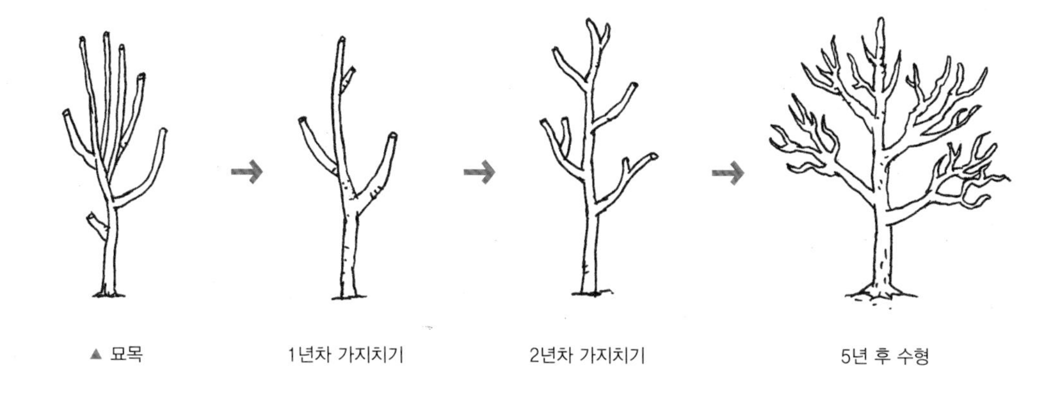

▲ 묘목 1년차 가지치기 2년차 가지치기 5년 후 수형

성목일 때는 옆 그림과 같이 밀집 가지, 교차 가지를 정리해 통풍을 원활히 하고 순지르기를 하여 새 가지의 생장을 촉진한다. 성목의 가지치기는 보통 겨울에 한다.

▲ 사과나무 성목 가지치기

유사종 구별하기

- **꽃사과나무** : 아시아와 북미 원산으로 꽃이 아름다워 전국의 관상수로 즐겨 심는다. 꽃사과나무의 품종도 매우 다양한 편이며, 품종에 따라 열매 크기나 색깔 등이 조금씩 차이가 있다. 9~10월에 익는 붉은색의 열매는 50원짜리 동전만한 크기로 열리며 맛은 떫고 텁텁하다.

봄 개화
꽃·잎·열매·수형
산울타리

한옥 조경의 일품종
앵도나무(앵두나무)

포기형

장미과 | 낙엽활엽 관목 | *Prunus tomentosa* | 3m | 전국 | 중용수

연간계획	1월	2월	3월	4월	5월	6월	7월	8월	9월	10월	11월	12월
번식			종자·숙지삽·근삽				녹지삽		종자			
꽃/열매				꽃		열매						
전정						가지치기						
수확/비료	속아내기					열매수확						

▲ 개화기 수형 ❶ 꽃 ❷ 열매 ❸ 수피 ▲ 수형

토양	내조성	내습성	내한성	공해
비옥토	약	중	강	중

중국 원산으로 조선시대 때 전래된 것으로 추정된다. 열매가 복숭아와 닮았다(앵도, 櫻桃) 하여 붙여진 이름이다. 전국에서 과실수로 심어 기른다.

특징 3~4월에 가지마다 잎보다 먼저 연한 홍색 꽃이 조밀하게 핀다. 열매는 5~6월에 붉은색으로 익으며 새콤달콤한 맛이 나서 즐겨 먹는다.

이용 기관지와 폐를 이롭게 하며 종자를 부종, 변비에 쓴다.

환경 비옥토에서 잘 자라고 반그늘에서도 양호한 성장을 보인다.

조경 주택 정원의 화단, 도시공원, 아파트, 학교, 펜션, 사찰에 심볼트리로 심거나 산울타리로 군식한다.

번식 7월에 채취한 종자를 바로 냉상에 파종하거나 저온 저장한 뒤 가을 혹은 봄에 손가락 2~3마디 깊이에 파종한다. 삽목은 발근율이 낮으므로 봄에 근삽으로 번식하는 것이 좋다. 중부지방은 3월 말 전후, 남부지방은 11월 말 전후에 묘목을 심는다.

병해충 진딧물, 깍지벌레 등이 발생한다.

가지치기 포기형 수형의 나무이다. 통풍이 되도록 몇 년에 한번 묵은 가지는 밑동에서 친다. 상향지, 하향지, 교차지, 평형지, 병든 가지를 치고 순지르기를 한다. 가지치기 시기는 꽃이 진 직후 하는 것이 좋으며 이때 열매를 피해서 가지치기를 해야 한다.

봄 개화
꽃·잎·열매·수형
심볼트리

열매는 매실, 꽃은 매화

매실나무(매화나무)

원정형

장미과 | 낙엽활엽 소교목 | *Prunus mume* | 3~7m | 전국 | 양지

연간계획	1월	2월	3월	4월	5월	6월	7월	8월	9월	10월	11월	12월
번식			종자	심기		녹지삽					종자 · 심기	
꽃/열매				꽃		열매						
전정	숙아내기				가지치기		꽃눈분화					
수확/비료				비료				비료			비료	

▲ 꽃　❶ 잎 ❷ 열매 ❸ 수피　▲ 수형

토양	내조성	내습성	내한성	공해
비옥토	약	중	강	중

중국 원산으로 야생에서도 자라지만 열매를 얻거나 꽃의 관상을 목적으로 대규모로 재배하기도 한다. **'매화나무'**라고도 한다. 그 외 유사 품종으로 가지가 녹색빛이 돌고 흰꽃이 피는 청매와 붉은꽃이 피는 홍매, 꽃이 크고 만첩으로 피는 만첩홍매 등이 있다.

특징 2~3월 가지마다 흰색의 꽃이 피며, 열매는 6~7월에 초록색에서 황색으로 익는다. 보통 3~7년 뒤부터 매실 수확이 가능하다.

이용 열매, 잎, 뿌리를 기침, 이질, 혈변, 구충, 나력, 식욕부진에 약용한다.

환경 비옥하고 양지바른 토양에서 잘 자라고 서향에서는 일조량에 의해 피해를 받으므로 서향을 피해 식재한다.

조경 주택 정원의 유실수로 흔히 심고, 농가에서 많이 재배한다. 도시공원, 펜션, 한옥의 심볼트리로 식재한다.

번식 6월 하순 전후 열매를 채취해 과육을 제거하고 깨끗이 세척한 후 모래와 1:1대로 섞어 노천매장한 뒤 11월 중순 전후, 2월 중순 전후 파종한다. 종자 파종은 물론 삽목도 가능하나 종자 파종과 삽목은 나무의 품질에 문제가 있으므로 접목으로 많이 번식시킨다. 가정에서는 매실 묘목을 구해 식재하는 것이 좋고 중부지방은 3~4월, 남부지방은 11~12월 달 전후 땅이 얼기 전 식재한다. 묘목을 식재할 때는 뿌리를 물에 2시간 침전시킨 후 식재한다.

병해충 진딧물, 깍지벌레, 텐트나방 등이 발생한다.

가지치기 봄에 묘목을 식재할 때 60~90cm 높이에서 원줄기를 잘라주고, 그해 가을 지나 겨울까지 새로 자란 가지는 당해년에 자란 가지의 반 정도를 가지치기하거나 순지르기를 하고 쓸모 없는 가지는 밑에서 전지한다. 보통 5~7년에 걸쳐 벌어진 수형을 만들어주는데 사과나무나 복사나무와 유사한 방식으로 가지치기를 하면 된다.

▲ 봄 식재할 때 전정　1년차 겨울 전정　2년차 겨울 전정　5년차 수형

▲ 홍매

▲ 청매

▲ 만첩흰매실

▲ 좀매실

늦봄 개화
꽃 · 잎 · 열매 · 수형
조경수

시원한 배를 선사하는 과실수
배나무

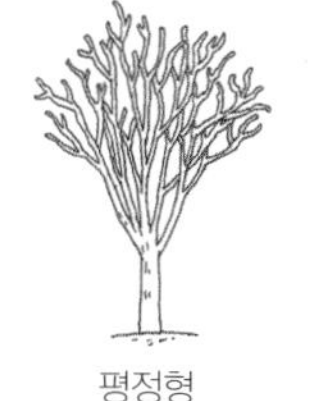
평정형

장미과 | 낙엽활엽 소교목 | *Pyrus pyrifolia* | 5~10m | 전국 | 양지

연간계획	1월	2월	3월	4월	5월	6월	7월	8월	9월	10월	11월	12월
번식			종자									
꽃/열매					꽃				열매			
전정	가지치기				꽃눈분화 · 가지치기							가지치기
수확/비료								비료 · 열매 수확				

▲ 꽃　❶ 잎 ❷ 열매 ❸ 수피　▲ 수형

토양	내조성	내습성	내한성	공해
비옥토	약	중	강	약

일본 원산이지만 국내에서 개량된 품종이 더 맛이 좋다. 가정에서 조경수로 식재하기도 하며 농가에서 과실수로 대규모 재배한다.

특징 4~5월 가지 끝에 흰색 꽃이 모여 핀다. 국내에서 재배하는 품종은 중국배, 서양배, 일본배 품종 중에 돌배나무를 개량한 일본배 품종이다.

이용 열매는 가래, 기침, 기관지염, 숙취해독, 변비, 소화, 해열에 효능이 있다.

환경 비옥토에서 성장이 양호하고 그늘에서는 불량하다. 경기 이남 고온다습한 곳에서 재배하기가 좋다.

조경 주로 농가에서 대규모로 재배한다. 도시공원, 학교, 유치원, 펜션, 사찰, 한옥 조경수로도 좋다.

번식 가을에 채취한 종자의 과육을 제거한 뒤 층적저장 후 봄에 파종한다.

병해충 붉은별무늬병, 배나무잎검은점병(트리플록시스트로빈 입상수화제 400배액 등), 겹무늬병(열매에 봉지씌우기), 배나무가위벌레, 탄저병 등이 있다.

가지치기 사과나무에 준해 가지치기를 할 수 있다. 여름에는 부실한 꽃눈을 전정한다. 밀집된 가지 중 그늘에 있는 꽃눈이 부실한 꽃눈이 되어 이듬해 쭉정이 과실이 열리므로 늦봄에는 웃자란 가지를 전정하고, 여름에는 밀집된 그늘에 위치한 꽃눈이 있는 가지를 친다.

봄엔 조경수, 가을엔 과실수
모과나무

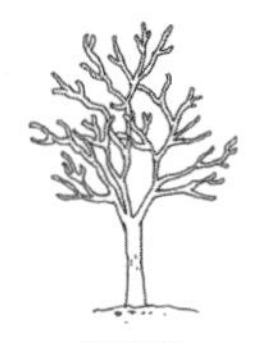
원정형

장미과 | 낙엽활엽 소교목 | *Chaenomeles sinensis* | 5~8m | 전국 | 양수

연간계획	1월	2월	3월	4월	5월	6월	7월	8월	9월	10월	11월	12월
번식			종자·숙지삽·근삽			녹지삽						
꽃/열매					꽃				열매			
전정	가지치기·솎아내기					가지치기						
수확/비료												

▲ 수형 ❶ 꽃 ❷ 잎 ❸ 수피 ▲ 겨울 수형

토양	내조성	내습성	내한성	공해
비옥토	강	중	강	강

중국 원산으로 전국에서 관상수로 심어 기른다. 가정집은 물론 도시공원의 조경수로도 인기가 많다.

특징 4~5월 가지 끝에 분홍색의 꽃이 1개씩 핀다. 열매는 가을에 노란색으로 익으며 좋은 향이 난다.

이용 열매는 가래, 기침, 기관지염, 풍습통, 마비, 신경통에 효능이 있다.

환경 비옥한 토양에서 잘 자란다.

조경 주택 정원에서 유실수로 흔하게 심어 기르고, 남부지방의 농가에서 많이 재배한다. 도시공원, 학교, 펜션, 한옥, 사찰 등에 정원수로 식재한다. 그 외 가로수, 주차장, 산책로에도 흔히 식재하며, 실생묘는 꽃이 필 때까지 오랜 시간이 필요하므로 보통 묘목을 식재하는 것이 좋다.

번식 가을에 채취한 종자의 과육을 제거하고 노천매장한 뒤 이듬해 봄에 파종한다. 숙지삽은 3월에, 녹지삽은 6~7월에 한다. 녹지삽은 웃자란 가지 끝을 15~20cm 길이로 심는데 뿌리를 아주 잘 내린다. 가을에 채취한 뿌리를 모래와 섞어 통풍이 잘되는 음지에서 보관했다가 이듬해 봄에 심어도 번식된다.

병해충 심식나방(클로르페나피르 유제 1000배액 등), 깍지벌레, 붉은별무늬병 등의 병해충이 있다. 붉은별무늬병은 장미과 나무 옆에 향나무 종류가 식재되어 있을 경우 잘 걸리는 병이므로 향나무 종류를 장미과 나무 옆에 심지 않도록 한다.

가지치기 겨울에는 병든 가지, 교차 가지, 밀집 가지, 하향지를 치고, 웃자란 가지는 꽃눈 서너개만 남기고 전정한다. 또한 가지를 대체할 곁가지가 있을 경우 해당 가지를 치고 곁가지로 대체한다. 여름에는 새순의 끝 부분을 순지르기 한다.

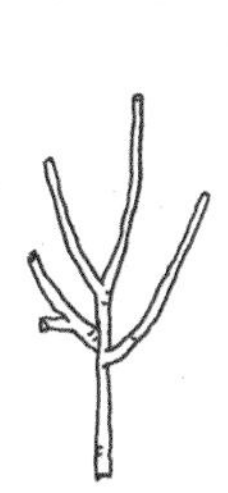

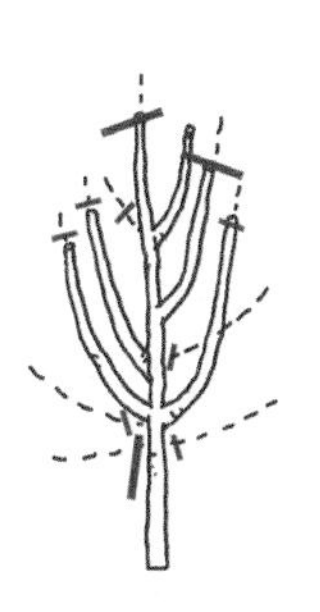

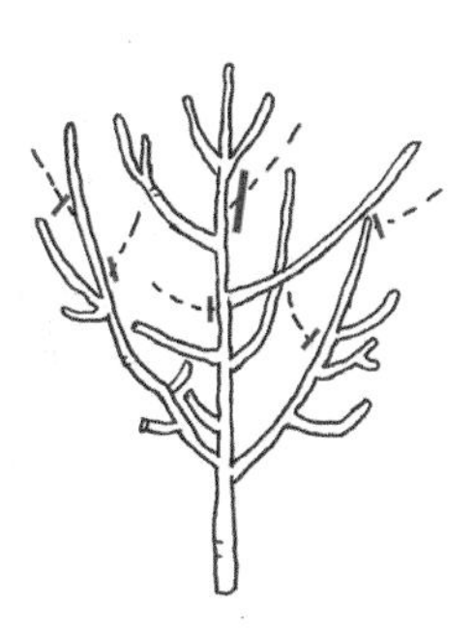

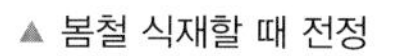

▲ 봄철 식재할 때 전정 1년차 전정 2년차 전정 3년차 전정

▲ 모과나무, 홍세열단풍, 처진청단풍, 금낭화

▲ 모과나무의 꽃봉오리

▲ 봄의 모과나무 수형

▲ 여름의 모과나무 수형

▲ 모과나무의 열매

▲ 가을의 모과나무 수형

▲ 겨울의 모과나무 수형

▲ 서양모과나무의 수형

▲ 서양모과나무의 꽃

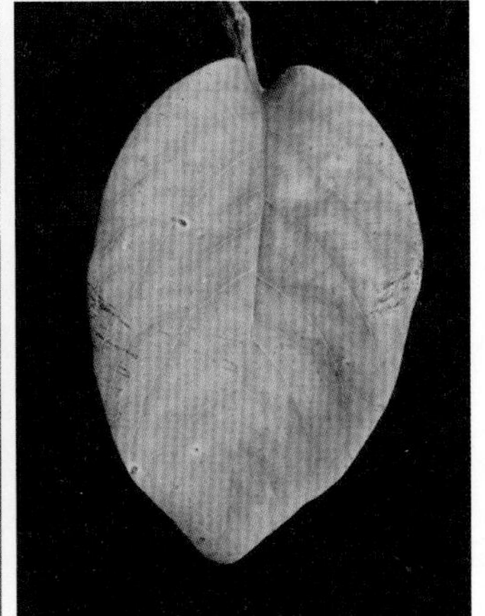
▲ 서양모과나무의 잎

늦봄 개화
꽃 · 잎 · 열매 · 수형
관상수

가을을 대표하는 한국의 유실수 1
대추나무

원정형

갈매나무과 | 낙엽활엽 소교목 | *Zizyphus jujuba* | 5~8m | 전국 | 중용수

연간계획	1월	2월	3월	4월	5월	6월	7월	8월	9월	10월	11월	12월
번식			심기	종자	접목					심기		
꽃/열매						꽃				열매		
전정		가지치기										
수확/비료										열매수확		

▲ 꽃 ❶ 잎 ❷ 열매 ❸ 수피 ▲ 수형

토양	내조성	내습성	내한성	공해
비옥토	중	중	강	강

중국 원산으로 전국에서 재배한다. 가정집에서 감나무와 함께 가장 흔하게 심어 기르는 유실수이다.

특징 6~7월 잎겨드랑이에 녹황색의 꽃이 모여 핀다. 열매는 가을에 적갈색으로 익으며 단맛이 난다. 식재 후 평균 5~6년 뒤부터 대추 열매를 수확할 수 있다.

이용 열매, 뿌리, 수피를 소염, 기침, 가래, 식욕부진에 약용하고 한약의 독성을 중화시킬 때 사용한다.

환경 비옥한 모래참흙에서 잘 자라고 건조에도 잘 견딘다.

조경 주택 정원에 유실수로 흔히 심어 기르고, 농가에서 재배한다. 도시공원, 학교, 펜션, 한옥에도 식재한다.

번식 가을에 채취한 종자를 이듬해 4월에 파종하나 발아율이 낮다. 뿌리에서 올라온 싹이나 줄기를 굴취하는 분주를 많이 하는데 뿌리에서 올라온 싹이 없으면 취목법으로 싹이 올라오게 해야 한다. 접목으로도 번식할 수 있다. 가정집의 경우 중부지방은 봄에, 남부지방은 가을에 묘목을 식재한다.

병해충 진딧물, 빗자루병(옥시테트라사이클린 수화제 200배액), 녹병, 잎마름병이 있다.

가지치기 묘목을 식재할 때 주간의 상단부 70% 지점에서 치고 하단에서 불필요한 가지를 친다. 1년 후 새 가지가 여러 개 돋아나면 그 중 튼튼한 가지 1~2개를 남기고(눈이 있어야 함) 모두 전정한다. 2년 후 새 가지마다 10cm 정도 순지르기 하고 3~5개의 실한 가지 위주로 수형을 잡고 나머지 가지 중 불필요한 가지는 친다. 3~5개의 실한 가지도 끝 부분을 10cm 정도 순지르기 한다. 3~5년차일 때는 각 방향으로 튼튼한 가지를 10여 개만 남기고 가지치기한다. 성목이 되면 상향지, 하향지, 밀집 가지, 교차 가지, 웃자란 가지, 병든 가지를 틈틈히 친다. 가지치기 후에는 반드시 도포제(보호제)를 발라준다.

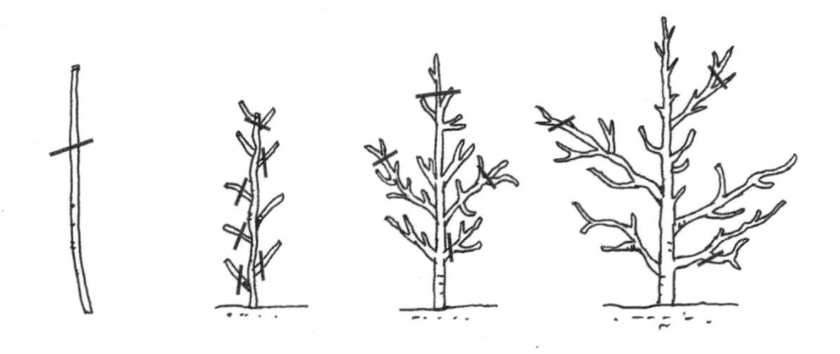

▲ 봄 식재할 때 전정 1년차 겨울 전정 2년차 겨울 전정 3~5년차 겨울 전정

▲ 아파트의 대추나무

▲ 주택 담장의 대추나무

▲ 대추나무의 가시

TIP BOX 대추나무의 가시는 가지의 턱잎이 변한 것이지만 매우 날카롭다. 가지치기할 때 조심한다.

늦봄 개화
꽃 · 잎 · 열매 · 수형
관상수

가을을 대표하는 한국의 유실수 2

감나무 / 고욤나무

원정형

감나무과 | 낙엽활엽 교목 | *Diospyros kaki* | 4~25m | 전국 | 양수

연간계획	1월	2월	3월	4월	5월	6월	7월	8월	9월	10월	11월	12월
번식			심기	접목	심기					심기		
꽃/열매					꽃					열매		
전정	가지치기						가지치기					
수확/비료										열매 수확		

▲ 꽃 ❶ 잎 ❷ 열매 ❸ 수피 ▲ 수형

토양	내조성	내습성	내한성	공해
사질양토	강	중	중~강	중~강

중국 원산으로 경기 이남에서 유실수로 심어 기른다. 유실수 중 가정에서 가장 많이 키우는 수종이다.

특징 5~6월 새 가지 끝에 황백색의 꽃이 핀다. 종자를 심으면 열매 크기가 작은 '땡감'이 나온다.

이용 전체는 약용이 가능하며 지혈, 기침, 폐기종, 양혈, 고혈압 등에 효능이 있다.

환경 비옥한 사질양토에서 잘 자란다.

조경 주택 정원에서 유실수로 심어 기르거나, 농가에서 많이 재배한다. 공해에 견디는 힘이 강하여 도시공원, 아파트, 학교, 펜션, 사찰, 한옥, 산책로 등에 식재한다.

번식 종자를 심으면 콩알만한 감이 열리므로 보통 접목으로 번식하며, 가정에서는 묘목으로 식재하는 것이 좋다. 접목시 대목은 감나무나 고욤나무를 사용한다. 묘목 식재는 남부지방은 봄에, 중부지방은 가을이 좋다.

병해충 뿌리혹병, 둥근무늬낙엽병(베노밀 수화제 1500배액), 흰가루병, 탄저병, 감꼭지나방(람다사이할로트린 수화제 1000배 액 등), 깍지벌레, 갈색날개노린재 등이 발생한다. 뿌리혹병은 봄에 용석인비에 석회질을 추가해 비료로 주면 사라진다.

가지치기 대추나무와 유사하게 가지치기를 할 수 있다. 묘목을 식재할 때 주간의 상단부 70% 지점에서 치고, 하단에서 불필요한 가지를 친다. 1년 후 새 가지가 여러 개 돋아나면 그 중 튼튼한 가지 1~2개를 남기고 모두 전정한다. 2년 후 새 가지마다 10cm 정도 순지르기 하고 3~5개의 실한 가지 위주로 수형을 잡고 나머지 가지 중 불필요한 가지는 친다. 3~5개의 실한 가지도 끝 부분을 순지르기 한다. 3~5년차일 때는 각 방향으로 튼튼한 가지를 여러 개 남기고 가지치기한다. 성목이 되면 상향지, 하향지, 밀집 가지, 교차 가지, 웃자란 가지, 병든 가지를 틈틈히 친다. 좌우로 벌어지는 수형으로 가지치기하는 것이 좋으며 때에 따라 유인줄로 묶어서 가지를 유인하기도 한다.

▲ 식재할 때 겨울 전정

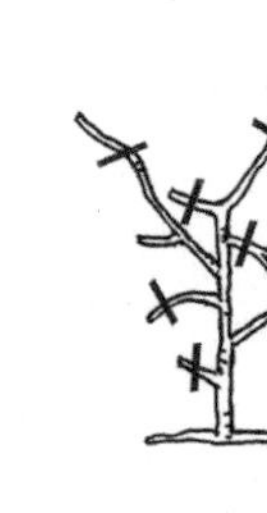

▲ 1년차 겨울 전정

▲ 2~3년차 겨울 전정

유사종 구별하기

- **감나무** : 황적색의 달콤한 감이 열리며, 여러 가지 개량 품종이 있다.
- **고욤나무** : 감나무와 거의 비슷하다. 중국, 서남아시아 원산으로 산에서 자라는 야생 감나무 종류이다. 꽃의 크기가 작고 고욤열매는 50원짜리 동전 크기만하며 단맛이 난다.

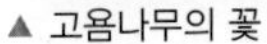

▲ 고욤나무의 꽃

▲ 고욤나무의 열매

늦봄 개화
꽃 · 잎 · 열매 · 수형
관상수

가을을 대표하는 한국의 유실수 3

밤나무

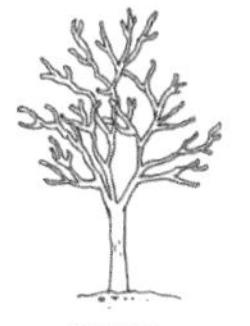
원정형

밤나무과 | 낙엽활엽 교목 | *Castanea crenata* | 15m | 전국 | 중용수

연간계획	1월	2월	3월	4월	5월	6월	7월	8월	9월	10월	11월	12월
번식			종자 · 심기								심기	
꽃/열매						꽃			열매			
전정		가지치기										가지치기
수확/비료									품종별 열매 수확 시기 다름			

▲ 수꽃　❶ 잎 ❷ 열매 ❸ 수피　▲ 수형

토양	내조성	내습성	내한성	공해
비옥토	약	중	중~강	중

전국의 산에서 흔히 자라고 주로 충청 이남에서 많이 재배한다. 다른 과실수에 비해 산간지 등에서 쉽게 재배할 수 있는 수종이다.

특징 암수한그루이다. 5~6월 황백색의 꽃이 꼬리 모양으로 길게 피며, 특유한 냄새를 풍긴다. 열매는 식재 후 5년 뒤부터 수확할 수 있다.

이용 열매는 혈액순환, 보신, 지혈에 효능이 있고 뼈를 튼튼히 한다.

환경 부식질의 비옥한 토양에서 잘 자란다.

조경 도시공원, 펜션, 한옥 정원 등에 식재할 수 있다.

번식 가을에 채취한 종자를 톱밥과 1:1로 섞은 후 냉장 보관한 뒤 이듬해 봄에 엎어놓은 형태로 5~6cm 깊이에 파종하고 흙을 덮는다. 가정집에서는 보통 묘목으로 식재한다. 남부는 11월 말, 중부지방은 3월 말이 묘목 식재 적기이다.

병해충 탄저병, 진딧물, 밤바구미(비펜트린 유제 1000배액 등), 혹나방, 주머니나방, 어스랭이나방, 깍지벌레 등이 있다.

가지치기 열매 수확 목적이라면 식재 후 5년 정도에 중심 줄기를 잘라 더이상 높이 자라지 않도록 수형을 잡아주고, 자연 수형으로 키울 때는 죽은 가지, 병든 가지, 교차 가지만 전정하여 수형을 만들어 준다.

초여름 개화
꽃·잎·열매·수형
심볼트리

도시공원의 심볼트리
석류나무

석류나무과 | 낙엽활엽 소교목 | *Punica granatum* | 2~6m | 전국 | 양지

연간계획	1월	2월	3월	4월	5월	6월	7월	8월	9월	10월	11월	12월
번식			종자 · 숙지삽			녹지삽						
꽃/열매						꽃			열매			
전정	가지치기		꽃눈분화					꽃눈분화				가지치기
수확/비료												

▲ 수형　❶ 꽃 ❷ 잎 ❸ 열매　▲ 수형

토양	내조성	내습성	내한성	공해
사질양토	강	약~중	중	중

서아시아, 지중해 원산으로 국내에서는 농가에서 재배하거나 주택 정원집에서 심어 기른다.

특징 5~7월 가지 끝에 붉은색의 꽃이 모여 핀다. 열매는 가을에 붉은색의 과육이 터지면서 씨를 드러낸다. 원산지에서는 높이 8m까지 자라지만 국내에서는 1~3m 높이로 자란다.

이용 열매, 뿌리, 꽃, 줄기를 혈변, 탈항, 지혈, 자궁출혈, 대하, 개선피부염, 중이염, 설사 등에 약용한다.

환경 비옥토를 좋아하고 건조에는 약하다.

조경 추위에는 약하나 서울, 경기도에서도 월동하는 경우가 많다. 펜션이나 주택의 정원수로 좋다. 화단, 옥상에 식재기도 한다. 도시공원에서는 심볼트리로 식재한다.

번식 가을에 채취한 종자의 과육을 제거한 뒤 직파하거나 기건저장한 뒤 이듬해 봄에 파종한다. 일반적으로 삽목으로 번식을 많이 하는데 발근촉진제에 침전시키고 꽂는다. 꽃을 많이 피우려면 질소질 비료는 피하고 칼륨이 많이 함유된 비료를 준다.

병해충 반점병, 그을음병, 깍지벌레, 총채벌레, 하늘소, 온실가루이(스피노사드 입상수화제) 등의 병해충이 발생하면 약을 치되, 가정에서 키울 때는 가급적 친환경 약제를 사용하여 방제한다.

가지치기 과다한 비옥질이거나 질소질 비료를 많이 사용하면 웃자라는 가지가 많이 생기고 꽃이 적게 피므로 웃자라는 가지를 제때 전정한다. 너무 웃자란 가지는 웃자라지 않은 곁가지 중 상태가 좋은 가지에게 역할을 위임시킨 후 하단 분기점에서 친다.

가을에 열매를 수확해야 하기 때문에 가지치기는 겨울에 한다. 꽃눈은 전년도에 새 가지에서 6월부터 분화를 시작하여 당년도 4월까지 계속되고 5~6월경 꽃이 핀다.

처음 식재한 경우 3~4년 동안은 뿌리에서 올라온 줄기중 4~5개의 줄기만 키우고, 뿌리에서 올라온 나머지 줄기는 모두 친다. 또는 원줄기 하나만 키우려면 원줄기만 놔두고 뿌리에서 올라온 가지를 모두 치고, 원줄기에서 갈라지는 가지는 3~4개 정도만 주간으로 삼고 남아있는 곁가지를 친다. 동시에 가지의 끝 부분을 쳐서 생장을 촉진시킨다. 3~4년 뒤부터는 병든 가지나 죽은 가지, 웃자란 가지만 때에 따라 솎아낸다.

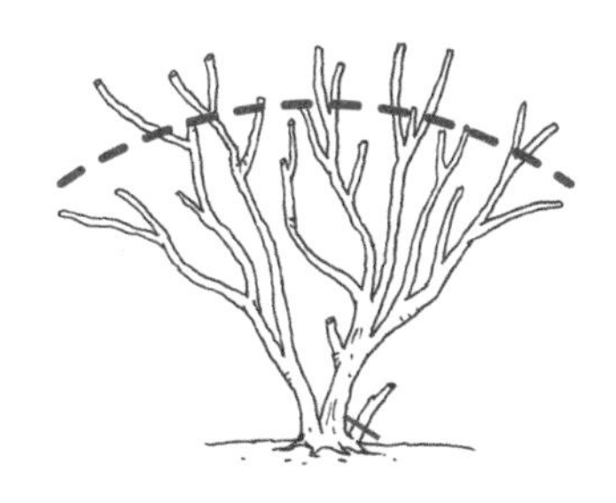
▲ 석류나무 가지치기

▲ 석류나무의 잔가지

▲ 석류나무의 꽃받침

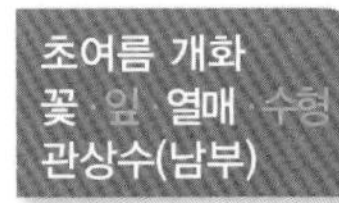

제주도에서 자라는 늘푸른 과실수

귤나무(온주밀감)

개장형

운향과 | 상록활엽 소교목 | *Citrus unshiu* | 3~5m | 제주도 | 양지

연간계획	1월	2월	3월	4월	5월	6월	7월	8월	9월	10월	11월	12월
번식				절접					아접			
꽃/열매						꽃				열매		
전정			가지치기							가지치기		
수확/비료										열매 수확		

▲ 수형　　❶ 잎 ❷ 열매 ❸ 수피　　▲ 수형

토양	내조성	내습성	내한성	공해
사질양토	강	중	약	약~중

일본, 중국 원산으로 국내의 제주도에서 재배하는 것은 대부분 귤을 수확하기 위한 개량 품종들이다. 일부 남부지방에서도 재배한다.

특징 5~6월 가지 끝에 흰색의 꽃이 핀다. 잎자루에 날개가 있지만 품종에 따라 날개가 없는 것도 많고 줄기에 가시가 있으나 가시가 없는 품종도 많다. 조생종 등 품종에 따라 결실 시기가 10일 정도 차이가 난다.

이용 열매, 뿌리, 잎을 급성유선염, 종기, 해수, 위암 등에 약용한다.

환경 비옥한 사질양토를 좋아한다. 바람이 부는 지역에서는 생장이 불량하다.

조경 제주도와 일부 남부지방에서 재배할 수 있다. 펜션, 주택의 정원수로 식재하기도 한다. 중부지방에서는 아파트 베란다나 거실에서 키운다.

번식 탱자나무나 유자나무에 접목으로 번식한다. 삽목과 종자 번식은 거의 불가능하다.

병해충 농장에서 재배할 경우 검은점무늬병(디티아논 액상수화제 1000배액 등), 녹색곰팡이병(피라클로스트로빈 유제 등), 잿빛곰팡이병(트리플록시스트로빈 액상수화제 등), 수지병(티오파네이트메틸 도포제 등), 더뎅이병(디티아논 액상수화제 1000배 등), 궤양병(코퍼하이드록사이드 수화제 등) 등이 발생한다. 정원수로 식재한 경우 병해충에 신경쓰지 않는다.

가지치기 귤나무는 작년에 자란 가지에서 당해에 꽃이 달리고 열매가 결실을 맺는다. 작년에 자란 가지도 시기에 따라 작년 봄, 작년 여름, 작년 가을에 자란 가지로 나누어진다. 작년에 자란 가지도 금년에 자란 가지처럼 녹색이다.

어린 묘목은 가지치기를 하지 않고 잎이 많이 달릴 때까지 키우되, 개장형 수형이 되도록 굵은 가지 3~4개가 되도록 전정한다. 일시에 강전정을 하면 수세가 약해지므로 몇 년에 걸쳐 작업한다. 1년 차에는 나무의 가운데 부분에서 윗쪽 큰가지를 3, 4개 솎아주고, 2년 차에도 가운데 부분에 큰가지를 몇 개 솎아주어 키를 낮추면 수고가 낮아지고 좌우로 벌어지는 수형이 만들어진다.

성목은 3월경 병든 가지, 교차 가지, 늙은 가지, 방향이 잘못된 가지, 하향지 등을 전정한다. 수관이 개조되지 않은 경우 가운데의 굵은 가지, 가운데로 향하는 내향지, 밀집 가지를 솎아내어 사과나무처럼 수관이 외곽으로 퍼지도록 수고를 2m 이내로 낮추되, 너비:높이를 10:7 비율이 되도록 수형을 만들면 통풍이 잘되고 채광이 골고루 들어가게 된다. 수관을 개조할 때는 안쪽부터, 또한 두꺼운 가지부터 과감하게 정리하고 외각쪽, 가느다란 가지쪽으로 작업을 진행한다.

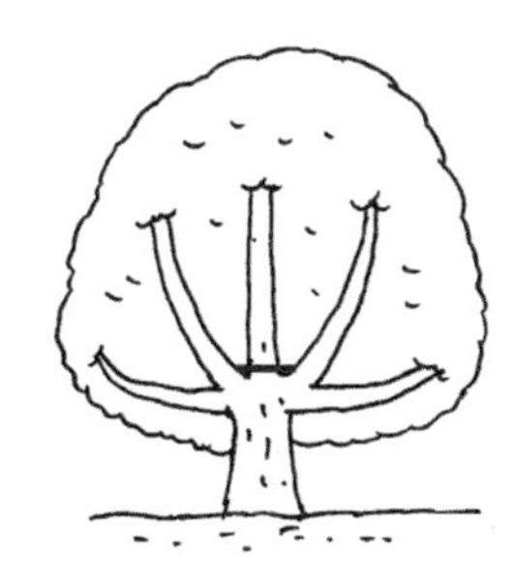

▲ 수관을 개조하는 가지치기

웃자란 가지는 적당한 위치에서 전정하고, 동일 위치에서 굵은 가지가 3개 이상 나온 경우 상대적으로 약한 가지를 전정한다.

▲ 동일 위치에서 굵은 가지가 3개인 경우 상대적으로 약한 가지 전정

늦봄 개화
꽃 · 잎 · 열매 · 수형
관상수 · 심볼트리

관상수와 유실수로 좋은
유자나무

개장형

운향과 | 낙엽활엽 소교목 | *Citrus junos* | 4m | 남부지방 | 양지

연간계획	1월	2월	3월	4월	5월	6월	7월	8월	9월	10월	11월	12월
번식			절접		삽목 · 근삽			아접				
꽃/열매				꽃						열매		
전정		가지치기				가지치기						
수확/비료											열매수확	

▲ 꽃　❶ 잎 ❷ 열매 ❸ 가시　▲ 수형

토양	내조성	내습성	내한성	공해
비옥토	강	중	약	약~중

중국 원산으로 제주도와 남해안에서 흔히 재배한다. 특히 전남 고흥에 유자나무 재배농가가 많다. 열매를 **'유자(柚子)'**라고 부른다.

특징 4~5월 가지의 잎겨드랑이에서 달콤한 향기가 나는 흰색 꽃이 핀다. 열매는 가을에 노란색의 납작한 구형으로 익는다. 가지에 날카로운 가시가 달린다. 귤, 레몬 종류 중에서 가장 추위에 강하지만 남부지방에서만 노지생육한다.

이용 열매를 주독, 해독, 어독, 구토, 근육통 등에 약용하고 잼, 술을 담가 먹는다.

환경 비옥토를 좋아하고 북풍에는 약하다.

조경 추위에는 약하지만 서울, 경기에서도 월동하는 경우가 있다. 펜션, 주택의 정원수로 좋고, 화단, 옥상에 식재한다. 도시공원에서는 심볼트리로 식재한다.

번식 종자, 접목으로 번식하기도 하지만 보통은 5~6월에 녹지삽이나 숙지삽으로 삽목한다. 삽수는 10~20cm 길이로 준비하고 IBA 3,000ppm 액에 10초 정도 밑 부분을 침전한 후 약간 기울여 삽목한다. 근삽은 뿌리를 20~25cm 길이로 준비해 심는다.

병해충 더뎅이병, 검은점무늬병, 진딧물, 호랑나비유충, 창가병, 역병, 귤깍지벌레, 귤응애 등이 있다.

가지치기 귤나무에 준해 가지치기하고, 순지르기를 자주 하여 생장을 촉진시킨다.

늦봄 개화
꽃 잎·열매 수형
산울타리

산울타리용 정원수
탱자나무

평정형

운향과 | 상록활엽 관목 | *Poncirus trifoliata* | 3m | 전국 | 중용수

연간계획	1월	2월	3월	4월	5월	6월	7월	8월	9월	10월	11월	12월
번식			종자						종자			
꽃/열매					꽃				열매			
전정	가지치기·솎아내기					가지치기						
수확/비료												

▲ 수형　❶ 잎 ❷ 열매 ❸ 가시　▲ 수형

토양	내조성	내습성	내한성	공해
비옥토	강	중	강	중

중국 원산으로 주로 산울타리로 많이 심는 수종이다. 운향과 식물 중 비교적 추위에 강한 편이어서 서울에서도 노지월동이 가능하다.

특징 4~5월 가지 끝에 흰색의 꽃이 피고, 가지에 날카로운 가시가 달린다. 열매는 가을에 노란색으로 익고 향기가 난다. 귤을 접목 번식할 때 대목으로 사용하기도 한다.

이용 열매, 뿌리, 줄기를 통증, 치통, 타박상, 주독, 산결, 자궁탈수에 약용한다.

환경 비옥토에서 잘 자란다.

조경 도시공원, 펜션, 주택, 농가의 정원수로 좋다. 줄기에 날카로운 가시가 있어서 경계지 등의 산울타리 용도로도 적당하다.

번식 가을에 수확한 종자에서 과실을 제거한 후 직파하거나 축축한 모래와 섞어 저장했다가 이듬해 봄에 파종한다. 발아율은 95% 이상이다.

병해충 탄저병, 흑반병, 응해, 그을음병, 깍지벌레 등이 발생한다.

가지치기 보통 열매 수확을 목적으로 재배하지는 않기 때문에 일반 나무와 비슷하게 병든 가지, 밀집 가지, 교차 가지, 하향지 등을 가지치기한다. 수형은 보통 다간형 수형 등으로 자라지만 평정형 수형이 좋다. 강전정에도 비교적 잘 견딘다.

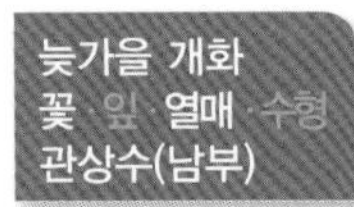

남부지방의 정원용 유실수
비파나무

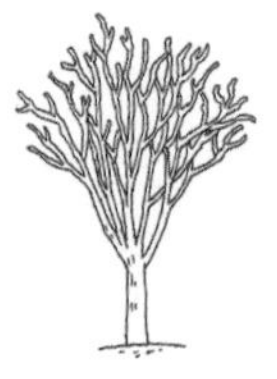
평정형

장미과 | 상록활엽 소교목 | *Eriobotrya japonica* | 4~8m | 남부지방 | 중용수

연간계획	1월	2월	3월	4월	5월	6월	7월	8월	9월	10월	11월	12월
번식				종자			반녹지삽					
꽃/열매					열매					꽃		
전정	가지치기 · 솎아내기						가지치기					
수확/비료						열매수확						

▲ 꽃　　❶ 잎 ❷ 열매 ❸ 수피　　▲ 수형

토양	내조성	내습성	내한성	공해
비옥토	강	중	약	중

중국 원산으로 국내에서는 제주도를 비롯하여 남부지방 농가에서 정원수나 관상수로 심어 기른다.

특징 11월~이듬해 1월 가지 끝에 황백색의 꽃이 모여 핀다. 열매는 5~6월 등황색으로 익고 단맛이 난다.

이용 과실, 수피 등을 기침, 가래, 종기, 구토에 약용한다.

환경 비옥토에서 잘 자라지만 석회질이 너무 많은 토양에서는 성장이 불량하다.

조경 추위에는 약하나 서해안은 안면도에서도 양호한 성장을 보인다. 남부지방의 경우 전주~대구가 월동 한계선으로 보인다. 남해안의 도시공원, 학교, 펜션, 농가의 정원수나 중심수로 좋다. 농가에서 과실수로 재배하기도 한다. 남해안에서는 도로변에서도 흔히 식재한다.

번식 봄에 열매가 잘 성숙했을 때 채취한 뒤 과육을 제거하고 바로 직파하거나 냉상에 파종하면 20도 온도일 때 1~4개월 뒤 발아를 한다. 녹지삽은 봄에, 반숙지삽은 여름에 한다.

병해충 장마철 전후에 부란병(화상병)에 걸릴 수도 있다.

가지치기 가지치기에 따라 평정형, 원개형 수형을 만들 수 있다. 웃자란 가지는 분기점 위나 눈 위에서 자른다. 과수재배면 수확에 용이하도록 상향지를 전정한다. 성목은 열매 수확 후 가지의 길이를 3분의 1 정도 잘라 크기를 제어하고 생장을 촉진시킨다.

상록활엽 정원수
(상록활엽 관목&교목)

사계절 늘푸르른 잎을 보여주는 상록성 교목과 관목들을 소개한다.
상록수종은 정원수와 조경수에서 빼놓을 수 없는 중요한 수종들이다.

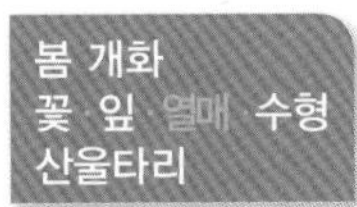

조경수목의 감초목

회양목

다간형

회양목과 | 상록활엽 관목 | *Buxus koreana* | 1~7m | 전국 | 중용수

연간계획	1월	2월	3월	4월	5월	6월	7월	8월	9월	10월	11월	12월
번식			파종 · 숙지삽			파종 · 녹지삽						
꽃/열매			꽃			열매						
전정	가지치기 · 솎아내기											
수확/비료												

▲ 회양목

❶ 꽃 ❷ 잎 ❸ 수피

▲ 가을 단풍

토양	내조성	내습성	내한성	공해
사질양토	강	중	강	강

한국과 일본, 중국에서 자라며 전국의 산지에서 자라지만 주로 경계목과 조경수목으로서의 가치가 높다.

특징 암수한그루이며 3~4월에 달콤하고 짙은 향기를 가진 황록색 꽃이 모여 핀다. 토피어리 등 여러 가지 모양의 수형을 만들 수 있는 있고, 성장속도가 빨라 3~5년이면 성숙한 나무가 된다.

이용 줄기와 잎을 진통, 류머티즘, 신경통, 백일해 등에 약용한다. 목재로 도장을 만든다.

환경 큰 나무 밑에도 성장이 양호하지만 양지에 식재하는 것이 더 좋다.

조경 건물이나 학교 등의 진입로에 열식하거나 산울타리로 식재하고 건물, 펜션, 주택 정원의 화단에 식재한다. 암석정원의 바위 틈 사이에 식재하거나 경계지에 식재해도 잘 어울린다.

번식 6~7월 열매가 갈색으로 성숙하면 껍데기를 탈각한 뒤 바로 파종하거나 노천매장한 뒤 이듬해 봄에 파종하면 보통 2년 뒤 발아한다. 파종 전 종자를 별도로 건조시키지 않는다. 숙지삽은 3~4월에 하고 녹지삽은 6~7월에 한다. 녹지삽은 싱싱한 줄기 상단을 10~20cm 길이로 자른 뒤 땅에 묻히는 부분 잎만 떼어낸 뒤 밭에 꽂는다. 회양목 주변에 씨앗이 떨어져 올라온 싹을 수십개 굴취해 몇 주씩 한 구멍에 식재해도 된다. 산울타리로 식재할 경우 30~50cm

간격이 좋으며 식재한 후 1회 비료를 준다.

병해충 잎이 청동색으로 변하면 석회가 부족한 것이므로 석회질 비료를 준다. 가을이 아닌데 잎이 황색으로 변하면 물기가 많거나 점토질 토양이므로 배수가 잘되게 한다. 잎말이벌레(잎을 말아 그 안에 사는 유충)와 깍지벌레의 발생에 주의한다. 살충제인 디프테렉스로 방제하며 발생 초기에 뿌린다.

가지치기 꽃을 관상할 목적으로 키우는 수종은 아니므로 연중 가지치기를 하되, 서리 내리기 40일 전부터 초겨울까지는 가지치기를 금한다. 가을에 가지치기를 하면 서리가 내릴 때 가지치기한 부분이 손상되면서 줄기가 고사할 수 있다. 회양목은 1년에 두 번정도 가지치기하되, 가급적 이른 봄과 여름이 좋다.

▲ 회양목 가지치기

겨울 가지치기는 손상되거나 병든 가지를 솎아낸다. 여름 가지치기는 통풍이 잘 되도록 밀집 가지와 교차 가지를 정리하고 웃자란 가지와 조밀한 잔가지를 친다. 이때 전체 가지를 대상으로 원하는 모양으로 가볍게 상순 지르기를 하면서 사각형, 원형, 층층형, 난형 등의 수형을 만든다. 상순 지르기는 이른 봄에도 할 수 있는데 잘라진 부분에서 새싹이 돋아난 것이 운치있게 보일 것이다.

회양목을 관리하지 않아 원하는 것보다 크게 자랐거나 덥수룩한 경우, 상대적으로 굵은 가지나 높이 자란 가지, 혹은 가장 늙은 가지 중 30%를 골라내 밑동에서 쳐서 솎아낸다. 어떤 나무든지 솎아낼 때 30% 이상 솎아내면 나무의 생명이 위험하므로 주의한다.

▲ 회양목 산울타리

▲ 회양목을 활용한 제주 여미지공원의 프랑스 정원

TIP BOX 회양목은 식재한 후 몇 년 동안 신경 쓰며 수형을 만들면 그 이후에는 신경쓰지 않고 약전지로도 같은 수형을 유지할 수 있다.

▲ 회양목 진입로 식재의 예

▲ 회양목 산울타리와 둥근향나무 조경의 예

▲ 회양목 암석 조경의 예

▲ 회양목, 산철쭉, 도로 조경

▲ 회양목, 수호초 건물 조경

늦봄 개화
꽃 잎 열매 수형
관상수(남부)

공해에 강한 상록성 목련
태산목

목련과 | 상록활엽 교목 | *Magnolia grandiflora* | 20m | 남부지방 | 중용수

평정형

연간계획	1월	2월	3월	4월	5월	6월	7월	8월	9월	10월	11월	12월
번식										종자		
꽃/열매					꽃					열매		
전정						가지치기						
수확/비료												

▲ 꽃　　❶ 잎 ❷ 열매 ❸ 수피　　▲ 수형

토양	내조성	내습성	내한성	공해
사질양토	중	강	약	강

북미 원산의 상록성 목련과 나무로 꽃이 크고 아름다워 국내에서는 주로 남부지방의 관상수로 즐겨 심는다. 중부지방에서는 월동이 어렵다.

특징 4월 목련과 비슷한 꽃이 피는데 화피조각은 9~12개이고 꽃에서 진한 향기가 난다.

이용 꽃봉오리를 두통, 비염, 치통에 약용한다.

환경 비옥하고 축축한 사질양토가 좋다. 목련과 수종 중에서 비교적 공해에 강한 수종이다.

조경 전주, 대구 이남의 남부지방과 서남해안에서 양호한 성장을 보이고 월동이 가능하다. 도시공원, 펜션, 주택 정원, 산책로, 주차장, 연못가에 정원수로 식재한다.

번식 열매가 빨간색으로 익었을 때 바로 채취하여 양달에 놓으면 며칠 뒤 저절로 벌어지면서 종자가 나온다. 종자를 바로 직파한다.

병해충 깍지벌레(테부페노자이드 수화제), 흰불나방(클로르피리포스 수화제)이 발생한다.

가지치기 가급적 자연 수형으로 키운다. 가지치기를 하려면 꽃이 진 후에 바로 한다. 휴면기 전 치유 시간이 필요하므로 8월 이후는 피한다. 병든 가지, 손상 가지, 교차 가지, 통행에 방해되는 가지를 친다.

초여름 개화
꽃 잎 열매 수형
조경수 산울타리

반짝반짝 윤기나는 최고의 조경수

사철나무

부정형

노박덩굴과 | 상록활엽 관목 | *Euonymus japonicus* | 1~3m | 전국 | 중용수

연간계획	1월	2월	3월	4월	5월	6월	7월	8월	9월	10월	11월	12월
번식			종자 · 숙지삽			녹지삽						
꽃/열매						꽃				열매		
전정	가지치기 · 솎아내기											
수확/비료												

▲ 수형 ❶ 꽃 ❷ 잎 ❸ 열매 ▲ 계단에 식재한 모습

토양	내조성	내습성	내한성	공해
사질양토	강	중	강	강

한국과 일본에서 자라고 국내 조경수종 중에서 가장 흔하고 인기있는 상록 관목이다. 음지에서도 성장이 매우 양호하다.

특징 6~7월 잎겨드랑이에 황록색의 꽃이 모여 핀다. 열매는 10월~12월 4갈래로 갈라지는 적갈색의 열매가 열린다. 씨는 단맛이나는 주황색이다.

이용 뿌리를 월경통, 월경불순에 약용한다.

환경 건조에 강해 물은 보통으로 관수해도 좋다.

조경 산울타리, 담장, 건물 화단, 계단, 경계지, 큰 나무 하부 반음지에 식재한다. 수형 만들기가 좋기 때문에 담장이나 경계지 식물로 흔히 식재한다.

번식 가을에 채취한 종자의 과육을 제거한 뒤 바로 파종하거나 노천매장한 뒤 이듬해 봄에 파종하는데 발아율이 매우 좋다. 봄철 삽목은 지난해 꺾은 가지를 보관했다가 한다. 녹지삽은 장마철 전후 녹색 줄기중 단단히 굳은 것을 10~20cm 길이로 잘라 식재한다.

병해충 탄저병, 깍지벌레, 혹바리 등이 발생한다. 장마철에 탄저병이 많이 발생하므로 발생 초기 다이센 500배 액으로 방제한다. 지면에 떨어진 탄저병으로 피해를 입은 부분은 모아서 소각해야 이듬해 재발하지 않는다.

가지치기 꽃 관상을 목적으로 식재하는 수종이 아니므로 꽃눈에 관계 없이 연중 아무 때나 가지치기를 할 수 있지만 늦여름에서 가을은 피한다. 늦여름~가을에 가지치기를 하면 새로 돋아난 잎이 겨울에 손상을 받기 때문이다. 따라서 휴면기인 한겨울부터 초여름 사이에 최소 2회 혹은 수시로 가지치기를 해서 사각형, 원형, 난형, 산울타리 등 원하는 수형을 만든다. 만일 열매를 관상하려면 겨울에서 초봄 사이에 가지치기를 한다.
먼저 손상되거나 병든 가지는 병이 재발할 수 있으므로 가지치기로 없앤다. 그런 뒤 수형 형성에 방해되는 웃자란 가지를 친다. 밀집된 가지와 교차된 가지는 분기점 위나 두 번째 잎 위에서 친다. 마지막으로 사각형 등의 원하는 수형으로 순지르기를 한다.

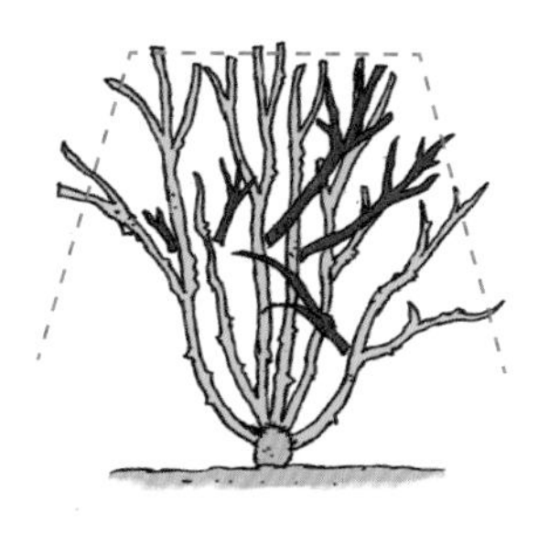
▲ 사철나무 사각형 가지치기

▲ 사각형으로 가지치기한 사철나무 산울타리

▲ 금테사철의 잎

▲ 금테사철의 수형

▲ 은테사철의 잎

▲ 넓은잎사철나무의 잎

▲ 좀사철나무의 잎

▲ 좀사철나무의 수형

여름 개화
꽃 잎 열매 수형
절개지 토피어리

덩굴로 퍼져 자라는

줄사철나무 / 금테줄사철

포복형

노박덩굴과 | 상록활엽 덩굴식물 | *Euonymus fortunei* | 10m | 전국 | 중용수

연간계획	1월	2월	3월	4월	5월	6월	7월	8월	9월	10월	11월	12월
번식			종자 · 숙지삽			녹지삽						
꽃/열매						꽃				열매		
전정	가지치기 · 솎아내기											
수확/비료												

▲ 잎 ❶ 꽃 ❷ 열매 ❸ 줄기 ▲ 수형

토양	내조성	내습성	내한성	공해
사질양토	강	중	강	강

남부지방의 해안가, 서해안, 울릉도에서 자라는 상록성 덩굴식물이다. 음지에서도 성장이 매우 양호하다. 금테사철, 은테사철, 황금줄사철 등 원예품종이 다양하다.

특징 사철나무와 비슷하며 차이점이 있다면 줄기가 덩굴성이며 꽃과 열매가 사철나무보다 작다. 줄기에 공기뿌리를 내어 다른 물체에 달라 붙어서 자란다.

이용 줄기를 신경통 등에 약용한다.

환경 건조에 강하므로 물은 보통으로 관수한다.

조경 절개지의 지피식물로 안성맞춤이다. 화단 안쪽의 음지나 건물 계단 아래, 절개지 등을 감추려고 지피식물로 꾸밀 때 주로 식재한다. 그외 토피어리로도 활용한다.

번식 가을에 채취한 종자의 과육을 제거한 뒤 노천매장한 뒤 이듬해 봄에 파종한다. 숙지삽은 봄에 하고 녹지삽은 5~10월중 한다.

병해충 알려진 병해충은 별로 없으나 깍지벌레나 장마철 흰가루병이 발생할 수 있다. 봄에 새순이 나오기 전이나 발생 초기에 석회유황합제(살균제)로 방제한다.

가지치기 덩굴식물이므로 가지치기를 할 필요가 없다. 먼저 죽은 가지나 병든 가지, 웃자란 가지를 정리한다. 원하지 않는 방향으로 뻗는 가지는 분기점에 바짝 붙여서 가지치기하거나 원하는 방향으로 향하도록 유인한다.

▲ 담장과 보도블록 사이의 화단에 식재한 줄사철나무

▲ 황금줄사철

▲ 경사지에 식재한 금테줄사철과 회양목

▲ 은테줄사철

유사종 구별하기

- **금사철** : 잎의 절반 정도에 노란색 반점이 있다. 꽃꽂이 소재나 정원수로 많이 심어 기른다.
- **금테사철** : 잎 가장자리에 노란색의 테가 있으며, 주로 관상용으로 심어 기른다.
- **은테사철** : 잎 가장자리에 흰색의 테가 있으며, 꽃꽂이 소재나 화분에 심어 기른다.
- **황금줄사철** : 덩굴성으로 잎에 노란색 반점이 있다. 관상용으로 심어 기른다.
- **넓은잎사철나무** : 광택이 있고 가죽질의 잎이 사철나무보다 크고 두툼하다. 무른나무와 같은 것으로 보기도 한다.
- **좀사철나무** : 잎 크기가 사철나무나 줄사철나무에 비해 작고 촘촘하게 자란다.

여름 개화
꽃 잎 열매 수형
산울타리 방화수

부정형

회양목을 닮은 조경수
꽝꽝나무

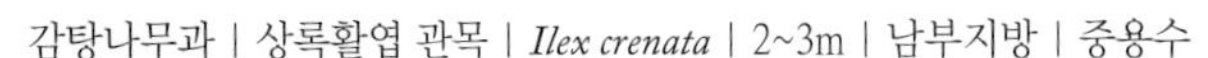
감탕나무과 | 상록활엽 관목 | *Ilex crenata* | 2~3m | 남부지방 | 중용수

연간계획	1월	2월	3월	4월	5월	6월	7월	8월	9월	10월	11월	12월
번식			파종 · 심기			녹지삽						
꽃/열매							꽃			열매		
전정	가지치기 · 솎아내기											
수확/비료												

▲ 꽃

❶ 열매 ❷ 다듬은 수형 ❸ 수형 ▲ 줄기

토양	내조성	내습성	내한성	공해
사질양토	중~강	중	약~중	강

한국, 중국, 일본에 자생하며 제주도와 남부지방 산지에서 자란다. 회양목과 비슷하여 남부지방에서 회양목 대용의 조경수로 식재한다. 잎을 태우면 꽝꽝 터지는 소리가 난다하여 붙여진 이름이다.

특징 암수딴그루로 5~6월 새 가지에서 녹백색의 꽃이 모여 피고 열매는 가을에 검은색으로 익는다. 회양목의 잎과 비교하면 잎에 작은 톱니가 있다.

이용 수액을 파리 잡는 약으로 사용한다.

환경 비옥토를 좋아하고 건조에는 약하나 공해엔 강하다.

조경 충남 이남 남부지방의 진입로에 열식하거나 산울타리로 식재하고 빌딩, 펜션, 주택, 한옥의 화단, 도로변 등에 식재하며, 토피어리나 방화수로도 적당하다.

번식 가을에 채취한 종자의 과육을 제거한 뒤 노천매장한 뒤 이듬해 봄에 파종하면 5~6월에 발아한다. 녹지삽은 6월 말~7월 초에 한다. 병해충에는 강한 편이다.

가지치기 회양목에 준해 가지치기를 하지만 가지치기 시기는 다르다. 꽝꽝나무 열매를 관상하려면 여름 꽃의 손실을 최소화해야 하기 때문에 가지치기 적기는 겨울에서 이른 봄 사이인데 겨울에는 강전지, 이른 봄에는 약전지를 한다. 열매 관상과 무관하다면 가을을 피해 연중 2회 가지치기를 하면서 원하는 수형을 만든다. 보통 원형에서 타원형 수형을 만든다.

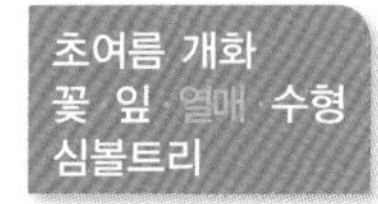

늘푸른 잎의 정원 심볼트리

만병초

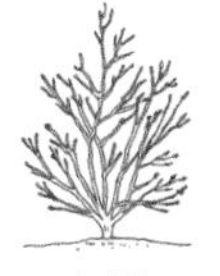
다간형

진달래과 | 상록활엽 관목 | *Rhododendron brachycarpum* | 2~4m | 전국 | 중용수

연간계획	1월	2월	3월	4월	5월	6월	7월	8월	9월	10월	11월	12월
번식		종자							종자·삽목			
꽃/열매					꽃				열매			
전정	가지치기·솎아내기						가지치기					
수확/비료												

▲ 개화기 수형　❶ 흰꽃 ❷ 노란색 꽃 ❸ 잎　▲ 수형

토양	내조성	내습성	내한성	공해
비옥토	중	중	강	약

울릉도를 포함하여 전국의 깊은 산 능선에서 자생한다. 품종에 따라 흰색 꽃, 노란색 꽃, 붉은색 꽃이 핀다. '만(萬) 가지의 병(病)을 고치는 풀'이라 하여 붙여진 이름이다.

특징 6~7월 가지 끝에 연한 홍백색의 꽃이 모여 핀다. 열매는 9월에 갈색으로 익고 도시공원에서 키우는 것은 도입종인 경우가 많다.

이용 잎을 두통, 관절통, 월경불순, 강장, 이뇨에 약용한다.

환경 부식질의 비옥토에서 잘 자란다.

조경 도시공원, 펜션, 주택의 정원수나 심볼트리로 좋고 화단에도 식재한다. 보통 군식하는 경우가 많다.

번식 가을에 채취한 종자의 과육을 제거한 뒤 이끼 위에 직파하거나 기건저장한 뒤 이듬해 2~3월에 파종한다. 삽목은 9월에 잘 된다.

병해충 잎마름병, 탄저병, 녹병, 갈반병, 철쭉방패벌레(수미치온, 디프수화제 등)가 있다.

가지치기 가지치기를 하지 않고 자연 수형으로 키운다. 만일 가지치기를 할 때는 잎에서 5cm 위를 친다. 또한 꽃이 진 뒤에는 죽은 꽃을 따내는데 이때 죽지 않은 꽃이 상처를 입지 않도록 조심한다. 이른 봄에 꽃눈을 따내어 생장을 촉진하기도 한다.

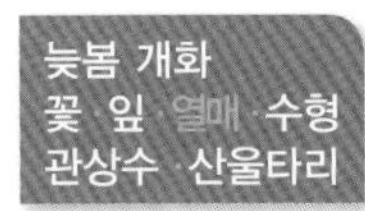

붉은잎을 가진 관상수
홍가시나무

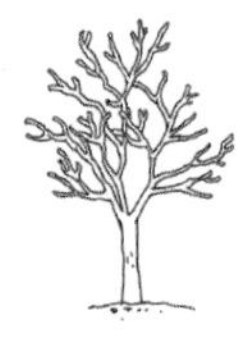
원정형

장미과 | 상록활엽 소교목 | *Photinia glabra* | 3~10m | 남부지방 | 양지

연간계획	1월	2월	3월	4월	5월	6월	7월	8월	9월	10월	11월	12월
번식			종자 · 숙지삽			반숙지삽				종자		
꽃/열매					꽃				열매			
전정	가지치기 · 솎아내기		가지치기									
수확/비료												

▲ 꽃 ❶ 꽃눈 ❷ 잎 ❸ 수피 ▲ 수형

토양	내조성	내습성	내한성	공해
비옥토	강	중	약	중

중국, 일본 원산으로 다양한 개량종이 있다. 국내에서는 남부지방의 관상수로 많이 식재한다.

특징 봄에 새 잎이 나와 5월까지 단풍처럼 붉은색을 띠다가 점차 녹색으로 바뀌는 상록수종이다. 5~6월 새 가지 끝에 자잘한 흰색 꽃이 모여 핀다. 열매는 12월에 붉은색으로 익는다. 생장속도는 빠르다.

이용 열매를 식용하고 구충, 황달, 이질에 약용한다.

환경 비옥토를 좋아하고 건조에는 약하다.

조경 남부지방의 도시공원, 학교, 펜션의 조경수, 심볼트리로 좋다. 가지치기가 잘되기 때문에 독립수는 물론 산울타리로도 손색이 없다.

번식 가을에 채취한 종자를 냉상에 직파하거나 초봄, 초여름에 삽목으로 번식한다. 7~8월에 반숙지삽으로 번식하는 것이 좋다.

병해충 진드기, 진딧물, 깍지벌레, 애벌레 등이 발생하지만 크게 신경쓰지 않아도 된다.

가지치기 가지치기가 잘되는 나무이다. 첫 3년은 강전지를 하여 수형을 만든다. 그 뒤부터는 봄에서 가을 사이에 약전지(순지르기 등)를 하면 붉은색 어린잎이 다시 돋아나면서 아름다운 모습을 보여준다. 독립수로 식재한 경우 평정형, 원형, 타원형 수형이 좋고, 산울타리로 열식한 경우 사각형 가지치기도 잘되는 나무이다.

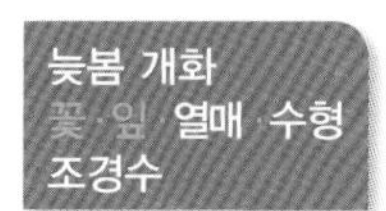

남부지방 상록성 참나무

가시나무 / 종가시나무 / 붉가시나무 / 졸가시나무

원개형

참나무과 | 상록활엽 교목 | *Quercus myrsinifolia* | 15~20m | 남부지방 | 중용수

연간계획	1월	2월	3월	4월	5월	6월	7월	8월	9월	10월	11월	12월
번식			종지			녹지삽						
꽃/열매				꽃					열매(이듬해 성숙)			
전정	가지치기·솎아내기											
수확/비료												

▲ 수형　❶ 꽃 ❷ 잎 ❸ 수피　▲ 수형

토양	내조성	내습성	내한성	공해
사질양토	강	중	약~중	중~강

중국, 일본에도 분포한다. 국내에서는 제주도와 남부 해안지방 진도에서 드물게 자생한다.

특징 암수한그루로 4~5월에 황록색의 꽃이 핀다. 잎의 측맥은 11~15쌍이고 상단에 잔톱니가 있으며 털은 없다.

이용 열매와 잎은 나쁜 피를 없애고 갈증을 해소하고 통증을 없앨 때 사용한다. 참가시나무 잎과 줄기는 신장질환에 사용한다. 종가시나무 열매는 도토리처럼 식용한다.

환경 비옥한 사질양토에서 잘 자란다. 가시나무류 중에서 종가시나무는 공해에 강하다. 또한 가시나무는 내조성, 내염성이 강하지만 다른 가시나무류는 약한 경우도 있다.

조경 추위에는 약하지만 전주, 대구 이남에서는 월동이 가능하다. 전주, 대구 이남의 도시공원, 학교, 펜션의 소경수나 풍치수, 방풍림, 소음차폐수로 좋다. 서울에서도 식재 위치에 따라 월동이 가능하기도 하지만 겨울에 동해를 입는 경우가 많아 꽃과 열매를 보기가 어렵다. 남부지방의 산책로에는 공해에 비교적 강한 종가시나무 종류를 식재한다. 주택에서는 정원 큰 마당에 식재한다.

병해충 텐트나방, 잎말이나방, 흰가루병, 흑반병 등이 발생한다.

번식 가을에 채취한 종자를 기건저장했다가 이듬해 봄에 파종하면 1~2개월 뒤 발아한다. 가시나무류의 삽목은 초봄이나 초여름에 녹지삽으로 하는데 발근율은 낮은 편이다. 가정에서는 묘목을 구입해 식재하는 것이 좋다.

가지치기 늦겨울에 가지치기를 한다. 자연 수형으로 키우며, 가지치기에 따라 원뿔형~타원형~원개형 등의 수형이 나온다. 병든 가지, 하향지, 교차 가지, 밀집 가지를 정리하고 팔 높이의 가지를 제거한다. 또한 성장을 촉진시키고 수형을 만들 목적으로 순지르기를 한다. 가지치기 뒤에는 반드시 도포제를 바른다.

유사종 구별하기

- **종가시나무 :** 잎 상단에 안으로 꼬부라진 톱니가 있다. 잎 상단에 톱니가 있다.
- **붉가시나무 :** 잎 측맥은 9~13쌍, 가장자리는 밋밋하나 간혹 상부에 톱니가 있고, 잎자루에 털이 없다.
- **졸가시나무 :** 측맥은 6~9쌍, 물결 모양의 톱니가 있고, 잎자루에 털이 있다. 잎이 작은 편이다.
- **참가시나무 :** 측맥은 9~13쌍, 상부에 예리한 톱니가 있고, 잎 뒷면 털은 점점 없어지며, 분백색을 띤다.
- **개가시나무 :** 측맥은 10~14쌍, 상부에 예리한 톱니가 있고, 잎 뒷면과 잎자루에 털이 있다.

▲ 종가시나무의 잎 ▲ 종가시나무의 꽃 ▲ 붉가시나무의 잎

▲ 졸가시나무의 잎 ▲ 졸가시나무의 열매 ▲ 붉가시나무의 꽃

▲ 참가시나무의 잎 ▲ 개가시나무의 수피 ▲ 개가시나무의 잎

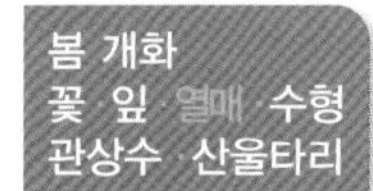

꽃향기가 천리를 가는

서향(천리향)

원형

팥꽃나무과 | 상록활엽 관목 | *Daphne odora* | 1~1.5m | 남해안지방 | 중용수

연간계획	1월	2월	3월	4월	5월	6월	7월	8월	9월	10월	11월	12월
번식				숙지삽		반숙지삽·심기	종자					
꽃/열매			꽃				열매					
전정	솎아내기				가지치기		꽃눈분화					
수확/비료												

▲ 꽃 ❶ 꽃눈 ❷ 잎 ▲ 수형

토양	내조성	내습성	내한성	공해
사질양토	약	중	약	약

중국 원산으로 꽃의 향기가 천리를 간다고 하여 **'천리향'**이라고도 부른다.

특징 암수딴그루로 3~4월에 꽃을 피나 국내 수종은 대부분 숫나무라 결실을 맺지 못한다.

이용 꽃과 뿌리를 진통, 소염, 요통, 근육통, 치통에 약용한다.

환경 비옥한 사질양토, 남향으로 식재한다. 물빠짐이 아주 좋은 토양에서 물을 자주 준다.

조경 전주, 대구 이남에서 노지월동한다. 독립수, 관상수, 산울타리로 군식하거나 펜션이나 한옥 진입로, 암석정원에 식재한다. 중부지방에서는 실내에서 키운다.

번식 국내에서는 종자 결실이 어려우므로 봄철과 장마철 전후에 삽목으로 번식한다. 이식은 6~7월 장마철 전후가 적당하다.

병해충 물빠짐이 나쁘면 흰날개무늬병(베노밀 수화제 등), 자주빛날개무늬병(티오파네이트메틸 수화제 등), 흰비단병 등이 발생한다.

가지치기 꽃이 지면 가지치기를 한다. 병든 가지, 밀집 가지, 교차 가지, 웃자란 가지를 정리한다. 굵은 가지를 정리할 때는 분기점 위로 눈 2~3개를 남기고 가지치기한다. 식물체의 수액은 독성이 있으므로 장갑을 끼어야 하며, 수액이 눈에 들어가지 않도록 주의한다.

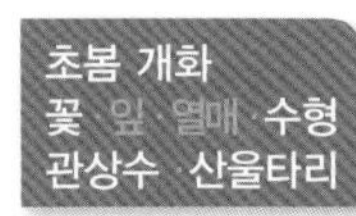

염분에 강한 제주도의 희귀종
백서향

원형

팥꽃나무과 | 상록활엽 관목 | *Daphne kiusiana* | 0.5~2m | 남해안지방 | 중용수

연간계획	1월	2월	3월	4월	5월	6월	7월	8월	9월	10월	11월	12월
번식					종자 · 녹지삽		반숙지삽					
꽃/열매		꽃			열매							
전정	솎아내기			가지치기								
수확/비료												

▲ 꽃 ❶ 잎 ❷ 줄기 ▲ 수형

토양	내조성	내습성	내한성	공해
사질양토	강	중	약	약

우리나라 제주도와 남해안 도서지역에서 자생한다. 중국 원산의 서향은 1000m 고지대, 백서향은 400m 저지대에서 자생한다.

특징 암수딴그루로 2~4월 가지 끝에 향기 좋은 흰색 꽃이 모여 핀다. 서향과 달리 내염성이 강하고 물을 좋아한다. 일반적으로 여름에 열매를 잘 맺으면 백서향이다. 가정에서 키우는 것은 대개 중국 도입종 서향류이다.

이용 서향과 마찬가지로 꽃과 뿌리를 진통, 소염, 요통, 근육통, 치통에 약용한다.

환경 비옥한 사질양토를 좋아한다.

조경 전주, 대구 이남에 식재한다. 암석정원은 물론 해안가에도 식재할 수 있다. 펜션이나 한옥 진입로, 암석정원, 농가의 독립수, 관상수, 산울타리로 군식한다.

번식 초여름에 성숙한 종자를 채취하여 직파하면 이듬해 봄에 발아한다. 삽목 번식은 6~8월중 삽목하면 발근율이 평균 80% 이상이다.

병해충 서향의 병해충에 준해 방비한다.

가지치기 서향에 준해 가지치기하되, 가지치기 시기는 꽃이 진 이후 2개월 이내이다. 병든 가지, 밀집 가지, 교차 가지, 웃자란 가지를 정리한다. 굵은 가지를 정리할 때는 분기점 위로 눈 2~3개를 남기고 가지치기한다. 수액에 독성이 있으므로 장갑을 끼고 작업한다.

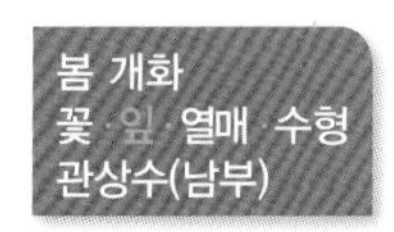

봄 개화
꽃·잎·열매·수형
관상수(남부)

호랑이 발톱처럼 날카로운 가시를 지닌

호자나무

개장형

꼭두서니과 | 상록활엽 관목 | *Damnacanthus indicus* | 0.3~1m | 남부지방 | 중용수

연간계획	1월	2월	3월	4월	5월	6월	7월	8월	9월	10월	11월	12월
번식			종자			녹지삽						
꽃/열매					꽃						열매	
전정		솎아내기				가지치기						솎아내기
수확/비료			비료							비료		

▲ 꽃 ❶ 잎 ❷ 열매 ▲ 수형

토양	내조성	내습성	내한성	공해
사질양토	강	중	약	약

제주도와 전남 홍도의 그윽한 난대림의 숲 그늘이나 바위 틈, 언덕에서 옆으로 퍼지면서 자란다. 호랑이 발톱처럼 날카로운 가시(虎刺)를 가진 나무라는 뜻의 이름이다.

특징 5~6월 잎겨드랑이에서 향기 좋은 흰색의 꽃이 핀다. 열매는 11월에서 이듬해 2월 붉은색으로 익는다.

이용 전초를 종기, 혈액순환, 이수, 해수, 소아감적, 비통, 통풍에 약용한다.

환경 비옥한 사질양토, 조금 건조지에서 자생한다.

조경 추위에 약하므로 중부지방에서는 아파트 베란다에 온실을 꾸며 식재하거나 실내에서 화분으로 키운다. 실내에서 화분으로 키울 때는 2~4주 간격으로 비료를 준다. 남부지방의 노지에서는 큰 나무 하부에 식재하거나 암석정원에 식재한다.

번식 가을에 채취한 종자의 과육을 제거하여 모래와 섞어 노천매장한 뒤 이듬해 봄에 파종한다. 녹지삽은 5~8월에 하는데 5개 꽂으면 4개가 뿌리를 내릴 정도로 아주 잘된다.

병해충 알려진 병해충이 없다.

가지치기 기본적으로 지주대를 세워서 직립형으로 키우는 방법과 철사로 구불구불한 수형을 만드는 방법이 있다. 가지치기할 필요는 없지만 죽은 가지, 병든 가지가 보이면 그때그때 정리한다.

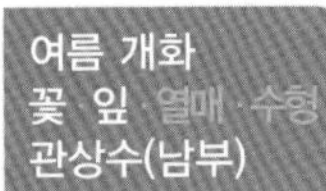

화단에 잘 어울리는 관상수

치자나무 / 꽃치자

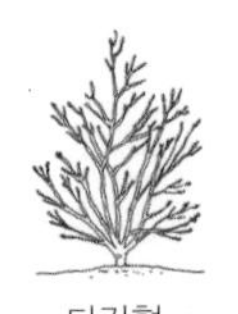

다간형

꼭두서니과 | 상록활엽 관목 | *Gardenia jasminoides* | 3m | 충청이남 | 중용수

연간계획	1월	2월	3월	4월	5월	6월	7월	8월	9월	10월	11월	12월
번식			종자		심기	반숙지삽			종자			
꽃/열매						꽃			열매			
전정		가지치기 · 솎아내기						가지치기				
수확/비료			비료		비료		비료		열매수확			

▲ 겹꽃 품종 ❶ 잎 ❷ 열매 ❸ 꽃치자 잎 ▲ 수형

토양	내조성	내습성	내한성	공해
구별안함	중	중	중	중

중국, 일본 원산으로 남부지방에서 염료를 얻기 위해 심어 기른다. 기본종은 홑꽃이지만 겹꽃의 개량종이 많다. **'꽃치자'**는 치자나무에 비해 잎이 약간 작고 장타원형이 아닌 타원형에 가깝다.

특징 6~7월 가지 끝에 향기를 내며 흰색 꽃이 1개씩 핀다. 치자나무는 높이 3m 내외로 자라지만 꽃치자는 높이 1m 내외로 작게 자란다.

이용 열매, 뿌리, 줄기를 열병, 임병, 결막염, 비출혈 등에 약용한다.

환경 토양을 가리지 않고 잘 자란다.

조경 추위에 약하지만 서울, 경기도에서도 노지월동하는 경우가 많다. 도시공원, 학교, 펜션, 주택 큰 나무 하단의 정원수로 좋다. 중부내륙에서는 실내에서 키운다.

번식 가을에 채취한 종자를 직파하거나 이듬해 봄에 파종한다. 6~7월에는 반숙지를 채취하여 하단 잎은 따고 상단 잎은 절반만 자르고 물에 하단 부분을 1시간 정도 담가 놓았다가 삽목한다. 온실에서는 봄, 가을에도 삽목할 수 있다.

병해충 깍지벌레 등이 발생한다.

가지치기 묵은 가지는 잘라서 햇가지가 많이 나오게 하고, 강하게 나온 가지는 수관선을 따라 수관을 정리한다. 꽃이 핀 상태에서 전정을 하면 이듬해 꽃피기가 좋아진다.

초여름 개화
꽃 잎 열매 수형
조경수(남부)

붉은 열매가 탐스러운 관상수

산호수 / 애기산호수

포복형

자금우과 | 상록활엽 소관목 | *Ardisia pusilla* | 10cm | 제주도 | 중용수

연간계획	1월	2월	3월	4월	5월	6월	7월	8월	9월	10월	11월	12월
번식	분주 · 삽목											
꽃/열매						꽃			열매			
전정	가지치기 · 솎아내기											
수확/비료			액비	액비	액비	액비	액비	액비	액비	액비		

▲ 수형

❶ 꽃 ❷ 잎 ❸ 열매

▲ 애기산호수

토양	내조성	내습성	내한성	공해
사질양토	강	중	약	약

동남아시아, 제주도 계곡가 등에서 무리지어 자생한다. 백량금, 자금우 등과 함께 주로 붉은 열매를 관상하기 위한 관상수로 인기가 있다.

특징 7~8월 줄기에 흰색 꽃이 모여 핀다. 줄기에 털이 있고 잎 가장자리에 거친 톱니가 있으면 산호수이고, 줄기에 털이 없고 잎 가장자리에 잔톱니가 있으면 자금우이다.

이용 전초를 혈액순환, 류머티즘, 요통, 통락에 약용한다.

환경 척박한 사질토양에서 잘 자라고 음지에서도 성장이 양호하다.

조경 제주도와 남부해안에서는 노지월동이 가능하다. 주로 큰 나무 하부에 식재하는 대표적인 조경수로 중부지방에서는 화분에 식재한 뒤 실내에서 키운다. 실내에서 화분으로 키울 경우 봄~가을에 매달 액비를 조금씩 공급한다.

번식 분주, 삽목 번식이 잘 된다. 실내에서의 삽목은 연중 할 수 있는데 가지치기한 줄기를 물꽂이를 해서 뿌리를 내리게 한 뒤 이식한다.

병해충 진딧물, 깍지벌레 등의 병해충이 자주 발생한다.

가지치기 포복형 수형이므로 병든 가지, 웃자란 가지, 밀집 가지를 정리해 통풍이 잘되게 가지치기를 하는데 분기점에서 2~3cm 위에서 가지치기하거나 밑동에서 5cm 위에서 가지치기한다. 화분에 식재한 경우 웃자란 가지를 자르지 않고 늘어지는 수형으로 키우는 것이 멋있다.

초여름 개화
꽃 잎 열매 수형
관상수(남부)

천량금으로 알려진
자금우(천량금)

포복형

자금우과 | 상록활엽 소관목 | *Ardisia japonica* | 20cm | 남부지방 | 중용수

연간계획	1월	2월	3월	4월	5월	6월	7월	8월	9월	10월	11월	12월
번식				숙지삽			녹지삽 · 반숙지삽		종자			
꽃/열매						꽃			열매			
전정		가지치기 · 솎아내기										
수확/비료			액비	액비	액비	액비	액비	액비	액비	액비		

▲ 꽃

❶ 잎 ❷ 열매 ❸ 무늬자금우

▲ 자금우 수형

토양	내조성	내습성	내한성	공해
부식토	강	중	약	약

동남아시아와 우리나라의 서남부지방의 도서지역, 제주도에서 자생한다. 산호수와 거의 비슷하며, **'천량금'**이라고도 한다.

특징 자금우는 잎이 돌려나거나 마주나고 잎자루와 잎에 털이 거의 없는 것이 산호수와 다른 점이다. 자금우는 천량금이라는 이름으로 유통되며 무늬종 등 다양한 개량종이 있다. 꽃은 7~8월에 줄기 끝에 연한 홍백색으로 핀다.

이용 잎과 뿌리를 혈액순환, 기침, 이뇨, 가래, 기관지염, 만성신염, 고혈압, 해독, 복통에 약용한다.

환경 비옥한 부식토에서 잘 자란다.

조경 붉은색의 열매가 오랫동안 달려 있어 서남부지방이나 제주도의 도시공원, 펜션, 주택에서 관상수로 식재한다. 동백나무와 잘 어울려 동백나무 하부에 식재하면 좋다. 중부지방에서는 화분에 심어 실내에서 키운다.

번식 9월에 채취한 종자의 과육을 제거한 뒤 직파한다. 분주로도 번식할 수 있다. 삽목은 봄에서 여름 사이에 습도가 높을 때 하면 성공률이 높다.

병해충 뿌리혹선충(에토프로포스 입제 등), 진딧물, 깍지벌레 등이 발생한다.

가지치기 자금우는 원래 땅을 기는 성질이 있으나 천량금으로 유통되면서 작은 나무 형태의 수형으로 가지치기하는 경우가 많다. 산호수에 준해 가지치기를 하면 된다.

초여름 개화
꽃 잎 열매 수형
관상수(남부)

붉은 열매가 아름다운 관상수
백량금(만량금)

원개형

자금우과 | 상록활엽 소관목 | *Ardisia crenata* | 1m | 남부지방 | 중용수

연간계획	1월	2월	3월	4월	5월	6월	7월	8월	9월	10월	11월	12월
번식									종자			
꽃/열매						꽃			열매			
전정	가지치기 · 속아내기											
수확/비료			액비	액비	액비	액비	액비	액비	액비	액비		

▲ 꽃　❶ 잎 ❷ 열매　▲ 수형

토양	내조성	내습성	내한성	공해
부식토	강	중	약	약

우리나라 남해안의 도서지역과 중국, 일본에서 자생한다. 자금우보다 비교적 키가 크고 열매도 크며 조밀하게 달린 붉은색 열매의 관상 가치가 높다. **'만량금'**이라고도 한다.

특징 자금우과 식물중에는 비교적 키가 큰 높이 1m 내외로 자란다. 홍도 등에서 자금우와 함께 자란다. 흔히 열매가 적게 열리면 백량금, 열매가 많이 열리도록 육종된 것은 만량금이란 이름으로 유통되는데 산림청 정식명칭은 백량금이다.

이용 뿌리와 잎을 편도선염, 인후염, 타박상, 지통, 해독, 무명종독에 약용한다.

환경 비옥한 부식토에서 잘 자란다.

조경 남부지방이나 제주도의 도시공원, 펜션, 주택 등의 관상수로 식재하며, 큰 나무 하부에 식재할 수 있다. 중부지방에서는 화분에 심어 실내에서 키운다.

번식 9월에 채취한 종자를 식물생장조절제에 4~5일 침전한 후 직파한다.

병해충 진딧물, 응애, 흰가루병 등이 발생한다.

가지치기 나무 형태로 가지치기를 한다. 밑부분 가지는 잘라내고 상단부는 살려놓되 밑부분 잔가지를 한번에 가지치기하면 중심을 잃고 쓰러지므로 몇 년에 걸쳐 가지치기하고 여의치 않으면 지주대를 세운다.

여름 개화
꽃 잎 열매 수형
관상수(남부)

붉은색 새순이 돋는 관상수

죽절초

포기형

홀아비꽃대과 | 상록활엽 소관목 | *Sarcandra glabra* | 0.5~1.5m | 제주도 | 중용수

연간계획	1월	2월	3월	4월	5월	6월	7월	8월	9월	10월	11월	12월
번식						녹지삽					종자	
꽃/열매						꽃					열매	
전정	가지치기 · 솎아내기											
수확/비료												

▲ 수형 ❶ 꽃 ❷ 잎 ❸ 군락 ▲ 열매

토양	내조성	내습성	내한성	공해
부식토	강	중	약	약

중국, 일본, 타이완, 동남아시아 등에서 자생한다. 제주도 낮은 지대의 하천변에서 드물게 자라며, 대나무(竹)처럼 줄기에 마디(節)가 부풀듯 발달하였다 하여 붙여진 이름이다.

특징 6~7월 초록색의 가지 끝에 연한 녹색 꽃이 핀다. 잎은 긴 타원형에 끝은 뾰족하고 잎 가장자리에 치아 모양의 톱니가 있다. 열매는 11~12월 구형의 붉은색으로 익으며 자금우나 산호수에 비해 열매가 위를 향해 달리는 점이 독특하다. 또한 새순이 붉은색으로 돋는 점도 특이하다.

환경 비옥한 부식토에서 잘 자란다. 제주도의 울창한 상록수림 아래에서 자생하는데 자생지가 차츰 사라지고 있는 추세이다.

조경 제주도나 남부 해안지방에서 관상수로 식재한다. 도시공원, 펜션, 주택 정원의 큰 나무 하부에 지피식물로 식재하는데 동백나무와 잘 어울린다. 햇빛에는 잎이 타들어가므로 가급적 음지에 식재한다. 중부지방에서는 화분에 식재하고 실내에서 키운다.

번식 가을에 채취한 종자의 과육을 제거한 뒤 직파한다.

병해충 알려진 병해충이 없다.

가지치기 수형이 왜소하므로 가급적 웃자란 가지나 병든 가지만 정리하고 자연 수형으로 키운다.

초봄 개화
꽃 · 잎 · 열매 · 수형
관상수(남부)

남부지방의 상록성 관상수

식나무 / 금식나무 / 참식나무

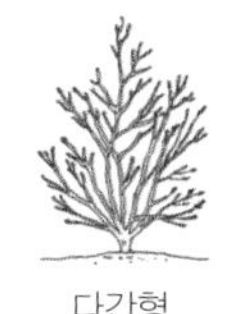
다간형

층층나무과 | 상록활엽 관목 | *Aucuba japonica* | 3m | 남부지방 | 음수

연간계획	1월	2월	3월	4월	5월	6월	7월	8월	9월	10월	11월	12월
번식			종자·숙지삽·심기			녹지삽			반숙지삽	심기		
꽃/열매			꽃							열매		
전정	가지치기 · 솎아내기			가지치기								
수확/비료												

▲ 꽃　❶ 잎 ❷ 열매 ❸ 수피　▲ 수형

토양	내조성	내습성	내한성	공해
비옥토	강	중	약	중

제주도, 전라남도, 경상남도, 울릉도 산지에서 자생하며, 주로 남해안지방에서 볼 수 있다.

특징 암수딴그루로 3~4월 가지 끝에 자갈색의 꽃이 모여 핀다. 열매는 11~12월에 붉은색으로 익고 비교적 오래 달려 있다.

이용 잎을 찰과상, 화상, 치질, 상처에 짓찧어 붙인다.

환경 부식질의 비옥토에서 잘 자라고 양지보다는 내음성이 강한 음수이다. 생장속도는 더디다.

조경 잎과 열매를 관상하기 위해 식재하며, 남서해안의 공원, 학교, 펜션의 정원수로 좋고 주택 정원의 화단에도 어울린다. 음수므로 큰 나무 하부에 식재해도 좋다. 전주, 대구 이남에서 노지월동이 가능하지만 때에 따라 동해를 받을 수 있다. 중부지방에서는 화분에 심어 실내에서 키운다.

번식 가을에 채취한 종자의 과육을 제거한 뒤 노천매장했다가 이듬해 봄에 파종한다. 일반적으로 6~7월에 녹지삽이나 숙지삽으로 번식하는데 해가림시설이 필요하지만 발근율이 높은 편이다.

병해충 식나무는 백견병(디페노코나졸, 이미녹타딘트리아세테이트 미탁제 등), 둥근무늬반점병, 뿌리썩음병 등이, 참식나무는 흰잎마름병, 문우병 등의 병해충이 있다.

가지치기 가지치기를 해도 생장이 촉진되지는 않는다. 손상된 잎이 발견되면 그 밑의 상태를 보면서 손상된 잎에서

3~6cm 아래를 자른다. 병든 가지, 밀집 가지, 웃자란 가지, 교차 가지 등을 정리하는데 약전정은 연중 가능하다. 강전정은 늦겨울~초봄에 하는 것이 좋고 줄기의 길이를 과감하게 3분의 1을 자를 수 있다.

유사종 구별하기

- **금식나무** : 원예품종으로 '얼룩식나무'라고도 부른다. 서해안과 남해안 도서지역에서 자란다. 잎에 황색 반점이 있는 것이 식나무와 다른 점이다. 삽목으로 번식이 잘 된다.
- **참식나무** : 층층나무과가 아닌 녹나무과 상록 교목으로 식나무와 비슷하다 하여 붙여진 이름이다. 암수딴그루이고 10~11월 잎겨드랑이에서 황백색 꽃이 모여 핀다. 서해안과 남해안 도서지역에서 자생하며 제주도 한라산에서도 볼 수 있다. 내조성과 내공해성이 강하며, 번식은 종자와 삽목으로 가능하다.

▲ 금식나무의 수형

▲ 금식나무의 꽃

▲ 금식나무의 잎

▲ 참식나무의 잎

▲ 참식나무의 꽃

▲ 참식나무의 열매

붓을 닮은 새순

붓순나무

원정형

붓순나무과 | 상록활엽 소교목 | *Illicium anisatum* | 3~5m | 남부지방 | 음수

연간계획	1월	2월	3월	4월	5월	6월	7월	8월	9월	10월	11월	12월
번식			종자			녹지삽						
꽃/열매			꽃						열매			
전정	가지치기 · 솎아내기				가지치기							
수확/비료												

▲ 꽃　❶ 잎 ❷ 열매 ❸ 수피　▲ 수형

토양	내조성	내습성	내한성	공해
사질양토	강	중	약	강

남해안과 도서지역에서 드물게 자생한다. 일본에서는 부처에게 바치는 나무로 알려졌다. 새순이 올라오는 모습이 마치 붓처럼 생겼다 하여 붙여진 이름이다.

특징 3~4월 가지 끝에 연한 녹백색의 꽃이 피며 꽃과 수피에서 특유의 향기가 난다. 잎은 긴 타원형이고 가장자리는 밋밋하다. 가을에 녹갈색으로 익는 열매는 독성이 있어 식용을 할 수 없으며 잘못 식용하면 신경발작 등이 발생할 수 있으므로 주의해야 한다.

이용 수피, 잎을 지혈제로 사용한다.

환경 비옥토를 좋아하고 건조한 곳에서는 생장이 불량하다. 생장속도는 더디다.

조경 남부지방의 도시공원, 학교, 사찰, 펜션, 주택 정원의 정원수로 식재한다. 해안가 산책로를 따라 식재해도 적당하다.

번식 가을에 열매가 터지기 전에 채취한 뒤 껍데기를 제거하고 종자를 노천매장한 뒤 이듬해 봄에 파종한다. 삽목은 6월에 녹지삽이 잘 되며 반해가림 시설을 해야 한다.

병해충 탄저병, 잎말이벌레 등의 병해충이 있다.

가지치기 일반적인 나무에 준해 가지치기를 한다. 병든 가지, 밀집 가지, 교차 가지, 하향지를 솎아낸다. 꽃이 지면 꽃이 달린 줄기중 상태가 나쁘거나 상대적으로 묵은 가지의 2분의 1 지점에서 가지치기를 해서 생장을 촉진시킨다.

자생지에서는 교목, 온실에서는 관목

조록나무

원정형

조록나무과 | 상록활엽 교목 | *Distylium racemosum* | 2~20m | 남부지방 | 중용수

연간계획	1월	2월	3월	4월	5월	6월	7월	8월	9월	10월	11월	12월
번식			종자 · 숙지삽			녹지삽		반숙지삽				
꽃/열매				꽃					열매			
전정												
수확/비료												

▲ 꽃 ❶ 잎 ❷ 열매 ❸ 수피 ▲ 수형

토양	내조성	내습성	내한성	공해
사질양토	강	중	약	강

전라남도와 경상남도 도서지역, 제주도에서 자생한다. 자생지에서는 키가 큰 교목이지만 온실에서는 관목형으로 자란다. **'잎벌레혹나무'**라고도 한다.

특징 꽃은 암수한그루이고 4~5월 잎겨드랑이에서 붉은색 꽃이 핀다. 꽃잎이 없고 꽃받침과 수술, 암술만 보인다. 생장속도는 느리며, 재배할 경우 높이 2m 이하의 관목으로 자라는 특징이 있다.

이용 수액을 도자기 유액으로 사용한다.

환경 비옥한 사질양토를 좋아하고 건조한 곳에서도 어느 정도 견딘다.

조경 남부 도서지역과 제주도의 도시공원, 학교, 펜션에 독립수나 조경수로 식재한다. 공해에 강하므로 해안도로에 식재할 수 있고 방풍수로 좋지만 바람에 수형이 비틀어지는 경우가 많다.

번식 가을에 채취한 종자의 과육을 제거하고 냉상에 직파하거나 노천매장한 뒤 이듬해 봄에 파종하는데 발아에 보통 2년이 소요된다. 삽목은 발근율이 낮은 편이다.

병해충 잎에 혹 모양의 충영이 잘 생기고, 털둥근나무좀 등의 병해충이 있다.

가지치기 노지일 경우 묘목일 때 원정형~평정형으로 수형을 잡은 뒤 자연 수형으로 키운다. 온실에서 키우는 경우 원형 수형이 좋고 이따금씩 순지르기만 한다.

이국적인 수형의 남부지방 관상수

굴거리나무

원정형

굴거리나무과 | 상록활엽 관목 | *Daphniphyllum macropodum* | 3~10m | 대전이남 | 음수

연간계획	1월	2월	3월	4월	5월	6월	7월	8월	9월	10월	11월	12월
번식			종자		심기		반숙지삽					
꽃/열매			꽃							열매		
전정	가지치기 · 솎아내기				가지치기							
수확/비료												

▲ 꽃 ❶ 잎 ❷ 열매 ❸ 수피 ▲ 수형

토양	내조성	내습성	내한성	공해
사질양토	약	중	중	중

안면도, 대둔산, 내장산, 울릉도, 제주도, 남부 도서지역의 산지에서 자란다. 굿거리를 할 때 사용했던 나무라 하여 붙여진 이름이다. 이국적 수형으로 남부지방의 관상수로 인기가 있다.

특징 암수한그루로 5~6월 꽃잎이 없는 꽃이 핀다. 열매는 가을에 흑자색으로 익는다. 생장속도는 더디다.

이용 잎과 수피를 구충제로 사용하고, 어린 잎은 나물로 무쳐먹는다.

환경 토양을 가리지 않고 잘 자라나 석회질 토양에서는 생장이 불량하나.

조경 대전, 대구 이남에 식재한다. 도시공원, 빌딩, 학교, 사찰, 펜션, 주택 정원의 정원수나 독립수로 좋다. 공해에 강하므로 지방도의 가로수로도 많이 식재하고 음수이므로 큰 나무 하부에 식재할 수 있다.

번식 가을에 채취한 종자의 과육을 제거한 뒤 노천매장했다가 이듬해 봄에 파종한다. 삽목은 여름~늦여름에 한다.

병해충 잡목긴나무좀 등의 병해충이 있다.

가지치기 이른 봄에는 강전정을 할 수 있고, 꽃이 지면 약전정을 할 수 있다. 꽃이 진후 약전정을 할 때 꽃대를 자르면 열매가 열리지 않으므로 주의한다. 수형은 가지치기에 따라 원정형이나 평정형, 개장형, 원형을 만들 수 있다. 수형이 잡히면 자연 수형으로 기른다.

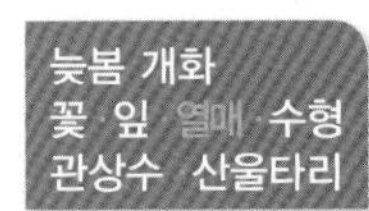

꽃과 잎을 보는 관상수

돈나무

다간형

돈나무과 | 상록활엽 관목 | *Pittosporum tobira* | 2~3m | 남부지방 | 중용수

연간계획	1월	2월	3월	4월	5월	6월	7월	8월	9월	10월	11월	12월
번식			숙지삽 · 심기			녹지삽 · 반숙지삽			반숙지삽			
꽃/열매					꽃					열매		
전정	가지치기 · 솎아내기						가지치기					
수확/비료												

▲ 꽃 ❶ 잎과 열매 ❷ 열매 ❸ 수피 ▲ 수형

토양	내조성	내습성	내한성	공해
사질양토	강	중	약	강

일본, 타이완에 분포한다. 우리나라는 남해안의 도서 지역과 제주도 바닷가 산지 등에서 자생한다. 보통 섬에서 군락을 이루며 자란다.

특징 5~6월 새 가지 끝에 황백색의 꽃이 모여 피고 꽃에서 좋은 향기가 난다. 뿌리 껍질에서 독특한 냄새가 난다. 가죽질에 광택이 나는 잎은 도란상 피침형이며 끝이 둥글고 가장자리는 밋밋하다.

이용 잎과 줄기, 수피를 고혈압, 혈액순환, 종기, 습진, 종독에 사용한다.

환경 비옥한 사질양토에서 잘 자란다.

조경 남부 해안지방의 도시공원, 학교, 사찰, 주택 정원의 관상수로 식재한다. 그 외 산울타리나 공해에 강하므로 유원지, 관광지 산책로를 따라 열식하기도 한다.

번식 가을에 채취한 종자의 과육을 제거한 뒤 뜨거운 물에 수초간 넣었다가 직파하거나 노천매장했다가 이듬해 봄에 파종한다. 삽목 번식을 많이 한다.

병해충 진딧물, 깍지벌레, 그을음병, 갈방병이 있다.

가지치기 통행에 방해되는 가지, 병든 가지, 밀집 가지, 교차 가지, 하향지를 자른다. 가지치기할 때는 분기점이나 중심가지에서 0.5~1cm 위를 자른다. 높이와 너비를 제한하면서 순지르기하되 둥근 수형이 좋다. 확장을 막으려면 뿌리에서 올라온 싹이나 줄기를 잘라낸다.

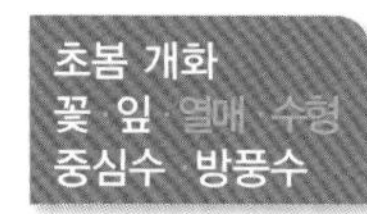

점질성분의 수액이 나오는

감탕나무

원정형

감탕나무과 | 상록활엽 소교목 | *Ilex integra* | 10m | 남부지방 | 중용수

연간계획	1월	2월	3월	4월	5월	6월	7월	8월	9월	10월	11월	12월
번식			종자 · 숙지삽		심기		반녹지삽					
꽃/열매			꽃							열매		
전정	가지치기 · 솎아내기				가지치기							
수확/비료												

▲ 암꽃

❶ 수꽃 ❷ 잎 ❸ 열매

▲ 수형

토양	내조성	내습성	내한성	공해
비옥토	상	중	약	강

중국, 대만, 일본에서 자생한다. 우리나라는 남부지방 도서지역과 울릉도, 제주도 바닷가 주변의 산지에서 자생한다.

특징 암수딴그루이로 3~5월 2년지 잎겨드랑에서 황록색의 꽃이 모여 핀다. 열매는 가을에 붉은색으로 익고 생장속도는 더딘 편이나 수령이 300년 이상인 것도 있다.

이용 수액의 점질 성분은 아교 등 접착제의 재료로 사용되었다.

환경 비옥토를 좋아하고 추위에는 약하나 공해에는 비교적 강하다.

조경 남부지방의 도시공원, 골프장, 펜션, 주택 정원의 정원수나 중심수로 좋다. 공해와 내조성이 강하므로 해안가 도로변에 식재하거나 방풍수, 소음차폐수로도 식재한다.

번식 가을에 채취한 종자의 과육을 제거한 뒤 냉상에 직파하거나 노천매장한 뒤 이듬해 봄에 파종한다. 가을에 파종한 경우 발아에 18개월 정도 걸릴 수 있다. 삽목 번식도 가능하며 8월에 반숙지를 냉상에 삽목한 뒤 그늘에서 관리한다. 묘목 심기는 5~6월이 좋다.

병해충 깍지벌레, 그을음병 등이 발생한다.

가지치기 가지치기가 잘되는 나무로 수형은 높이:너비 2:1 비율이 좋다. 수형을 다듬으려면 꽃이 진 후부터 초여름 사이에 새로 자란 잎중 2~3매 아래를 순지르기한다.

늦봄 개화
꽃 잎 열매 수형
풍치수 산울타리

늠름한 수형을 가진 풍치수
먼나무

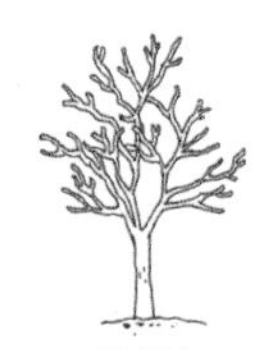
원정형

감탕나무과 | 낙엽활엽 교목 | *Ilex rotunda* | 10m | 남부지방 | 중용수

연간계획	1월	2월	3월	4월	5월	6월	7월	8월	9월	10월	11월	12월
번식				종자				반숙지삽		종자		
꽃/열매						꽃				열매		
전정	가지치기·솎아내기						가지치기					
수확/비료												

▲ 꽃　❶ 잎 ❷ 열매 ❸ 수피　▲ 수형

토양	내조성	내습성	내한성	공해
구별안함	강	중	약	강

중국, 일본에 분포하며 우리나라는 제주도, 보길도 전남 도서지역에서 자생한다. 수형이 아름다워 풍치수로 식재할 만하다.

특징 암수딴그루로 6월 새 가지 끝에 연한 분홍색의 꽃이 모여 핀다. 열매는 11~12월에 붉은색으로 익는다.

이용 수피와 근피를 감기, 지혈, 관절염, 타박상, 화상, 편도선염, 종통, 급성위장염, 간염에 사용한다.

환경 토양을 가리지 않고 잘 자라며, 생장속도는 비교적 빠르다.

조경 남부지방의 도시공원, 학교, 빌딩, 펜션, 사찰 등의 정원수나 풍치수로 좋다. 공해에 강하므로 도로변 가로수나 산책로에 열식하기도 한다.

번식 봄이나 가을에 채취한 종자의 과육을 제거하고 세척한 뒤 직파하는데 발아에 18개월 정도 걸릴 수도 있다. 삽목은 7~9월에 하는데 보통 8월에 하는 것이 좋다.

병해충 깍지벌레, 흑반병, 지고세균병, 잎말이나방 등의 병해충이 있다.

가지치기 강전정에도 잘 견디는 나무이다. 식재 후 1~3년 사이에 통행에 방해되는 하단부 잔가지를 과감히 정리한다. 무리지어 달리는 붉은색의 열매를 관상하는 나무이므로 여름 가지치기에서 열매가 다치지 않도록 주의한다. 그 외는 감탕나무에 준해 가지치기한다.

봄 개화
꽃 잎 열매 수형
관상수 · 심볼트리

육각형 잎의 남부지방 관상수
호랑가시나무 / 완도호랑가시

포기형

감탕나무과 | 상록활엽 관목 | *Ilex cornuta* | 2~3m | 서울 이남 | 양지

연간계획	1월	2월	3월	4월	5월	6월	7월	8월	9월	10월	11월	12월
번식			종자			녹지삽		반숙지삽				
꽃/열매				꽃							열매	
전정	가지치기 · 솎아내기					가지치기						
수확/비료												

▲ 호랑가시나무 꽃

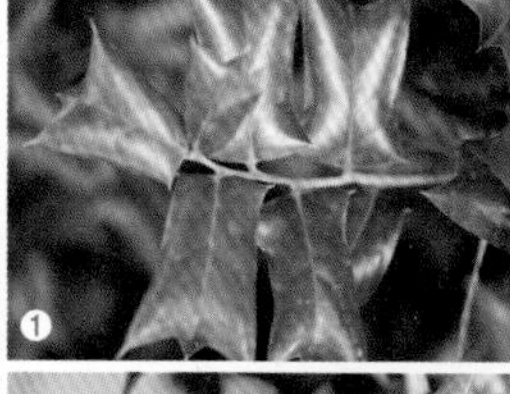

❶ 잎 ❷ 열매 ❸ 수피

▲ 부안 호랑가시나무 군락

토양	내조성	내습성	내한성	공해
사질양토	강	중	중	중~강

전라남도와 제주도 바닷가 주변의 산지에서 자생한다. 완도에서 자생하는 **'완도호랑가시나무'**는 감탕나무와 호랑가시나무의 자연교잡종이다.

특징 암수딴그루로 4~5월 잎겨드랑이에서 녹백색의 꽃이 모여 피고 좋은 향기가 난다. 육각형의 잎에 난 가시가 호랑이발톱 같다고 하여 호랑가시나무라고 하며, 교잡종인 완도호랑가시나무의 잎 가장자리는 둥글다.

이용 열매, 뿌리, 잎, 수피를 보신, 강심, 고혈압, 두통, 임탁, 이명, 타박상, 활락, 타박상에 약용한다.

환경 부식질의 사질양토를 좋아한다.

조경 추위에는 약하지만 서울, 경기에서도 월동하는 경우가 많다. 도시공원, 학교, 펜션, 주택 정원의 정원수, 산울타리, 중심수, 심볼트리로 식재한다.

번식 가을에 채취한 종자의 과육을 제거한 뒤 2년간 노천매장했다가 봄에 파종한다. 6~7월 삽목 번식이 잘된다.

병해충 진드기, 흰가루병, 반점병, 줄기마름병, 황변현상이 있다.

가지치기 가지치기에 잘 견디는 나무이자 가지치기에 생장이 잘 촉진되는 나무이지만 가급적 자연 수형으로 키운다. 병든 가지, 웃자란 가지, 밀집 가지, 교차 가지, 하향지, 통행에 방해되는 가지 정도만 정리한다. 순지르기할 때는 곁가지 바로 위에서 자른다.

유사종 구별하기

- **완도호랑가시** : 감탕나무와 호랑가시나무 사이에서 나온 자연교잡종으로서 잎의 가시가 상대적으로 적고 둥그스름하게 단정하다.
- **미국호랑가시** : 잎의 가시 모양이 호랑가시나무와 달리 날렵하게 생겼다.

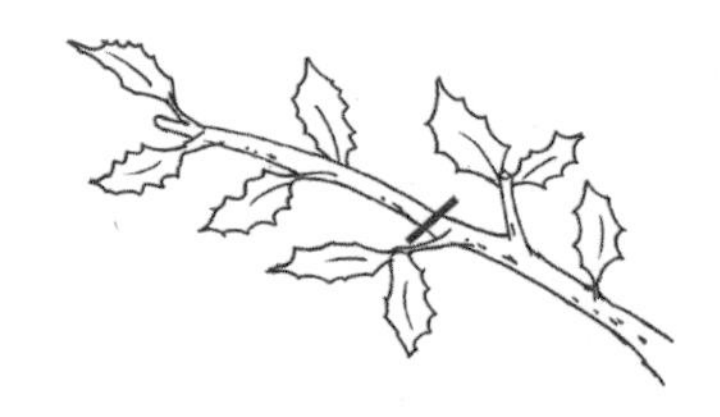
▲ 순지르기 위치

▲ 넓은잎호랑가시나무

▲ 완도호랑가시나무의 꽃

▲ 완도호랑가시나무의 열매

▲ 미국호랑가시나무의 꽃

▲ 호랑가시나무 드와프 버포드 품종의 열매

초여름 개화
꽃 · 잎 · 열매 · 수형
조경수

추위에 강한 상록성 활엽수
동청목 / 개동청나무

원추형

감탕나무과 | 상록활엽 관목 | *Ilex pedunculosa* | 8m | 전국 | 중용수

연간계획	1월	2월	3월	4월	5월	6월	7월	8월	9월	10월	11월	12월
번식			종자		심기			반숙지삽		종자		
꽃/열매						꽃			열매			
전정	가지치기·솎아내기						가지치기					
수확/비료												

▲ 수형 ❶ 꽃 ❷ 잎 ❸ 열매 ▲ 수형

토양	내조성	내습성	내한성	공해
사질양토	강	중	강	중

제주도와 남부지방 산지에서 자라며, 유사종인 **'개동청나무'**는 일본 원산이다. 노박덩굴과의 사철나무도 동청목이라고 부르는 것에 주의한다.

특징 암수딴그루로 6~7월 가지 끝에 흰색의 꽃이 피고 9~10월 열매자루가 긴 적자색 열매를 맺는다. 열매는 오랫동안 달려 관상용으로 좋고, 겨울철 새들의 먹이가 되기도 한다. 잎은 광택이 나며 장타원으로 끝이 뾰족하다. 수형은 시원하고 늠름하게 자란다. 주택의 정원수나 지방도로변의 가로수로 식재할 수 있다.

이용 잎을 구풍, 피부염 등에 사용하며, 열매로 술을 담기도 한다.

환경 비옥토를 좋아한다.

조경 상록활엽수 중에서는 내한성이 강한 나무로 중부지방에서도 월동이 가능하다. 도시공원, 학교, 골프장, 펜션의 조경수로 적당하고 주택 정원의 정원수, 지방도로변의 가로수로도 좋다.

번식 가을에 채취한 종자의 과육을 제거한 뒤 직파하면 발아에 18개월 걸리기도 한다. 1년간 노천매장했다가 파종하기도 한다.

병해충 병해충에 비교적 강하다.

가지치기 가지치기에 잘 견디는 나무이다. 원하는 수형에 맞게 가지치기를 하여 수형을 만들 수 있다.

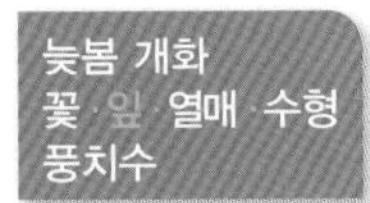

우리나라 난대수종의 대표

녹나무

원개형

녹나무과 | 상록활엽 관목 | *Cinnamomum camphora* | 20m | 제주도, 남해안 | 중용수

연간계획	1월	2월	3월	4월	5월	6월	7월	8월	9월	10월	11월	12월
번식			종자 · 숙지삽			반숙지삽						
꽃/열매					꽃					열매		
전정	가지치기 · 솎아내기					가지치기						
수확/비료												

▲ 수형 ❶ 잎 ❷ 열매 ❸ 수피 ▲ 수형

토양	내조성	내습성	내한성	공해
비옥토	강	중	약	약

제주도 산지의 계곡 주변에서 자생한다. 우리나라 난대수종 중에서 가시나무류와 함께 키가 큰 나무에 속한다. 어린 나무의 줄기가 녹색을 띤다 하여 붙여진 이름이다.

특징 5~6월 새 가지에서 연한 황백색의 꽃이 피고 봄에 새로 돋는 어린잎에서 붉은 빛이 돈다. 열매는 흑갈색이다.

이용 열매, 뿌리, 수피, 잎을 혈액순환, 거풍, 개선, 각기, 타박상, 복통, 종기에 약용한다.

환경 비옥토를 좋아하고 추위에 약해 다른 지역에서는 생육이 불량하다.

조경 제주도와 남해안의 도시공원, 학교, 사찰, 펜션에 중심수나 풍치수로 식재하거나 가로수로 식재하기도 한다.

번식 11월에 채취한 종자의 과육을 제거한 뒤 온실에서 직파하거나 노천매장했다가 이듬해 봄에 파종한다. 발아에는 1~6개월 소요된다. 삽목이 가능하지만 발근율이 낮다.

병해충 탄저병, 청띠제비나방 등의 병해충이 있다. 장마철 전후 흰잎마름병에 잘 걸린다.

가지치기 묘목일 때 가지치기를 하여 수형을 만들되, 보통 겨울에 하며, 키우고 싶은 굵은 가지만 남기고 나머지는 밑부분에서 잘라낸다. 장마철 전후 흰잎마름병에 걸리면 죽을 수 있으므로 병든 가지를 잘라내고 질소 성분이 풍부한 비료를 공급한다. 성목이 되면 자연 수형으로 키운다.

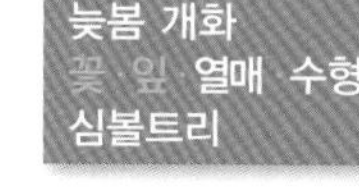

우람한 수형의 난대수종

후박나무

원개형

녹나무과 | 상록활엽 관목 | *Machilus thunbergii* | 20m | 남해안지방 | 중용수

연간계획	1월	2월	3월	4월	5월	6월	7월	8월	9월	10월	11월	12월
번식			종자					종자				
꽃/열매					꽃		열매					
전정	가지치기·솎아내기					가지치기						
수확/비료												

▲ 꽃　❶ 잎 ❷ 열매 ❸ 수피　▲ 수형

토양	내조성	내습성	내한성	공해
비옥토	강	중	약	중~강

서남해안의 도서지방과 울릉도에서 자생한다. 녹나무과 식물 중에서 수형이 가장 당당하게 생긴 수종으로 봄철 새순이 돋을 때 붉게 돋는 특징이 있다.

특징 5~6월 새 가지 끝에서 황록색의 꽃이 피고 열매는 7~8월에 흑자색으로 익는다. 후박나무는 남해안 지방의 초중고교의 조경수로 유명하다. 그 외 가거도, 진도, 우도, 변산반도, 울릉도 등에서 군락으로 많이 자생한다.

이용 수피, 근피는 가래, 설사, 건위에 좋고 다리가 쥐가 나고 퉁퉁 부었을 때 외용한다.

환경 수형이 우람하여 해풍에 잘 견딘다.

조경 남해안 지방의 도시공원 쉼터, 학교, 건물, 펜션, 주택 정원의 중심수나 심볼트리로 좋다. 그 외 서남부지방의 바닷가 방풍림이나 산책로에 식재한다.

번식 8월에 채취한 종자의 과육을 제거한 뒤 바로 직파하면 약 1주일 뒤 발아한다. 어린 묘목은 이식이 가능하나 성목은 이식이 불가능하다.

병해충 응애, 탄저병 등이 발생한다.

가지치기 자연 수형이 좋지만 가지치기할 경우 넓은 타원형~원개형 수형으로 만든다. 밀집 가지중 안쪽으로 향한 가지는 정리하고 외각으로 벌어진 가지를 살리면 타원형 수형을 만들 수 있다. 아울러 통행에 방해되는 하향지, 웃자란 가지를 정리한다.

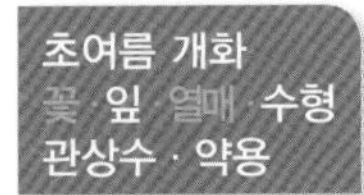

나무 인삼으로 불리는
황칠나무

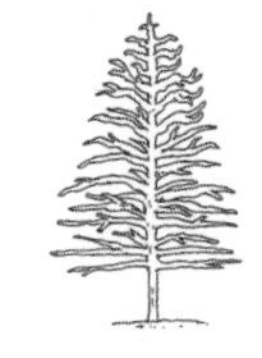

원추형

두릅나무과 | 상록활엽 소교목 | *Dendropanax morbifera* | 15m | 서울이남 | 중용수

연간계획	1월	2월	3월	4월	5월	6월	7월	8월	9월	10월	11월	12월
번식			종자 · 숙지삽			반숙지삽 · 심기						
꽃/열매						꽃				열매		
전정	가지치기 · 솎아내기						가지치기					
수확/비료												

▲ 꽃 ❶ 잎 ❷ 열매 ❸ 수피 ▲ 수형

토양	내조성	내습성	내한성	공해
사질양토	강	중	중	강

남부 도서지역과 제주도 산지에서 자생한다. 수피에 상처를 내면 노란색의 수액(黃漆)이 나오고 이를 칠 재료로 사용하였다 하여 붙여진 이름이다.

특징 7~8월 가지 끝에 황록색의 꽃이 모여 피고 열매는 가을에 흑자색으로 익으며 단맛이 난다. 잎은 광택이 나며 가죽질이고 변이가 있어 삼지창 모양으로 갈라진 것과 그렇지 않은 것도 있다.

이용 수피, 줄기, 잎을 간 기능, 고혈압, 혈액순환, 당뇨 등에 약용한다.

환경 비옥한 사질양토에서 잘 자란다.

조경 추위에는 약하지만 서울에서도 노지월동하는 경우가 있다. 대전, 대구 이남의 도시공원, 아파트, 학교, 사찰, 펜션, 주택의 정원수로 식재한다. 공해에도 잘 견디므로 남부해안 도로변의 가로수로 식재한다.

번식 가을에 채취한 종자의 과육을 제거한 뒤 노천매장했다가 이듬해 봄에 파종한다. 삽목 번식도 잘 되는 편이다.

병해충 병해충에 비교적 강하다.

가지치기 가지치기하지 않고 자연 수형으로 키우는 것이 좋지만, 묘목일 때 원하는 형태로 가지치기할 수도 있다. 줄기가 상향으로 자라는 성질이 있으므로 가지치기를 하여 원형 수형을 만들어보는 것도 좋다. 여름에는 가볍게 순지르기를 한다.

여름 개화
꽃 · 잎 · 열매 · 수형
방화수 · 방풍림

남부지방의 방화수
아왜나무

원정형

인동과 | 상록활엽 교목 | *Viburnum odoratissimum* | 10m | 남부지방 | 양지

연간계획	1월	2월	3월	4월	5월	6월	7월	8월	9월	10월	11월	12월
번식			종자			반숙지삽			종자			
꽃/열매						꽃			열매			
전정	가지치기 · 솎아내기						가지치기					
수확/비료			비료									

▲ 열매결실기 수형 ❶ 꽃 ❷ 잎 ❸ 수피 ▲ 가을 수형

토양	내조성	내습성	내한성	공해
구별안함	강	중	약	강

중국, 일본 등에 분포한다. 남부지방의 도서지역과 제주도에서 자생한다. 남부지방의 방화수로 유명한 수종으로, 나도밤나무의 일본명인 **'아와부키(awabuki)'**를 차용하여 **'아와나무'**라 부르던 것이 변한 이름이다.

특징 6~7월 가지 끝에 자잘한 흰색꽃이 모여 핀다. 열매는 가을에 붉은색에서 검은색으로 익는다.

환경 황폐지, 점토질 토양, 건조한 토양을 제외한 대부분의 토양에서 잘 자란다.

조경 열매 관상용 수종이며, 남부지방의 도시공원, 학교, 사찰, 펜션, 주택의 정원수, 독립수, 군식으로 좋다. 낮은 산의 도로변에 산불을 차단하는 방화수(防火樹)로 군식하거나 해안가 방풍수로 열식한다.

번식 가을에 채취한 종자의 과육을 제거한 뒤 냉상에 파종하면 발아에 18개월 걸릴 수도 있다. 붉게 익기 전의 녹색 열매를 냉상에 파종하면 이듬해 봄에 발아할 확률이 높다. 6~7월에 반숙지를 10cm 길이로 준비한 뒤 삽목한다.

병해충 진딧물, 아왜나무잎벌레, 외잎벌레 등의 병해충이 있다.

가지치기 연중 2회 정도 가지치기 하며, 강전정에도 잘 견딘다. 상향형으로 자라는 성질이 있어 원하는 크기로 한정하기 위해 가지치기나 순지르기를 한다. 하향지, 평형지, 통행에 방해되는 가지, 밀집 가지, 병든 가지를 정리한다.

가을 개화
꽃 잎 열매 수형
심볼트리

향기가 진한 방향성 관상수
금목서

원형

물푸레나무과 | 상록활엽 관목 | *Osmanthus fragrans* | 3~4m | 남부지방 | 양지

연간계획	1월	2월	3월	4월	5월	6월	7월	8월	9월	10월	11월	12월
번식			취목		종자		반숙지삽		반숙지삽 · 취목			
꽃/열매					열매(이듬해 성숙)				꽃			
전정	가지치기 · 솎아내기					가지치기						
수확/비료												

▲ 꽃차례
❶ 꽃 ❷ 잎 ❸ 수피
▲ 수형

토양	내조성	내습성	내한성	공해
사질양토	강	중	약	중

중국 원산으로 전남, 경남지방과 남해안 도서지역에서 관상수로 심어 기른다.

특징 9~10월에 등황색의 꽃이 피고 열매는 이듬해 5~6월에 자갈색으로 익는다. 중부지방에서는 월동이 어렵기 때문에 화분에 심어 실내나 온실에서 키워야 한다.

이용 잎을 중풍, 가래, 기침에 약용한다. 말린 잎은 차로 마신다.

환경 비옥한 사질양토를 좋아하며 생장속도는 더디다.

조경 남부지방의 도시공원, 아파트, 학교, 펜션, 주택 정원에 관상수, 심볼트리로 식재한다. 관목임에도 수형이 퍼지고 균형이 좋으므로 담장 옆에는 식재하지 않는다.

번식 반숙지삽으로 번식하는 것이 가장 좋다. 종자 번식의 경우 채취 즉시 냉상에 파종하되, 발아에 6~18개월 걸린다. 국내의 금목서는 대개 숫나무이므로 종자를 채취하거나 보기가 매우 어렵다.

병해충 삼나무깍지벌레, 솔송나무깍지벌레가 발생하면 스프라사이드 1000배 액을 살포한다.

가지치기 늦겨울에는 병든 가지, 밀집 가지 등을 솎아낼 때 분기점이나 잎, 눈의 0.6~1.2cm 위에서 자른다. 초여름에는 당해년에 자란 가지 중 15cm 이상 자란 가지를 순지르기하거나 곁가지치기를 하여 생장을 촉진시키되, 꽃눈을 피해 약전정한다.

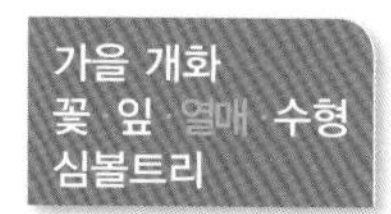

꽃 향기가 달콤한

목서 / 은목서

원형

물푸레나무과 | 상록활엽 관목 | *Osmanthus fragrans* | 3m | 대전이남 | 양지

연간계획	1월	2월	3월	4월	5월	6월	7월	8월	9월	10월	11월	12월
번식							반녹지삽					
꽃/열매										꽃 · 열매(이듬해 성숙)		
전정	가지치기 · 솎아내기					가지치기						
수확/비료												

▲ 꽃 ❶ 은목서 잎 ❷ 목서 잎 ❸ 수피 ▲ 수형

토양	내조성	내습성	내한성	공해
사질양토	강	중	약	약

중국, 일본 원산으로 대만이나 서아시아 등에서 들어온 목서 유사 품종이 다양한 이름으로 식재되고 있다.

특징 금목서에 비해 흰색의 꽃이 피며 잎 가장자리에 톱니가 거의 없고 잎질이 연약하다. 은목서는 금목서에 비해 잎 가장자리에 날카로운 톱니가 달려 있고, 가죽질에 잎이 빳빳하다. 뿔목서, 구골목서, 툰베르기목서 등의 다양한 품종이 있는데 모두 국내에서 자생하지 않는 중국, 대만, 일본, 서아시아에서 도입된 품종이다. 대부분의 품종이 대전이남 지방에서 월동이 가능하지만 일부 품종은 서울에서 월동할 수도 있다. 남부지방에서는 9월에 개화하지만 서울의 경우 품종에 따라 11~3월에 개화한다. 열매는 이듬해 10월경에 성숙한다.

이용 꽃잎이나 잎을 차에 첨가하여 우려 마신다.

환경 비옥한 사질양토에서 잘 자란다.

조경 대전이남 지방의 도시공원, 학교, 펜션, 주택의 정원수, 심볼트리로 좋다.

번식 여름에 가장 기온이 높을 때 반숙지삽으로 번식한다. 종자 번식은 2년 동안 노천매장한 뒤 파종한다. 분주, 취목 번식도 가능하다.

병해충 금목서에 준해 방제한다.

가지치기 금목서에 준해 가지치기하되, 개화할 때까지는 방임으로 키우고 이후 수관선에 따라 수형을 다듬는다.

호랑가시나무를 닮은

구골나무

포기형

물푸레나무과 | 상록활엽 관목 | *Osmanthus heterophyllus* | 3m | 남부지방 | 중용수

연간계획	1월	2월	3월	4월	5월	6월	7월	8월	9월	10월	11월	12월
번식					종자		반숙지삽		반숙지~숙지삽			
꽃/열매				열매							꽃	
전정					가지치기 · 솎아내기							
수확/비료												

▲ 꽃 ❶ 잎 ❷ 어린잎 ❸ 열매 ▲ 수형

토양	내조성	내습성	내한성	공해
점질토	중	중	강	중

대만, 일본 원산으로 우리나라에서는 남부지방에서 공원이나 주택 정원의 관상수로 흔히 식재한다.

특징 암수딴그루로 11~12월 잎겨드랑이에서 흰색의 꽃이 모여 피며 좋은 향기가 난다. 잎은 톱니가 있는 잎과 톱니가 없는 잎이 함께 달리는데 주로 어린잎에 톱니가 있다. 열매는 이듬해 6~7월에 검은색으로 익고 생장속도는 느리며 무늬구골나무 등 다양한 개량종이 있다.

이용 목재로 작은 가구나 장난감을 만든다. 구골나무와 목서 사이의 잡종이 구골목서이다.

환경 비옥한 점질토에서 잘 자란다.

조경 일년 내내 광택이 나는 푸른 잎을 감상할 수 있어 남부지방의 도시공원, 펜션의 관상수나 중심수로 식재하거나 산울타리로 열식한다. 반그늘에서도 양호한 성장을 보이므로 큰 나무 하부에 식재하기도 한다.

번식 봄에 열매가 벌어질 때 채취한 종자를 즉시 냉상에 파종하는데 발아에는 6~18개월 소요된다. 일반적으로 삽목으로 번식하고 이식은 잘되는 편이다.

병해충 병해충에 비교적 강하다.

가지치기 강전지에 잘 견디므로 포기형은 물론 원형, 사각형, 원뿔형 수형이 가능하다. 매년 늦봄에서 여름 사이에 가지치기를 한다. 이때 겨울 동안 죽은 가지 등을 정리하고 순지르기한다.

가을 개화
꽃 잎 열매 수형
(실내) 관상수

실내 공기정화식물
팔손이

포기형

두릅나무과 | 상록활엽 관목 | *Fatsia japonica* | 2~4m | 남부지방 | 음수

연간계획	1월	2월	3월	4월	5월	6월	7월	8월	9월	10월	11월	12월
번식			숙지삽		종자	녹지삽			반숙지삽			
꽃/열매		열매								꽃		
전정	가지치기 · 솎아내기						가지치기					
수확/비료												

▲ 꽃 ❶ 잎 ❷ 열매 ❸ 수피 ▲ 수형

토양	내소성	내습성	내한성	공해
사질양토	강	중	약	강

경상남도, 전라남도, 제주도에서 자생한다. 잎이 7~9갈래로 갈라지고 손가락 모양이라 하여 붙여진 이름이다. 일본에서는 '팔수(八手)'라고 한다.

특징 11~12월 가지 끝에 흰색 꽃이 둥근 원추 형태로 모여 핀다. 열매는 이듬해 4~5월 검은색으로 익는다. 실내 오염된 공기를 정화하는 공기정화식물로도 유명하다.

이용 잎을 류머티즘, 가래에 약용한다.

환경 비옥한 사질양토에서 잘 자란다.

조경 전주, 대구 이남에서 노지월동이 가능하다. 남부지방의 도시공원, 아파트, 학교, 사찰, 펜션, 주택의 정원수로 식재한다. 해안가 도로변이나 산책로에도 식재하며, 산울타리 용도로도 적당한 수종이다. 음수이므로 큰 나무 하부에 식재하는 것이 좋고, 중부지방에서는 실내 조경수로 좋은데 실내에서 키울 경우 연 3회 정도 비료를 준다.

번식 가을에 꽃이 핀 뒤 이듬해 봄에 열매를 맺는데 5월경 흑빛으로 익은 열매를 수확해 직파한다. 녹지삽, 숙지삽, 분주 번식도 할 수 있다.

병해충 총채벌레, 깍지벌레, 진딧물, 응애, 뿌리썩음병, 잎반점병 등이 발생한다.

가지치기 봄에는 병든 가지, 밀집 가지, 교차 가지 등을 전정하고 죽은 꽃을 따준다. 생장속도가 빠르기 때문에 늦여름에는 크기를 조절하기 위해 약전정한다.

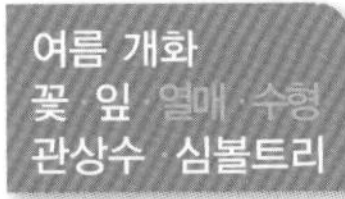

향기 좋고, 단풍이 아름다운 관상수

후피향나무

원개형

차나무과 | 상록활엽 소교목 | *Ternstroemia gymnanthera* | 7m | 남부지방 | 중용수

연간계획	1월	2월	3월	4월	5월	6월	7월	8월	9월	10월	11월	12월
번식			종자 · 숙지삽			녹지삽				종자		
꽃/열매							꽃			열매		
전정	가지치기 · 솎아내기											
수확/비료												

▲ 꽃 ❶ 잎 ❷ 열매 ❸ 수피 ▲ 수형

토양	내조성	내습성	내한성	공해
사질양토	중	중	약~중	중

중국과 일본에 분포하며 국내에는 남해안 지방과 제주도 산지 숲속에서 자생한다. 새로 난 어린잎은 붉은빛을 띠고 꽃 향기가 진하다.

특징 6~7월 가지 끝 잎겨드랑이에서 황백색의 꽃이 아래를 향해 핀다. 열매는 가을에 붉은색으로 익고 익으면 벌어지는 특성이 있다. 생장속도는 더디지만 꽃 향기가 좋고 잎이 아름다우며 가을에 빨갛게 물드는 단풍을 보기 위해 관상수로 식재한다. 비쭈기나무의 꽃과 비슷하지만 후피향나무의 꽃이 더 크다.

이용 수피, 잎을 치질에 달여서 바른다.

환경 비옥한 사질양토에서 잘 자란다.

조경 전주, 대구 이남의 도시공원, 빌딩, 사찰, 학교, 펜션, 주택 정원의 정원수나 독립수로 좋다. 심볼트리로 식재할 경우 2m 간격으로 몇 주를 군식한다. 중부지방에서 키우려면 화분에 심은 뒤 실내에서 키워야 한다.

번식 가을에 채취한 종자의 과육을 제거한 뒤 직파하거나 노천매장한 뒤 이듬해 봄에 파종한다. 삽목은 6월이 좋고 발근촉진제에 침전한 후 삽목하면 발근율이 높아진다.

병해충 깍지벌레, 그을음병, 잎말이나방 등이 발생한다.

가지치기 성목이 되기 전 가지치기로 수형을 잡아준다. 수형은 원정형~원뿔형이 좋다. 늙은 가지는 몇 년 간격으로 가지치기를 하여 어린 가지가 돋게 하는 것이 좋다.

꽃과 잎이 아름다운 관상수

비쭈기나무

원정형

차나무과 | 상록활엽 소교목 | *Cleyera japonica* | 9~15m | 남부지방 | 중용수

연간계획	1월	2월	3월	4월	5월	6월	7월	8월	9월	10월	11월	12월
번식			종자 · 숙지삽			녹지삽			반숙지삽			
꽃/열매						꽃				열매		
전정	가지치기 · 솎아내기											
수확/비료												

▲ 꽃 ❶ 잎 ❷ 열매 ❸ 수피 ▲ 수형

토양	내조성	내습성	내한성	공해
구별안함	강	중	약	중

일본, 중국, 대반에 분포한다. 우리나라는 전라남도 도서지역과 제주도 산지에서 자생한다. 서양과 일본에서 잎에 변이를 준 다양한 개량종이 나오고 있다. **'빗죽이나무'**라고도 한다.

특징 6~7월 잎겨드랑에서 황백색의 꽃이 아래를 향해 핀다. 후피향나무에 비해 향기는 거의 없다. 열매는 가을에 흑자색으로 익는다. 꽃과 잎이 아름다워 관상수로서의 가치가 충분하다.

이용 목재를 빗, 건축자재, 땔감으로 사용한다.

환경 토양을 구별하지 않고 배수가 잘되는 토양에서 잘 자라며, 생장속도는 중간이다.

조경 전주, 대구 이남의 도시공원, 아파트, 사찰, 펜션, 주택의 정원수나 독립수로 좋다. 일본에서는 신사에 심는 나무로 알려져있다.

번식 가을에 종자를 채취한 뒤 껍데기를 제거하고 직파하거나 노천매장한 뒤 이듬해 봄에 파종한다. 숙지삽은 3월, 녹지삽은 6월에 잘 된다.

병해충 병해충에 비교적 강하지만 간혹 깍지벌레가 발생한다.

가지치기 가지치기가 거의 필요하지 않는 수종이다. 자연수형으로 키우되, 생장을 촉진하기 위해 때때로 순지르기를 해준다.

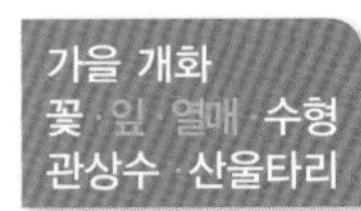

찻잎을 재배하는

차나무

다간형

차나무과 | 상록활엽 관목 | *Camellia sinensis* | 2~8m | 남부지방 | 중용수

연간계획	1월	2월	3월	4월	5월	6월	7월	8월	9월	10월	11월	12월
번식			숙지삽			녹지삽			반숙지삽	종자		
꽃/열매									꽃 · 열매(이듬해 결실)			
전정									가지치기			
수확/비료		차잎 수확(연중 3회 어린잎 위주로 수확)							비료			

▲ 꽃　❶ 잎 ❷ 열매 ❸ 수피　▲ 수형

토양	내조성	내습성	내한성	공해
산성토	강	중	중	중

중국 원산으로 우리나라에서는 남부지방의 보성과 하동, 지리산 일대에서 식재하거나 재배한다.

특징 10~11월 잎겨드랑이에서 흰색 꽃이 옆이나 아래를 향해 핀다. 열매는 이듬해 8~9월 갈색으로 익는다.

이용 열매, 뿌리, 잎을 심장병, 이뇨, 두통, 말라리아, 설사, 천식, 가래, 기침에 약용한다.

환경 약산성토양에서 잘 자라고 중성토양에서는 생육이 불량하다.

조경 전주, 대구 이남의 도시공원, 학교, 펜션, 주택의 정원수나 산울타리로 식재한다. 중부지방에서는 실내에서 키우고, 서울에서도 노지월동하는 경우가 있다.

번식 가을에 채취한 종자의 과육을 제거하여 직파한다. 또는 녹지삽, 숙지삽 등의 삽목 번식이 가능하다. 실내에서 키울 경우 겨울철 생육기에 1개월 간격으로 비료를 준다.

병해충 탄저병, 노균병, 볼록총채벌레(디노테퓨란 입상수용제), 뿔밑깍지벌레, 차응애, 적엽고병, 백성병, 백문우병 등이 있다.

가지치기 재배할 경우 9월 말이 가지치기 적기이나 가정집 관상수는 꽃이 진 후가 적기이다. 원형 수형이 좋고, 병든 가지, 교차 가지 등을 전정하고, 개별 가지의 눈 위, 잎 위를 순지르기한다. 10년 이상 자란 성목은 늙은 가지를 골라서 분기점에서 전정하면 회춘이 가능하다.

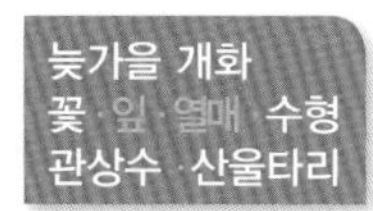

쥐똥나무 대용의 상록 관목

우묵사스레피 / 사스레피나무

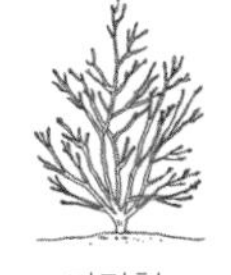

차나무과 | 상록활엽 관목 | *Eurya emarginata* | 1~3m | 전국 | 중용수

연간계획	1월	2월	3월	4월	5월	6월	7월	8월	9월	10월	11월	12월
번식			종자 · 숙지삽			반숙지삽						
꽃/열매									열매		꽃	
전정	가지치기 · 솎아내기											
수확/비료												

▲ 꽃　❶ 잎 ❷ 열매 ❸ 수피　▲ 사스레피나무 수형

토양	내조성	내습성	내한성	공해
구별안함	강	중	약	강

남부지방 도서지역과 세주도 바닷가 주변에서 자생한다. 사스레피나무에 비해 잎이 우묵하게 들어간다 하여 붙여진 이름이다.

특징 암수딴그루로 10~12월 잎겨드랑이에 황백색의 꽃이 모여 피고, 열매는 이듬해 9~11월에 검정색으로 익는다. 꽃에서 약간 좋지 않은 향이 난다. 사스레피나무에 비해 잎이 작고 가장자리가 뒤로 말리며 잎끝이 둥글다. 사스레피나무의 잎은 끝이 뾰족하고 가장자리에 톱니가 있다.

이용 공해에 매우 강해 공장지대에 식재하는데 건조한 곳에서도 잘 자란다. .

환경 토양을 구별하지 않고 비교적 잘 자라지만 생장속도는 느리다.

조경 남부지방의 도시공원, 공장, 학교, 사찰, 펜션, 주택의 정원수, 산울타리로 식재한다. 산책로를 따라 열식하거나 군식한다. 중부지방에서는 화분이나 분재로 키운다.

번식 10월 하순 전후에 열매를 채취한 뒤 종자의 과육을 제거한 뒤 직파하거나 노천매장했다가 이듬해 봄에 파종한다. 삽목 번식도 가능하다.

병해충 깍지벌레, 그을음병 등이 발생한다.

가지치기 가지치기에 잘 견디는 나무로 밀집 가지, 교차가지를 정리해 통풍을 원활히 해준다. 산울타리로 식재한 경우 사각형 모양으로 가지치기를 할 수 있다.

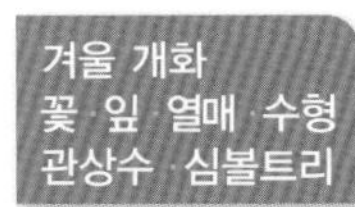

겨울에 꽃피는 남부수종
동백나무

원정형

차나무과 | 상록활엽 소교목 | *Camellia japonica* | 7m | 대전이남 | 중용수

연간계획	1월	2월	3월	4월	5월	6월	7월	8월	9월	10월	11월	12월
번식			종자 · 심기			녹지삽 · 심기			심기			
꽃/열매		꽃							열매		꽃	
전정			가지치기			가지치기				가지치기		
수확/비료									휴면기			

▲ 꽃　❶ 겹동백 ❷ 잎 ❸ 열매　▲ 수형

토양	내조성	내습성	내한성	공해
사질양토	강	중	약	중

제주도와 남부지방 해안가나 비옥한 계곡가에서 흔히 자생한다. 유사종으로 동백나무에 비해 꽃이 10~12월에 피며 꽃잎이 활짝 벌어지는 **'애기동백나무'**가 있다.

특징 11월에서 이듬해 4월까지 가지 끝에 붉은색 꽃이 피며, 열매는 9~10월에 붉은색으로 익는다. 겨울에 붉은색 꽃이 피는 것으로 유명하다. 조생종은 10~12월, 일반 품종은 1~3월에 개화한다. 생장속도는 느리다.

이용 꽃을 비출혈, 혈붕, 설사, 혈림, 화상, 타박상에 약용한다.

환경 약산성의 사질양토에서 잘 자란다.

조경 대전 이남의 도시공원, 학교, 펜션, 주택 화단의 정원수나 심볼트리로 좋다. 추위에는 약하지만 충남과 경기도에서도 자라며 강원도 해안에서도 성장이 가능하다.

번식 가을에 채취한 종자의 과육을 제거하고 며칠 음건한 뒤 물에 가라앉은 종자만 선별하여 충적저장한 후 이듬해 봄에 파종한다.

병해충 탄저병(마네브디이센 500배액), 그을음병, 떡병, 독나방 등의 병해충이 발생한다.

가지치기 강전정을 잘 견디는 나무이다. 병든 가지, 밀집가지, 교차지, 하향지, 웃자란 가지를 정리한다. 순지르기는 꽃이 떨어진 후인 6월경이 좋다. 당해년에 자란 가지의 밑에 있는 전년도 가지의 4~5마디 부분에서 전정한다.

침엽 정원수

바늘 또는 피침 모양의 잎을 가진 침엽수종을 중심으로 정원수 또는 조경수용으로 적합한 수종들을 살펴보도록 한다.

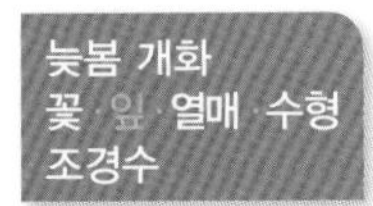

우리나라를 대표하는 정원수

소나무 / 금강소나무

부정형

소나무과 | 상록침엽 교목 | *Pinus densiflora* | 35m | 전국 | 양지

연간계획	1월	2월	3월	4월	5월	6월	7월	8월	9월	10월	11월	12월
번식	심기		종자 · 심기									심기
꽃/열매					꽃				열매			
전정	가지치기 · 솎아내기					가지치기					가지치기 · 솎아내기	
수확/비료	솔잎 수확				솔순 수확							

▲ 수꽃　❶ 잎 ❷ 열매 ❸ 수피　▲ 수형

토양	내조성	내습성	내한성	공해
구별안함	중	중	강	중

전국의 산에서 자라는 대표적인 정원수이다. 원줄기 상단부에서 붉은 빛이 돌아 **'적송'** 이라고도 하고, 또는 **'육송'**이라고도 부르는데 이는 일본식 표기이다.

특징 암수한그루로 4~5월 새가지 끝에 꽃이 피고 열매는 다음해 9~10월에 거북등처럼 솔방울로 익는다. 연한 침형의 잎은 2개씩 모여 달린다.

환경 척박한 땅에서도 잘 자라고 건조에도 잘 견딘다.

조경 소나무는 보통 깊은 산에서 볼 수 있고 야산 등에 흔히 식재하는 것은 대부분 북미 원산의 리기다소나무이다. 도시공원, 학교, 빌딩, 아파트, 사찰, 주택 정원의 조경수나 중심수로 식재하며, 부(富)를 상징하는 나무로 여겨 고급 저택의 조경수로 많이 식재한다. 그 외 조림수, 방풍수로도 식재한다.

번식 가을에 채취한 열매 껍데기를 제거하고 기건저장했다가 봄에 1개월 전 노천매장한 뒤 파종한다. 곰솔을 대목으로 하여 접목한다. 삽목은 특수 살균시설이 필요하다.

병해충 솔잎혹파리(수프라사이드 등), 진딧물(수프라사이드 등), 깍지벌레, 제선충, 하늘소(수프라사이드 등), 엽고병, 엽진병 등이 발생한다.

가지치기 가지치기를 잘 견디므로 수형을 잡을 때는 좌우 균형이 좋도록 가지치기한다. 병든 가지, 밀집 가지, 교차지, 하향지, 웃자란 가지를 정리한다. 두 가지가 있을 때는 상향지를 자르고, 평행지로 대체하여 수관이 좌우로 잘 벌어지도록 한다. 5월 말 생육이 왕성한 새 가지 끝의 촛불 모양 부분을 절반 정도 순지르기하고 주변의 잎 중 지저분한 잎도 뜯어낸다. 여름 가지치기시 송진이 흐르므로 가급적 초여름 끝낸다.

▲ 5월 말 소나무 순지르기

유사종 구별하기

- **금강소나무(황장목)** : 수피가 매우 붉고 원줄기가 곧게 자란다. 금강산에서 경북 울진 쪽에 분포하며 예로부터 궁궐의 건축재로 사용하였다.

▲ 영월 산솔마을의 소나무

▲ 서울 홍릉 금강소나무의 가지치기 모습

▲ 울진 소광리 금강소나무의 자연 수형

늦봄 개화
꽃 · 잎 · 열매 · 수형
조경수 · 방풍림

바다가에서 자라는 소나무

곰솔

부정형

소나무과 | 상록침엽 교목 | *Pinus thunbergii* | 20m | 전국 | 양지

연간계획	1월	2월	3월	4월	5월	6월	7월	8월	9월	10월	11월	12월
번식	심기		종자 · 심기									심기
꽃/열매					꽃				열매			
전정	가지치기 · 솎아내기				가지치기						가지치기 · 솎아내기	
수확/비료												

▲ 암꽃 ❶ 수꽃 ❷ 열매 ❸ 수피 ▲ 수형

토양	내조성	내습성	내한성	공해
사질양토	강	중	중	강

중부 이남 바닷가 주변에서 자생한다. 소나무와 마찬가지로 우리나라 대표적인 조경수이며, **'해송'** 또는 **'흑송'**이라고 부르기도 하는데 이는 일본식 이름이다. 곰솔은 수피가 검다하여 '검솔'이 변한 이름이다.

특징 암수한그루로 4~5월 새 가지 끝에 꽃이 달린다. 잎은 침형으로 2개씩 달리고 열매는 이듬해 9~10월 갈색으로 익는다. 소나무와 달리 잎이 뻣뻣하고 끝이 뾰족하다. 생장속도는 빠르고 일본에서는 아주 흔한 소나무로 분재의 소재로 인기가 있다.

환경 약산성의 사질양토에서 잘 자란다.

조경 해안가는 물론 내륙에서 조경수로 식재한다. 도시공원, 학교, 빌딩, 펜션, 아파트, 주택의 정원에 식재한다. 그 외 해안도로의 산책로, 방풍림으로도 식재한다.

번식 가을에 채취한 열매의 껍데기를 제거한 뒤 기건저장했다가 봄에 1개월 전 노천매장한 뒤 파종한다. 발아율은 90% 내외이다.

병해충 솔잎혹파리(수프라사이드 등), 진딧물(수프라사이드 등), 깍지벌레, 제선충, 하늘소(수프라사이드 등), 엽고병, 엽진병 등이 발생한다.

가지치기 수형을 잡을 때는 소나무처럼 좌우 균형이 맞게 가지치기한다. 병든 가지, 밀집 가지, 교차지, 하향지, 웃자란 가지를 정리한다. 여러 가지가 있을 때는 강한 가지를 잘라 잔가지가 많이 돋도록 한다. 생육이 왕성한 새 가지 끝의 촛불 모양 부분은 아래의 그림과 같이 순지르기하되, 봄에서 초여름 사이에 한다.

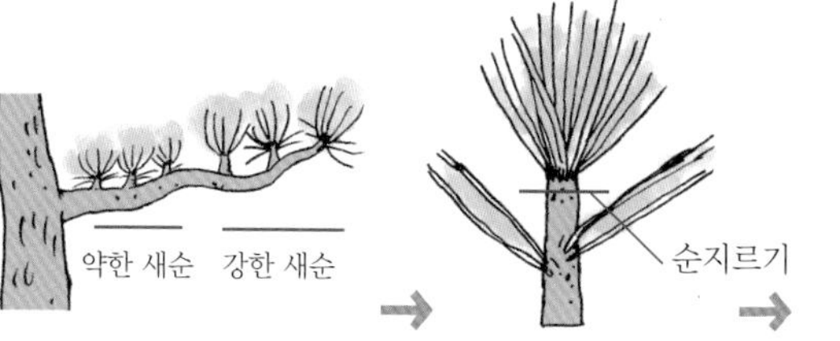

▲ 곰솔의 순지르기

▲ 잎이 5개씩 달리는 일본오엽송

▲ 야산에 조림된 리기다소나무
▲ 원줄기에서 잎이 돋는 리기다소나무

TIP BOX 야산에 흔히 조림되어 있는 소나무 수종은 대부분 북미 원산의 '리기다소나무'이다. 리기다소나무는 소나무와 달리 잎이 3개씩 모여 달리고 원줄기에도 잎이 달라 붙어 돋아난다. 주로 산사태 방지용으로 많이 식재되어 있다. 잎이 5개씩 달리는 '일본오엽송'은 울릉도에서 자생하는 '섬잣나무'를 '오엽송'이라고도 부르는데 이는 섬잣나무와는 지역적 특성이 다른 아종으로 본다.

늦봄 개화
꽃·잎·열매·수형
조경수·심볼트리

쟁반 모양을 이루는 소나무

반송

원형

소나무과 | 상록침엽 교목 | *Pinus densiflora* f. *multcaulis* | 2~5m | 전국 | 중용수

연간계획	1월	2월	3월	4월	5월	6월	7월	8월	9월	10월	11월	12월
번식			종자 · 심기						심기			
꽃/열매					꽃				열매			
전정	가지치기 · 솎아내기			가지치기								
수확/비료												

▲ 홍릉수목원 반송　❶ 꽃 ❷ 잎 ❸ 열매　▲ 가지치기 모습

토양	내조성	내습성	내한성	공해
사질양토	중	중	강	중

소나무와 달리 밑부분에서 원줄기가 많이 갈라져 마치 쟁반 모양을 이루는 것이 특징이다.

특징 같은 소나무지만 중용수로서 반그늘에서도 성장이 양호하다. 잎은 2개씩 돋아나고 생장 속도는 느리다.

환경 비옥한 사질양토에서 잘 자란다.

조경 전국의 도시공원, 빌딩, 학교, 펜션, 주택 정원의 정원수나 심볼트리로 식재한다. 그 외 진입로를 따라 열식하거나 암석정원에 식재하면 운치가 있고, 인도 옆 경계지에 식재하기도 한다. 해안지대에는 곰솔과 비슷한 곰반송을 식재한다.

번식 가을에 채취한 열매의 껍데기를 제거한 뒤 기건저장했다가 봄에 1개월 전 노천매장한 뒤 파종한다. 종자 파종은 성목이 될 때까지 오랜 시간이 소요되므로 보통 소나무를 대목으로 하여 접목으로 번식한다.

병해충 소나무에 준해 병해충을 방비한다.

가지치기 소나무처럼 좌우균형이 맞도록 가지치기하는데, 묘목일 때는 가지치기를 피하고 뿌리에서 올라온 싹중 한, 두 개는 살리고 나머지는 가지치기한다. 보통 4~5년 이상 자랐을 때부터 본격적인 가지치기를 한다. 반송의 특성상 굵은 가지는 보호하고 가는 가지 위주로 가지치기하되, 가지가 구불구불 자라도록 모양을 잡아준다. 병든 가지, 밀집 가지, 교차지, 하향지, 웃자란 가지를 정리한다. 수형은 원형~타원형이 좋다. 봄에는 가장 왕성하게 웃자라는 가지를 치고 곁가지로 대체한다. 일반적인 순지르기는 5월에 원하는 모양으로 깍아주는데 보통 둥근 수형이 좋다.

▲ 원줄기가 10여 개인 반송

▲ 원줄기가 서너 개인 반송

▲ 균형잡힌 수형의 창경궁 반송

남부지방의 소나무

대왕소나무(대왕송, 왕솔나무)

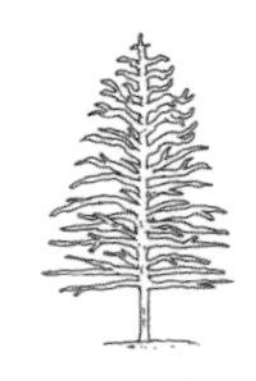

원추형

소나무과 | 상록침엽 교목 | *Pinus palustris* | 35m | 남부지방 | 양지

연간계획	1월	2월	3월	4월	5월	6월	7월	8월	9월	10월	11월	12월
번식			종자						종자			
꽃/열매				꽃				열매				
전정	가지치기·솎아내기				가지치기							
수확/비료												

▲ 수형　　❶ 꽃 ❷ 잎 ❸ 수피　　▲ 잎

토양	내조성	내습성	내한성	공해
사질양토	중	중	약	강

북미 원산으로 추위에 약해 국내에서는 남부지방에서 관상수로 식재한다. 다른 소나무에 비해 수형이 장대하고 잎이 40~60cm까지 늘어지며 자란다.

특징 소나무에 비해 잎의 길이가 2~4배 길고, 잎은 3개씩 달리기 때문에 잎이 밑으로 늘어지듯 달리는 것이 매력적이다. 암수한그루이며 꽃은 4~5월에 피고 열매는 이듬해 여름에 성숙한다.

이용 미국에서 송진을 대량 채취하는 자원 소나무이다. 기다란 솔잎은 고대 서양에서 바구니를 만들어 사용하였다.

환경 사질양토에서 잘 자란다.

조경 청원, 안동 이남의 도시공원, 골프장, 학교, 펜션의 정원수나 독립수, 풍치수로 좋고 하단에 초화류와 함께 심으면 운치가 있다. 공해에 강하므로 한적한 도로변에도 식재하며, 불에 잘 견디므로 방화수로 식재하기도 한다.

번식 성숙한 종자를 채취한 뒤 겨울이 오기 전 냉상에 직파한다. 혹은 기건저장했다가 이듬해 봄 파종 전 1개월간 노천매장한 뒤 침수처리 후 파종한다.

병해충 소나무에 비해 병해충이 거의 없지만 갈반엽고병(보르도액 등)에 취약하다.

가지치기 자연 수형으로 키워도 엉성한 원추형~타원형의 수형이 나오는 나무이다. 병든 가지, 밀집 가지, 교차지, 하향지, 웃자란 가지, 통행에 방해되는 가지만 정리한다.

봄 개화
꽃 · 잎 · 수피 · 수형
심볼트리

수피가 흰 소나무
백송

원정형

소나무과 | 상록침엽 교목 | *Pinus bungeana* | 15m | 전국 | 중용수

연간계획	1월	2월	3월	4월	5월	6월	7월	8월	9월	10월	11월	12월
번식			종자									
꽃/열매				꽃						열매		
전정		가지치기 · 솎아내기			가지치기							
수확/비료												

▲ 평정형 수형

❶ 꽃 ❷ 잎 ❸ 수피

▲ 원정형 수형

토양	내조성	내습성	내한성	공해
사질양토	중	중	강	강

중국 원산으로 국내에서 조경수로 많이 식재하는 소나무이다. 수피가 흰색인 소나무라는 뜻이며, 수피가 아름다워 전국에서 정원수 또는 조경수로 인기가 있다.

특징 암수한그루이며 4~5월 새 가지에서 꽃이 달린다. 침형의 잎은 3개씩 모여 달리고, 열매는 이듬해 가을경에 황갈색으로 익고 아래를 향해 달린다. 일반 소나무와 달리 수피가 흰색이고 갈라진다. 생장속도는 다른 소나무에 비해 많이 더딘 편이다.

이용 열매를 가래, 기침, 기관지염, 종기, 화상, 피부질환에 약용한다.

환경 비옥한 사질양토에서 잘 자라고 이식은 잘 안 된다.

조경 도시공원, 빌딩, 사찰, 학교, 펜션의 정원수나 심볼트리로 적당하다.

번식 가을에 채취한 종자를 냉상에 바로 직파한다. 또는 저온저장했다가 파종 전 한달 동안 노천매장한 뒤 파종한다. 기건저장한 경우에는 파종 전 침전처리후 파종한다.

병해충 소나무에 비해 병해충이 적게 발생한다.

가지치기 가지치기에 따라 원정형~평정형 수형이 나온다. 이른 봄 전체적으로 균형 있게 꽃눈을 분포시킬 목적으로 불필요한 꽃눈을 순지르기한다. 병든 가지, 밀집 가지, 웃자란 가지, 통행에 방해되는 가지를 친다. 원줄기 하단에서 5cm 이상 자란 잔가지를 친다.

고산지대의 아름다운 조경수
전나무(젓나무)

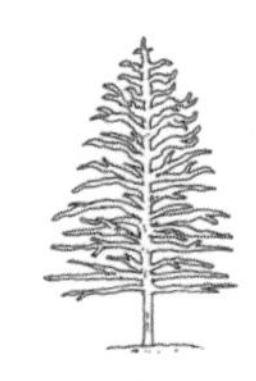
원추형

소나무과 | 상록침엽 교목 | *Abies holophylla* | 40m | 전국 | 중용수

연간계획	1월	2월	3월	4월	5월	6월	7월	8월	9월	10월	11월	12월
번식			종자									
꽃/열매										열매		
전정	가지치기·솎아내기				가치지기							
수확/비료												

▲ 묘목 수형 ❶ 수꽃 ❷ 눈 ❸ 수피 ▲ 노거수 수형

토양	내조성	내습성	내한성	공해
사질양토	약	중	강	약

전국의 높은 산에서 자라는 고산성 침엽 교목이다. 수지 성문인 끈끈한 진액이 나와서 **'젓나무'**라 하던 것이 변해 전나무가 되었다. 곧게 뻗은 수형이 아름다워 조경수로 심어 기른다.

특징 암수한그루로 4~5월 2년지에서 꽃이 달린다. 잎은 선형에 촘촘히 달린다. 뒷면에 백색기공선이 있다. 열매는 10월 원통형의 갈색으로 익는다.

이용 줄기와 잎, 송진을 류머티즘, 감기, 폐결핵에 사용하데 복용하지 않고 목욕물에 타거나 훈연해서 호흡한다.

환경 비옥한 사질양토에서 잘 자라며, 추위에 잘 견딘다. 묘목일 때 생장 속도가 느리고 그 후부터는 생장 속도가 빠르다. 묘목일 때는 수피에 회색빛이 돈다. 남부지방에 식재한 전나무 조경수는 일본전나무인 경우가 많다.

조경 공해에 약하다고 알려져 있지만 요즘은 아파트 안쪽 정원에서 식재하는 경향이 있다. 도시공원, 학교, 펜션의 정원수나 심볼트리로 좋고 산책로나 골프장 진입로에도 열식할 수 있다.

번식 가을에 채취한 종자를 기건저장한 뒤 이듬해 봄에 파종한다.

병해충 모잘록병(종자 소독 파종으로 예방), 잎떨림병(만코지 수화제 등), 빗자루병(옥시테트라사이클린 수화제), 뿌리썩음병 등의 병해충이 있다.

가지치기 가지치기를 해도 싹이 잘 나오지 않는(맹아가 잘 나오지 않는) 수종이므로 가지치기에 주의한다. 가지치기를 하더라도 약전정만 한다. 병든 가지, 연약한 가지, 통행에 방해되는 하단 가지만 정리하고 상단부는 전정할 필요가 없다. 만일 잔가지나 새 가지를 가지치기할 경우에는 눈 위에서 가지치기한다.

유사종 구별하기

- **일본전나무** : 전나무는 잎끝이 갈라지지 않고 뾰족한데 반해 일본 원산의 일본전나무는 잎끝이 뾰족하게 2개로 갈라져 자란다.

▲ 오대산의 전나무 숲

▲ 일본전나무

▲ 광릉 국립수목원의 겨울 전나무 숲 전경

TIP BOX 일본전나무는 따뜻한 지방에서 잘 자라기 때문에 남부지방에서 많이 식재하였다. 새로 난 잎의 끝이 뾰족하고 2개로 약간 갈라져 있는 것이 일본전나무이다.

▲ 일본전나무 잎 끝

봄 개화
꽃 잎 열매 수형
관상수

수피에 분백색이 도는
분비나무

원추형

소나무과 | 상록침엽 교목 | *Abies nephrolepis* | 25m | 전국 | 중용수

연간계획	1월	2월	3월	4월	5월	6월	7월	8월	9월	10월	11월	12월
번식			종자									
꽃/열매				꽃					열매			
전정	가지치기 · 솎아내기					가지치기						
수확/비료												

▲ 수형 ❶ 겨울눈 ❷ 열매 ❸ 수피 ▲ 노거수 수형

토양	내조성	내습성	내한성	공해
비옥토	약	중	강	약

우리나라를 비롯한 중국, 러시아 몽골 등에 자생하고 높은 산 중턱의 아고산지대에서 자란다. 수피에 분백색이 돌아 **'분피나무'**라고 부르던 것이 변한 이름이다.

특징 암수한그루로 4~5월 2년지에 꽃이 달린다. 잎 모양은 전나무 잎과 비슷하지만 잎의 끝이 두 개로 갈라져있고 전나무 잎에 비해 날카롭지 않다. 잎 뒷면에는 2줄의 뒷면에 백색기공선이 있다. 열매는 9~10월 다갈색으로 익는다. 수피도 전나무나 종비나무 수피에 비해 갈라지지 않거나 덜 갈라진다. 어린 수피는 백송처럼 백록색을 띠며, 생장속도는 느리다.

이용 목재를 상자, 가구재, 펄프재 등으로 사용하며, 잎과 수형이 아름다워 관상수 및 크리스마스 장식용 나무로 사용한다.

환경 비옥토에서 잘 자란다.

조경 도시공원, 골프장, 학교의 독립수, 풍치수로 좋다. 공해가 적은 아파트 안쪽 정원에 독립수로 식재할만하다.

번식 가을에 채취한 종자를 기건저장한 뒤 이듬해 한달간 노천매장한 뒤 파종한다.

병해충 모잘록병, 붉은마름병(만코지 수화제 600배액 등), 소나무좀, 삼나무하늘소, 응애 등의 병해충이 있다.

가지치기 가지치기를 할 필요가 없지만 가지치기할 경우에는 전나무에 준해 가지치기한다.

늦봄 개화
꽃·잎·열매·수형
풍치수

북방계 한국특산식물
종비나무

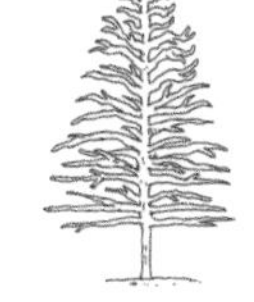
원추형

소나무과 | 상록침엽 교목 | *Picea Koraiensis* | 25m | 중부이북 | 양지

연간계획	1월	2월	3월	4월	5월	6월	7월	8월	9월	10월	11월	12월
번식			종자 · 숙지삽		녹지삽				반숙지삽			
꽃/열매					꽃					열매		
전정	가지치기·솎아내기					가지치기						
수확/비료												

▲ 묘목 수형 ❶ 꽃 ❷ 열매 ❸ 수피 ▲ 노거수 수형

토양	내조성	내습성	내한성	공해
사질양토	중	중	강	약

중국과 러시아를 비롯하여 북한 지역과 만주에서 자생하며, 압록강 일대를 자생지로 보아 우리나라 특산식물로 취급하고 있다. 남한 지역에는 자생지가 없다.

특징 암수한그루로 5~6월 2년지 끝에 꽃이 달린다. 잎은 선형에 4능선형이고 끝이 뾰족하다. 열매는 10월에 적갈색으로 익는다. 수피는 잘 갈라져 종이처럼 껍질이 벗겨지는 경우가 많다. 생장 속도는 매우 더디다.

이용 잎, 수피를 온 몸이 쑤시는 풍습병에 사용한다.

환경 비옥토에서 잘 자란다.

조경 한냉형 수종이므로 중북 이북의 도시공원, 골프장, 학교, 펜션의 독립수나 풍치수로 식재하고, 산책로, 진입로를 따라 열식한다.

번식 가을에 채취한 종자를 서늘한 장소에서 기건저장한 뒤 이듬해 봄에 파종한다. 이식은 가문비나무에 비해 잘 되는 편이다.

병해충 녹병, 가지마름병(혹은 빗자루병), 뿌리썩음병, 진딧물, 딱정벌레 등이 있다.

가지치기 기본적으로 원뿔형의 수형이 나오는 나무이므로 가지치기가 필요하지 않다. 병든 가지, 연약한 가지, 통행에 방해되는 하단 가지만 정리하고 상단부는 전정하지 않는다. 만일 잔가지나 새 가지를 가지치기할 경우에는 눈 위에서 가지치기한다.

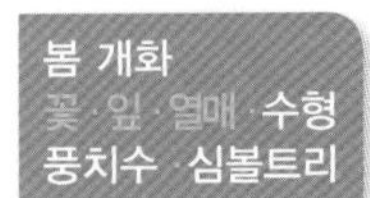

수형이 멋진 공원의 관상수

가문비나무 / 독일가문비

원추형

소나무과 | 상록침엽 교목 | *Picea jezoensis* | 40m | 중부이북 | 양지

연간계획	1월	2월	3월	4월	5월	6월	7월	8월	9월	10월	11월	12월
번식			종자 · 심기							심기		
꽃/열매					꽃				열매			
전정	가지치기 · 솎아내기					가지치기						
수확/비료												

▲ 묘목 수형　❶ 꽃 ❷ 열매 ❸ 수피　▲ 노거수 수형

토양	내조성	내습성	내한성	공해
사질양토	약	중	강	약~중

높은 산 고산지대에서 자생한다. 주로 지리산, 덕유산, 계방산 등의 고산의 경사지에서 볼 수 있다. 유럽 원산의 독일가문비나무는 수형이 좋고 가지가 처지는 듯 자라 학교나 공원의 관상수로 인기가 높다.

특징 암수한그루로 5~6월 2년지에 꽃이 달린다. 원뿔형 소나무 중 가장 수형이 빼어나다. 묘목일 때는 생장속도가 느리지만 성목이 되면 생장속도가 빨라진다.

이용 목재는 연하고 악기재, 가구재, 펄프재로 사용한다.

환경 비옥한 사질양토에서 잘 자란다.

조경 가문비나무는 한냉형 수종으로 저지대에서는 생육이 어렵다. 고원지대에 있는 도시공원, 골프장, 학교, 펜션의 독립수나 풍치수로 식재하거나 진입로에 열식한다. 유럽에서 크리마스마스 트리로 이용하는 독일가문비는 추위에 약해 중부 이남에 주로 식재하며, 학교, 공원의 심볼트리로 식재한다.

번식 종자를 9월에 채취한 뒤 서늘한 곳에서 기건저장했다가 한달 간 노천매장한 뒤 파종한다. 독일가문비는 장마철 전후 숙지삽으로 번식한다.

병해충 모잘록병, 갈반병(다이센 M45 800배 액 등)이 있다.

가지치기 자연 수형으로 키우며, 병든 가지, 연약한 가지, 통행에 방해되는 하단 가지만 정리한다.

유사종 구별하기

- **독일가문비** : 묘목은 추위에 약하지만 성목이 되면 경기도 포천권역에서도 월동이 가능하다. 가문비나무와 비교하여 암꽃이 녹색 또는 홍색을 띤다. 주로 중부 이남 지방에 공원수로 많이 식재되어 있다.
- **코니카가문비** : 공해, 추위, 내음성이 강해 가문비나무 대용으로 도시공원이나 펜션에 흔히 식재한다.
- **풍겐스가문비(은청가문비)** : 북미 원산으로 잎이 은청색이기 때문에 은청가문비라고도 불린다. 도시공원, 유원지, 펜션 등에서 흔히 식재한다. 내한성도 강하고 토양을 가리지 않고 잘 자란다. 진딧물, 딱정벌레 등의 여러 병해충이 있다.

▲ 코니카가문비의 수형

▲ 독일가문비의 수형

▲ 독일가문비의 암꽃

▲ 독일가문비의 열매

▲ 풍겐스가문비의 수형

▲ 풍겐스가문비의 잎

▲ 캐나다가문비의 열매

봄 개화
꽃·잎 열매·수형
독립수

울릉도에서 자생하는

솔송나무

원추형

소나무과 | 상록침엽 교목 | *Tsuga sieboldii* | 30m | 울릉도 | 중용수

연간계획	1월	2월	3월	4월	5월	6월	7월	8월	9월	10월	11월	12월
번식			종자 · 심기							심기		
꽃/열매					꽃					열매		
전정	가지치기 · 솎아내기											
수확/비료												

▲ 열매

❶ 꽃 ❷ 잎 ❸ 열매

▲ 수형

토양	내조성	내습성	내한성	공해
사질양토	강	중	강	중

일본과 우리나라에 분포하며, 울릉도에서 섬잣나무와 함께 자생한다. 아름다운 잎과 수형으로 관상수로 식재한다. 울릉도에 천연기념물 군락지가 있다.

특징 암수한그루로 4~5월에 꽃이 핀다. 잎은 선형에 가운데가 오목하게 파이고 뒷면에 2줄의 백색기공선이 있다. 주목 잎과 비슷하지만 수피, 열매, 꽃의 모양이 주목과 다르다. 비슷한 나무로는 '캐나다솔송나무'가 있다.

이용 목재를 건축재, 가구재, 펄프용재로 사용한다.

환경 비옥토에서 잘 자란다. 배수가 좋으면 음지에서도 잘 자란다.

조경 경기 이남의 도시공원, 학교, 사찰, 고급 주택, 펜션, 광장의 중심수나 독립수로 식재한다.

번식 가을에 채취한 종자를 밀봉저장한 뒤 이듬해 봄 1개월간 노천매장한 후 파종한다.

병해충 삼나무깍지벌레, 솔송나무깍지벌레가 발생한다.

가지치기 나뭇가지가 밑으로 처지며 우산 모양처럼 자라는 것이 매력적이다. 하향지~평형지~측가지 위주로 잘 살리고 병든 가지를 전정한다. 열매의 관상 가치도 있어서 여름 가지치기는 당해년에 나온 햇가지를 보고 순지르기를 한다. 웃자란 가지는 곁가지로 대체하고 자른다. 이때 좌우 곁가지의 길이가 서로 다르면 같은 길이로 전정한다. 분기점 위의 0.7~1.2cm 지점을 자른다.

늦봄 개화
꽃·잎·열매·수형
독립수

고산지대에서 자라는 한국특산식물
구상나무

원정형

소나무과 | 상록침엽 교목 | *Abies koreana* | 18m | 전국 | 중용수

연간계획	1월	2월	3월	4월	5월	6월	7월	8월	9월	10월	11월	12월
번식			종자									
꽃/열매					꽃			열매				
전정		가지치기 · 솎아내기										
수확/비료												

▲ 수꽃　❶ 잎 ❷ 열매 ❸ 수피　▲ 수형

토양	내조성	내습성	내한성	공해
사질양토	강	중	강	약

한국특산식물로 제주도의 한라산과 지리산, 속리산, 덕유산 등의 해발고도 1,000미터 이상의 고산지대 능선에서 자생한다.

특징 암수한그루로 4~5월 2년지에서 꽃이 핀다. 촘촘하게 나는 잎은 돌려나고 잎 끝이 2개로 갈라져 있으며, 끝부분이 뭉툭하다. 열매의 색상에 따라 푸른구상, 검은구상, 붉은구상이라고도 부른다. 생장속도는 매우 느리다.

이용 잎과 줄기의 정유성분은 항염, 항생에 효능이 있고 목재는 건축재, 기구재로 사용한다.

환경 비옥한 사질양토에서 잘 자란다.

조경 도시공원, 학교, 광장, 펜션의 독립수, 중심수로 좋다. 암석정원에도 식재한다.

번식 가을에 채취한 종자를 기전저장했다가 이듬해 봄에 파종 1개월 전 노천매장한 뒤 파종한다.

병해충 탄저병, 모잘록병, 소나무좀, 심식굴나방(피레탄유제 등) 등의 병해충이 있다.

가지치기 가지치기를 하지 않고 자연 수형으로 키워도 멋진 수형이 나오는 나무이다. 필요한 경우 병든 가지, 통행에 방해되는 가지만 가지치기한다. 구상나무 역시 여름이 되기 전 가지치기를 해야 하며 여름에는 수피에 송진이 흐르므로 가지치기를 피한다.

▲ 한라산의 구상나무

▲ 지리산의 구상나무

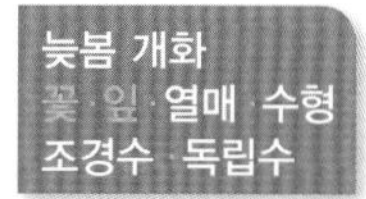

오엽송이라고도 불리는
잣나무

원추형

소나무과 | 상록침엽 교목 | *Pinus koraiensis* | 30m | 전국 | 중용수

연간계획	1월	2월	3월	4월	5월	6월	7월	8월	9월	10월	11월	12월
번식			종자 · 심기									
꽃/열매					꽃				열매			
전정	가지치기 · 솎아내기					가지치기						
수확/비료												

▲ 암꽃

❶ 잎 ❷ 열매 ❸ 수피

▲ 수형

토양	내조성	내습성	내한성	공해
비옥토	중	중	강	중

지리산 이북 산지에서 자란다. 잣을 얻기 위해 심어 기르기도 하며, **'홍송(紅松)'** 또는 **'오엽송(五葉松)'**이라고도 부른다.

특징 암수한그루로 소나무와 달리 잎이 5개씩 모여서 달려 '오엽송'이라고도 한다. 꽃은 5~6월에 피고 열매는 이듬해 9월에 성숙한다.

이용 열매를 골장, 변비, 기와 혈액, 폐를 보할 목적으로 약용한다.

환경 부식질의 비옥토에서 잘 자란다.

조경 도시공원, 학교, 빌딩, 골프장, 유원지, 사찰, 광장의 조경수나 독립수로 좋다.

번식 가을에 채취한 종자를 노천매장했다가 봄에 파종한 뒤 해가림을 해준다. 묘목 심기는 해빙기인 3월 말이 좋다.

병해충 잣나무털녹병(풀밭에서 송이풀 미리 제거), 잣나무잎떨림병, 잣나무넓적잎벌(나크수화제 등), 잎녹병, 가지마름병, 재선충병 등이 발생한다.

가지치기 자연 수형으로 키워도 원뿔형 수형이 나오지만 기본적으로 다음과 같은 가지치기가 필요하다. 먼저 겨울 가지치기에서 높이를 3등분해서 하단 3분의 1지점의 가지를 전부 잘라낸다. 직경 7cm 이상의 잣나무는 지면에서 5m 높이까지 가지를 쳐서 없앨 수 있다. 강전정으로 전체 가지의 50~70%를 잘라내도 생육할 수 있다. 순지르기할 때는 아래 그림처럼 잎이 달려있는 부분에서 순지르기한다. 도시공원에 식재한 잣나무 조경수는 병든 가지, 밀집 가지, 교차 가지, 웃자란 가지도 정리한다.

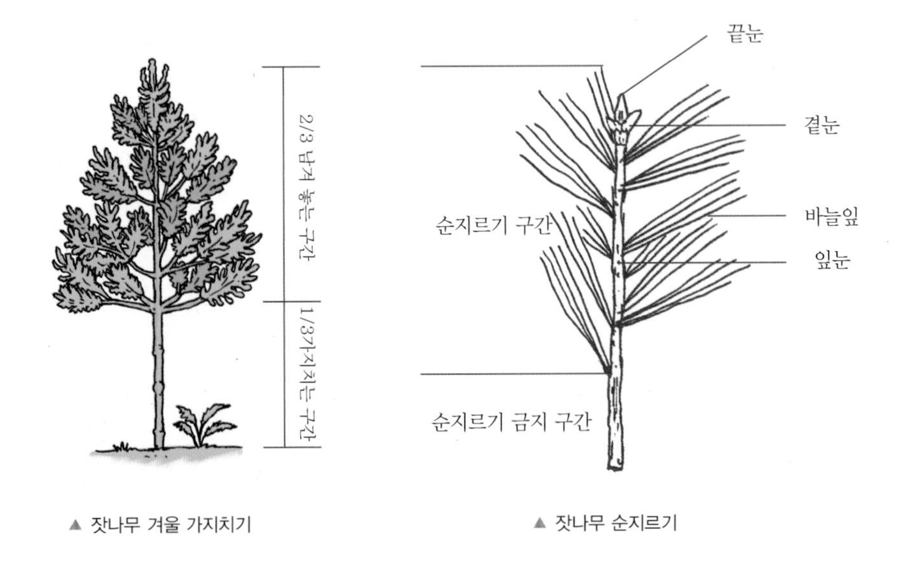

▲ 잣나무 겨울 가지치기

▲ 잣나무 순지르기

유사종 구별하기

- **스트로브잣나무** : 북미 원산으로 잣나무와 달리 잎이 가늘고 부드럽다. 관상수로 심어 기른다.
- **곱슬잣나무** : 변이종으로 잎이 마치 파마를 한 것처럼 비틀어져 자란다.
- **눈잣나무** : 잣나무와 달리 줄기가 누워 자라고 잎이 짧다. 설악산이 남방한계선이다.

▲ 공해에 강한 스트로브잣나무

▲ 잎이 비틀어져있는 곱슬잣나무

▲ 설악산 한계령의 눈잣나무

봄 개화
꽃 잎 열매 수형
공원수

자생종과 조경용이 다른
섬잣나무

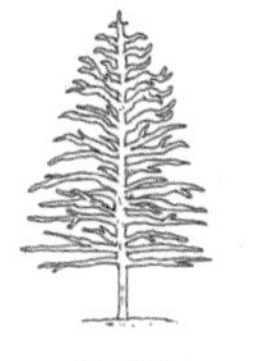
원추형

소나무과 | 상록침엽 교목 | *Pinus parviflora* | 30m | 전국 | 양지

연간계획	1월	2월	3월	4월	5월	6월	7월	8월	9월	10월	11월	12월
번식			종자 · 심기 · 접목									
꽃/열매				꽃					열매			
전정	가지치기 · 솎아내기				가지치기							
수확/비료				비료							비료	

▲ 자연 수형 ❶ 꽃 ❷ 열매 ❸ 수피 ▲ 인공 수형

토양	내조성	내습성	내한성	공해
사질양토	중	중	강	중

일본과 우리나라에서 자생하며, 울릉도 산지에서 자란다. 섬(울릉도)에서 자라는 잣나무라 하여 붙여진 이름이다. 자생지의 것과 조경용으로 심어 기르는 품종의 잎과 열매가 조금씩 다르다.

특징 암수한그루로 5~6월 새 가지 끝에 꽃이 피고 잎은 5개씩 모여 달리며, 열매는 이듬해 9~10월에 녹색에서 갈색으로 익는다.

이용 목재를 가구재, 선박재, 기구재, 조각재로 사용한다.

환경 울릉도에서 자생하지만 울릉도의 산지에서 자라기 때문에 바닷바람에는 약하다.

조경 도시공원, 아파트, 빌딩, 학교, 사찰, 펜션, 주택 정원 등에 두루 인기가 있는 정원수로, 독립수, 공원수로 좋다. 그 외 산책로를 따라 열식해도 좋고, 분재의 소재로도 인기가 높은 수종이다.

번식 가을에 채취한 종자를 노천매장했다가 봄에 파종한다. 곰솔을 대목으로 하여 접목하기도 한다.

병해충 잣나무에 준해 병해충을 방비한다.

가지치기 강전정을 잘 견디는 나무로서 계단형 등의 인공 수형을 만들 수 있는 나무이다. 예를 들어 카이즈카향나무 대용의 계단형 수형을 만들 목적하에 식재하면 아주 좋다. 기본적으로 웃자란 가지, 병든 가지, 교차 가지 등은 소나무에 준해 정리한다.

봄 개화
꽃 · 잎 · 열매 · 수형
조경수 · 심볼트리

일본산 조경용 향나무

카이즈카향나무(나사백)

원추형

측백나무과 | 상록침엽 교목 | *Juniperus chinensis* | 5~15m | 전국 | 양지

연간계획	1월	2월	3월	4월	5월	6월	7월	8월	9월	10월	11월	12월
번식			숙지삽 · 심기						심기			
꽃/열매				꽃						열매		
전정	가지치기 · 솎아내기				가지치기							
수확/비료												

▲ 자연 수형 ❶ 꽃 ❷ 잎 ❸ 열매 ▲ 인공 수형

토양	내조성	내습성	내한성	공해
사질양토	강	중	강	강

일본산 향나무 수종으로 일본의 카이즈카 박사가 만든 품종이다. 가지가 나사처럼 꼬인다 하여 **'나사백'**이라고도 한다. 가시형 잎이 없고 부드러운 잎만 있기 때문에 인공 수형을 만드는 향나무로 유명하다.

특징 침형의 잎 대신 부드러운 비늘 잎이 달리고 잔가지가 치밀하기 때문에 가지치기를 섬세하게 할 수 있는 나무이다. 꽃은 봄에 피고 열매는 이듬해 10월에 익는다.

이용 목재는 조각재나 가구재, 심재 조각은 향의 재료로 이용한다.

환경 척박지에도 잘 자라는 편이나 점토질 토양에서는 생장이 불량하므로 약간 점토가 섞인 토양에 식재한다.

조경 도시공원, 빌딩, 학교, 유원지, 사찰, 교회, 펜션, 주택 정원의 심볼트리로 좋다. 수형을 다양하게 만들 수 있어 장소에 관계 없이 특별한 기념수나 정원 조경수로 즐겨 식재하는 수종이다.

번식 봄에 어린 나무에서 전년도 가지 끝을 10cm 길이로 준비한 뒤 하단부 잎을 떼어내고 하단부를 물에 침전시킨 후 점토에 삽목한다. 차광한 뒤 물을 주기적으로 공급해 뿌리를 내리게 한다.

병해충 향나무에 준해 병해충을 방비한다. 붉은별무늬병은 장미과 나무에 악영향을 주므로 4월중 카이즈카향나무에 2회 약을 살포하여 장미과의 과수나무에 피해를 주지 않도록 한다.

가지치기 강전정을 잘 견디는 나무이다. 기본적으로 웃자란 가지, 병든 가지, 교차 가지 등은 소나무에 준해 정리한다. 계단형 등의 인공 수형을 만들려면 묘목일 때 원줄기 상단을 쳐서 잔가지를 많이 발생시킨다.

3~4년 키우면 높이 1m 이상 자라는데 이때부터 잔가지마다 매년 가장 왕성한 순을 순지르기를 하여 곁가지를 계속 돋아나게 한다.

곁가지가 충분히 많아지면 곁가지마다 찐빵 형태로 깍아내되, 외각으로 흘러내리듯, 안쪽은 조금 높게, 외각쪽은 조금 낮게 깍아낸다. 10년이 되면 높이 2m가 되는데 이때부터는 계단형 수형을 유지하기 위해 가볍게 가지치기한다.

▲ 가지치기 평면도

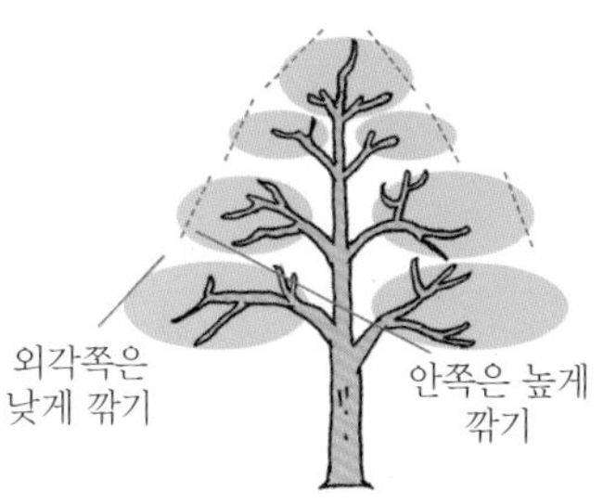

▲ 가지치기 측면도

▲ 공원의 카이즈카향나무

TIP BOX 향나무류는 장미과 나무들을 병에 시달리게 하므로 장미과 과실수(배나무, 사과나무, 모과나무 등)와 가까이에 식재하지 않고 식재한 경우에는 반드시 3월 이전 가지치기를 하고, 가지치기를 하지 않은 경우 4월에 붉은별무늬병 방제를 하여 과수나무에 피해가 가지 않도록 한다.

▲ 주택 정원 담장가의 카이즈카향나무

▲ 교회 정원의 카이즈카향나무

봄 개화
꽃 · 잎 · 열매 수형
조경수 심볼트리

흔히 볼 수 있는 조경수
향나무 / 눈향나무 / 둥근향나무

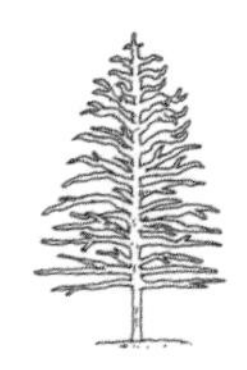
원추형

측백나무과 | 상록침엽 교목 | *Juniperus chinensis* | 20m | 전국 | 양지

연간계획	1월	2월	3월	4월	5월	6월	7월	8월	9월	10월	11월	12월
번식			종자 · 숙지삽 · 심기			녹지삽 · 심기			반숙지삽	심기		
꽃/열매				꽃						열매		
전정	가지치기 · 솎아내기				가지치기							
수확/비료												

▲ 수형　　❶ 꽃 ❷ 어린잎 ❸ 수피　　▲ 향나무 고목

토양	내조성	내습성	내한성	공해
사질양토	중	중	강	강

중국, 일본, 러시아에 분포하며, 전국에서 자생하지만 강원도, 경북 울릉도 등에서 비교적 흔하게 볼 수 있다. **'향목(香木)'**이라고도 한다.

특징 암수딴그루로 꽃은 4월에 피고, 잎은 비늘 잎과 바늘 잎 2가지 형태로 나는데 뾰족한 바늘 잎은 주로 묘목 등 어린 가지에서 난다. 열매는 이듬해 10월에 흑자색으로 익는다. 7~8년 이상의 성목의 경우에도 새로 나는 어린잎은 바늘잎인 경우가 많다. 카이즈카향나무처럼 인공적 수형을 만들 수 있지만 바늘잎 때문에 보통의 가지치기 외에는 조형 수형을 만들지 않는다.

이용 잎, 열매를 거풍, 혈액순환, 해독, 관절통, 감기, 주마진에 약용한다. 심재 조각을 향의 재료로 사용한다.

환경 비옥한 사질양토를 좋아한다.

조경 도시공원, 학교, 유원지, 사찰, 주택 정원의 정원수나 심볼트리로 좋다. 공해에도 비교적 강하므로 도로변과 가까운 산책로에 열식한다. 줄기가 비스듬히 누워 자라는 눈향나무는 지면피복용이나 경사지 식재용으로, 잎의 일부가 금색을 띠는 '금반향나무'는 관상수로 식재한다. 그 외 원줄기 없이 여러 대가 한꺼번에 자라 둥근 수형을 이루는 '둥근향나무'와 원예종으로 키가 작고 잎이 회청색을 띤 '향나무 블루스타 품종'도 있다.

번식 성숙한 종자를 가을에 채취한 뒤 노천매장했다가 봄에 파종한다. 발아에는 2~3년이 소요되기도 한다. 삽목은 어린 나무에서 삽수를 채취한 뒤 발근촉진제에 침지한 후에 심는다.

병해충 측백나무하늘소(스미치온 300배 액 등), 진딧물, 녹병 등이 발생한다.

가지치기 병든 가지, 밀집 가지, 교차지, 하향지, 웃자란 가지 등을 가지 친다. 그 외 가지를 자를 때는 위에서 10cm 아래에서 자르거나 줄기 위와 분기점 사이의 중간 위치에서 자른다. 밀집된 가지는 전체적으로 공기가 통하도록 균일한 공간을 확보하며 솎아 낸다.

▲ 금반향나무의 수형

▲ 금반향나무의 잎

▲ 눈향나무의 수형

▲ 눈향나무의 자연 수형
▲ 눈향나무 가지치기한 수형

▲ 둥근향나무

▲ 둥근향나무의 수형

▲ 향나무 블루스타 품종

▲ 둥근향나무와 회양목의 식재의 예

▲ 둥근향나무, 회양목, 눈향나무, 무궁화, 도라지 식재의 예

무 개화
꽃·잎·열매·수형
심볼트리

로켓 모양으로 자라는 개량종
스카이로켓향나무

원추형

측백나무과 | 상록침엽 교목 | *Juniperus scopulorum* | 6m | 전국 | 양지

연간계획	1월	2월	3월	4월	5월	6월	7월	8월	9월	10월	11월	12월
번식	숙지삽			심기			반숙지삽			심기		숙지삽
꽃/열매	개량종이라 꽃과 열매 없음											
전정			가지치기 · 솎아내기									
수확/비료			비료							비료		

▲ 수형

❶ 열매(원산지) ❷ 잎

▲ 스카이로켓향나무의 어린 나무

토양	내조성	내습성	내한성	공해
사질양토	중	중	강	중

북미 원산의 **록키산향나무(*Juniperus scopulorum*)**에서 파생된 개량종 향나무 수종이다.

특징 향나무 수종 중에서 생장속도가 빠르고, 가늘고 길게 자라는 페스티기아타(양초형) 수형을 이룬다.

환경 약산성의 사질양토에서 잘 자란다.

조경 도시공원, 유원지, 골프장 등지의 독립수나 공원수, 심볼트리로 적당하다.

번식 여름 혹은 겨울에 삽목한다. 겨울 삽목은 숙지삽수를 15cm 길이로 여러 개 준비한 뒤 하단부 잎을 떼어내고 발근촉진제에 침지한다. 최소 7cm 깊이로 심은 뒤 따뜻한 양지에 내 놓고 물 관리를 하면서 공중습도가 많도록 관리한다. 시든 잎이나 곰팡이가 낀 잎은 즉시 떼어내고, 8주 뒤 발근이 되었는지 확인한다. 발근이 되어도 실내에서 키운 뒤 봄에 노지에 이식한다.

병해충 향나무에 준해 방제한다. 향나무류는 습기가 많으면 병해충에 잘 걸리므로 토양의 물빠짐이 좋아야 한다.

가지치기 수형이 잘 망가지므로 약전정을 권장한다. 묵은 가지에서는 새싹이 나지 않으므로 수형이 틀어질 것 같으면 자르지 않고 보호한다. 묵은 가지를 자를 때는 수형을 해치지 않는 가지만 친다. 중심 가지를 위협하는 굵은 가지와 병든 가지는 밑동에서 자른다. 잔가지는 5cm 길이로 짧게 약전정하면 잎이 무성해진다.

봄 개화
꽃·잎·열매·수형
공원수

건조한 암석지대에서 자라는
노간주나무

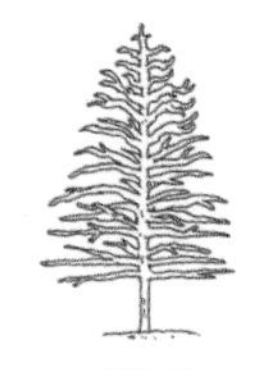

원추형

측백나무과 | 상록침엽 교목 | *Juniperus rigida* | 8m | 전국 | 양지

연간계획	1월	2월	3월	4월	5월	6월	7월	8월	9월	10월	11월	12월
번식			종자·숙지삽·심기						숙지삽·심기			
꽃/열매				꽃							열매	
전정	가지치기·솎아내기				가지치기							
수확/비료												

▲ 수형

❶ 꽃 ❷ 열매 ❸ 수피

▲ 인공 수형

토양	내조성	내습성	내한성	공해
사질양토	중	중	강	강

우리나라를 비롯한 중국, 일본 등에 분포하며, 건조한 산지, 암석지대에서 독자생존하거나 군락을 이뤄 자란다. 목재가 유연하여 이를 삶아 소의 코뚜레로 사용하였다고 하여 **'코뚜레나무'**라고도 한다.

특징 암수딴그루로 4~5월 2년지에서 꽃이 핀다. 잎은 침형으로 매우 날카로우며 3개씩 돌려 난다. 열매는 회청색이었다가 이듬해 늦가을에 흑자색으로 익는다. 수피는 적갈색이고 세로로 벗겨진다. 생장속도는 보통이다.

이용 열매를 거풍, 이뇨, 부종에 약용한다. 노간주나무의 씨를 '두송실(杜松實)'이라 하여 술로 담가 먹기도 한다.

환경 사질양토나 석회질 토양에서 잘 자란다.

조경 크게 키우면 도시공원, 빌딩, 학교, 골프장 등의 독립수, 공원수로 식재할 수 있고, 열식하여 강전정하면 산울타리용으로도 좋다.

번식 가을에 채취한 종자를 노천매장한 뒤 이듬해 봄에 파종한다. 발아에는 평균 2년이 걸린다. 봄, 가을에 삽목으로 번식하는 것이 좋다.

병해충 향나무에 준해 병해충을 방비한다.

가지치기 수형은 원추형에서 로켓형 수형이 좋다. 전정을 하지 않으면 산발로 자라므로 굵은 가지 중 수형에 방해되는 가지는 정리한다. 초여름에는 잔가지마다 짧게 순지르기를 하여 잎이 무성하게 돋아나게 만든다.

봄 개화
꽃 잎 열매 수형
산울타리

묘지에 많이 심었던

측백나무 / 금측백 / 황금측백

원추형

측백나무과 | 상록침엽 교목 | *Thuja orientalis* | 25m | 전국 | 양지

연간계획	1월	2월	3월	4월	5월	6월	7월	8월	9월	10월	11월	12월
번식			종자 · 숙지삽		숙지삽				종자			
꽃/열매				꽃						열매		
전정		가지치기 · 솎아내기			가지치기							
수확/비료												

▲ 수형

❶ 열매 ❷ 성숙한 열매 ❸ 수피 ❹ 수꽃 ❺ 암꽃

토양	내조성	내습성	내한성	공해
사질양토	중	중	강	강

중국, 러시아 등에 분포하고 우리나라는 경북, 충북 석회암지대에서 자생한다. 조경수로 보급되어 전국에서 흔히 식재하고 다양한 품종들이 보급되고 있다.

특징 암수딴그루로 잎은 비늘 모양이고 흰색 점이 드문드문 있으며, 뒷면에 줄이 있다. 어린 묘목은 2년 간 생장속도가 느리나 그 후부터는 빨라진다.

이용 수피, 열매, 잎, 줄기를 자양강장, 변비, 이하선염, 이질, 고혈압, 유정에 약용한다.

환경 사질양토에서 잘 자란다.

조경 예로부터 묘지 등에 풍치수로 사용한 수종으로 공원, 빌딩, 학교, 사찰, 주택의 정원수로 식재한다. '황금측백나무'는 산책로에 열식하거나 경계지에 산울타리용으로 식재한다. '금측백'은 도시공원, 학교의 중심수, 심볼트리로 식재한다. '둥근측백'은 암석정원 같은 바위 틈에 식재한다.

번식 9~10월에 약간 덜 익은 열매에서 종자를 채취한 뒤 직파하거나, 노천매장한 뒤 이듬해 봄에 파종한다. 삽목은 4~5월에 전년도 가지를 15cm 길이로 준비한 뒤 하단부의 잎을 떼어내고 물에 침전시킨 뒤 밭흙에 심는다. 차광한 뒤 잘 관수하면 8주 뒤 80% 확률로 뿌리를 내린다. 1년간 잘 육묘한 뒤 다음해에 노지에 이식한다.

병해충 엽고병(보르도액 등), 엽진병, 측백나무하늘소 등이 발생한다.

가지치기 어린 묘목은 손으로 순지르기한다. 성목은 양손 가위나 전정톱으로 가지치기한다. 가지치기에 잘 견디지만 잎이 무거워 원하는 수형을 만들기는 어렵다. 원하는 수형으로 가지치기 하려면 '서양측백나무'나 혹은 '측백나무 개량종을 식재한다. 먼저, 병든 가지를 치되, 그루터기를 남기지 않는다. 교차 가지, 밀집 가지는 초여름에 정리한다. 또한 새로 자란 가지 끝을 순지르기하여 생장을 촉진시키고 분기점 위에서 자른다.

▲ 둥근서양측백나무

▲ 측백나무 에메럴드그린 품종

▲ 손바닥을 세워놓은 듯한 황금측백나무

▲ 금측백

▲ 주름측백나무

❶ 눈측백 ❷ 둥근측백
❸ 황금나한백(일본 재배종)

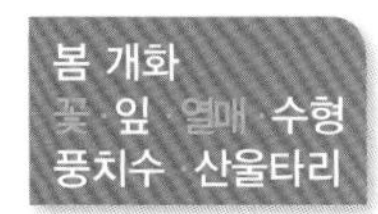

북미산 풍성한 수형의 정원수

서양측백나무

원추형

측백나무과 | 상록침엽 교목 | *Thuja occidentalis* | 20m | 전국 | 양지

연간계획	1월	2월	3월	4월	5월	6월	7월	8월	9월	10월	11월	12월
번식			종자 · 숙지삽			숙지삽						
꽃/열매					꽃					열매		
전정		가지치기 · 솎아내기			가지치기							
수확/비료												

▲ 조형 수형

❶ 잎 뒷면 ❷ 열매 ❸ 수피

▲ 자연 수형

토양	내조성	내습성	내한성	공해
사질양토	중	중	중~강	강

북미 원산으로 우리나라 남부지방에서 식재했으나 중부지방에서도 양호한 성장을 보인다. 원뿔형의 수형이 아름다워 정원수로 인기가 높다.

특징 암수한그루로 4~5월 가지 끝에 꽃이 핀다. 잎 표면은 연록색, 뒷면은 황록색을 띤다.

이용 잎에서 추출한 오일을 월경촉진, 이뇨에 사용한다.

환경 사질양토에서 잘 자란다.

조경 도시공원, 빌딩, 학교, 펜션의 정원수나 심볼트리, 풍치수로 좋다. 최근엔 산울타리 용도로 식재한 뒤 사각형 형태로 가지치기하는 경우도 있다.

번식 가을에 채취한 종자를 냉장고에 저온저장했다가 이듬해 봄에 파종한다.

병해충 측백나무에 준해 병해충을 방비한다.

가지치기 잎이 측백나무에 비해 얇기 때문에 가지치기를 해도 수형이 흩트러지지 않는다. 측백나무류 중에서 강전정에 잘 견디는 나무이지만 수형이 크기 때문에 가지치기에 오랜 시간이 소요된다.

먼저 당해년에 새로 자란 가지를 순지르기하거나 곁가지치기를 하여 생장을 촉진시킨다. 당해년에 자란 새 가지는 보통 밝은 녹색이므로 쉽게 알아볼 수 있다. 갈색으로 시든 잎은 시들지 않는 부분이나 분기점 바로 위에서 잘라낸다. 나무 안쪽을 확인해 밀집 가지, 교차 가지 등은 공기가 통하도록 잘라낸다. 나무 상단에서 원뿔형 머리가 두 개일 경우 하나를 분기점에서 잘라내 원뿔형 머리를 하나로 만든다. 성목인 경우 전체적인 외관과 수형을 멀리서 확인한 뒤, 나무 주위를 오른쪽에서 왼쪽으로 돌아가면서 원하는 수형(예를 들면 원추형)이 나오도록 가지치기를 하는데 보통 분기점 바로 위에서 자른다. 성목은 때에 따라 가지 위에서 10~30cm 밑부분 분기점 바로 위에서 과감히 잘라내기도 한다. 가지치기를 하면 그 부분에서 빈 공간이 생기므로 옆 가지를 흔들어서 빈 공간을 채워준다. 다음은 원추형 가지치기의 예제이다. 서양측백나무 외의 다른 침엽수를 원추형으로 가지치기할 경우에도 참고할 수 있다.

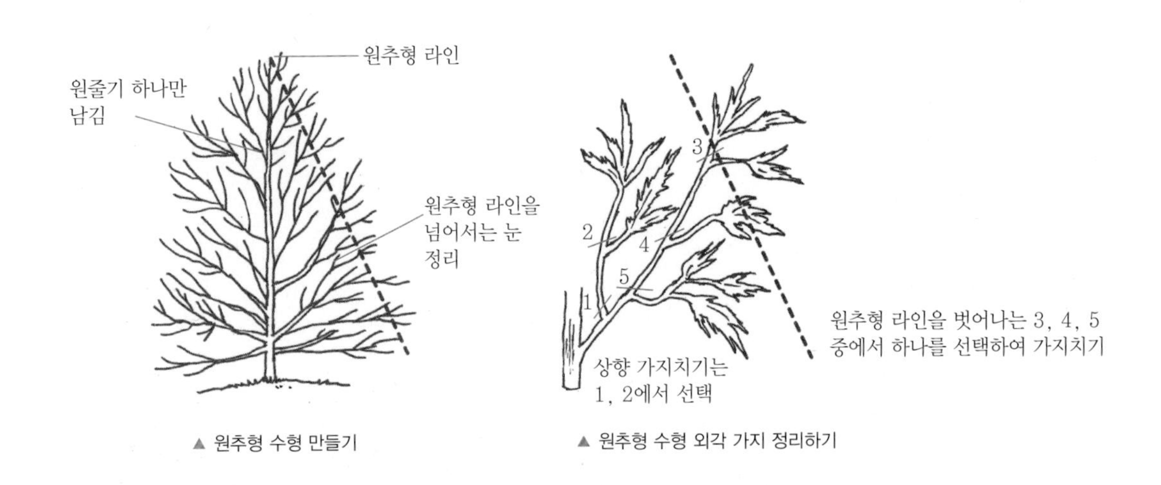

▲ 원추형 수형 만들기

▲ 원추형 수형 외각 가지 정리하기

▲ 산울타리로 심은 서양측백나무. 사각형 형태로 가지치기를 하였다.

일본산 난대성 침엽 경관수
화백 / 금화백

측백나무과 | 상록침엽 교목 | *Chamaecyparis pisifera* | 50m | 남부지방 | 중용수

원뿔형

연간계획	1월	2월	3월	4월	5월	6월	7월	8월	9월	10월	11월	12월
번식			종자 · 숙지삽			녹지삽			반숙지삽			
꽃/열매				꽃						열매		
전정		가지치기 · 솎아내기			가지치기							
수확/비료												

▲ 수형 ❶ 꽃 ❷ 열매 ❸ 수피 ▲ 금화백 수형

토양	내조성	내습성	내한성	공해
사질양토	약	강	중	강

일본 원산의 난대성 침엽수이다. 우리나라에서는 중부 이남의 남부지방에서 관상수로 심어 기르며, 잎끝이 노란색을 띠는 **'금화백'**은 경관수로 심어 기른다.

특징 암수딴그루로 4월 가지 끝에 꽃이 핀다. 잎은 비늘 모양으로 끝이 뾰족하고 잎 뒷면에 W자형 흰색 기공조선이 있고 열매는 9~10월 녹색에서 갈색으로 익는다. 측백나무와 달리 그늘에서도 성장이 양호한 중용수이다.

이용 조림수로 도입했으나 목재가 연약해 주로 연못가의 풍치수로 식재한다. 조경수로는 화백보다는 실화백을 많이 식재하는 편이다.

환경 그늘과 물가에서도 잘 자란다.

조경 대전이남의 도시공원, 빌딩, 학교, 아피트, 사찰, 광장에 관상수, 산울타리, 심볼트리 등으로 식재한다. 남부지방의 도로변 산책로에도 적당하다. 내습성이 강해 연못가에도 식재하고 그늘에 강해 큰 나무 밑에도 식재한다.

번식 9~10월에 채취한 종자를 기건저장했다가 봄에 1개월간 노천매장 한 후 파종한다.

병해충 응애 등이 발생한다.

가지치기 병든 가지, 웃자란 가지, 밀집 가지, 하향지, 통행에 방해되는 가지는 잘라내고 자연 수형으로 키워도 원추형 수형이 나온다.

실처럼 늘어지는 관상수

실화백 / 황금실화백

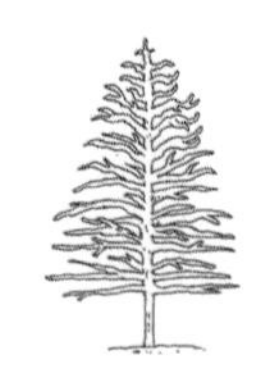

원추형

측백나무과 | 상록침엽 교목 | *Chamaecyparis pisifera* | 7~10m | 전국 | 중용수

연간계획	1월	2월	3월	4월	5월	6월	7월	8월	9월	10월	11월	12월
번식						녹지삽 · 반숙지삽			반숙지삽			
꽃/열매				꽃						열매		
전정		가지치기 · 솎아내기			가지치기							
수확/비료												

▲ 수형

❶ 꽃 ❷ 열매 ❸ 수피

▲ 황금실화백

토양	내조성	내습성	내한성	공해
사질양토	약	강	강	강

일본 원산으로 우리나라에 도입되어 주로 중부 이남에 식재하였다. 실화백 중 잎이 노란색(황금색)을 띠는 품종은 **'황금실화백'**이며 관상수로 많이 식재한다.

특징 잎이 실처럼 가느다랗다고 하여 실화백이며, 가지가 화백보다 가늘고 아래로 처지는 특징이 있다. 꽃과 열매는 결실을 맺지 않지만 품종에 따라 꽃과 열매가 결실을 맺는 경우도 있다.

이용 화백 대용의 조경수로 인기가 많다.

환경 건조한 곳에서도 상당히 잘 자라고 생장 속도는 더딘 편이다.

조경 도시공원, 유원지, 아파트, 빌딩, 학교 등의 풍치수로 좋다. 건물 진입로나 산책로에 열식하기도 한다. 방풍림, 차폐수로도 적당하다. 황금실화백은 수형은 물론, 아름다운 황금색의 잎이 특징이고 관상수로 인기가 높으며, 작은 공간에서도 심어 기를 수 있다.

번식 보통 가을에 반숙지삽으로 번식한다. 품종에 따라 녹지삽, 숙지삽, 접목으로 번식하는 경우도 있다.

병해충 응애, 역병 등이 발생한다.

가지치기 강전정은 나무의 수형을 망가뜨리므로 최소한의 가지치지만 한다. 보통 병든 가지, 웃자란 가지, 밀집 가지, 하향지, 통행에 방해되는 가지만 정리한다. 빛이 들지 않는 부분은 황금색이 발현되지 않으므로 솎아준다.

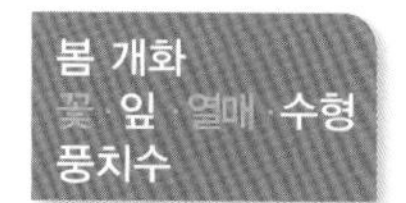

피톤치드 뿜어내는 조경수

편백 / 황금편백

원추형

측백나무과 | 상록침엽 교목 | *Chamaecyparis obtusa* | 7m | 남부지방 | 중용수

연간계획	1월	2월	3월	4월	5월	6월	7월	8월	9월	10월	11월	12월
번식			종자 · 숙지삽			녹지삽						
꽃/열매				꽃					열매			
전정	가지치기 · 솎아내기				가지치기							
수확/비료												

▲ 수형 ❶ 꽃 ❷ 열매 ❸ 수피 ▲ 황금편백

토양	내조성	내습성	내한성	공해
비옥토	약	중	약	중

일본 원산으로 남부지방의 산지와 제주도에서 관상수나 방풍림으로 식재하였다. 피톤치드가 풍부하고 목질이 좋아 일본에서 목조건축물에도 사용하였다.

특징 암수한그루이고 잎 뒷면에 Y자형 기공조선이 있다.

이용 면역력 강화, 불면증 해소에 좋다고 하여 열매를 베갯속에 넣어 사용한다.

환경 남부지방 조림수이나 염분에는 약해 해안가에는 식재하지 않는다.

조경 전주, 대구 이남의 도시공원, 학교, 펜션, 사찰의 독립수나 풍치수, 휴양림 산책로 등에 군식하기도 한다.

번식 가을에 채취한 종자를 기건저장한 뒤 이듬해 봄에 파종하면 발아율은 25% 정도이다. 숙지삽목할 때 발근촉진제에 침전한 뒤 삽목하고 해가림시설을 해준다.

병해충 박쥐나방, 삼나무독나방, 삼나무하늘소, 풍뎅이 등의 병해충이 발생한다.

가지치기 가지치기를 잘 견디는 나무이지만 가지치기를 많이 하지 않는다. 묘목을 식재한 경우 원줄기 상단부를 잘라 곁가지가 많이 발생하게 한 뒤 5~6년간 원줄기 하나를 키우면서 원뿔형 수형으로 가지치기를 한다. 성목은 최소한의 가지치기만 하고 자연 수형으로 키운다. 성목을 가지치기할 때는 오래된 가지는 건들지 않고, 분기점 위에 붙여서 친다.

늦봄 개화
꽃 잎 열매 수형
산울타리(남부)

가거도 자생의 남부 관상수
나한송

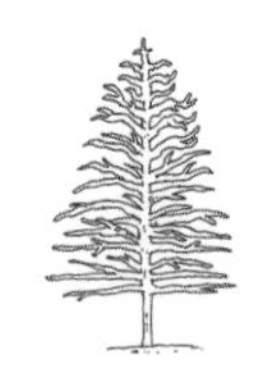

원추형

나한송과 | 상록침엽 교목 | *Podocarpus macrophyllus* | 3~20m | 남해안지방 | 중용수

연간계획	1월	2월	3월	4월	5월	6월	7월	8월	9월	10월	11월	12월
번식			종자 · 숙지삽		녹지삽 · 심기		반숙지삽					
꽃/열매					꽃						열매	
전정	가지치기 · 솎아내기					가지치기						
수확/비료												

▲ 실내 수형

❶ 꽃 ❷ 열매 ❸ 수피

▲ 노지 수형

토양	내조성	내습성	내한성	공해
사질양토	약	중	약	중

중국, 일본 원산으로 알려져 있지만 전남 가거도에서 자생하는 것으로 확인되었다. 남부지방에서 관상수로 심어 기른다.

특징 암수딴그루로 5~6월에 꽃이 피며, 어긋나게 달리는 잎은 선형 또는 좁은 피침형이다. 열매는 10~12월 붉은색 또는 흑자색으로 익는다. 국내에서는 남해안 지방과 서해안 지방에서 노지월동이 가능하다.

이용 꽃, 열매, 잎, 수피를 타박상, 구충, 강장, 객혈에 약용한다.

환경 약산성의 사질양토, 고온다습 환경에서 잘 자란다.

조경 남해안의 도시공원, 학교, 펜션, 주택 정원에 식재한다. 서해안에서도 노지월동이 가능하지만 동해를 입을 수도 있다. 산울타리, 방풍수로도 식재할 수도 있다.

번식 가을에 채취한 종자의 과육을 제거하고 5~8도에서 저온저장한 뒤 이듬해 봄에 파종한다. 삽목은 10cm 길이의 반숙지로 7~8월에 하는 것이 번식이 잘 된다.

병해충 알칼리성 토양에서 황변 형상이 발생하기도 한다.

가지치기 잔가지나 곁가지를 가지치기를 할 때 불규칙하게 가지가 뻗어나가도록 모양을 잡으면서 가지를 친다. 가지와 가지 사이의 빈 공간이 넓으므로 품종에 따라 원형~원추형 수형으로 약전정한다. 분재일 경우 철사로 모양을 구불구불하게 잡은 뒤 60~90일 뒤 철사를 제거한다.

초봄 개화
꽃·잎·열매·수형
심볼트리

사찰 정원수로 유명한
금송

원추형

낙우송과 | 상록침엽 교목 | *Sciadopitys verticillata* | 30m | 남부지방 | 중용수

연간계획	1월	2월	3월	4월	5월	6월	7월	8월	9월	10월	11월	12월
번식			종자			심기						
꽃/열매			꽃							열매		
전정	가지치기 · 솎아내기						가지치기					
수확/비료												

▲ 여름 수형

❶ 꽃 ❷ 열매 ❸ 눈

▲ 겨울 수형

토양	내조성	내습성	내한성	공해
구분안함	중	중	약	중

일본 원산으로 전국에서 심어 기르며, 특히 사찰의 정원수로 많이 식재한다. 세계 3대정원수로 알려져 있다.

특징 암수한그루로 3~4월에 꽃이 핀다. 잎은 바늘 모양에 2개가 합쳐져 두껍다. 백제 무녕왕릉 관 재료로 사용된 것으로 보아 삼국시대 이전부터 식재된 것으로 추정한다. 생장 속도는 느리지만 식재 후 10년 뒤부터 빨라지고 수령은 50~100년이다.

이용 공원수로 식재하고 목재는 나무목욕통을 만든다.

환경 토양을 구별하지 않고 잘 자라지만 약산성의 다소 촉촉한 토양에서 더 잘 지린다.

조경 대전 이남의 사찰, 도시공원, 펜션, 주택 정원의 정원수나 심볼트리로 식재한다.

번식 가을에 채취한 종자를 노천매장한 뒤 이듬해 봄에 파종하면 가을 안에 발아하고 3년 뒤 30cm 높이로 자란다. 가정에서는 묘목을 구입해 식재한다.

병해충 모잘록병, 거세미유충, 솔잎깍지벌레 등이 발생한다.

가지치기 성목이 되기 전 원줄기와 경쟁하는 측가지를 제거하여 원줄기 위주로 키워야 원추형 수형이 나온다. 잔가지를 칠 때는 분기점 위나 눈 위 0.5~0.7cm 지점에서 친다. 여름 가지치기는 당해년에 자란 새 가지의 중간 쯤에서 순지르기하여 잔가지의 발생을 촉진시킨다.

원추형

늦봄 개화
꽃·잎 열매 수형
조경수 토피어리

수피가 붉은 한국특산종 정원수
주목

주목과 | 상록침엽 교목 | *Taxus cuspidata* | 20m | 중부이북 | 중용수

연간계획	1월	2월	3월	4월	5월	6월	7월	8월	9월	10월	11월	12월
번식			종자 · 숙지삽				반숙지삽					
꽃/열매				꽃				열매				
전정	가지치기 · 솎아내기											
수확/비료		비료										

▲ 원정형 수형 ❶ 꽃 ❷ 열매 ❸ 수피 ▲ 원추형 수형

토양	내조성	내습성	내한성	공해
사질양토	강	중	강	중

중국, 일본에 분포하며 우리나라 해발 700미터 이상의 높은 산 능선에서 자란다. 수피와 심재가 붉은색(朱)이어서 주목(朱木)이라고 이름 붙여졌다.

특징 암수딴그루로 4월에 꽃이 피며, 열매는 8~9월에 붉은색으로 익는다. 잔가지가 치밀하여 토피어리용으로 좋다.

이용 잎을 통경, 이뇨, 심장병, 당뇨에 약용한다. 열매는 식용할 수 없다.

환경 비옥한 사질양토를 좋아한다.

조경 한냉형 수목이므로 남부지방보다는 중부지방에서 식재한다. 전주, 대구 이북의 도시공원, 아파트, 빌딩, 학교, 공원묘지, 펜션, 주택의 정원수나 독립수, 심볼트리로 좋다. 산책로, 진입로를 따라 경계지에 식재하고 차폐수로도 식재한다. 암석정원에도 좋다.

번식 가을에 채취한 종자를 노천매장한 뒤 이듬해 봄에 파종하는데 발아에 2년이 걸릴 수도 있다. 삽목은 3~5월, 7~8월에 5~10cm 길이로 준비해 삽목하고 차광한다.

병해충 식나무깍지벌레(메치온 유제), 흑색고약병(석회유황합제), 주목에디마 등이 있다.

가지치기 강전정에 잘 견딘다. 겨울~초여름 사이에 가지치기를 한다. 병든 가지, 밀집 가지, 교차지, 하향지, 웃자란 가지를 정리하고 원하는 수형으로 약전정한다. 전정 방법에 따라 원형, 원추형, 원정형 수형 등을 만들 수 있다.

▲ 잔디광장에 식재된 주목

▲ 경사지에 식재된 주목

▲ 동그랗게 가지치기한 주목

▲ 암석정원의 주목

▲ 계단 옆 주목 수형

▲ 반송, 주목, 산철쭉, 회양목 식재의 예

▲ 창경궁의 노거수 주목

▲ 태백산의 주목

봄 개화
꽃 잎 열매 수형
독립수

잎과 열매가 아름다운 관상수
비자나무

원정형

주목과 | 상록침엽 교목 | *Torreya nucifera* | 25m | 내장산이남 | 중용수

연간계획	1월	2월	3월	4월	5월	6월	7월	8월	9월	10월	11월	12월
번식			종자 · 숙지삽			심기		반숙지삽		종자		
꽃/열매				꽃					열매			
전정	가지치기 · 솎아내기				가지치기							
수확/비료												

▲ 묘목 수형
❶ 꽃 ❷ 잎 ❸ 열매
▲ 노거수 수형

토양	내조성	내습성	내한성	공해
사질양토	강	중	약	중~강

내상산 이남, 완도, 제주도에서 자생한다. 주요 자생지는 내장산 산기슭, 제주도의 중산간지대 평지 숲이다.

특징 암수딴그루로 잎은 납작한 바늘 모양이고 뒷면에 주맥이 있으며 잎 끝이 약간 말린다. 꽃은 4월에 피고 열매는 이듬해 가을에 녹색으로 익는다. 생장속도는 더디다.

이용 종자, 수피를 구충, 치질에 약용한다. 종자는 식용할 수 있다.

환경 비옥하고 촉촉한 사질양토, 바람이 불지 않는 고온다습한 곳에서 잘 자란다.

조경 전북 이남의 도시공원, 아파트, 학교, 펜션, 주택의 독립수, 중심수, 심볼트리로 좋다. 중부지방에서는 비자나무와 비슷하지만 추위에 강한 관목인 '개비자나무'나 '눈개비자나무' 등을 식재한다.

번식 10월에 채취한 종자의 과육을 제거한 뒤 냉상에 직파하거나 노천매장했다가 이듬해 봄에 파종한다. 삽목중 반숙지삽은 발근율이 낮은 편이다.

병해충 갈반병 등이 있다.

가지치기 비교적 가지치기를 잘 견디는 수종이지만 최소한의 가지치기만 하는 것이 좋다. 병든 가지, 밀집 가지, 교차지, 하향지, 웃자란 가지를 정리하고 원하는 수형을 만들어준다. 주황색~자갈색으로 성숙하는 열매가 아름답기 때문에 늦봄의 가지치기에서는 열매를 보호하는 것이 좋다.

▲ 개비자나무 ▲ 개비자나무의 수꽃 ▲ 개비자나무의 열매

▲ 눈개비자나무

▲ 눈개비자나무의 암꽃

▲ 눈개비자나무의 열매

▲ 참개비자나무

▲ 천연기념물 비자나무 군락지 제주도 비자림

덩굴 정원수

줄기가 덩굴성을 지니거나 포복형을 띠는 만경목(덩굴식물) 수종 중에서
정원수 또는 조경수로 적합한 추천 수종들을 소개한다.

늦봄 개화
꽃 잎 열매 수형
아치 테라스

전국에 가장 많은 덩굴식물
등(등나무)

덩굴형

콩과 | 낙엽활엽 만경목 | *Wisteria floribunda* | 10m | 전국 |양지

연간계획	1월	2월	3월	4월	5월	6월	7월	8월	9월	10월	11월	12월
번식			종자 · 숙지삽		취목	반숙지삽						
꽃/열매					꽃				열매			
전정	가지치기 · 솎아내기					가지치기						가지치기
수확/비료												

▲ 꽃 ❶ 잎 ❷ 열매 ❸ 수피 ▲ 등나무와 하부의 우산나물

토양	내조성	내습성	내한성	공해
비옥토	강	중	강	강

한국과 일본에 분포하며, 일부 남부지방에서 자생한다. 덩굴식물중에는 전국에서 가장 많이 식재하는 수종이다. 흔히 **'등나무'**라고 부른다.

특징 4~5월 가기 끝에 연한 보라색 꽃이 모여 달리고, 꽃에서 좋은 향기가 난다.

이용 꽃과 어린잎을 식용한다.

환경 부식질의 비옥토에서 잘 자란다.

조경 도시공원, 아파트, 학교, 유치원, 사찰, 교회, 주택의 담장, 아치, 테라스에 식재하거나 절개지에 식재한다.

번식 가을에 채취한 종자를 기건저장, 노천매장 등의 방법으로 저장했다가 이듬해 봄에 파종한다. 삽목, 접목, 취목으로도 번식한다. 반숙지삽은 여름에 하는데 잎이 몇 장 있는 줄기 상단을 삽수로 준비한 후 삽목한다. 가지치기에 따라 나무 형태로 키울 수도 있다.

병해충 녹병, 등나무혹병(칼로 잘라내고 알콜소독), 잎말이나방, 깍지벌레 등이 발생한다.

가지치기 처음 가지치기할 경우 겨울~이른 봄 사이에 원줄기 상단을 가지치기하고 주간 몇 개는 길이를 3분의 1씩 가지치기한다. 여름 가지치기는 꽃이 진 후 하는데 튼튼한 주간 몇 개는 유인하고 주간의 곁가지들은 분기점에서 3~5개의 눈(잎, 마디) 위에서 가지치기한다. 겨울에는 유인하고 있는 주간을 포함한 전체 가지 끝을 2~3 마디씩 가지치기한다. 이 작업을 해마다 반복하면서 유인할 주간은 계속 키워 나가고, 곁가지는 풍성하게 만든다.

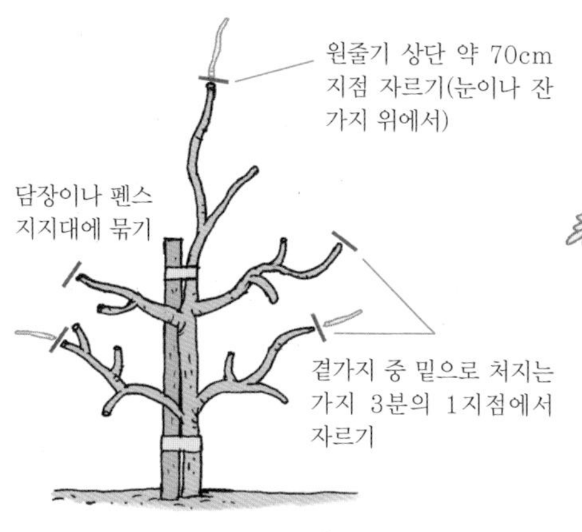

▲ 등나무 처음 가지치기(겨울)

▲ 등나무 여름 가지치기(해마다)

▲ 등나무의 줄기

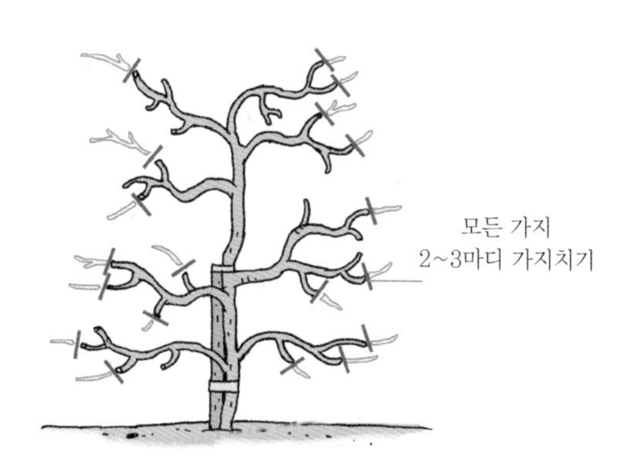

▲ 등나무 겨울 가지치기(해마다)

▲ 등나무의 우거진 잎

▲ 벤치의 등나무 꽃

▲ 애기등나무의 수형

▲ 녹백색의 꽃이 피는 애기등나무

▲ 애기등나무의 잎

▲ 흰등나무의 꽃

▲ 좀등나무의 꽃

▲ 좀등나무

늦봄 개화
꽃·잎·열매·수형
담장·지면피복

공해에 강한 담장 덩굴
담쟁이덩굴

덩굴형

포도과 | 낙엽활엽 만경목 | *Parthenocissus tricuspidata* | 10m | 전국 | 중용수

연간계획	1월	2월	3월	4월	5월	6월	7월	8월	9월	10월	11월	12월
번식			종자 · 숙지삽		심기		반숙지삽					
꽃/열매					꽃				열매			
전정	가지치기 · 솎아내기											
수확/비료	비료										비료	

▲ 꽃 ❶ 열매 ❷ 단풍 ❸ 덩굴손 ▲ 수형

토양	내조성	내습성	내한성	공해
사질양토	강	중	강	강

중국, 일본, 러시아에 분포하며, 전국의 산야에서 드믄드믄 자란다. 공해에 강해 주택 담장가에 흔히 키우는 덩굴식물이 되었다.

특징 6~7월 가지 끝에 연한 녹색 꽃이 모여 피며 좋은 향기를 낸다. 어린잎은 3개의 소엽으로 된 겹잎이고, 성숙한 잎은 가장자리가 3개로 갈라져있다.

이용 황폐지, 사면지 녹화용으로 식재한다.

환경 비옥한 사질양토에서 잘 자란다.

조경 도시공원, 아파트, 빌딩, 학교, 펜션, 주택, 한옥의 펜스나 지면피복용으로 식재한다. 그외 절개지, 황폐지, 담벼락, 계단 아래 등에도 많이 식재한다. 가을에 붉게 익는 단풍과 검은색 열매에 관상 가치가 있다.

번식 가을에 채취한 종자의 과육을 제거한 뒤 노천매장했다가 이듬해 봄에 파종한다. 삽목은 봄에 숙지삽으로 하거나 여름에 반숙지삽으로 하되, 최소한 2개의 눈(혹은 잎)이 붙어있는 삽수를 10cm 길이로 삽목한다.

병해충 녹병, 갈색둥근무늬병, 갈색무늬병, 자나방, 깍지벌레 등이 있다.

가지치기 가지치기가 필요하지 않다. 겨울에 병든 가지, 원하지 않는 방향으로 자라는 가지, 밀집 가지 중심으로만 솎아낸다. 그 외 오래되거나 비교적 굵은 줄기는 눈 윗부분을 잘라서 새 가지가 나오도록 해주는 것이 좋다.

▲ 주택의 담장
▲ 주택의 펜스

▲ 사찰의 담장

▲ 한옥집 지붕

▲ 학교 교정의 담벼락
▲ 건물의 담장

▲ 교각의 담쟁이덩굴

늦봄 개화
꽃 · 잎 · 열매 · 수형
산울타리

관상수로도 좋은
으름덩굴

덩굴형

으름덩굴과 | 낙엽활엽 만경목 | *Akebia quinata* | 5m | 전국 | 중용수

연간계획	1월	2월	3월	4월	5월	6월	7월	8월	9월	10월	11월	12월
번식			종자 · 숙지삽			녹지삽						
꽃/열매				꽃						열매		
전정	가지치기 · 솎아내기					가지치기						
수확/비료												

▲ 꽃　　❶ 잎 ❷ 열매 ❸ 줄기　　▲ 수형

토양	내조성	내습성	내한성	공해
사질양토	중	중	강	강

황해도 이남 산야에서 흔히 자란다. 벌어진 열매가 마치 얼음처럼 보여 **'어름덩굴'**이 변한 이름이다. 꽃과 잎이 예뻐 관상수로 많이 보급되고 있다.

특징 암수한그루로 4~5월 연한 자주색 꽃이 아래를 향해 피고, 좋은 향기가 난다. 잎은 소엽 5~6개가 손바닥 모양으로 모여 달리고, 열매는 9~10월에 갈색의 타원형으로 익고 익으면 세로로 갈라져 흰색의 과육이 드러난다.

이용 열매는 식용한다. 또한 열매, 줄기를 혈액순환, 빈뇨, 부종, 종기, 임탁, 관절통 등에 약용한다.

환경 비옥한 유기질 토양을 좋아한다.

조경 도시공원, 유원지, 아파트, 학교, 유치원, 사찰, 펜션, 주택의 삼볼트리나 산울타리용으로 좋다. 절게지, 담장, 아치, 펜스, 테라스, 암석정원에 식재한다. 가정에서 열매 수확을 목적으로 심을 경우에는 최소 2그루 이상 식재해야 먹을 만큼의 열매를 수확할 수 있다.

번식 10월에 채취한 열매에서 종자를 채취해 물에 씻은 후 직파하거나 노천매장했다가 이듬해 봄에 파종한다. 삽목으로도 번식한다.

병해충 진딧물, 선녀벌레(디노테퓨란 입상수화제 2000배액 등), 으름덩굴잎나방 등이 있다.

가지치기 보통 2~3년에 겨울에 1회 적당히 불필요한 잔가지나 웃자란 가지를 정리한다. 한다. 겨울 전정시에는 불

필요한 늙은 가지를 지면 가까이서 자르면서 회춘 가지치기를 할 수 있다. 약전정은 꽃이 지면 1~2개월 내에 한다. 당해년에 자란 새 가지에서 새 잎을 2~3장 남기고 가지치기한다. 이후 줄기를 원하는 방향으로 유인하려면 끈으로 묶어서 유인한다. 만일 주변에 키가 작은 식물이 있을 경우 으름덩굴이 침범하므로 매년 솎아내어 확산되지 않도록 한다

▲ 으름덩굴의 잎

▲ 으름덩굴 아치

▲ 으름덩굴 산울타리

초여름 개화
꽃 · 잎 · 열매 · 수형
산울타리 · 아치

초본식물 같은 심볼트리
큰꽃으아리 / 클레마티스

덩굴형

미나리아재비과 | 낙엽활엽 만경목 | *Clematis patens* | 2~4m | 전국 | 중용수

연간계획	1월	2월	3월	4월	5월	6월	7월	8월	9월	10월	11월	12월
번식			종자		녹지삽 · 반숙지삽							
꽃/열매					꽃				열매			
전정	가지치기 · 솎아내기						가지치기					
수확/비료				액비	액비	액비	액비			비료		

▲ 큰꽃으아리 수형

❶ 클레마티스 ❷ 잎 ❸ 열매

▲ 클레마티스 수형

도양	내조성	내습성	내한성	공해
비옥토	강	중	강	중

제주도를 제외한 전국의 산야에서 자라며, 으아리에 비해 꽃이 크다는 뜻의 이름이다. 비슷한 수종으로 외래식물인 원예종 **'클레마티스'**가 있다.

특징 5~6월 줄기 끝에서 흰색 또는 연한 노란색의 꽃이 위를 향해 1개씩 핀다. 잎은 마주나고, 3출엽이거나 깃모양 겹잎이고, 잎의 가장자리에 톱니가 없다.

이용 큰꽃으아리의 뿌리를 중풍, 황달에 약용한다.

환경 비옥토를 좋아한다. 약간 독성이 있으므로 초등학교나, 유치원 등에는 식재를 피한다.

조경 도시공원, 펜션, 사찰, 주택 정원, 산책로의 아치, 펜스, 절개지, 산울타리용로 식재한다.

번식 가을에 종자를 채취한 뒤 노천매장했다가 이듬해 봄에 파종한다. 클레마티스같은 원예종은 휘묻이(겨울~봄))와 삽목(봄~여름)으로 번식한다. 삽목할 때는 잎이 붙어있는 가지 2마디로 삽수를 준비해 밑 부분을 물에 2시간 동안 담가 물을 올린 뒤 삽목한다.

병해충 흰가루병, 녹병, 응애, 선충 등이 있다.

가지치기 품종에 따라 꽃 피는 시기가 다르기 때문에 가지치기 시기가 다르다. 보통 꽃이 지면 바로 전체 가지를 위에서 30% 지점에서 약전정하고, 꽃이 화려했던 줄기는 자르지 않고 곁가지가 엉켜있을 때 곁가지를 자른다. 때때로 늙은 가지 30%를 솎아내어 밑둥에서 자른다.

여름 개화
꽃 · 잎 · 열매 · 수형
산울타리 · 담장

약용식물로 알려진

인동덩굴

인동과 | 반상록활엽 만경목 | *Lonicera japonica* | 3~4m | 전국 | 양지

덩굴형

연간계획	1월	2월	3월	4월	5월	6월	7월	8월	9월	10월	11월	12월
번식			숙지삽		녹지삽			반숙지삽		종자		
꽃/열매						꽃			열매			
전정	가지치기 · 솎아내기							가지치기				
수확/비료												

▲ 꽃

❶ 잎 ❷ 열매 ❸ 수형

▲ 줄기와 꽃

토양	내조성	내습성	내한성	공해
구별안함	강	중	강	강

전국의 산야 양지바른 곳에서 자란다. **'인동초'**라고도 부르며, 농촌에서 관상수로 흔히 키우거나 약용식물로 심어 기른다. 북미 원산의 여러 가지 도입종들은 공원 등지에 관상수로 심는다.

특징 5~6월 가지 끝에 흰색 꽃이 피고 좋은 향기가 난다. 꽃의 색상은 흰색에서 노란색으로 변한다. 붉은색 꽃이 피는 품종은 도입종으로 '미국인동' 혹은 '붉은인동'이라고 부른다. 열매는 가을에 검은색으로 익는다.

이용 잎, 꽃, 열매를 해수, 맹장염, 감기 등에 약용한다.

환경 토양을 구별하지 않고 잘 자라나 비옥한 사질양토에서 더 잘 자란다.

조경 도시공원, 아파트, 학교, 펜션, 주택, 사찰 정원의 관상수, 심볼트리로 좋다. 절개지에 식재하거나 못쓰는 땅에 식재한다. 담장이나 아치 등에 산울타리용으로도 식재한다.

번식 가을에 종자를 채취하여 바로 파종한다. 종자보다는 분주나 삽목으로 많이 번식한다. 녹지삽은 새로 자란 가지의 상단부를 10cm 길이로 삽수를 준비한다. 숙지삽은 10~20cm 길이로 삽수를 준비하되, 작년에 자란 줄기의 상단부를 준비한다. 분주 번식은 가을에 한다.

병해충 병해충에 강하지만 진딧물이 발생하기도 한다.

가지치기 가치지기가 필요하지 않지만 때에 따라 가지치기를 한다. 가지치기 시기는 품종에 따라 다르다. 늦게 꽃이 피는 품종은 겨울에서 이름 봄 사이에, 일찍 꽃이 피는 품종은 꽃이 진 뒤 가지치기한다. 오래된 줄기가 여러 개일 경우 2~3년에 한번 가장 오래된 줄기를 지면 가까이에서 잘라 회춘시킨다. 품종을 잘 모를 경우에는 꽃이 진 후 바로 가지치기를 하면 된다.

새로 심었을 경우에는 순지르기를 하여 곁가지의 생장을 촉진시킨다. 울타리 밖에서 통행에 방해되는 가지는 정리해준다. 또한 당해년에 웃자란 가지는 적당히 가지치기하면서 확장되는 것을 방지한다. 유인할 가지는 끈으로 유인한다.

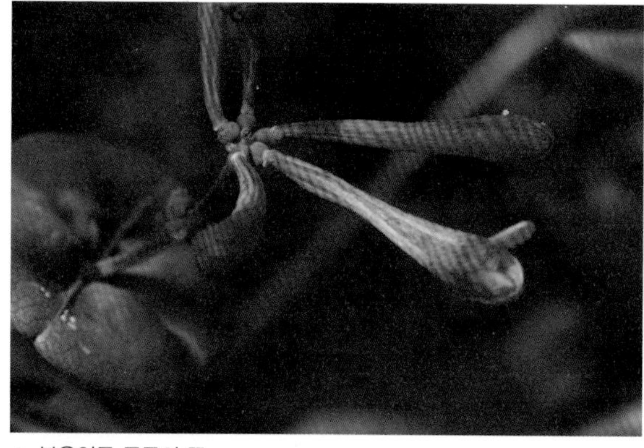

▲ 붉은인동 품종의 꽃

▲ 트럼펫인동 품종

▲ 붉은인동의 잎

▲ 무늬인동 품종의 잎

▲ 황금인동 품종의 잎

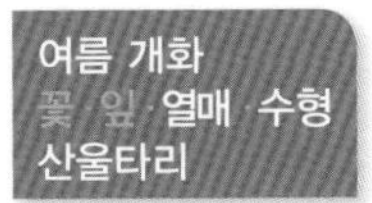

청사조 / 먹넌출

갈매나무과 | 낙엽활엽 만경목 | *Berchemia racemosa* | 10m | 전국 | 중용수

덩굴형

연간계획	1월	2월	3월	4월	5월	6월	7월	8월	9월	10월	11월	12월
번식			종자				반숙지삽					
꽃/열매							꽃			열매		
전정	가지치기 · 솎아내기											
수확/비료												

▲ 청사조 잎

▲ 청사조 꽃

▲ 먹넌출 열매

토양	내조성	내습성	내한성	공해
비옥토	중~강	중	중	강

일본과 우리나라 등에 분포하며 중부지방에서 자란다. 청사조와 먹넌출은 꽃과 열매, 잎 모양이 매우 비슷하에 구별이 어렵다.

특징 7~9월 가지 끝에 황록색의 꽃이 모여 피고, 열매는 이듬해 6~7월 붉은색에서 검은색으로 익는다. 수피는 짙은 회갈색이며, 청사조나 먹넌출 모두 다른 물체를 휘감으면서 올라가는 성질이 있다. 보통 잎맥이 8~9쌍 이하이면 청사조로 동정하고, 9~15쌍이면 먹넌출로 동정하는데, 먹넌출의 잎이 상대적으로 긴 편이다. 그러나 청사조의 잎맥 수가 10쌍 이상인 것도 있으므로 꽃자루, 열매자루에 털이 있는지를 확인한다. 꽃자루, 열매자루에 약간의 털이 있으면 먹넌출로 본다.

이용 자생지가 거의 사라졌으므로 조경용으로 육종되어야 한다. 청사조 열매는 식용할 수 있고, 어린잎은 나물로 무쳐먹거나 차로 우려마신다.

환경 비옥토에서 잘 자란다.

조경 서울 이남의 도시공원, 펜션, 주택의 정원수, 산울타리용으로 좋다.

번식 가을에 채취한 종자의 과육을 제거한 뒤 노천매장했다가 이듬해 봄에 파종한다. 삽목은 7~8월에 반숙지삽으로 한다. 가을~겨울 사이에는 온실에서 숙지삽으로 한다.

병해충 병해충에 비교적 강하다.

가지치기 병든 가지, 웃자란 가지, 잘못 뻗은 가지만 약전정한다. 그 외는 자연 수형으로 키운다. 담쟁이덩굴만큼 덩굴 성질이 강하지는 않으므로 원하는 방향이 있을 경우 끈으로 유인하도록 한다.

우아한 기품을 지닌

능소화

덩굴형

능소화과 | 낙엽활엽 만경목 | *Campsis grandiflora* | 10m | 전국 | 양지

연간계획	1월	2월	3월	4월	5월	6월	7월	8월	9월	10월	11월	12월
번식			종자 · 숙지삽			반숙지삽						근삽
꽃/열매								꽃				
전정		가지치기 · 솎아내기							가지치기			
수확/비료												

▲ 노거수 수형　❶ 꽃 ❷ 잎 ❸ 수피　▲ 수형

토양	내조성	내습성	내한성	공해
사질양토	강	중	중	강

중국 원산으로 남부지방에서 식재했으나 요즘은 서울 등의 중부지방에서도 잘 자란다. **'양반꽃'**이라고도 하며, 황적색의 꽃이 아름다워 관상수로 즐겨 심는다.

특징 7~8월 가지 끝에 풍성한 황적색의 꽃이 나팔 모양으로 모여 핀다. 유사종 '미국능소화'는 능소화에 비해 화관이 작고 통부가 긴 편이다.

이용 꽃과 식물 전체를 이뇨, 해열, 여성병에 약용한다.

환경 비옥한 사질양토에서 잘 자란다.

조경 강원 내륙을 제외한 서울 이남에서 잘 자란다. 도시 공원, 아파트, 학교, 사찰, 펜션, 주택 담장, 아치, 펜스의 독립수, 중심수, 심볼트리, 산울타리로 식재한다.

번식 봄에 온실에서 파종한다. 삽목은 3~8월에 하는데 7~8월의 반숙지삽이 좋다. 삽수는 10cm 길이로 준비해 삽목한다. 12월에 뿌리를 5cm 길이로 준비해 근삽해도 된다.

병해충 흰불나방, 흰가루병이 있다.

가지치기 가지치기 시기는 겨울~이른 봄이지만 꽃이 지후 바로 가지치기하기도 한다. 병든 가지, 웃자란 가지, 원치 않는 가지를 정리한다. 늙은 가지가 많으면 몇 개만 남기고 밑둥에서 전정한다. 곁가지가 많을 경우 등나무처럼 눈 몇 개만 남기고 전정한다. 여름에는 당해년에 자란 가지 끝을 순지르기하여 생장을 촉진시킨다.

카페에 잘 어울리는

마삭줄 / 무늬마삭줄 / 황금마삭줄

포복형

협죽도과 | 낙엽활엽 만경목 | *Trachelospermum asiaticum* | 5m | 남부지방 | 중용수

연간계획	1월	2월	3월	4월	5월	6월	7월	8월	9월	10월	11월	12월
번식			종자			반숙지삽						
꽃/열매						꽃			열매			
전정	가지치기 · 솎아내기											
수확/비료												

▲ 꽃 ❶ 잎 ❷ 군락 ▲ 수형

토양	내조성	내습성	내한성	공해
사질양토	강	중	약	강

중국, 일본에 분포하며, 남부지방과 제주도에서 자생한다. 노지월동이 가능한 지역은 대구~대전권 이남이다. 잎과 꽃을 다양하게 교배한 원예 품종들이 많다.

특징 5~6월 새 가지 끝에서 흰색꽃이 바람개비처럼 피고 좋은 향기가 난다. 잎이나 줄기를 자르면 흰액이 나온다.

이용 잎과 줄기는 진통, 강장, 해열에 약용한다.

환경 비옥한 사질양토에서 잘 자란다.

조경 대구, 대전 이남의 도시공원, 펜션, 주택 정원집의 담장이나 울타리에 심볼트리로 식재한다. 그 외 암석정원에도 잘 어울리고 카페의 걸이분으로도 좋다. 남부지방의 숲에서 자생하며, 서해안 일부 지방에서도 노지생육이 가능하다. 중부지방에서는 실내에서 걸이분으로 키우면 관상수로 적당하다.

번식 가을에 채취한 종자를 이듬해 봄에 파종한다.

병해충 응애, 벚나무깍지벌레(진딧물의 일종) 등이 발생한다.

가지치기 이른 봄에 먼저 병든 가지, 필요 없는 가지, 웃자란 가지를 전정한다. 또한 잔가지마다 눈이나 잎 2~3개를 남기고 전정하여 생육을 촉진시키고 필요 없는 곁가지를 전정한다. 또한 지지대를 세우거나 끈으로 유인하여 원하는 수형을 만들 수 있다.

유사종 구별하기

- **백화등** : 전남 여수의 오동도 등에서 자생한다. 마삭줄과 거의 비슷하지만 개화하는 꽃의 수량과 잎의 크기, 줄기의 굵기가 마삭줄에 비해 상대적으로 크거나 굵다.
- **무늬마삭줄** : 마삭줄의 개량종으로 잎에 얼룩무늬가 있다.
- **황금마삭줄** : 개량종으로 잎 절반 이상에 황금색 얼룩무늬가 있다.
- **초설마삭줄(오색마삭줄)** : 잎에 5가지 색이 있다가 겨울에 붉은색으로 물든다.

▲ 백화등 꽃

▲ 백화등 어린잎

▲ 무늬마삭줄

▲ 무늬마삭줄 잎

▲ 황금마삭줄

▲ 초설마삭줄(오색마삭줄)

대표적인 지피식물

큰잎빈카

포복형

협죽도과 | 상록성 여러해살이풀 | *Vinca major* | 2~5m | 전국 | 중용수

연간계획	1월	2월	3월	4월	5월	6월	7월	8월	9월	10월	11월	12월
번식			분주 · 심기			심기				반숙지삽		
꽃/열매			꽃									
전정	가지치기 · 솎아내기											
수확/비료												

▲ 큰잎빈카의 꽃 ❶ 잎 ❷ 꽃 ▲ 경사지에 식재한 빈카

토양	내조성	내습성	내한성	공해
점질토	강	중	중	강

서유럽, 발칸반도, 북아프리카 원산으로 국내에서는 일부 내륙을 제외한 중부이남에서 노지월동한다. 주로 지면피복용으로 흔히 식재하는 초본식물이다.

특징 일반적으로 빈카메이저를 '큰잎빈카', 잎이 좁은 빈카마이너를 '빈카'라고 부른다. 다양한 품종이 있으며, 일부 개량종은 남부지방에서만 노지월동이 가능하다. 꽃이 피는 시기는 품종에 따라 다르고, 서울지역에서 노지월동 할 경우 봄에 꽃이 핀다. 품종에 따라 초가을까지 꽃을 볼 수도 있고, 온실에서는 겨울에 꽃이 피기도 한다. 세계적으로 열매 결실이 어려운 식물이지만 드물게 결실을 맺기도 한다.

이용 원산지에서는 꽃, 잎 등을 진정, 건위, 강장, 고혈압, 자궁출혈에 약용한다. 협죽도과의 독성이 있는 식물이므로 약용에 주의한다.

환경 토양을 가리지 않지만 점질토에서 더 잘 자라고, 건조한 곳에서도 잘 견딘다.

조경 도시공원, 아파트, 빌딩, 학교, 주택 정원의 지면피복용으로 추천할만하며, 계단 아래, 경사지, 큰나무 하부에 심는 대표적인 지피식물이다.

번식 분주 또는 삽목으로 번식하는데 분주 번식이 더 좋다. 분주 번식은 봄과 가을에 한다.

병해충 병해충에 비교적 강하다.

가지치기 가지치기는 겨울에서 이른 봄이 좋다. 보통 이른 봄 마지막 서리가 내린 후에 가지치기를 하는데 3년에 한번만 해도 충분하다. 가지치기를 정리할 때는 높이를 약 10~15cm로 설정한 뒤 그 위를 제초기나 잔디깎기 기계 등으로 한다. 제초기 등이 없다면 양손가위로 개별 줄기마다 대략 15~20cm 길이만 남겨놓고 자른다. 그 외 병든 가지는 발견했을 때 가지치기를 한다.

▲ 무늬빈카

▲ 금맥무늬빈카

▲ 일루미네이션 빈카

▲ 좁은잎빈카

유사종 구별하기

- **매일초(일일초)** : 빈카와 같은 종으로 알려져 있지만 엄연히 다른 품종이다. 꽃이 빈카와 비슷하기 때문에 '빈카'라고도 부르면서 오인하기 시작했지만 매일초의 원산지는 아프리카, 남미이고 덩굴식물이 아닌 반관목 초본류이다. 우리나라에서는 화원에서 화초로 흔하게 판매하는 초본이다.

가을 개화
꽃 잎 열매 수형
절개지

한국산 아이비
송악

두릅나무과 | 상록성 만경목 | *Hedera rhombea* | 10m | 남부지방 | 중용수

포복형

연간계획	1월	2월	3월	4월	5월	6월	7월	8월	9월	10월	11월	12월
번식			종자 · 숙지삽			종자						
꽃/열매					열매					꽃		
전정	가지치기 · 솎아내기											
수확/비료												

▲ 어린가지의 잎 ❶ 꽃 ❷ 열매 ❸ 늙은가지 잎 ▲ 수형

토양	내조성	내습성	내한성	공해
구별안함	강	중	강	중

일본, 한국에 분포하며, 울릉도를 비롯하여 남부지방에서 자란다. 음지성 식물이지만 양지에서도 성장이 양호하다. **'담장나무'** 또는 **'소밥나무'**라고도 한다.

특징 9~11월 가지 끝에 황록색의 꽃이 모여 핀다. 생육이 왕성한 가지의 잎은 삼각꼴이거나 3~5개로 갈라진 마름모형이고 오래된 가지의 잎은 난상 타원형이다. 생장속도는 더디다. 지방에서는 잎을 소에게 먹이면 잘 먹는다 하여 소밥나무라고도 부른다.

이용 잎과 열매를 비출혈, 목예, 목현, 타박상, 관절염, 간에 약용한다.

환경 토양을 가리지 않고 잘 자란다.

조경 상록성 만경목의 장점을 살려 남부지방과 서해안 지방의 도시공원, 학교, 펜션, 주택 정원의 담장 또는 절개지 등에 식재하여 늘푸르름을 관상할 수 있다.

번식 5~6월에 성숙한 종자를 채취한 뒤 직파하거나 노천매장한 뒤 이듬해 봄에 파종한다. 봄에 잎이 몇 개 있는 숙지를 잘라 삽목한다.

병해충 진딧물, 응애, 깍지벌레 등이 있다.

가지치기 가지치기가 필요하지 않다. 확산을 방지할 목적으로 가지치기를 하려면 가을을 제외한 연중 가능하며 잎이나 눈의 1cm 위에서 자른다. 곁가지의 생장을 촉진시키기 위한 가지치기는 이른 봄에 한다.

▲ 남부지방의 야생 송악덩굴

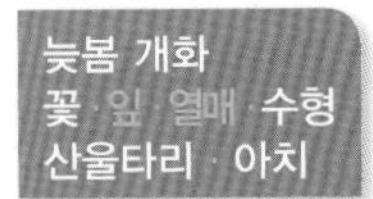

개량종이 많은

덩굴장미

장미과 | 낙엽활엽 만경목 | *Rosa multiflora* var. *platyphylla* | 5m | 전국 | 양지

덩굴형

연간계획	1월	2월	3월	4월	5월	6월	7월	8월	9월	10월	11월	12월
번식				숙지삽		녹지삽				반숙지삽		
꽃/열매							꽃					
전정		가지치기 · 솎아내기										
수확/비료		비료		비료		비료		비료		비료		비료

▲ 꽃　　❶ 잎 ❷ 꽃(코랄 메이딜란드)　　▲ 수형

토양	내조성	내습성	내한성	공해
사질양토	중	중	강	강

중국 원산으로 국내에서는 여러 줄장미 개량종이 덩굴장미라는 이름으로 관상용으로 보급되고 있다. 전국에서 산울타리용으로 흔히 식재한다.

특징 꽃은 붉은색의 겹꽃이고 줄기는 5m 높이로 자란다. 중국 원산의 목향장미(*Rosa banksiae*)를 덩굴장미로 보기도 하며, 줄장미(*Rosa multiflora,platyphylla*) 품종도 시중에서 덩굴장미로 유통된다.

이용 관상용으로 즐겨 식재한다.

환경 토양을 가리지 않지만 유기질의 비옥토를 권장한다.

조경 도시공원, 아파트, 학교, 펜션, 주택 정원의 심볼트리나 주택가 담장, 울타리, 아치, 펜스 등에 식재한다.

번식 삽목이나 접목으로 번식한다. 눈이나 잎이 2~3개 붙어있는 삽수를 준비해 발근촉진제에 침지한 후 약간 비스듬히 삽목하고 5주간 물관리를 한 후에 뿌리를 내렸는지 확인한다. 가정에서는 비료를 주지 않아도 잘 자라지만 꽃을 수확하는 절화용 장미를 온실에서 재배한다면 적어도 2개월 간격으로 비료를 공급해야 꽃의 수확량과 수확기간이 길어진다.

병해충 장미류가 잘 걸리는 병해충로는 진딧물, 노균병(메타실엠수화제 등), 흰가루병, 뿌리혹병, 검은무늬병, 잿빛곰팡이병, 꽃노랑총채벌레(스피노사이드 액상수화제 등), 점박이응애(펜부탄수화제 등)가 있다.

가지치기 이른 봄에 가지치기를 한다. 먼저 병든 가지는 아래쪽 병들지 않은 녹색 부분에서 자른다. 해충 자국이 많이 남아있는 가지, 밀집되어 서로 마찰되는 가지를 자른다. 가지를 자를 때 외각으로 향하는 눈 위 0.6cm 지점에서 각이 지게 자르면 눈이 외각으로 향하는 줄기로 자라게 된다. 3년에 한번 분기점 위에서 가지를 자르거나, 늙은 가지를 30% 솎아내어 지면 가까이에서 자른다. 2개 이상의 잔가지가 있을 경우 상대적으로 오래된 가지를 자른다. 펜스에 산울타리로 심어져있는 경우 펜스 밖과 펜스 안의 교차되어 있는 잔가지를 교대로 잘라 펜스에 붙어있는 상태를 유지시킨다.

▲ 덩굴장미 가지치기

▲ (좌) 콘랏헹켈 진홍색 품종(독일), 우측 코랄 메이딜란드 품종(프랑스)

비밀의

도입&
원예종 정원수

외국에서 들여온 도입수종과 품종을 개량한 원예품종의 수종들 중에서
정원수 또는 조경수로 추천할만한 수종들을 소개하였다.

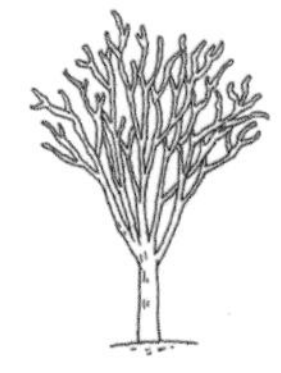
평정형

초봄 개화
꽃 · 잎 · 열매 · 수형
관상수

이른 봄을 여는
풍년화

조록나무과 | 낙엽활엽 관목 | *Hamamelis japonica* | 3~6m | 중부이남 | 양지

연간계획	1월	2월	3월	4월	5월	6월	7월	8월	9월	10월	11월	12월
번식			종자 · 심기				녹지삽			심기		
꽃/열매			꽃							열매		
전정	솎아내기				가지치기	꽃눈분화						솎아내기
수확/비료												

▲ 개화기 수형 ❶ 꽃 ❷ 잎 ❸ 열매 ▲ 가을 단풍

토양	내조성	내습성	내한성	공해
사질양토	중	중	강	강

일본 원산으로 다양한 원예품종이 있고 우리나라에서는 전국에서 공원수나 조경수로 식재한다.

특징 이른 봄에 잎보다 먼저 꽃이 피는 수종으로 노란색의 꽃이 마치 노란 색종이를 잘게 찢어놓은 듯이 핀다.

이용 줄기, 잎, 수피를 안구질환, 살균, 치질 등에 약용한다.

환경 그늘에서도 성장이 양호하고 양지 보통 식재한다.

조경 도시공원, 사찰, 주택 정원에 주로 심어 기르며, 공해에 강하므로 아파트나 빌딩에도 적당하다.

번식 가을에 채취한 종자의 과육을 제거하고 노천매장한 뒤 이듬해 봄에 파종하면 보통 2년 뒤 발아한다. 보통은 채취한 종자를 고온/저온저장 후 이듬해 봄에 파종해야 발아율이 높다. 3~4월에는 숙지삽이 가능하지만 발근이 잘 안 된다. 7월에는 녹지삽을 하는데 발근촉진제를 바르면 50% 확률로 뿌리를 내린다. 발근이 잘 안되므로 묘목으로 식재하는 경우가 많다.

병해충 백분병이 발생하기도 한다. 밀집 가지를 치고 통풍을 시키면 방제할 수 있다.

가지치기 가지치기할 필요가 없지만 교차 밀집된 가지, 병든 가지는 분기점 위에서 치고, 뿌리에서 올라온 싹과 줄기는 밑둥에서 친다. 순치기할 때는 잎이나 눈 2개 위를 순지르기 한다. 웃자란 가지, 밑으로 향한 가지는 통행에 방해되지 않으면 수형을 위해 살린다.

초봄 개화
꽃·잎·열매·수형
심볼트리

히어리를 닮은 일본종
일행물나무 / 도사물나무

포기형

조록나무과 | 낙엽활엽 관목 | *Corylopsis pauciflora* | 1~2m | 전국 | 양지~반그늘

연간계획	1월	2월	3월	4월	5월	6월	7월	8월	9월	10월	11월	12월
번식			심기		녹지삽·반숙지삽				종자·심기			
꽃/열매			꽃						열매			
전정	솎아내기				가지치기							
수확/비료												

▲ 일행물나무의 꽃

❶ 잎 ❷ 열매 ❸ 수형

▲ 도사물나무의 꽃

토양	내조성	내습성	내한성	공해
사질양토	중	중	강	중

일본에서 도입된 종으로 한국특산식물인 히어리와 유사한 품종이다. 전국에서 조경수로 많이 식재한다.

특징 일행물나무는 히어리에 비해 꽃이 1~3개 정도 적게 달리고 잎의 크기가 작다. 도사물나물의 경우 히어리에 비해 잎자루와 잎 뒷면, 열매에 털이 있는 점이 특징이다.

이용 이른 봄 개화하는 꽃과 노랗게 물드는 가을 단풍을 관상하기 위해 식재한다.

환경 부식질의 비옥한 모래질의 산성토에서 잘 자라지만 척박지에서도 생육이 가능하다.

조경 도시공원, 펜션, 주택 정원의 독립수, 심볼트리로 군식한다. 식재 간격은 2m가 적당하고, 그늘에서도 잘 견디므로 큰 나무 하부나 절개지 사면 등에 식재한다. 한국특산식물인 히어리와 함께 봄에 노랗게 피는 만개하는 꽃과 가을에 노랗게 물드는 단풍 수형이 관상 포인트이다.

번식 가을에 성숙한 종자를 채취한 뒤 바로 직파하거나, 여름에 반숙지삽 혹은 녹지삽으로 번식한다.

병해충 병해충에 비교적 강하다.

가지치기 손질하지 않아도 비교적 수형이 정돈되는 수종이다. 일행물나무는 가지가 가늘고 촘촘하게 나고, 도사물나무는 가지의 수가 비교적 적다. 꽃이 지면 바로 가지치기한다. 병든 가지, 웃자란 가지 등을 제거하는 최소한의 가지치기만 해도 충분하다.

봄 개화
꽃 · 잎 · 열매
지면피복

정원조경용 녹화식물

수호초

포복형

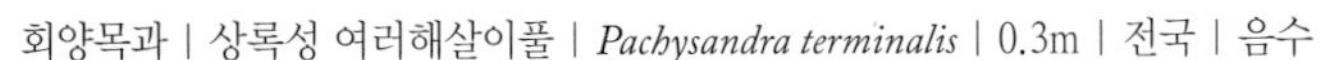
회양목과 | 상록성 여러해살이풀 | *Pachysandra terminalis* | 0.3m | 전국 | 음수

연간계획	1월	2월	3월	4월	5월	6월	7월	8월	9월	10월	11월	12월
번식				분주 · 심기			반숙지삽					
꽃/열매				꽃					열매			
전정		가지치기 · 솎아내기					가지치기					
수확/비료												

▲ 꽃차례

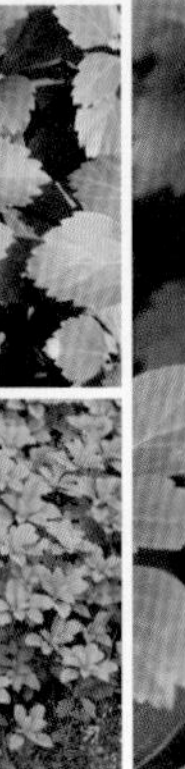
❶ 잎 ❷ 수형 ❸ 군락

▲ 잎차례

토양	내조성	내습성	내한성	공해
사질양토	중~강	중	강	강

중국, 일본 원산으로 도시 건물의 화단이나 정원을 덮는 지피식물로 흔히 식재한다. 일반적으로 그늘진 곳의 녹화를 위해 식재하는 편이다.

특징 암수한포기로 봄에 자란 꽃줄기에 흰색의 꽃이 모여 핀다. 잎 위쪽의 가장자리에 굵은 톱니가 있다. 꽃이 달린 줄기는 곧게 서지만, 다른 줄기는 옆으로 눕듯이 자라며 생장 속도는 보통이다.

이용 열매를 날 것으로 먹거나 익혀 먹는다.

환경 토양을 구별하지 않지만 석회질이 없는 토양에서 더 잘 자란다. 바람이 많은 지역, 직사광선, 건조한 토양에서는 생장이 불량하다.

조경 도시공원, 아파트, 빌딩, 학교, 펜션 정원의 화단, 옥외 계단 아래, 주차장, 경사지, 경계지, 큰 나무 하부에 녹화식물로 군식한다. 수호초는 일반적으로 반그늘이나 음지에 식재하는 것이 좋다.

번식 번식은 분주가 좋다. 삽목 번식은 삽수를 5~7cm 길이로 준비하여 삽목하면 된다.

병해충 병해충에 비교적 강하다.

가지치기 제초기 등을 10cm 높이로 설정하여 가지치기한다. 가위로 가지치기를 하려면 높이를 절반 정도 자른다. 그 외 병든 가지는 발견할 때마다 잘라준다.

봄 개화
꽃 잎 열매 수형
공원수 심볼트리

불꽃처럼 꽃 피는

꽃단풍(캐나다단풍, 미국단풍)

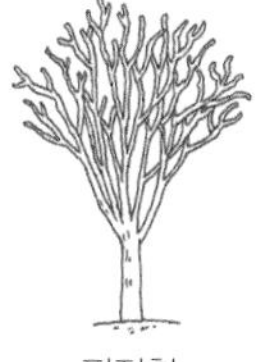
평정형

단풍나무과 | 낙엽활엽 교목 | *Acer pycnanthum* | 15~30m | 전국 | 중용수

연간계획	1월	2월	3월	4월	5월	6월	7월	8월	9월	10월	11월	12월
번식			종자 · 이식			종자			이식			
꽃/열매				꽃		열매						
전정											가지치기 · 솎아내기	
수확/비료												

▲ 여름 수형 ❶ 꽃 ❷ 잎 ❸ 수피 ▲ 가을 수형

토양	내조성	내습성	내한성	공해
사질양토	강	중~강	강	중~강

일본 원산으로 일본 이름은 **'아메리카하나노키'**이다. 국내에서는 **'미국단풍'** 또는 **'캐나다단풍'**이란 이름으로 유통되며 약간 난대성을 지녔다. 또한 단풍나무과 수종 중에 은단풍과 함께 잎보다 꽃이 먼저 예쁘게 피는 수종으로 관상 가치가 높다.

특징 암수딴그루로 4월에 잎보다 먼저 붉은색의 꽃이 핀다. 난대성을 띠지만 서울, 경기도에서도 성장이 양호하다. 어린 잎은 갈라지지 않으나 심장 모양의 성숙한 잎의 가장자리는 3개로 갈라진다.

환경 비옥토를 좋아하고 공해에는 비교적 강하며, 건조한 곳에서는 생장이 불량하다. 특히 내한성이 강해 전국에 식재해도 무방하다.

조경 도시공원, 유원지, 광장, 산책로, 펜션의 중심수, 공원수, 조경수 등으로 식재한다. 봄에 피는 붉은색의 꽃과 비교적 높이 자라는 쭉 뻗은 수형, 그리고 가을에 붉게 물드는 단풍이 관상 포인트이다. 교목성으로 인한 녹음수 용도로도 적합한 수종이다.

번식 6월에 채취한 종자를 바로 파종한다.

병해충 알려진 병해충이 없다.

가지치기 자연 수형으로 키우며, 가지치기가 필요한 경우 단풍나무류에 준해 가지치기하면 된다.

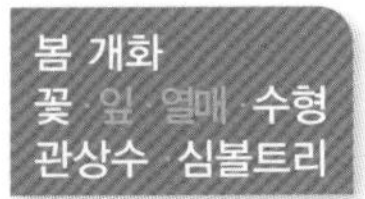

은종 모양의 관상수
은종나무(실버벨나무)

원정형

때죽나무과 | 낙엽활엽 소교목 | *Halesia carolina* | 5~9m | 전국 | 양지

연간계획	1월	2월	3월	4월	5월	6월	7월	8월	9월	10월	11월	12월
번식			종자		녹지삽							
꽃/열매				꽃						열매		
전정	솎아내기				가지치기							
수확/비료												

▲ 꽃 ❶ 잎 ❷ 열매 ❸ 수피 ▲ 수형

토양	내조성	내습성	내한성	공해
사질양토	중	중	강	중

원산지 북미에서는 깊은 산 계곡가에 분포한다. 우리나라의 경우 무리지어 핀 은종 모양의 꽃이 아름다워 전국의 관상수로 심어 기른다.

특징 5~6월 2년지에 흰색의 꽃이 모여 달린다. 꽃 모양은 때죽나무와 비슷하나 조금 더 크다. 보통 1.2m 이상의 높이로 자란 후부터 꽃이 핀다.

이용 열매는 식용하고 목재는 부드럽기 때문에 장식장을 만드는 데 사용한다.

환경 축축하고 비옥한 사질양토에서 잘 자란다. 석회질 토양에서는 생장이 불량하다.

조경 수형이 단정하여 도시공원, 학교, 사찰, 펜션의 독립수나 풍치수, 심볼트리로로 좋다.

번식 가을에 채취한 종자를 냉상에 바로 파종한다. 발아에 18개월 걸릴 수도 있다. 녹지삽은 5~6월에 10cm 길이로 준비한 뒤 삽목하는데 발근에는 한달 정도 소요된다.

병해충 뿌리썩음병, 목재썩음병, 깍지벌레 등의 병해충이 있다.

가지치기 묘목일 때 수형을 잡는데 이때 원줄기 하나만 키울지 주간을 여러 개로 할지를 결정한다. 원줄기 하나만 키울 때가 더 예쁘다. 이후에는 방임으로 키운다. 만일, 성목이 된 후 꽃이 피지 않으면 늙은 가지 몇 개를 가지치기하면 이듬해 새 가지가 나오면서 꽃이 핀다.

관상용 애기 감이 열리는

노아시나무(애기감나무)

원정형

감나무과 | 상록활엽 관목 | *Diospyros rhombifolia* | 1~8m | 전국 | 양지

연간계획	1월	2월	3월	4월	5월	6월	7월	8월	9월	10월	11월	12월
번식	숙지삽		종자			녹지삽						
꽃/열매				꽃					열매			
전정		가지치기 · 솎아내기				가지치기						
수확/비료			비료									

▲ 수꽃 ❶ 잎 ❷ 열매 ❸ 수피 ▲ 수형

토양	내조성	내습성	내한성	공해
비옥토	중	중	중~강	중

중국 원산으로 **'애기감나무'** 또는 **'난장이감나무'**라고도 한다. 중국과 일본에 분포하고 남부지방에서는 관상수로, 중부지방에서는 분재의 소재로 이용한다.

특징 암수딴그루로 꽃받침이 있는 것은 암꽃, 꽃받침이 없는 것은 숫꽃으로 구별한다. 암수가 함께 있어야 결실을 맺고, 간혹 암수가 같이 피는 종도 있다. 열매는 가을에 주홍색으로 탐스럽게 익고, 서리가 내릴 즈음에는 검은빛으로 변한다. 도토리보다 조금 더 큰 열매는 식용보다는 주로 관상용으로 취급한다.

환경 비옥토에서 잘 자란다.

조경 남부지방의 공원, 아파트, 학교, 주택 정원의 독립수, 심볼트리로 좋다. 중부내륙에서는 겨울에 동해방지를 해야 하지만 경기도에서 노지월동하기도 한다.

번식 가을에 채취한 종자를 2개월간 냉장보관한 뒤 24시간 온수에 침전했다가 파종한다. 감나무류는 삽목이 어렵지만, 6월에 당해년에 자란 녹지를 삽수로 준비한 뒤 발근촉진제에 24시간 침지한 후 삽목하면 6개월 뒤 뿌리를 내린다.

병해충 진드기, 응애, 탄저병 등이 있다.

가지치기 늦겨울에서 봄에는 생장을 촉진시키기 위해 당해년에 자란 잎을 2마디 정도 남기고 순지르기 한다. 열매가 열릴 무렵이면 상대적으로 부실한 열매를 제거한다.

늦봄 개화
꽃 잎 열매 수형
과실수 심볼트리

초크베리로 알려진
아로니아

포기형

장미과 | 낙엽활엽 관목 | *Aronia melanocarpa* | 2~3m | 전국 | 중용수

연간계획	1월	2월	3월	4월	5월	6월	7월	8월	9월	10월	11월	12월
번식	분주		종자		심기		반숙지삽				종자	
꽃/열매				꽃						열매		
전정	솎아내기				가지치기							
수확/비료												

▲ 열매 ❶ 꽃 ❷ 잎 ❸ 수피 ▲ 수형

토양	내조성	내습성	내한성	공해
구별안함	중	강	강	강

북미 원산으로 습기가 있는 숲속에서 자란다. 국내에서는 열매를 수확하기 위해 재배하거나 관상수로 심어 기른다. **'초크베리'** 또는 **'블랙초크베리'**라고도 한다.

특징 5~6월 가지 끝에 흰색의 꽃이 모여 피고, 열매는 8~9월 붉은색에서 검은색으로 익는다.

이용 열매를 가공하여 잼이나, 주스, 젤리 등으로 식용하고, 항산화 물질인 안토시아닌이 풍부하여 북미나 유럽에서는 오래 전부터 피부미용, 노화방지, 항암 등에 약용한 것으로 알려져 있다.

환경 대부분의 토양에서 잘 자라고 건조한 곳이나 추운 곳에서도 비교적 잘 견딘다.

조경 도시공원, 아파트, 학교, 유치원, 펜션, 주택 정원의 독립수나 심볼트리로 식재하거나 산울타리, 연못가 주변의 식물로도 좋다. 그 외 과수작물로 재배하기도 한다.

번식 성숙한 종자를 채취한 뒤 물에 1일간 침전한 후 냉상에 파종한다. 발아에 1~3개월 걸린다.

병해충 응애, 진딧물, 애벌레 등이 있다.

가지치기 묘목을 식재할 때 가지마다 눈 4~5개를 남기고 가지치기한다. 성목인 경우 꽃이 지면 가지의 끝눈을 순지르고, 7월 초 가지마다 잎 2~4마디를 남기고 가지치기한다. 성목은 5년 간격으로 열매 결실이 적은 줄기를 찾아내어 지상부 1m만 남기고 가지치기하여 회춘시킨다.

늦봄 개화
꽃·잎 열매 수형
심볼트리

산울타리용 관상수
피라칸타(피라칸사스)

다간형

장미과 | 상록활엽 관목 | *Pyracantha angustifolia* | 1~2m | 전국 | 중용수

연간계획	1월	2월	3월	4월	5월	6월	7월	8월	9월	10월	11월	12월
번식			종자		심기			반숙지삽		종자		
꽃/열매					꽃					열매		
전정	가지치기·솎아내기						가지치기					
수확/비료												

▲ 개화기 수형 ❶ 꽃 ❷ 잎 ❸ 가시 ▲ 가을 수형

토양	내조성	내습성	내한성	공해
비옥토	강	중	중	중~강

중국 원산으로 남부지방에는 상록성으로 생육하고 중부지방에서는 낙엽성으로 생육이 가능하다. 꽃은 흰색으로 열매는 붉은색으로 알알이 익는 모습이 아름다워 전국에서 관상수로 인기가 높다.

특징 5~6월 가지 끝에 흰색 또는 황백색의 자잘한 꽃이 모여 달리며, 좋은 향기를 낸다. 열매는 10~11월에 붉은색으로 촘촘하게 달린다. 주로 열매를 관상하기 위해 식재하며, 잔가지가 많은 다간형이기 때문에 쥐똥나무처럼 사각형으로 가지치기할 수 있는 수종이다.

이용 음이온 방출로 전자피를 막고, 산소 배출량이 많아 사무실이나 가정의 공기정화식물로 이용한다.

환경 원산지에서는 주로 고산지대에 자생하며, 비옥토라면 잘 자란다.

조경 도시공원, 아파트, 학교, 사찰, 펜션, 주택 정원집의 독립수, 심볼트리, 산울타리용도로 식재한다. 그 외 바닷바람에 강하므로 해변가 공원에 좋고, 공해에도 어느정도 견디므로 산책로, 진입로에 열식하거나 경계지에 식재한다.

번식 가을에 채취한 종자의 과육을 제거한 뒤 물에 세척한 후 냉상에 바로 파종하거나 노천매장했다가 이듬해 봄에 파종한다. 삽목은 8월 중순에 당해년에 자란 가지 중 딱딱한 가지(반숙지)를 5~10cm 길이로 준비해 냉상에 심는데 발근에는 40~50일 소요된다. 발근이 되면 가을에 화분으로 옮겨심거나 이듬해 늦봄에 노지에 옮겨 심는다.

병해충 진딧물, 탄저병 등이 발행한다.

가지치기 새 가지가 잘 돋아나기 때문에 쥐똥나무처럼 강전지를 할 수 있다. 강전지를 하면 열매 관상이 어려우므로 열매를 관상하려면 강전지 대신 약전지를 한다. 만일 산울타리용으로 식재한 경우에는 쥐똥나무처럼 강전지를 하되, 열매 관상 대신 잎을 관상하게 된다.

가지치기는 꽃이 진 뒤 1개월 내 하는 것이 좋으며, 원하는 수형(원형~사각형)으로 가지치기를 해도 새 가지가 잘 돋아나 이듬해 꽃이 다시 달린다. 약전지는 일반적으로 당해년에 자란 녹색 가지의 끝을 순지르기하여 새 가지의 생장을 촉진시킨다. 가지치기할 때 밖으로 향한 눈과 안으로 향한 눈을 번갈아가며 가지치기하되, 눈 위에서 가지치기한다. 나무의 회춘을 위한 강전정은 이른 봄에 하는 것이 좋으며 상대적으로 늙은 가지를 골라내어 지면에서 10~20cm 지점에서 가지치기를 하면 2년내 새 가지가 다시 만발한다.

▲ 피라칸다의 산울타리

▲ 피라칸다의 꽃

TIP BOX 피라칸타를 주택 정원에 식재한 경우 줄기에 가시가 있으므로 애완동물이 있는 가정집의 산울타리로는 적당하지 않다. 그러나 야생 고양이가 많은 주택이라면 산울타리로 식재하여 고양이의 침범을 막을 수도 있다. 야생 고양이 퇴치에 적당한 산울타리용 수종은 가시가 있는 나무들이며 장미, 덩굴장미, 찔레꽃, 피라칸타 등이 있다.

늦봄 개화
꽃·잎·열매·수형
산울타리

줄기 속이 비어 있는

빈도리 / 만첩빈도리 / 꽃말발도리

처진포기형

범의귀과 | 낙엽활엽 관목 | *Deutzia scabra* | 2~3m | 전국 | 중용수

연간계획	1월	2월	3월	4월	5월	6월	7월	8월	9월	10월	11월	12월
번식		종자			심기	반녹지삽 · 취목						
꽃/열매		휴면기				꽃		꽃눈분화		열매		휴면기
전정	속아내기						가지치기					
수확/비료										열매수확적기		

▲ 꽃 ❶ 잎 ❷ 열매 ❸ 줄기 속 ▲ 수형

토양	내조성	내습성	내한성	공해
비옥토	중	중	강	강

일본 원산으로 일본에서 도입된 관목형 관상수이다. 국내에서는 공원이나 정원의 공원수나 관상수로 즐겨 식재하며, 겹꽃으로 피는 **'만첩빈도리'**를 빈도리보다 더 많이 심는 편이다.

특징 5~7월 가지 끝에 흰색의 꽃이 줄줄이 모여 피고 개화기간이 비교적 긴 편에 속한다. 줄기 속이 비어 있어 빈도리라고 하는데 실제로도 줄기에 구멍이 나 있다.

이용 열매는 요실금에 약용하고, 어린잎은 나물로 섭취할 수 있지만 그다지 맛은 없다.

환경 비옥한 부식질의 다소 촉촉한 토양을 좋아한다.

조경 도시공원, 펜션, 주택 정원의 정원수, 산울타리, 산책로, 숲 가장자리에 군식한다. 빈도리 등은 비슷한 시기에 꽃이 피는 조팝나무류 수종과도 잘 어울린다. 반그늘 아래서도 성장이 양호하여 큰나무 밑에 심어도 좋다.

번식 2월에 냉상에서 종자를 파종한 뒤 3개월간 육묘하고 5월 경 노지에 정식한다. 반녹지삽은 6~7월에 한다. 휘묻이로도 번식이 잘된다.

병해충 흰가루병이 발생하면 눈이 나오는 전후 무렵에 신속히 방제한다.

가지치기 다음해에 개화할 꽃눈이 8월경 생성되므로 꽃이 지면 바로 가지치기를 한다. 1차로 꽃이 피었던 줄기들을 대상으로 상단부 3분의 1을 자른다. 2차로 오래된 줄기

3개 중 하나를 지면 근처에서 자르고 어린 곁가지로 대체한다. 만첩빈도리와 꽃말발도리도 이에 준해 가지치기한다.

가지치기 팁 가지치기 시기를 가을이나 겨울로 잡으면 꽃눈을 잘라내게 되므로 이듬해에 꽃을 볼 수 없다. 가지치기는 6~7월경 한번에 실시하고 겨울에는 필요없는 가지를 적당히 솎아낸다.

▲ 빈도리 가지치기

▲ 꽃말발도리의 수형

▲ 만첩빈도리의 꽃
▲ 꽃말발도리의 꽃

TIP BOX 말발도리와 꽃말발도리

꽃말발도리는 빈도리의 원예종으로 일본에서 들어왔다. 꽃잎 외각의 분홍색 형태에 따라 *Deutzia scabra 'Codsall Pink'*, *Deutzia scabra 'PLENA'* 등의 다양한 유사종이 있다. 국내에 도입될 때 말발도리라는 토종 이름과 유사하게 작명하면서 토종 식물로 오해받기도 했지만 꽃말발도리 역시 빈도리, 만첩빈도리처럼 일본에서 들어온 도입종이다.

초봄 개화
꽃 잎 열매 수형
심볼트리

약용으로 쓰이는
뿔남천 / 바위남천 / 일본남천

포기형

매자나무과 | 상록활엽 관목 | *Mahonia japonica* | 1~3m | 서울이남 | 중용수

연간계획	1월	2월	3월	4월	5월	6월	7월	8월	9월	10월	11월	12월
번식			종자			녹지삽				반숙지삽		종자
꽃/열매			꽃								열매	
전정	솎아내기				가지치기							
수확/비료												

▲ 줄기 ❶ 꽃 ❷ 잎 ❸ 열매 ▲ 수형

토양	내조성	내습성	내한성	공해
비옥토	강	중	약	중~강

대만 원산으로 중국에 분포하고 남부지방에서는 노지 월동이 가능하며, 중부지방에서는 실내에서 키운다.

특징 3~5월 줄기 끝에 노란색의 꽃이 모여 피고, 열매는 6~7월에 흑자색으로 익는다. 잎은 넓은 피침형으로 잎 가장자리에 날카로운 톱니가 있다.

이용 열매, 잎, 줄기를 동통, 기침, 가래, 이명에 약용한다.

환경 비옥한 사질양토, 점질토에서 잘 자란다.

조경 대전 이남의 도시공원, 아파트, 학교, 펜션, 주택 정원의 독립수, 중심수, 심볼트리로 식재한다. 수도권에서 식재할 경우 북풍이 불지 않는 온화한 장소에 식재하되, 겨울에 동해를 받을 수도 있으므로 주의한다.

번식 늦가을에서 겨울에 채취한 종자를 바로 파종하면 이듬해 봄에 발아한다. 또는 종자를 세척한 뒤 축축한 모래와 섞어 보관한 뒤 이듬해 봄에 파종하되, 종자가 건조하지 않도록 관리한다.

병해충 녹병, 흰가루병이 있다.

가지치기 기본적으로 가지치기를 할 필요가 없지만 강전지에도 잘 견디는 나무이다. 필요에 따라 병든 가지, 웃자란 가지, 밀집 가지, 교차 가지를 정리하기도 한다. 가지가 제멋대로 자라는 경향이 있으므로 원치 않는 가지를 가지치기할 필요성이 있고 가지치기할 때는 분기점에서 약 2cm 위를 자른다.

유사종 구별하기

- **일본남천** : 뿔남천에 비해 잎이 가느다란 편이지만 꽃 모양은 뿔남천과 거의 같다. 중부지방에서는 실내에서 키울 것을 권장한다.
- **중국남천** : 일본남천과 거의 비슷하지만 잎의 톱니가 덜 발달한 편이다. 남부지방에서 노지월동이 가능하고 중부지방에서는 실내에서 키운다.
- **바위남천** : 북미 원산의 진달래과 식물로서 학명은 *Leucothoe axillaris*이다. 바위 틈에서 자란다고 하여 바위남천이라고 부른다. 꽃과 잎의 모양이 뿔남천과는 완전히 다르다. 음지에서 잘 견디는 중용수로서 암석정원이나 경사지 등에 식재한다. 중부지방에서 노지월동이 가능하다.

▲ 일본남천의 꽃

▲ 일본남천의 잎

▲ 중국남천의 꽃

▲ 중국남천의 수형

▲ 바위남천의 꽃

▲ 바위남천의 잎

초여름 개화
꽃·잎·열매·수형
산울타리

큰 나무 아래에 잘 어울리는
남천

포기형

매자나무과 | 상록활엽관목 | *Nandina domestica* | 1~3m | 경기이남 | 중용수

연간계획	1월	2월	3월	4월	5월	6월	7월	8월	9월	10월	11월	12월
번식			종자		심기		반숙지삽			종자		
꽃/열매						꽃				열매		
전정	가지치기·솎아내기											
수확/비료				비료								

▲ 꽃　❶ 잎 ❷ 열매 ❸ 수피　▲ 수형

토양	내조성	내습성	내한성	공해
사질양토	약	중	약	강

중국, 일본 원산으로 우리나라에서는 남해안지방과 충남 이남의 서해안 지방의 산지에서 노지월동이 가능하다. 요즘은 서울 경기에서 도로변 울타리로 식재한다.

특징 5~6월 줄기 끝에 흰색의 꽃이 모여 피고, 타원형의 잎은 끝이 뾰족하며 광택이 나는 가죽질이다. 열매는 10~12월 붉은색으로 익는다.

이용 전체를 기침, 가래, 나력, 결막염 등에 약용한다.

환경 비옥한 사질양토에서 잘 자란다. 습기에 강하나 물을 많이 주면 병해충에 시달린다.

조경 안면도, 전주, 대구 이남의 도시공원, 아파트, 학교, 주택 정원의 독립수, 심볼트리로 식재하고 산울타리용으로도 식재한다. 큰 나무 하부에도 제법 잘 어울린다.

번식 가을에 잘 익은 종자를 채취하여 바로 직파하는데 발아율은 매우 낮다. 반숙지삽은 15cm 길이로 준비해 삽목한 뒤 이듬에 늦봄에 노지에 이식한다. 삽목시 발근율은 높으나 뿌리를 내리는 시간은 오래 걸린다.

병해충 황반병(만코지), 탄저병, 이세리아깍지벌레(메치온유제), 모자이크병 등이 있다.

가지치기 강전지에 잘 견디지만 보통은 가지치기를 하지 않고 자연 수형으로 키운다. 이른 봄 가지치기는 밀집 가지, 교차 가지, 웃자란 가지 정도만 정리하고 그 외 병든 가지는 발견 즉시 가지치기하고 소독한다.

포기형

초봄 개화
꽃·잎·열매·수형
심볼트리

잎과 줄기에 독성이 있는
마취목

진달래과 | 상록활엽 관목 | *Pieris japonica* | 2~4m | 서울이남 | 중용수

연간계획	1월	2월	3월	4월	5월	6월	7월	8월	9월	10월	11월	12월
번식			종자·심기		심기			반숙지삽				
꽃/열매			꽃						열매			
전정	솎아내기				가지치기							
수확/비료		비료										

▲ 꽃

▲ 잎과 꽃

▲ 수형

토양	내조성	내습성	내한성	공해
비옥토	중	중	중	강

일본 원산으로 중국, 일본에 분포하고 국내의 정원수로 식재하지만 내한성이 약해 남부지방에서 노지월동이 가능하다. 중부지방에서는 실내에서 키운다.

특징 3~5월 가지 끝에 흰색 또는 연분홍색의 꽃이 피는데, 품종에 따라 다양한 꽃 색깔을 낸다. 열매는 9~10월 갈색의 납작한 구형으로 익는다. 잎과 줄기에 독성이 있어 소나 말이 먹으면 마비(馬取木)가 된다고 하여 붙여진 이름이다. 다양한 개량종이 있다.

이용 독성식물(글리코시드 성분)로 잎을 삶아 해충을 박멸하는데 사용하였다.

환경 비옥한 약산성 토양에서 잘 자란다.

조경 대전 이남의 도시공원, 아파트, 펜션, 주택 정원의 독립수, 심볼트리로 식재한다. 서울 수도권에서도 노지월동을 하기도 하지만 겨울에 동해 방지 처리를 해주어야 하거나 실내에서 관상수로 키울 수 있다.

번식 가을에 채취한 종자를 이듬해 봄 이끼 위에 파종한다. 삽목은 짧은 곁가지를 잘라 8~9월에 심는다.

병해충 진드기, 잎반점병 등이 있다.

가지치기 생장 속도가 느리고 수형은 자연스럽게 정돈되는 편이라서 자연 수형으로 키워도 괜찮다. 그 외 꽃이 지면 원하는 수형으로 가지치기를 하는데, 먼저 꽃이 진 후 죽은 꽃대를 자르고 죽은 꽃 하단에 있는 잎의 0.6cm 위에서 자른다. 삐져나온 가지나 병든 가지는 연중 가지치기할 수 있다. 늙은 가지는 지면의 20cm 높이에서 솎아내거나 분기점의 0.6cm 위에서 잘라낸다.

늦봄 개화
꽃·잎·열매·수형
심볼트리

등잔걸이를 닮은

등대꽃 / 단풍철쭉

포기형

진달래과 | 낙엽활엽 관목 | *Enkianthus campanulatus* | 1~5m | 전국 | 양지

연간계획	1월	2월	3월	4월	5월	6월	7월	8월	9월	10월	11월	12월
번식						녹지삽	반숙지삽					
꽃/열매					꽃				열매			
전정	솎아내기					가지치기	꽃눈분화					
수확/비료		비료						비료				

▲ 수형

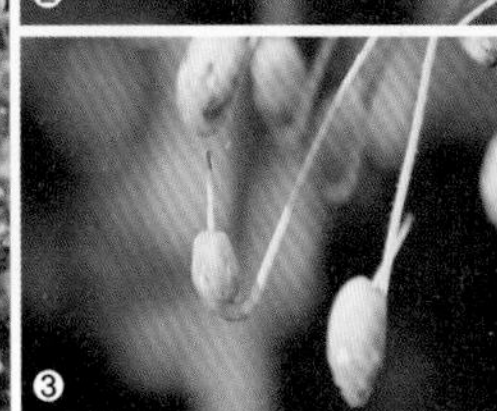

❶ 꽃 ❷ 잎 ❸ 열매

▲ 단풍철쭉

토양	내조성	내습성	내한성	공해
비옥토	강	중	강	중

일본 원산으로 우리나라에서는 정원수로 심어 기른다. 꽃이 등대 모양을 닮아 붙여진 이름으로 여기서 말하는 등대는 등경걸이, 즉 '등잔걸이'를 뜻한다.

특징 5~7월 새 가지 끝에 붉은 세로줄을 띠는 꽃이 아래를 향해 모여 달리며, 열매는 9~10월에 익는다. 다양한 개량종 품종이 있으며, 등대꽃과 비슷하지만 꽃자루가 길고 흰색 꽃이 피는 일본 원산의 '단풍철쭉'이 있다. 가을에 붉게 물드는 단풍의 관상 가치가 높다.

이용 맹아력이 좋아 반구형이나 원통형 조경수로 좋다.

환경 비옥하고 다소 촉촉한 유기질 토양에서 잘 자란다.

조경 도시공원, 아파트, 학교, 펜션, 주택 정원의 독립수, 심볼트리로 식재한다. 그 외 산울타리용으로 식재하거나 암석정원에 군식하기도 한다. 서울과 내륙지방에서는 차가운 북풍이 불지 않는 곳에 식재하면 가을에 오랫동안 잎을 볼 수 있다.

번식 여름에 녹지삽이나 반숙지삽으로 번식하되, 물에 2시간 동안 침지하고 삽목한다.

병해충 진드기, 녹병(석회유황합제), 흰가루병, 응애 등이 있다.

가지치기 강전정에 잘 견딘다. 꽃이 지면 죽은 꽃이 있는 가지를 일괄적으로 쳐주고, 삐져나온 가지를 잘라준다. 또한 병든 가지, 밀집 가지 등을 정리한다.

늦봄 개화
꽃 · 잎 · 열매 · 수형
심볼트리

꽃잎과 꽃받침이 같이 피는

자주받침꽃 / 중국받침꽃

원형

받침꽃과 | 낙엽활엽 관목 | *Calycanthus floridus* | 2~3m | 전국 | 양지

연간계획	1월	2월	3월	4월	5월	6월	7월	8월	9월	10월	11월	12월
번식			종자 · 분주				반숙지삽			종자		
꽃/열매					꽃					열매		
전정	솎아내기					가지치기						
수확/비료												

▲ 자주받침꽃 ❶ 중국받침꽃 ❷ 잎 ❸ 열매 ▲ 수형

토양	내조성	내습성	내한성	공해
비옥토	약	중~강	강	중

북미 원산으로 꽃잎과 꽃받침이 모두 자주색을 띠어 구별이 어렵다. 꽃이 이색적이어서 전국의 관상수로 심어 기른다.

특징 5~7월 자주색 꽃이 꽃받침과 함께 핀다. 열매는 가을에 흑갈색으로 익는다. 유사종 중국받침꽃(*Calycanthus chinensis*)은 4~6월 가지 끝이 붉은 빛이 도는 흰색의 꽃이 핀다. 받침꽃은 꽃잎과 꽃받침이 같다는 뜻이다.

이용 수피를 조미료 대용으로, 잎은 소독, 구충, 살균제, 뿌리는 신장질환에 약용한다. 독성이 있으므로 주의한다.

환경 비옥한 점질토를 좋아하고 습기에에도 어느 정도 잘 견딘다.

조경 도시공원, 아파트, 펜션, 주택 정원, 연못가에 독립수, 심볼트리로 식재한다.

번식 가을에 열매가 갈색으로 변하기 전의 녹색일 때 수확한 뒤 종자를 채취해 직파하면 3주 안에 발아한다. 건조 종자는 발아에 6개월 소요될 수 있다. 반숙지삽은 발근율이 낮으므로 권장하지 않는다. 이른 봄 뿌리에서 올라온 싹을 굴취해 분주로 번식하는 것이 가장 좋다.

가지치기 꽃이 지면 바로 가지치기를 하는데 확산을 방지할 목적과 수형을 다듬을 목적으로 하며 그 외는 방임하여 키운다. 뿌리에서 올라오는 싹을 잘 정리해 확장에 방비할 수 있다.

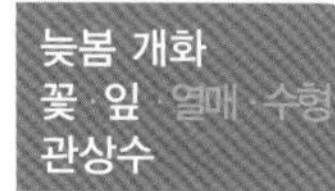

눈송이처럼 피는 관상수
설구화

포기형

인동과 | 낙엽활엽 관목 | *Viburnum plicatum* | 2~3m | 전국 | 양지~반음지

연간계획	1월	2월	3월	4월	5월	6월	7월	8월	9월	10월	11월	12월
번식				분주		녹지삽			파종			
꽃/열매				꽃					열매	꽃눈분화		
전정						가지치기				솎아내기		
수확/비료			비료									

▲ 꽃 ❶ 잎 ❷ 열매 ❸ 수형 ▲ 수형

토양	내조성	내습성	내한성	공해
비옥토	강	중	중~강	강

일본 원산으로 눈송이를 둥글게 뭉친 것처럼 보여 붙여진 이름이다. 불두화와 비슷하지만 잎 모양은 전혀 다른 모습니다. 정원이나 공원의 관상수로 식재한다.

특징 무성화로 구성되어 있으며, 잎은 마주나고 측맥이 10~15쌍으로 뚜렷하게 나타난다. 불두화의 잎은 가장자리가 갈라지지만 설구화의 잎은 갈라지지 않는다. 무성화만 달려 있어 가을에 결실하지는 않는다.

환경 토양을 가리지 않지만 점질비옥토에서 잘 자라고 건조한 곳에서는 생장이 불량하다.

조경 공원, 펜션, 주택, 사찰의 독립수, 첨경수, 화단, 담장가에 식재한다.

번식 여러 가지 원예품종이 있어 번식 방법이 조금 다르다. 보통 6~7월에 잎 1~2매가 있는 당해년도 가지에 발근촉진제를 바른 뒤 삽목한다. 열매가 있는 품종의 경우 가을에 열매를 채취한 뒤 바로 파종한다. 봄에는 분주로 번식시킨다.

병해충 진딧물, 흰가루병, 회색곰팡이병, 잎반점병 등이 발생하면 제때 방제한다.

가지치기 가지치기를 할 필요가 없지만 겨울에 안쪽으로 자라는 가지와 웃자란 가지를 솎아주는 것이 기본적인 가지치기이다. 5년에 한번 정도 늙은 고목을 젊은 나무로 만들려면 이른 봄 지면에서 20~30cm 지점에서 전체 가지를 잘라낸다.

늦봄 개화
꽃·잎·열매·수형
심볼트리

부처의 머리를 닮은

불두화

포기형

인동과 | 낙엽활엽 관목 | *Viburnum opulus* | 2~3m | 전국 | 양지~반음지

연간계획	1월	2월	3월	4월	5월	6월	7월	8월	9월	10월	11월	12월
번식			숙지삽 · 분주			녹지삽						
꽃/열매										꽃눈분화		
전정						가지치기				솎아내기		
수확/비료			비료									

▲ 꽃　　❶ 어린 싹 ❷ 잎 ❸ 수피　　▲ 수형

토양	내조성	내습성	내한성	공해
비옥토	강	중	중~강	강

백당나무에서 만들어낸 품종으로 공처럼 둥글고 풍성한 무성화만 핀다. 정원이나 공원의 관상수로 심어 기른다. 설구화와는 잎 모양으로 구별할 수 있다.

특징 양성화 없이 무성화로만 피고, 잎은 백당나무와 비슷하게 세 갈래로 갈라진다. 꽃 모양이 부처님 머리처럼 보인다 하여 붙여진 이름으로 사찰에서도 많이 심어 기른다. 설구화와 같이 무성화이므로 결실은 맺지 않는다.

환경 토양을 가리지 않지만 비옥토에서 잘 자라고 건조에는 비교적 약하다.

조경 공원, 주택 정원, 사찰의 심볼트리, 첨경수로 식재하며, 몇 주를 거리를 두어 군식하면 볼만하다. 건조에는 약하므로 큰 나무 하부나 담장 옆 반그늘에 식재한다.

번식 3~4월에는 눈이 몇 개 붙어있는 전년도 가지를 15~20cm 길이로 준비해 발근촉진제를 바른 뒤 삽목하고, 6~7월에는 잎이 1~2매인 당해년도 가지에 발근촉진제를 바른 뒤 삽목한다. 싹이 나기 전 3~4월에 분주로 번식하거나 줄기에 상처를 내 땅에 묻어 취목으로 번식시키기도 한다. 이식, 정식은 4월에 하면 활착이 잘된다.

병해충 진딧물, 잎벌레류가 발생하면 제때 방제한다.

가지치기 가지치기를 할 필요가 별로 없으며, 꽃이 진 후 개화한 부분의 아래 분기점에서 잘라주면 다음해에 많은 꽃을 볼 수 있다.

늦봄 개화
꽃·잎·열매·수형
관상수

리트머스 꽃나무
수국

포기형

범의귀과 | 낙엽활엽 관목 | *Hydrangea macrophylla* | 1~3m | 전국 | 양지

연간계획	1월	2월	3월	4월	5월	6월	7월	8월	9월	10월	11월	12월
번식			숙지삽		녹지삽·반숙지삽							
꽃/열매						꽃			꽃눈분화			
전정	가지치기·솎아내기						가지치기					
수확/비료			비료	비료	비료	비료	비료	비료	비료	비료		

▲ 꽃 ❶ 빨간꽃 ❷ 흰꽃 ❸ 잎 ▲ 수형

토양	내조성	내습성	내한성	공해
비옥토	약	강	중	강

일본 원산으로 품종이 개량되어 세계적으로 다양한 품종의 수국들이 관상용으로 널리 식재되어 있다. 토양의 산도(PH)에 따라 꽃색이 변하는 특징을 갖고 있다.

특징 6~7월 무성화로만 연한 청자색 또는 청색으로 피고 열매의 결실은 맺지 못한다. 토양의 산도 또는 비료의 성분에 따라 꽃색깔이 다른데, 보통 산성일 때는 청자색, 알칼리성일 때는 분홍색의 색을 피운다.

이용 꽃, 잎, 줄기를 심장질환, 번조, 말라리아에 약용한다.

환경 습하고 비옥한 토양에서 잘 자란다.

조경 도시공원, 펜션, 사찰, 주택의 녹립수, 관상수, 산울타리, 화단, 혼식 등으로 좋다. 내습성이 좋으므로 연못가에도 식재한다. 중부 내륙에서는 겨울에 월동할 때 동해를 입을 수 있으므로 서리가 내리 전 실내로 옮긴다. 화분으로 키우면 매월 정기적으로 액비를 준다.

번식 삽목으로 번식이 매우 잘 된다. 봄에서 여름 사이에 삽목한다.

병해충 솜벌레, 반점병, 탄저병 등이 발생할 수 있다. 습도가 높고 채광이 안되면 흰가루병이 생길 수도 있다.

가지치기 꽃이 지고 난 후부터 꽃눈이 형성되는 9월까지가 전정시기이다. 약전정을 할 때는 보통 분기점에서 2~4마디에 있는 눈 위에서 자르고, 강전정을 할 때는 분기점 위에서 자른다.

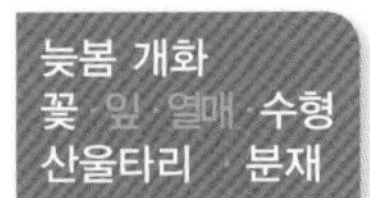

분재용으로 인기 있는

백정화

다간형

꼭두서니과 | (반)상록활엽 관목 | *Serissa japonica* | 1m | 남해안지방 | 양지~반음지

연간계획	1월	2월	3월	4월	5월	6월	7월	8월	9월	10월	11월	12월
번식			종자·숙지삽·심기		녹지삽·심기		반숙지삽					
꽃/열매					꽃					열매		
전정	솎아내기						가지치기					
수확/비료			비료	비료	비료	비료	비료	비료	비료	비료		

▲ 꽃(붉은색 계열) ❶ 잎 ❷ 턱잎 ❸ 수형 ▲ 줄기

토양	내조성	내습성	내한성	공해
사질양토	강	중	약	강

중국과 베트남 원산으로 우리나라 남부지방에서 노지 월동하고, 중부지방에서는 실내에서 키운다.

특징 5~6월 잎겨드랑이에서 흰색 또는 붉은색 계열의 꽃이 핀다. 붉은색 계열을 단정화라고도 하나 모두 백정화로 본다. 잎에 무늬가 있는 품종 등 다양한 개량종이 있다.

이용 전초를 이질, 치통, 두통, 편두통, 결막염, 나력, 황달, 대하, 백탁에 약용한다.

환경 비옥토에서 잘 자라고 황폐지와 건조에는 약하다. 생장 속도는 보통이다.

조경 안면도, 전주, 대구 이남의 도시공원, 학교, 사찰, 펜션, 한옥, 주택 정원의 관상수로 식재한다. 큰 나무 하부, 경사지, 경계지, 산울타리용으로 적당하다.

번식 개량종이 많으므로 열매 결실을 맺지 않는 것도 있다. 삽목으로 번식하되, 물병에 꽂아도 뿌리를 내린다. 실내 혹은 분재로 키울 경우 봄에서 가을까지는 월 1~2회 액비를 주고, 겨울에는 1번만 준다.

병해충 황변(물 과습이거나 물 부족), 진드기, 응애, 나방 등이 있다.

가지치기 강전정에 잘 견딘다. 뿌리에서 싹이 많이 올라오므로 확산을 방지하려면 싹을 잘라낸다. 밀집 가지, 웃자란 가지를 잘라낸다. 수형 유지를 위해 필요한 경우 2마디 정도 순지르기한다.

남부지방의 관상수

양골담초(애니시다, 금작화)

포기형

콩과 | 낙엽활엽 관목 | *Cytisus scoparius* | 1~4m | 남부지방 | 중용수

연간계획	1월	2월	3월	4월	5월	6월	7월	8월	9월	10월	11월	12월
번식							반숙지삽		종자			
꽃/열매					꽃			열매				
전정	속아내기						가지치기					
수확/비료												

▲ 꽃　　❶ 잎 ❷ 군락 ❸ 수피　　▲ 수형

토양	내조성	내습성	내한성	공해
구별안함	강	중	약	강

유럽 남부 원산으로 **'애니시다'** 또는 **'금작화'**라고도 한다. 국내에서는 노지월동이 쉽지 않아 실내에서 화분이나 남부지방 일부에서 관상수로 심어 기른다.

특징 5월에 잎겨드랑이서 중국 원산의 '골담초'와 비슷한 나비 모양의 밝은 노란색 꽃이 피고 교배종, 자연변종에 따라 꽃의 색상이 다른 것들도 있다. 최저 생육 온도는 영상 5도이며, 생장 속도는 매우 빠르다.

이용 전초를 이뇨, 류머티즘, 변비 강심 등에 약용한다.

환경 황무지에서도 성장이 양호하고 건조에도 잘 견딘다.

조경 펜션, 주택 정원의 관상수로 키우며, 실내 베란다에서 화분으로 키우기도 한다. 여름에는 외부에서 키우고, 늦가을이 오기 전에는 실내에서 키운다.

번식 가을에 채취한 종자를 냉상에 파종한 뒤 따뜻한 곳에서 육묘하면 20도 온도에서 1개월 뒤 발아한다. 가정에서는 반숙지삽으로 번식하는 것이 좋다.

병해충 탄저병이 발생할 수 있으며, 응애 등이 발생하지 않도록 통풍이 잘 되는 장소에서 키운다.

가지치기 강전정에 잘 견딘다. 꽃이 지면 바로 원하는 가지의 길이를 4분의 1 정도 치거나, 분기점의 2~3 마디 위에서 가지치기한다. 가지가 너무 길게 자라면 넘어지기 쉬우므로 1년에 한번 정도씩 가지치기를 해주는 것이 좋다. 묵은 가지는 지상부를, 밀집 가지는 분기점 위에서 친다.

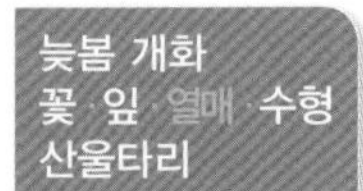

악센트용 산울타리

일본매자나무(양매자) / 당매자나무

포기형

매자나무과 | 낙엽활엽 관목 | *Berberis thunbergii* | 2~3m | 서울이남 | 중용수

연간계획	1월	2월	3월	4월	5월	6월	7월	8월	9월	10월	11월	12월
번식			종자		녹지삽 · 심기		반숙지삽		종자			
꽃/열매					꽃				열매			
전정	속아내기					가지치기						
수확/비료												

▲ 자엽일본매자 품종 ❶ 잎 ❷ 열매 ❸ 가시 ▲ 수형

토양	내조성	내습성	내한성	공해
점질토	강	중	강	약~중

일본매자나무는 한국특산식물인 매자나무와 달리 개량종이 많아 **'자엽일본매자'**, **'금환매자'** 등 다양한 원예 품종들을 정원수, 관상수로 심어 기른다.

특징 4~5월 가지 끝에 황록색의 꽃이 아래를 향해 산형 꽃차례로 달린다. 도란형의 잎은 끝이 둥글고 품종에 따라 적자색을 띠기도 한다. 어린가지는 적갈색이고 가시가 달린다. 열매는 10월에 긴 타원형의 붉은색으로 익는다.

이용 근피를 항암, 항균, 구충, 해열, 이질에 약용한다. 약효는 원종의 약효에 해당하며 개량종의 약효는 알려지지 않았다.

환경 토양을 가리지 않지만 점질토에서 더 잘 자란다.

조경 도시공원, 학교, 펜션, 사찰의 독립수, 관상수, 심볼트리로 식재한다. 큰 나무 하부나, 경사지, 경계지, 암석정원, 산울타리용으로 식재해도 좋다.

번식 가을에 채취한 종자의 과육을 제거하고 모래와 섞어 노천매장한 뒤 이듬해 봄에 파종하면 여름에 발아한다. 가을에 채취한 종자를 바로 냉상에 파종하기도 한다. 삽목은 녹지삽, 숙지삽으로 하는데 발근촉진제에 침지하고 삽목하면 발근율이 높다.

병해충 깍지벌레, 흰가루병, 녹병, 눈나비, 무당박각시 등이 발생할 수 있다.

가지치기 가지치기에 비교적 잘 견디는 나무이다. 전정을 하지 않아도 포기가 퍼져 둥근 수형을 이룬다. 꽃이 지면 가지치기를 하는데 꽃이 달려 있는 줄기를 모두 가지치기한다. 그럴 경우 여름동안 새 가지가 돋아나면서 내년이 필 꽃눈이 새 가지에 달린다. 강진정은 늦겨울에 한다. 꽃이 적게 열리는 가지, 밀집 가지, 교차 가지 등을 정리하되, 분기점 위에서 자른다. 매년 상대적으로 묵은 가지 20%를 솎아내어 지면 가까이에서 잘라도 되는데 이때 지면 가까이의 눈 위에서 자른다.

유사종 구별하기

- **매자나무** : 한국특산식물로 5~6월 가지 끝에서 노란색 꽃을 피운다. 도란형 또는 타원형의 잎은 끝이 살짝 뾰족하고 가장자리에 불규칙한 톱니가 있다.
- **당매자나무** : 중부 이북 강원도, 북한, 중국 등에서 자생한다. 일본매자나무와 달리 황색의 꽃이 총상꽃차례로 모여 피고 도피침형의 잎은 가장자리가 밋밋하다.
- **서양매자나무(미국매자)** : 북미 원산으로 잎 가장자리에 날카로운 톱니가 있고 줄기에 세 방향의 긴 가시가 달려 있다.
- **금환매자** : 일본매자나무의 원예품종으로 잎 가장자리에 노란색 테가 둘러져 있다.

▲ 당매자나무의 수형

▲ 당매자나무의 꽃

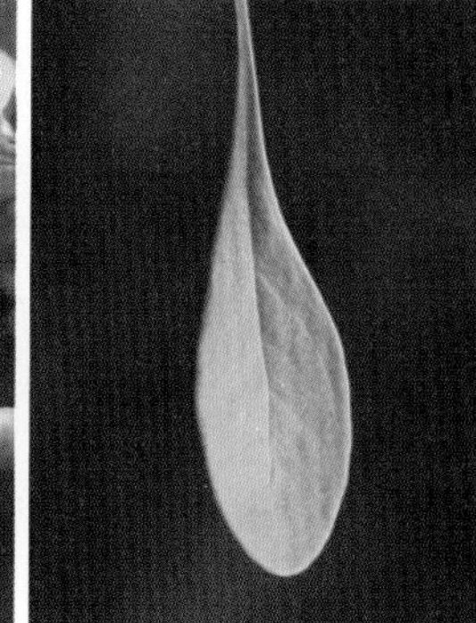
▲ 당매자나무의 잎

▲ 서양매자나무의 잎

▲ 일본매자나무

▲ 금환매자의 수형

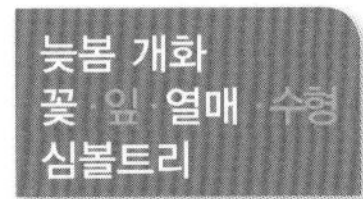

이색적인 꽃과 열매를 가진 심볼트리

뽀뽀나무(포포나무)

원형

뽀뽀나무과 | 낙엽활엽 관목 | *Asimina triloba* | 3~12m | 전국 | 중용수

연간계획	1월	2월	3월	4월	5월	6월	7월	8월	9월	10월	11월	12월
번식			종자					반숙지삽	종자			
꽃/열매									열매			
전정	솎아내기				가지치기							
수확/비료												

▲ 꽃 ❶ 잎 ❷ 수피 ❸ 열매 ▲ 수형

토양	내조성	내습성	내한성	공해
약산성토	약	강	강	중

북미 원산으로 영어명 'PawPaw'에서 나온 이름으로 흔히 포포나무라고도 한다. 전국에서 관상용으로 심어기르고 열매를 얻기 위해 재배하기도 한다.

특징 4~5월 가지에 적자색의 종 모양 꽃이 달린다. 열매는 녹색에서 황갈색으로 익는데 바나나보다 조금 물컹한 맛이 나며 식용할 수 있다.

이용 열매를 야생 바나나라고 부르며 미국 초대 대통령 조지 워싱턴이 즐겨 먹은 디저트로 알려져 있다. 잎과 줄기에 항암 성분이 함유되어 있다.

환경 약산성의 토양을 좋아하고 건조에는 취약하다.

조경 도시공원, 유원지, 아파트, 학교, 주택 정원의 독립수, 심볼트리로 적당하다.

번식 가을에 수확한 종자의 과육을 제거하고 물에 세척한 뒤, 종자가 건조하면 기능을 상실하므로, 비닐봉투에 축축한 이끼와 함께 넣어 밀봉하여 3개월간 냉장고에 저장한 뒤, 이듬해 봄에 파종한다. 8월에 잎 3장이 붙어있는 반숙지를 길이 20cm로 준비한 뒤 잎을 절반씩 자르고 발근촉진제에 침지한 후 삽목해도 번식이 되지만 발근율은 낮다.

병해충 포포꽃자루나방(Talponia plummeriana) 등의 병해충이 있다.

가지치기 죽은 가지, 교차 가지, 밀집 가지 등을 약전정한다. 분기점이나 눈의 0.6cm 위에서 가지치기한다.

늦봄 개화
꽃 · 잎 · 향기 · 수형
관상수

봄철의 진한 향수목
라일락(서양수수꽃다리) / 수수꽃다리

부정형

물푸레나무과 | 낙엽활엽 관목 | *Syringa vulgaris* | 2~4m | 전국 | 양지~반음지

연간계획	1월	2월	3월	4월	5월	6월	7월	8월	9월	10월	11월	12월
번식		심기	파종·근삽·분주			녹지삽					심기	
꽃/열매				꽃					열매			
전정	솎아내기					가지치기	꽃눈분화					솎아내기
수확/비료			비료									

▲ 수형

❶ 흰라일락 ❷ 잎 ❸ 열매

▲ 꽃

토양	내조성	내습성	내한성	공해
사질양토	중	중	강	강

동유럽 원산으로 **'서양수수꽃다리'**라고도 한다. 다양한 원예품종이 있다. 봄철 꽃에서 진한 향기를 뿜어내며, 전국에서 관상수나 공원수로 심어 기른다.

특징 4~5월 2년지 끝에 흰색 또는 연한 홍자색의 꽃이 모여 핀다. 향이 매우 진하고, 잎은 나형 또는 넓은 나형으로 잎끝이 뾰족하다. 우리나라 고유종인 '수수꽃다리'는 라일락 꽃에 비해 화관통부가 긴 편인데, 이를 구별하기가 매우 어렵다. 성장속도는 빠르고 맹아력이 좋아 수십년 동안 방치하면 저절로 작은 군락을 형성한다.

이용 수피, 잎, 열매를 구강궤양, 해열 등에 약용한다.

환경 토양을 가리지 않지만 사질양토의 다소 축축한 환경에서 잘 자란다.

조경 크고 작은 공원, 주택, 펜션, 학교의 독립수나, 화단, 담장, 화분 등에 식재하는데, 특히 가정에서 화분으로도 즐겨 심는 인기 수종이다. 반그늘에서도 성장이 가능하지만 좋은 꽃이 나오지 않으므로 가급적 양지에 식재한다.

번식 가을에 채취한 종자의 과육을 제거하고 통풍이 잘되는 곳에서 건조시킨 뒤 노천매장했다가 이듬해 봄에 파종한다. 3월경 뿌리 부근에서 싹이나 줄기를 나누어 분주하거나 쥐똥나무를 대목으로 하여 접목할 수 있다. 근삽은 3월에 20cm 길이의 뿌리를 캐어 절반 정도 깊이의 땅에 묻는다. 녹지삽은 6~7월에 잎이 몇 개 붙은 상태에서 삽목하되, 실패율이 높으므로 여러 개 식재하고 그중 몇 개는 활착한다. 종자 파종으로 번식한 경우만 꽃이 3~5년 뒤에 핀다.

병해충 진딧물, 반점병 등이 발생하면 방제하고 늦여름에는 흰가루병이 발생하므로 방제한다. 흰가루병은 가지치기를 통해 통풍과 채광을 좋게 하여 예방할 수 있다.

가지치기 꽃은 전년도에 나온 잎눈이 당해년에 햇가지로 성장하면 그 끝에 붙는다. 높이 1.5m 이상 자란 경우에만 가지치기를 한다. 1차로 매년 전체 가지의 30% 정도를 정리하는데 굵기를 측정해 5cm 이상인 묵은 가지를 정리한다. 죽은 가지, 병든 가지, 교차 가지, 비생산적인 잔가지도 정리한다. 2차로 죽은 꽃을 찾아 꽃자루 밑에서 잘라내고 웃자란 가지(도장지)를 30cm 아래쯤에서 잘라낸다. 3차로 뿌리에서 올라오는 싹이나 줄기를 솎아내어 양분이 뿌리에서 올라온 싹과 줄기로 가지 않도록 한다. 국내 고유종인 수수꽃다리도 같은 방식으로 번식하고 가지치기를 한다.

TIP BOX 고목이 된 라일락을 젊은 나무로 만들려면 이른 봄 지면에서 약 20~30cm 지점에서 전체 가지를 잘라내면 이듬해 젊은 나무로 다시 태어난다.

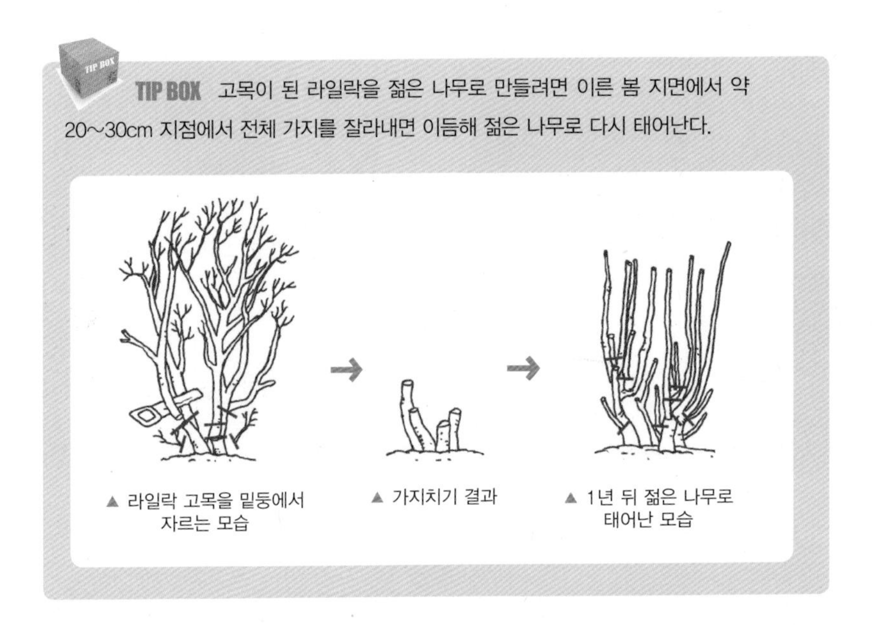

▲ 라일락 고목을 밑둥에서 자르는 모습

▲ 가지치기 결과

▲ 1년 뒤 젊은 나무로 태어난 모습

▲ 수수꽃다리의 수형

▲ 수수꽃다리의 꽃

▲ 수수꽃다리의 잎

초여름 개화
꽃 잎 열매 수형
풍치수

수변공원에 어울리는 풍치수
위성류

수양형

위성류과 | 낙엽활엽 관목 | *Tamarix chinensis* | 5m | 전국 | 양지

연간계획	1월	2월	3월	4월	5월	6월	7월	8월	9월	10월	11월	12월
번식			종자·숙지삽·심기				녹지삽 심기					
꽃/열매						꽃				열매		
전정	가지치기·솎아내기						가지치기					
수확/비료												

▲ 수형 ❶ 꽃 ❷ 잎 ❸ 수피 ▲ 가을 수형

토양	내조성	내습성	내한성	공해
사질양토	강	중	강	강

중국 원산으로 주로 농가에서 식재했으나 공해에 강해 지금은 도시의 경관수, 조경수로 인기가 있다. 버드나무처럼 가지가 가늘어서 아래로 축 처지는 특성이 있으므로 수변공원의 풍치수로도 적당하다.

특징 1년에 2회 꽃이 피는 수종으로 봄꽃은 5월 2년지에서 연한 분홍색 꽃이 피고, 여름꽃은 8~9월 당해년에 자란 가지에서 핀다. 어긋나게 달리는 잎은 침형으로 비늘조각처럼 촘촘히 달리고 가을에 갈색으로 물든다. 열매는 10월에 익고 털이 있어 바람에 날린다. 수형이 아름다워 작은 풍치수로 손색 없다. 생장속도는 느린 편이다.

이용 꽃, 잎, 줄기를 감기, 해수, 두드러기 등에 약용한다.

환경 사질양토는 물론 점질양토에서도 잘 자란다.

조경 도시공원, 빌딩, 학교, 사찰, 펜션, 주택 정원의 정원수, 독립수, 풍치수, 심볼트리로 식재하고 버드나무처럼 축 처지는 성질이 있어 강가나 연못가에 심으면 풍치가 좋다.

번식 가을에 채취한 종자를 봄에 파종한다. 일반적으로 녹지삽으로 15~20cm 길이의 삽수를 준비해 삽목하는 발근도 잘 된다.

병해충 깍지벌레가 잘 발생한다.

가지치기 가지가 잘 돋아나기 때문에 강전정에 잘 견디는 나무이다. 기본적으로 매년 웃자란 가지를 가지치기를 한다. 봄에 꽃이 필 경우에는 꽃이 진 뒤 잔가지를 잘라도 새 가지가 돋아나면서 이듬해 다시 꽃이 핀다. 잔가지를 자를 때는 굵은 가지에서 몇 센치 위를 잘라도 된다. 너무 강전지를 할 필요는 없으므로 수형을 보면서 적당하게 약전지하는 것이 좋다. 여름에 꽃이 핀 경우에는 2월에 가지치기를 한다. 기본적으로 낙엽이 진 후에는 가지를 잘라내어 기본 수형을 정리 및 유지할 수 있다.

▲ 위성류 가지치기

▲ 위성류의 꽃

▲ 위성류의 잎

초여름 개화
꽃·잎·열매·수형
심볼트리

몽환적 분위기를 풍기는
안개나무

원형

옻나무과 | 낙엽활엽 소교목 | *Cotinus coggygria* | 3~8m | 전국 | 양지~반그늘

연간계획	1월	2월	3월	4월	5월	6월	7월	8월	9월	10월	11월	12월
번식			종자				반숙지삽			종자		
꽃/열매						꽃			열매			
전정		가지치기 · 솎아내기										
수확/비료												

▲ 꽃

❶ 자엽안개 잎 ❷ 잎 ❸ 군락

▲ 수형

토양	내조성	내습성	내한성	공해
구별안함	중	중	강	강

중국, 남유럽 원산으로 자엽안개나무 등 다양한 품종이 있으며, 봄에 피는 꽃차례와 여름철에 익는 열매자루가 안개처럼 피어 올라와 관상수로 인기가 있다.

특징 5~6월 가지 끝에 자잘한 노란색의 꽃이 모여 핀다. 열매는 7~8월에 익는데, 열매자루에 실 같이 기다란 털이 달려서 안개처럼 보인다. 잎의 색상이 자주색인 자엽안개나무 등의 개량종이 많다.

이용 이담, 눈 질환에 약용한다.

환경 비옥토가 아니더라도 건조한 곳에서도 생장이 양호하다. 과습에는 생장이 불량하다.

조경 도시공원, 학교, 빌딩, 사찰, 펜션, 주택 정원의 정원수나 심볼트리로 좋다. 소군락으로 심으면 수형이 아름다워 개화기 때나 열매가 익을 때 멋진 경관을 볼 수 있다.

번식 가을에 약간 녹색이 남아있는 종자를 채취한 뒤 냉상에 즉시 파종하면 봄에 발아하거나 발아에 1년이 걸릴 수도 있다. 국내에서는 일반적으로 반숙지삽으로 번식한다.

병해충 병해충에 비교적 강하다.

가지치기 새 가지가 잘 돋아나므로 강전정에도 잘 견딘다. 병든 가지, 밀집 가지, 웃자란 가지는 주기적으로 전정하여 통풍이 잘 되도록 한다. 높이 80cm 아래의 잔가지와 뿌리에서 올라온 싹은 자른다. 두껍거나 묵은 가지는 길이의 3분의 2를 잘라 회춘시킨다.

초여름 개화
꽃·잎·열매·수형
심볼트리

관상용 아까시나무
분홍아까시나무

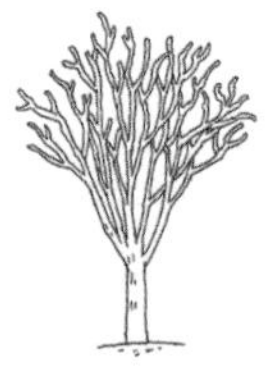
평정형

콩과 | 낙엽활엽 소교목 | *Robinia margaretta* | 6~10m | 전국 | 양지

연간계획	1월	2월	3월	4월	5월	6월	7월	8월	9월	10월	11월	12월
번식			종자									
꽃/열매						꽃			열매			
전정	솎아내기						가지치기					
수확/비료												

▲ 꽃　❶ 잎 ❷ 수피　▲ 수형

토양	내조성	내습성	내한성	공해
황폐지	강	약	강	강

북미에서 육종된 개량종으로 품종에 따라 분홍색 꽃과 노란색 꽃이 핀다. 북미 원산의 **'꽃아까시나무'**와 비슷하나 가지와 꽃받침, 열매 등에 밀생하는 털의 유무로 구별한다.

특징 분홍아까시나무는 미국 뉴저지 프린스턴 원예연구소에서 관상용으로 개발된 *Robinia margaretta x Pink Cascade* 품종이다. 유사종 '꽃아까시나무'의 가지와 꽃받침, 열매 등에는 붉은색의 털과 샘털이 많다.

환경 물빠짐이 좋은 황폐지에서 더 번성한다. 촉촉한 토양에서는 생장이 어렵고 전체적으로 가지가 허약하고 바람에 매우 민감하므로 바람이 적은 곳에 식재한다.

조경 도시공원, 유원지, 펜션, 주택 정원의 독립수, 중심수, 심볼트리로 식재한다.

번식 종자와 접목으로 번식한다. 묘목을 식재한 경우 최소 3년 동안 지지대가 필요하다.

병해충 병해충에 강하다.

가지치기 꽃이 지면 1개월 내에 가지치기를 한다. 가지가 외부의 충격에 잘 부러지는 성질이 있으므로 상처 받은 가지, 병든 가지, 통행에 방해되는 가지를 찾아낸 뒤 미리 가지치기한다. 기본 수형은 평정형이므로 초기 몇 년간 아래의 가지를 정리하여 원정형으로 다듬는 과정이 필요하다.

여름 개화
꽃 잎·열매·수형
심볼트리

작은 정원에 잘 어울리는
망종화(금사매) / 갈퀴망종화

포기형

물레나무과 | 낙엽활엽 관목 | *Hypericum patulum* | 1m | 서울이남 | 중용수

연간계획	1월	2월	3월	4월	5월	6월	7월	8월	9월	10월	11월	12월
번식			종자 · 분주				반숙지삽			반숙지삽(성숙재)		
꽃/열매						꽃						
전정	가지치기 · 솎아내기											
수확/비료												

▲ 수형 ❶ 꽃 ❷ 잎 ❸ 열매 ▲ 수형

투양	내조성	내습성	내한성	공해
구별안함	약	중	중	중

중국 원산으로 중국과 히말라야에서는 상록 관목이지만 국내에서는 낙엽 관목으로 취급한다. **'금사매(金絲梅)'**라고도 한다. 북미 원산의 **'갈퀴망종화'**와 함께 전국의 공원이나 정원에서 심어 기른다.

특징 6~9월 가지 끝에 노란색의 꽃이 핀다. 열매는 가을에 갈색으로 익고, 북미 원산의 갈퀴망종화에 비해 꽃과 잎이 큰 편이다.

이용 종자를 아로마, 흥분제로 사용한다.

환경 토양을 가리지 않고 잘 자라지만 습지를 좋아한다.

조경 강원도와 일부 내륙을 제외한 서울 이남의 도시공원, 아파트, 학교, 사찰, 펜션, 주택 정원의 심볼트리로 식재하는데 보통은 군식한다. 그 외 암석정원이나 산울타리에도 적당하다. 강원도와 내륙지방에서는 노지월동이 안되는 경우가 있으므로 겨울에는 실내에서 옮겨 키운다.

번식 가을에 채취한 종자를 봄에 파종하면 발아에 1~3개월 소요된다. 망종화는 대부분 개량종이므로 봄에 분주로 번식하거나 여름에 10~15cm 길이의 반숙지를 삽목하는 것이 좋다.

병해충 깍지벌레 등이 발생한다.

가지치기 맹아력이 강하지만 약전정을 하여 자연 수형으로 키우되, 비교적 수북하게 자라는 수종이므로 묵은 가지, 죽은 가지, 길게 뻗은 가지 등을 잘라준다.

나비를 부르는 관상수
부들레야

처진포기형

마전과 | 낙엽활엽 관목 | *Buddleia davidii* | 1~3mm | 전국 | 중용수

연간계획	1월	2월	3월	4월	5월	6월	7월	8월	9월	10월	11월	12월
번식		종자					반숙지삽			반숙지삽(성숙재)		
꽃/열매							꽃			열매		
전정		가지치기 · 솎아내기										
수확/비료												

▲ 꽃 ❶ 잎 ❷ 열매 ❸ 수피 ▲ 수형

토양	내조성	내습성	내한성	공해
점질토	중~강	중	강	중

중국 원산으로 크기와 꽃 색깔에 따라 다양한 원예품종이 있다. 국내에서는 전국에서 관상수로 심어 기르고 산울타리로 흔히 식재되어 있다.

특징 7~9월 가지 끝에 품종에 따라 자잘한 흰색, 분홍색, 노란색, 자주색 꽃이 핀다. 마주나는 잎은 피침형이고 가장자리에 톱니가 있다. 열매는 가을에 갈색으로 익는다. 중국 원산이지만 씨앗이 퍼져 국내 깊은 산에서도 더러 자란다.

이용 벌과 나비가 좋아하므로 밀원식물로 식재하고, 염료식물로 사용하기도 한다.

환경 비옥한 점질토를 좋아하며 건조에도 강하다.

조경 도시공원, 아파트, 학교, 펜션, 주택 정원의 산울타리, 심볼트리로 식재한다.

번식 가을에 채취한 종자를 이듬에 2~3월에 온실에서 파종하되, 파종 전 냉장고에 4주간 저장한 뒤 파종하면 발아에 한달 정도 소요된다. 국내에서 볼 수 있는 것은 개량종일 확률이 많으므로 여름에 12~20cm 길이의 반숙지로 삽목하는 것이 가장 좋으며 발근율도 높다.

병해충 노린재류, 진딧물, 하늘소유충 등이 발생한다.

가지치기 강전정에 잘 견딘다. 높이를 제한하고 생육을 촉진시키기 위해 지면에서 30~60cm 지점을 모두 자른다. 꽃이 피었을 때 뿌리 부근에서 나오는 새로 나오는 싹(움돋이)을 제거하고, 꽃이 진 후에는 시든 꽃을 따준다.

여름 개화
꽃 잎 · 열매 · 수형
심볼트리

잎은 댓잎, 꽃은 복사꽃
협죽도

포기형

협죽도과 | 상록활엽 관목 | *Nerium indicum* | 2~3m | 서울이남 | 양지

연간계획	1월	2월	3월	4월	5월	6월	7월	8월	9월	10월	11월	12월
번식			파종		녹지삽	심기 · 녹지삽 · 반숙지삽						
꽃/열매					꽃눈분화		꽃			열매		
전정	가지치기											가지치기
수확/비료												

▲ 개화기 수형 ❶ 만첩꽃 ❷ 흰꽃잎 ❸ 잎 ▲ 가을 수형

토양	내조성	내습성	내한성	공해
점질양토	강	중~강	약	강

대만, 일본, 인도네시아에서 자생한다. 국내에서는 남부지방에서 관상수로 식재한다. 잎이 대나무(竹)를 닮고 꽃은 복사나무(桃)를 닮았다 하여 붙여진 이름이다.

특징 7~8월 가지 끝에 품종에 따라 붉은색, 흰색, 노란색 등의 꽃이 핀다. 잎은 좁은 피침형이고 열매는 가을에 적갈색으로 익는다. 잎 등에 독성이 있는 유독성 식물이다.

환경 비옥한 점질양토에서 잘 자라지만 사질양토에서도 성장이 양호하다.

조경 남부지방에서는 도시공원, 펜션, 농가, 주택 정원의 산울타리, 심볼트리, 차폐수로 식재하거나 화단에 식재하고 군식한다. 중부지방에서는 화분에 식재하거나 군식한다.

번식 삽목, 취목, 분주로 번식하는데 삽목 번식이 유리하다. 5월과 장마철 전후에 녹지를 물에 침전시킨 뒤 삽목한다. 녹지를 꽃병에 꽂아도 뿌리를 잘 내린다.

병해충 갈반병, 진딧물, 근두암종병, 깍지벌레, 응애 등이 발생한 수 있다.

가지치기 전정은 꽃이 피기 전 4~5월이 적기이다. 뿌리에서 싹이 올라오면서 포기형으로 자라므로 포기형을 거린다면 뿌리에서 올라오는 싹을 정리한다. 포기형의 경우 공기가 잘 통하도록 교차 가지, 밀집 가지, 병든 가지를 정리한다. 일정 높이 이상 성장하면 원하는 위치에서 전체 가지를 포물선형으로 잘라도 무방하다.

늦봄 개화
꽃 · 잎 · 열매 · 수형
산울타리

주택 정원의 베스트 관상수
장미

포기형

장미과 | 낙엽활엽 관목 | *Rosa* spp. | 1~4m | 전국 | 양지

연간계획	1월	2월	3월	4월	5월	6월	7월	8월	9월	10월	11월	12월
번식			숙지삽			녹지삽			반숙지삽			
꽃/열매					꽃							
전정	가지치기 · 솎아내기											
수확/비료		비료		비료		비료		비료		비료		비료

▲ 꽃

❶ 백장미 ❷ 잎 ❸ 산울타리

▲ 수형

토양	내조성	내습성	내한성	공해
비옥토	중	중	강	강

야생종 장미는 전세계적으로 약 100여 종, 교배에 의한 개량품종의 장미는 전세계적으로 약 3만여 종이 보급되어 전국의 관상수로 각광 받고 있다.

특징 품종에 따라 붉은색, 흰색, 노란색, 분홍색 등을 띠며, 형태나 모양도 매우 다양하다. 국내에서 자라는 품종은 보통 5월~9월경까지 꽃을 볼 수 있다. 장미는 꽃피는 시기와 기간도 품종에 약간씩 차이가 있다. 잎은 마주나고 겹잎이며, 줄기에는 가시가 나 있다.

환경 유기질의 비옥토에서 잘 자란다.

조경 도시공원, 아파트, 학교, 펜션, 주택 정원의 담장가 산울타리, 심볼트리 등으로 식재한다.

번식 삽목이나 접목으로 번식한다. 눈이나 잎이 2~3개 붙어있는 삽수를 준비해 발근촉진제에 침지한 후 약간 비스듬히 삽목하고 5주 간 물관리를 하면 뿌리를 내린다.

병해충 흰가루병, 진딧물, 응애, 검은무늬병 등이 발생할 수 있다. .

가지치기 장미는 품종이 따라 가지치기 방식이 다름을 참고로 알아두자. 보통 겨울 가지치기는 3분의 1~2분의 1정도의 높이로 나무 전체를 자르고, 묵은 가지, 교차 가지, 밀집 가지, 죽은 가지를 밑부분에서 잘라 솎아준다. 가을 개화를 위한 여름 가지치기는 9월 초 길게 자란 가지가지의 절반을 잘라준다. 새로 돋는 가지는 밑둥에서 잘라준다.

겨울 개화
꽃 · 잎 · 열매 · 수형
심볼트리

목각처럼 생긴 매화꽃

납매

원형

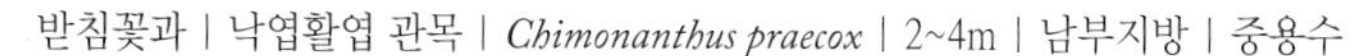
받침꽃과 | 낙엽활엽 관목 | *Chimonanthus praecox* | 2~4m | 남부지방 | 중용수

연간계획	1월	2월	3월	4월	5월	6월	7월	8월	9월	10월	11월	12월
번식		분주				종자	반숙지삽					
꽃/열매		꽃			열매						꽃	
전정				가지치기 · 솎아내기			꽃눈분화					
수확/비료		비료										

▲ 꽃　❶ 잎 ❷ 열매 ❸ 수피　▲ 수형

토양	내조성	내습성	내한성	공해
비옥토	중	중	강	중

중국 원산으로 남부지방에서 관상수로 식재한다. '섣달에 피는 매화'라는 뜻에서 붙여진 이름이다. 목각처럼 생긴 꽃은 좋은 향기가 있고 관상 가치가 있다.

특징 2~3월 가지에 잎보다 먼저 꽃이 핀다. 화피조각은 연한 노란색 또는 노란색이고, 안쪽은 적갈색을 띤다. 잎은 긴 타원형으로 끝이 뾰족하고 질이 뻣뻣하다. 열매는 9~11월 흑갈색으로 익는다.

이용 꽃을 식용하기도 하고 꽃잎은 차로 우려 마시며, 꽃, 잎, 뿌리는 소염, 류머티즘, 지혈, 요통, 저림증에 약용한다.

환경 토양을 구별하지 않지만 비옥토에서 생장이 양호하다. 물 빠짐이 나쁘면 황변이 발생한다.

조경 도시공원, 아파트, 학교, 사찰, 펜션, 주택 정원의 독립수, 심볼트리로 식재한다.

번식 여름에 열매가 잘 익었을 때 종자를 채취하여 직파하거나, 뜨거운 물에 2시간 침전한 뒤 파종한다. 반숙지삽이나 분주로도 번식할 수 있다.

병해충 병해충에 강하나 진딧물이 발생할 수도 있다.

가지치기 묘목일 때는 가지가 많아질 때까지 가지치기를 하지 않는다. 성목이 되면 꽃이 진 후 가지치기를 하되, 눈이나 분기점 위의 0.6cm 지점에서 가지치기한다. 수형을 줄이려는 목적일 경우 필요 없는 가지의 분기점에서 2~4마디 위를 가지치기한다.

실내외에 잘 어울리는 관엽식물

소철

원형

소철과 | 상록침엽 소교목 | *Cycas revoluta* | 1~5m | 남해안지방 | 중용수

연간계획	1월	2월	3월	4월	5월	6월	7월	8월	9월	10월	11월	12월
번식				삽목								
꽃/열매							꽃			열매		
전정		가지치기 · 솎아내기										
수확/비료				비료						비료		

▲ 수꽃　　❶ 잎 ❷ 암꽃　　▲ 수형

토양	내조성	내습성	내한성	공해
사질양토	중~강	중	약	약

중국, 일본, 동남아 등에서 자생한다. 국내에서는 제주도와 남해안지방에서 노지월동할 수 있고 중부지방에서는 실내에서 장식을 겸한 관엽식물로 키운다.

특징 암수딴그루로 6~8월 줄기 끝에 암수꽃이삭이 달린다. 잎은 줄기 끝에 사방으로 모여 달리고 끝이 뾰족한 선형이다. 열매는 늦가을 붉은색으로 익는다.

이용 꽃, 잎, 종자를 혈액순환, 타박상, 상처에 사용한다.

환경 매우 비옥한 사질양토에서 잘 자라고, 건조한 곳에서도 비교적 잘 견딘다.

조경 남해안지방과 제주도의 도시공원, 펜션, 주택 정원의 독립수로 식재한다. 중부지방에서는 분식하여 실내 관엽조경수로 기른다.

번식 가을에 채취한 종자를 온수에 24시간 침전한 후 온실에서 2cm 깊이로 파종하고 습기가 마르지 않도록 밀봉시켜(또는 공중습도를 촉촉히 유지) 발아할 때까지 관리한다. 발아에는 1~3개월 걸린다. 그 외 잎(잎자루 포함)을 채취하여 건조시킨 후 밑둥을 조금 깎아내고 발근촉진체에 침지한 뒤 물빠짐이 좋은 모래땅에 삽목한다.

병해충 점무늬병, 철모깍지벌레, 응애 등이 있다.

가지치기 가지치기를 해도 새 잎이 돋지 않는다. 새 잎은 1년에 한번 나오므로 새 잎이 자라나기 전까지는 가지치기를 피하고 새 잎이 성숙하면 약한 가지를 전지한다.

부록

본문에서 설명한 가지치기 관련 용어에 대한 해설과 정원수 및 조경수목의 찾아보기 색인표를 담았다.

용어해설

가지치기(전정, pruning)
성장하는 나뭇가지를 잘라 일정한 수형을 유지하여 생육과 결실을 조절하는 작업을 말한다. 가지치기에는 '절단 가지치기', '솎음 가지치기', '깎아 다듬기' 등이 있으며, 이중에 솎음 가지치기가 기본이다.

강전정(heavy pruning)
'강하게 가지치기'라고도 한다. 줄기를 많이 잘라내어 새 눈이나 새 가지의 발생을 촉진시키고 가지치기 시, 나무의 굵은 줄기나 가지를 깊게 많이 자르는 것을 말한다. 반대로 가지를 짧게 조금 자르는 것을 '약전정'이라고 한다.

겨울눈
겨울동안 생장하지 않고 휴면 상태에서 월동하는 눈. 잎이 변형된 쌀껍질 또는 비늘조각 등이 덮고 있으며, 이른 봄에 기온이 올라가면 눈이 트인다. 휴면아. 동아(冬芽)라고도 한다.

곁눈과 끝눈
겨울눈이 가지의 끝부분에 있는 것을 끝눈(보통 다른 다른 눈보다 일찍 생기고 긴 가지를 만듦) 또는 정아(頂芽)라 하며, 가지의 측면에 있는 것을 곁눈이라 한다.

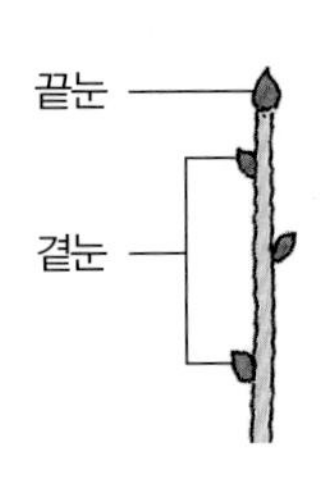

공기뿌리
지상의 줄기 부위에서 나오는 뿌리

관목(灌木)
높이가 3m 이내이고 원줄기와 가지의 구별이 분명하지 않으며, 밑동이나 땅속 부분에서부터 줄기가 갈라져 나는 나무를 말한다. 진달래, 개나리, 사철나무, 꽝꽝나무, 쥐똥나무, 회양목 등이 이에 속한다. 높이가 1m 이하인 것은 '소관목'이라 한다.

관수(灌水)
식물생육에 필요한 토양수분이 부족할 때 인위적으로 물을 주는 것을 말한다.

관엽식물(觀葉植物)
잎을 관상할 목적으로 심어 기르는 식물을 말한다. 잎과 동시에 모양 전체나 꽃을 관상하는 경우도 많다. 테이블야자, 관음죽, 파키라, 벤자민, 산세베리아 등이 이에 속한다.

교목(喬木)
줄기가 곧고 굵으며 높이 자라고 비교적 위쪽에서 가지가 퍼지는 나무로 키가 4~5m 이상 자란다. 소나무, 느티나무, 전나무, 자작나무, 침엽수, 은행나무 등이 이에 속한다.

교차한 가지
다른 가지와 서로 엇갈려 자라는 가지

깎아 다듬기
가지치기의 한 종류로 산울타리 등 나무 표면 전체의 새싹 부분을 고르게 자르는 가지치기를 말한다.

꽃나무
수목류 중에서 특히 꽃이 아름다운 나무를 말하며, 넓은 의미에서는 꽃이 없더라도 열매가 아름다운 것이나 단풍이 아름다운 것 등을 포함한 관상용 수목의 총칭으로 사용되고 있다. 화목(花木)이라고도 한다.

꽃차례
꽃이 줄기나 가지에 붙어있는 상태. 아카시나무와 같이 하나의 줄기에 아래서부터 순서대로 꽃이 피는 총상꽃차례, 조팝나무와 같이 꽃이 이삭모양으로 피는 수상꽃차례, 수국과 같이 각각의 꽃이 사방을 향해 피는 산방꽃차례 등이 있다. 화서(花序)라고도 한다.

꽃눈(花芽)과 잎눈(葉芽)

'꽃눈'은 발아하면 꽃이 달리는 눈으로, 잎눈 보다 짧고 통통하다. 나무의 나이(수령), 온도, 햇빛, 나뭇가지의 성장 정도 등 여러 조건이 모두 충족되었을 때 생성되며, 이 시기를 '꽃눈분화기'라고 한다. '잎눈'은 봄에 발아하면 새 가지와 잎만 자라는 눈을 말한다.

꽃눈분화(花芽分化)

식물의 생장점이 장래 꽃이 되는 눈이 되는 것으로, 온도와 일조시간, 수분, 질소비료를 제한함으로서 꽃눈이 생성된다. 이러한 꽃눈이 되는 눈을 만드는 것을 꽃눈분화라 한다.

나

낙엽수(落葉樹)

잎의 수명이 1년이 채 안되어 보통 가을 겨울에 잎을 모두 떨어뜨리는 수목을 말한다. 대부분 쌍떡잎식물이지만 예외로 겉씨식물인 은행나무 등도 있다. 갈잎나무라고도 한다.

내서성(耐暑性) 식물이 더위나 고온에 견디는 성질.

내한성(耐寒性) 식물이 추위나 저온에 견디는 성질.

내향지

나무의 줄기 안쪽 방향으로 자라는 가지

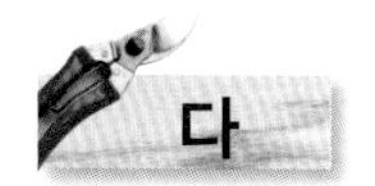

다

대목(臺木)

접붙이기를 할 때 접수를 붙이는 쪽의 나무. 접수에 물과 양분을 공급하는 이외에 내병성을 높이는 작용을 한다. 이에 대해 접수를 채취하는 나무를 친목이라 한다.

도장지(徒長枝)

웃자란 가지를 말한다. 전년도 또는 2년생 이상의 가지의 눈 또는 숨은 눈에서 발아하여, 자라는 세력이 강한 가자로 일광부족이나 고온, 과다한 질소비료 등이 원인이 된다.

도포제

자른 면을 보호하는 상처보호제(past)로 잡균이나 빗물 등의 침입을 막고 주변 조직이 자른 면을 감싸도록 도와주는 역할을 한다. 살균제가 들어간 제품을 추천한다.

마

마주나기

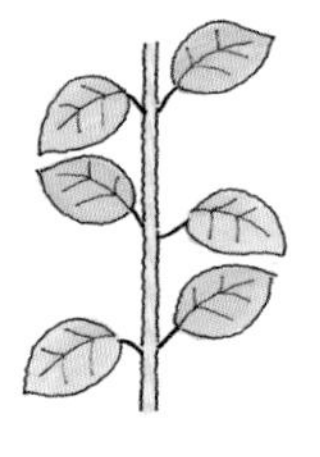

식물 줄기의 마디에서 잎이 2개씩 마주보고 붙어 나는 것을 말한다. 대생(對生)이라고도 한다.

맹아(萌芽)

'움'이라고도 한다. 식물의 움이 트는 것을 말하며, 새순이 돋아나오려는 힘을 '맹아력'이라고 한다.

무기질비료

인공으로 합성 제조한 화학비료로서 유기질비료에 대하여 무기질비료라고 한다. 효과가 빨리 나타나는 속효성이며 질소, 인산, 칼륨 및 석회가 단독으로 되어 있는 것과 이들 성분이 복합되어 있는 것이 있다.

미스트장치

꺾꽂이를 하는 경우, 삽수 주변의 공기가 마르지 않고 적습한 상태를 유지하도록 극미립자의 물을 분출시키는 장치를 말한다.

바

바깥눈과 안눈

나무의 바깥쪽으로 향한 눈을 말한다. 바깥눈에 대해 나무의 안쪽으로 향한 눈을 '안눈'이라 한다. 내아(內芽)라고도 한다.

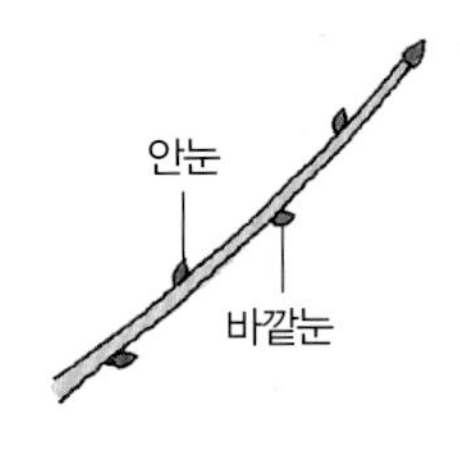

발근촉진제 꺾꽂이를 할 때 묘의 뿌리성장을 촉진하는 호르몬제로 루톤, 아토닉, 메네델 등의 종류가 있다.

발아

씨눈으로부터 싹이 트는 것.
즉, 씨앗이나 포자가 활동을 시작하여 새 식물체가 껍질을 찢고 나오는 현상을 말한다.

부엽토(腐葉土) 낙엽을 퇴적하여 썩힌 것을 말한다. 분해 정도는 미세한 잎맥의 일부를 식별할 수 있는 정도라야 한다.

분지(分枝)

식물의 원래 줄기에서 갈라져 나온 가지로, 줄기에서 나온 가지가 갈라지는 것을 말한다.

분지성(分枝性)

식물의 옆눈이 자라서 가지가 뻗는 성질을 말한다.

분지점(分枝點)

줄기에서 나온 가지가 갈라지는 지점을 말한다.

불필요한 가지

불필요한 가지에는 위로 뻗은 가지, 아래로 향한 가지, 평행한 가지, 교차한 가지, 안쪽으로 뻗은 가지, 위로 뻗은 가지, 겹친 가지, 마른 가지, 움돋이 등이 있다.

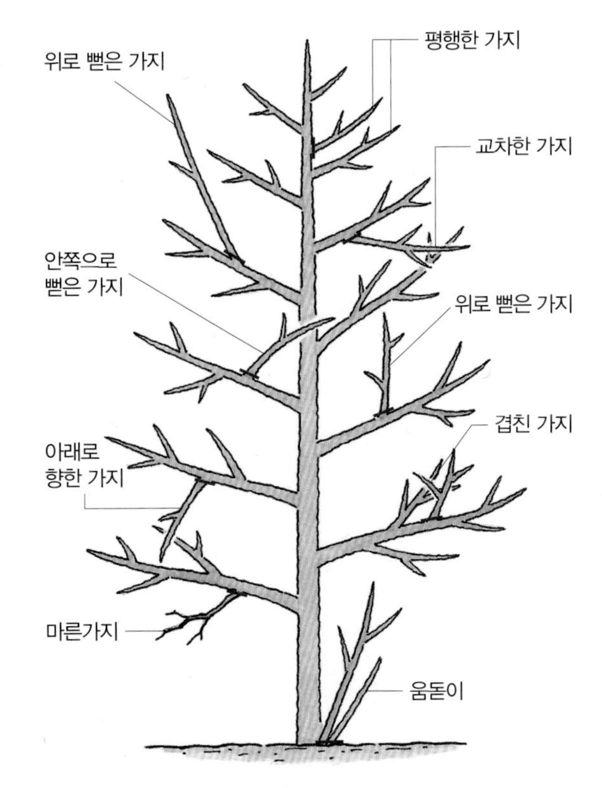

사

산도(酸度)

흙의 산성 혹은 알카리성을 나타내는 정도. 식물에 따라 어느 정도 산성 토양이 좋은지, 알카리성 토양이 좋은지가 다르다.

삽목(插木)

꺾꽂이라고도 한다. 식물의 영양기관의 일부를 모체로부터 분리시킨 후, 흙 또는 모래에 꽂아 발근 또는 발아시켜 독립된 식물체로 번식시키는 방법을 말한다.

삽수(插穗)

삽목을 하기 위하여 모체로부터 분리한 어린 가지나 뿌리를 말하며 삽수를 삽목하여 완전한 식물체로 만든다.

상록수(常綠樹)

잎의 수명이 1년 이상이고 연중 녹색의 푸르른 잎이 무성한 수목을 말한다.

새 가지

그해에 새로 자란 가지로 잎이 붙어 있는 상태의 가지를 말한다.

산울타리(생울타리)

그늘막이나 바람막이를 목적으로 도로나 이웃과의 경계에 식물을 이용해 만드는 담장을 말한다. 철쭉류, 회양목, 쥐똥나무, 주목 등이 많이 이용된다.

솎음 가지치기

가지를 밑 부분에서 잘라 그 수를 줄이는 방법으로, 수형을 자연스럽게 다듬을 수 있다는 특징과 함께 가지 끝이 그대로 남아 있어 전체적인 외형을 해치지 않으므로 가지치기를 한 이후에도 순조롭게 성장하는 것이 장점이다.

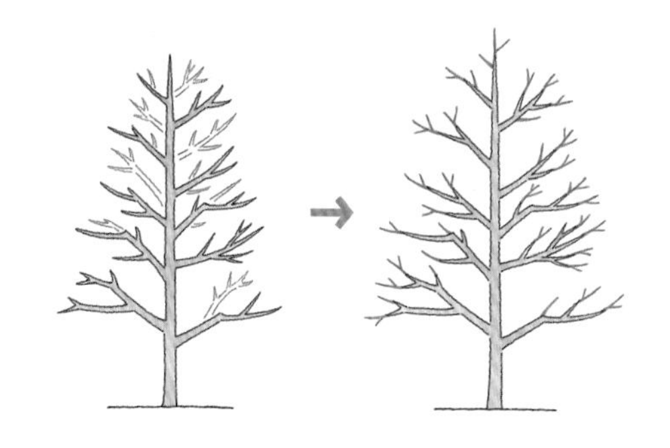

수관(樹冠, Crown)

'나무갓'이라고도 한다. 나무의 줄기와 잎, 꽃 등을 포함해 지상에 있는 식물 부분을 가리키며, 일반적으로 침엽수는 원뿔 모양을 이루고, 활엽수는 반달 모양을 이룬다.

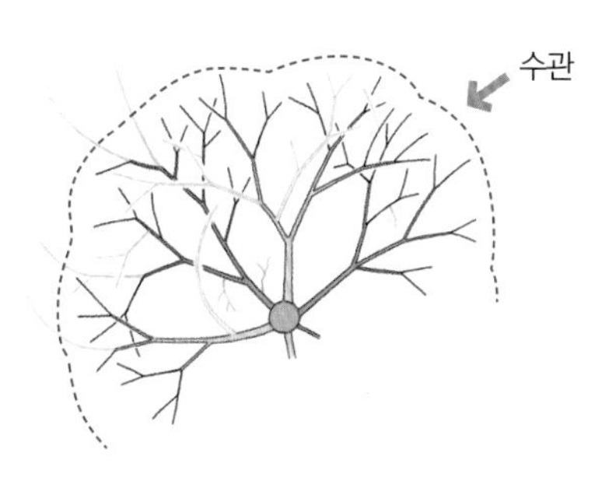

수형(樹形)

수목의 뿌리 · 줄기 · 가지 · 잎 등을 종합적으로 나타내는 외형을 말한다.

순따기

새로 자라나는 연한 잎(곁순 또는 윗순)을 수시로 따주어 키를 낮추는 것을 말한다.

소나무의 순따기

순자르기

식물의 성장과 결실을 조절하기 위하여 나무나 농작물의 가지나 줄기의 끝부분을 잘라주는 것을 말한다. 분지시키지 않을 경우나, 도장지를 더 이상 뻗지 않게 할 경우, 또는 커지는 것을 억제하고 싶을 때 실시한다.

순지르기(摘心, pinching)
건실한 가지의 생장을 위해 순자르기보다 짧게 가지 끝을 잘라주는 방법을 말한다.

실생(實生) 씨가 싹이 터서 식물이 자라는 것. 그 결과로 얻어진 묘가 실생묘이다. 실생묘와 실생에 의한 나무를 실생이라 부르기도 한다.

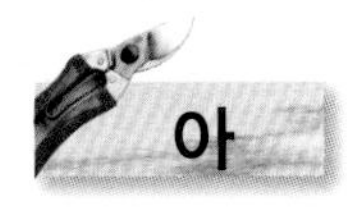

안쪽으로 뻗은 가지
나무의 안쪽 방향으로 자라는 가지. 내향지라고도 한다.

암수딴그루 한 그루의 꽃이 모두 암꽃이나 수꽃으로 이루어진 식물. 식나무, 은행나무, 뽕나무 등이 이에 속한다. 자웅이주(雌雄異株)라고도 한다.

약전정(light pruning)
가지를 조금만 잘라주는 것을 약전정 혹은 경전정이라 한다. 상대적으로 가지를 깊게 자르는 것을 강전정이라 한다. 전정의 강약에 따라 그 뒤에 가지가 나오는 법과 꽃 피는 방법이 달라진다.

양수(陽樹) 햇볕에서는 잘 자라지만 그늘에서는 잘 자라지 못하는 나무. 느티나무, 벚나무, 매실나무, 버드나무, 소나무 등.

어긋나기
식물의 잎이 줄기의 1마디에 1장씩 붙는 형식으로 호생(互生)이라고도 한다.

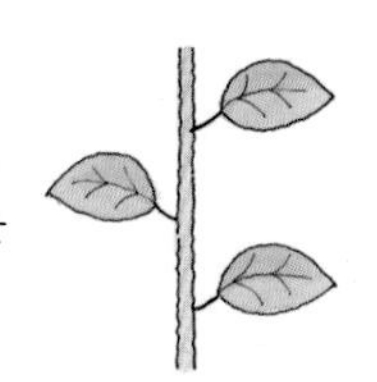

움돋이
뿌리에서 나온 가지로, 나무의 세력을 약화시키므로 잘라주어야 한다.

웃자람
지나치게 많은 비료를 주거나 이상기온 등으로 인하여 식물의 줄기나 잎이 쓸데없이 길고 연약하게 자라는 것을 말한다. 도장(徒長)이라고도 한다.

유기질 거름(有機質-)
동식물을 원료로 만들어진 비료. 지효성이지만 미량요소가 포함되어 있어서 주로 원비나 밑거름으로 사용된다. 유박, 닭똥, 골분, 어분 등이 이에 속한다.

위로 뻗은 가지
지나치게 곧게 서서 자라는 가지

원가지(主枝)
원줄기에 발생한 큰 가지를 말하며, 나무의 골격을 구성한다.

원예종(園藝種)
야생종 가운데에서 관상 가치나 이용도가 높은 것을 선별, 육종증식시킨 후, 독특한 성질로 변한 것을 원예종 또는 원예품종이라 한다.

원줄기(主幹)
지상부 전체를 지탱하는 주축이며, 여기에서 원가지가 발생한다.

음수(陰樹)
그늘이나 반그늘에서 잘 자라는 수목. 식나무, 황칠나무, 동백나무, 백량금 등이 이에 속한다.

이식(移植)
나무를 굴취하여 다른 장소로 옮겨 심는 것을 말한다. 수종에 따라 이식의 난이도와 적기가 다르다. 오랫동안 한 자리에 서 있던 수목을 단번에 굴취해서 옮기면 활착하기 어려우므로 미리 반년~1, 2년 전에 뿌리돌림을 실시하여 잔뿌리를 무성하게 만든 후에 이식하면 안전하다.

일년지(一年枝)
그 해 봄 이후에 나온 가지를 말한다. 가지가 나온 지 1년 미만이므로 '1년지'라고 한다.

잎따기
통풍과 통광을 원활하게 할 목적으로 하부의 낡은 잎을 따는 것을 말한다.

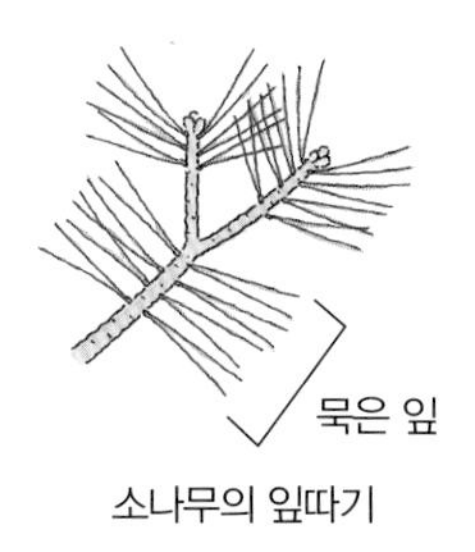

소나무의 잎따기

인공 수형
인위적으로 만든 수형으로, 주로 깎아 다듬는 방법으로 가지치기를 하며 자연에서는 볼 수 없는 형태의 수형을 만든다.

자연 수형
그 수종이 본래의 특성으로 지니는 수형을 말한다.

장식꽃
수술과 암술이 퇴화하여 종자를 만들 수 없는 꽃잎만 있는 무성화를 말한다.

전년지(前年枝)
봄에 나와서 자라기 시작한 가지를 '일년지'라 하고, 그 전해부터 있던 가지를 전년지 혹은 '이년지(二年枝)'라 한다. 식물에 따라 꽃눈이 일년지에 생기는 것, 일년지에서 자란 새 가지에 생기는 것, 전년지에 생기는 것 등이 있다.

절단 가지치기
가지를 중간 부분에서 짧게 자르는 가지치기로, 주로 분지(分枝) 부분에서 솎음 가지치기를 할 수 없는 긴 가지 등에 이용한다.

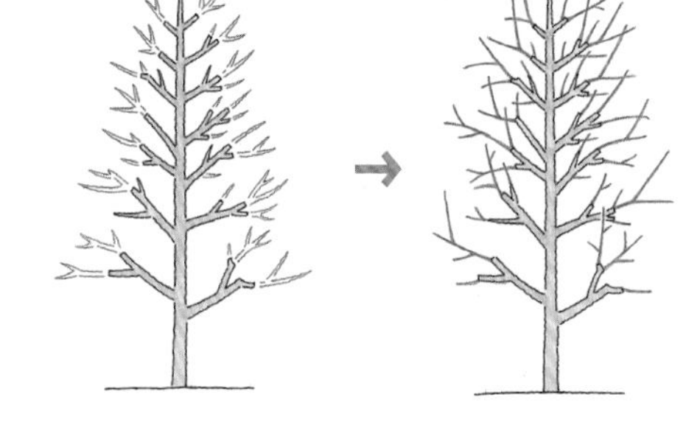

접목(접붙이기)
눈 또는 눈이 붙은 줄기(접수/윗나무)를 뿌리가 있는 줄기 또는 뿌리(밑나무)에 접착시켜 접붙이 묘목을 생산하는 방법

주간(主幹) 나무의 가장 큰 줄기. 모든 가지 중에서 가지 굵은 부분.

주지(主枝) 주간(가장 굵은 줄기)에서 직접 가지가 갈라져 나온 것으로 나무의 골격이 되는 가지. 여기에서 나온 가지를 측지라 한다.

질소(窒素)
칼륨, 인산과 더불어 비료의 2대요소의 하나. 잎의 색을 좋게 하고, 생육을 좋게 하는 효과가 있으므로 엽비(葉肥)라고도 부른다. 단, 질소성분이 너무 많으면 잎만 무성하고 꽃이 피지 않는 경우가 있으므로 너무 많이 주지 않도록 주의한다.

침엽수(針葉樹)

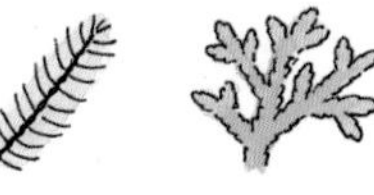

소나무, 전나무 등과 같이 잎의 모양이 바늘 혹은 비늘 형상을 가진 수목의 총칭을 말한다. 코니퍼라고도 한다.

토피어리(topiary)

수목을 기학학적인 형태나 동물 모양으로 다듬어 낸 인공 수형으로 주로, 나무를 직접 깎아 만드는 방법과 나무를 형틀에 유도하여 깎아 다듬는 방법이 있다.

퇴비(堆肥)

짚류, 풀, 낙엽과 기타 비료성분이 들어있는 여러 가지 재료를 모아 퇴적하여 부숙시킨 것으로 비료공정규격의 부산물 비료의 일종이다.

퍼걸러(pergola)

덩굴식물을 올리기 위한 시렁을 말한다. 덩굴장미, 능소화, 포도 등 덩굴성 식물이나 과수를 올려서 즐긴다. 휴식공간으로 활용하며 정원의 악센트가 되기도 한다.

평행한 가지

나란히 자라는 가지. 둘 중 어느 하나를 자른다.

폭목(wolf tree)

변형 성장한 불량목을 말한다. 왕성한 뿌리에 비해 가지치기로 눈의 수가 현저하게 줄어든 가지는 불균형 상태에 놓이게 되고 이에 반발한 나무는 가지가 웃자라게 되는 폭목 상태에 놓인다.

해충(害蟲)

식물에 해를 끼치는 곤충으로, 깍지벌레, 진딧물 등의 흡즙성 해충과 하늘소, 소나무좀 등의 천공성 해충, 그리고 흰불나방, 솔나방 등의 식엽성 해충 등이 있다. 사전에 발견하여 살충제 등으로 구제하는 것이 중요하다.

햇가지

그해에 새로 나서 자란 가지를 말한다. 1년지, 1년생지, 신초(新梢).

화후전정(개화 후 가지치기)

꽃이 진 후 실시하는 가지치기를 말한다.

활엽수(闊葉樹)

쌍떡잎식물에 속하며, 폭이 넓은 잎을 가진 나무를 총칭한다. 낙엽수인지 상록수인지에 따라 낙엽활엽수, 상록활엽수로 구분된다.

활착(活着)

삽목 · 접목 · 이식 등을 한 식물이 서로 붙거나 뿌리를 내려 제대로 성장하는 것을 말한다. 또는 옮겨 심은 모나 나무가 생존하는 상태.

휴면(休眠)

성숙한 종자 또는 식물체에 적당한 환경조건을 주어도 일정 기간 발아 · 발육 · 성장이 일시적으로 정지해 있는 상태를 말하며, 휴면에는 환경조건에 따라서 여러 가지 강제휴면(強制休眠)과 식물체내의 원인에 의해서 발생하는 자발휴면(생리적 휴면)으로 대별된다. 낙엽수가 겨울에 잎을 떨어뜨리거나, 숙근초나 봄에 심은 구근이 겨울의 추운 시기에 지상부가 말라 죽는 것은 자발휴면을 하기 때문이다.

찾아보기

ㄱ

가는잎조팝나무 83, 90
가래나무 312
가막살나무 150
가문비나무 398
가시나무 351
가시오갈피 180
가시칠엽수 273
가죽나무(가중나무) 272
가침박달 108
갈기조팝나무 86
갈매나무 175
감나무 329
감탕나무 367
감태나무 305
개가시나무 352
개나리 68
개동청나무 371
개물푸레나무 261
개비자나무 426
개산초 183
개서어나무 242
개수양버들 250
개암나무 143
개오동 286
개잎갈나무(히말라야시다) 299
개회나무 127
갯버들 251
겹명자 81
겹벚나무 190
계수나무 212
고광나무 129
고로쇠나무 209
고욤나무 329
고추나무 139
골병꽃나무 119
곰솔 388
곰의말채나무 161
곱슬잣나무 404
공작단풍 208
공조팝나무 86
광대싸리 133
광릉물푸레나무 261
구골나무 378
구상나무 401
구슬꽃나무(중대가리나무) 134
구주피나무 230
굴거리나무 365
굴피나무 216
귀룽나무 199
귤나무 334
금강소나무 386
금목서 376
금반향나무 409
금사철 347
금선개나리 68
금송 421
금식나무 361
금작화 471
금측백 413
금테사철 345
금테줄사철 346
금테쥐똥나무 166
금화백 417
금환매자 473
긴서어나무 243
까마귀밥나무 157
까마귀베개 175
까치박달 221
꼬리조팝나무 89
꽃개오동 286
꽃개회나무 128
꽃단풍(캐나다단풍, 미국단풍) 453
꽃댕강나무 125
꽃말발도리 459
꽃사과나무 94
꽃산딸나무(미국산딸나무) 280
꽃아그배나무 98
꽃치자 356
꽝꽝나무 348

ㄴ

나도밤나무 269
나한송 420
낙상홍 170
낙우송 293
난티잎개암나무 144
남경도(꽃복숭아나무) 76
남천 463
납매 485
낭아초 130
너도밤나무 268
넓은잎사철나무 345, 347
노각나무 227
노간주나무 412
노랑말채나무 160
노랑조팝나무 90
노랑해당화 100
노린재나무 169
노아시나무(애기감나무) 455
녹나무 372
눈개비자나무 426
눈잣나무 404
눈향나무 408
느릅나무 202
느티나무 289
능소화 439

능수버들 249
니코말발도리 103

ㄷ

닥나무 154
단풍나무 204
단풍철쭉 465
담쟁이덩굴 431
당개서어나무 243
당느릅나무 203
당단풍나무 204
당마가목 197
당매자 472
당매자나무 473
당조팝나무 86
대왕소나무(대왕송) 392
대추나무 327
대팻집나무 225
댕강나무 123
덜꿩나무 151
덧나무 148
덩굴장미 446
도사물나무 451
독일가문비 398
돈나무 366
동백나무 384
동청목 371
두충 213
둥근향나무 408
들메나무 258
등(등나무) 428
등대꽃 465
딱총나무 147
땅비싸리 131
때죽나무 118
뜰보리수 172

ㄹ

라나스덜꿩 151
라일락(서양수수꽃다리) 475

ㅁ

마가목 197
마삭줄 440
마취목 464
만리화 68, 69
만병초 349
만첩백도 77
만첩빈도리 459
만첩산철쭉 116
만첩조팝나무 90
만첩풀또기 80
만첩홍도 77
말채나무 161
말채나무 231
망개나무 175
망종화(금사매) / 갈퀴망종화 481
매발톱나무 145
매실나무(매화나무) 321
매일초(일일초) 443
매자나무 145
매자나무 473
매화말발도리 103
먹넌출 438
먼나무 368
멀구슬나무 271
메타세쿼이아 295
모감주나무 228
모과나무 324
모란 109
목련 187
목서 377
무궁화 135
무늬마삭줄 440
무늬인동 437
무늬쥐똥나무 167
무화과나무 155
무환자나무 265
물개암나무 143
물박달나무 223
물오리나무 218
물참대 106
물푸레나무 258
미국낙상홍 170
미국느릅나무 202
미국물푸레 261
미국칠엽수 273
미국풍나무 246
미국호랑가시 370
미루나무 256
미선나무 70
미스킴라일락 126
민백당나무 122
민산초나무 184
민주엽나무 277
민초피나무 184

ㅂ

바리가타층층나무 283
바위남천 461
바위말발도리 105
박달나무 222
박쥐나무 136
박태기나무 101
반송 390
반호테조팝나무 88
밤나무 331
배나무 323

배롱나무(목백일홍) 137
백당나무 121
백량금(만량금) 359
백목련 187
백서향 354
백송 393
백정화 470
백합나무(튤립나무) 244
백화등 441
버드나무 247
버즘나무 252
벚나무 189
벽오동 288
별목련 187
병꽃나무 119
병물개암나무 144
병아리꽃나무 75
보리밥나무 173
보리수나무 172
보리장나무 173
복사나무(복숭아나무) 315
복자기 210
복장나무 306
부게꽃나무 308
부들레야 482
분꽃나무 149
분비나무 396
분홍미선나무 70
분홍아까시나무 480
불두화 122
불두화 468
붉가시나무 351
붉은병꽃나무 119
붉은인동 437
붓순나무 363
블루베리 310
비목나무 215
비술나무 303
비자나무 425
비쭈기나무 381
비파나무 338
빈도리 459
빈카 442
뽀뽀나무(포포나무) 474
뽕나무(오디나무) 153
뿔남천 461

ㅅ

사과나무 318
사람주나무 174
사방오리 219
사스래나무 224
사스레피나무 383
사시나무(백양나무) 254
사철나무 344
산겨릅나무 307
산당화(명자나무) 81
산딸나무 280
산벚나무 189
산뽕나무 153
산사나무 195
산수유 186
산옥매 92
산조팝나무 88
산철쭉 114
산초나무 183
산호수 357
살구나무 317
삼나무 297
삼색조팝나무 90
삼지닥나무 152
삼지말발도리 105
상수리나무 266
생강나무 142
서부해당화 96
서양마가목 198
서양매자나무(미국매자) 473
서양측백나무 415
서어나무 242
서향(천리향) 353
석류나무 332
설구화 467
섬개야광나무 158
섬댕강나무 124
섬매발톱나무 146
섬벚나무 190
섬분꽃나무 149
섬오갈피나무 180
섬잣나무 405
섬쥐똥나무 167
섬피나무 230
세로티나벚나무 191
세열단풍 208
소나무 386
소사나무 220
소영도리나무 119
소태나무 310
소철 486
솔송나무 400
송악 444
쇠물푸레나무 260
수국 469
수수꽃다리 475
수양겹벚나무 192
수양버들 249
수호초 452
쉬나무 235
쉬땅나무 107
스카이로켓향나무 411
스트로브잣나무 404
시무나무 292
식나무 361

신나무 204
실화백 418
싸리 132

ㅇ

아그배나무 98
아로니아 456
아모묾말채나무 161
아모묾층층나무 283
아왜나무 375
안개나무 479
애기말발도리 103
애기산호수 357
앵도나무(앵두나무) 320
야광나무 97
양골담초(애니시다) 471
양버들(포플러) 256
양버즘나무(플라타너스) 252
양벚나무 190
영산홍 114
영춘화 71
예덕나무 234
오갈피나무 180
오농나무 284
오리나무 217
옥매 91
올벚나무 189
완도호랑가시 369
왕매발톱나무 146
왕버들 247
왕벚나무 189
왕서어나무 243
왕솔나무 392
왕자귀나무 278
왕쥐똥나무 167
왕초피나무 184
용버들 247
우묵사스레피 383
위성류 477
유자나무 336
윤노리나무 200
으름덩굴 433
은목서 377
은사시나무 254
은종나무(실버벨나무) 454
은테사철 345
은행나무 263
음나무 238
의성개나리 68
이나무 232
이노리나무 201
이스라지 93
이태리포플러 256
이팝나무 262
인가목조팝나무 88
인동덩굴 436
일본남천 461
일본매자나무(양매자) 472
일본목련 187
일본잎갈나무(낙엽송) 301
일본전나무 395
일본조팝나무 89
일행물나무 451

ㅈ

자귀나무 278
자금우(천량금) 358
자두나무 316
자목련 188
자산홍 116
자엽일본매자 472
자엽자두나무 316
자작나무 240
자주목련 188
자주받침꽃 466
작살나무 177
잣나무 403
장구밤나무 179
장미 484
장수만리화 69
전나무(젓나무) 394
정향나무 126
조각자나무 276
조록나무 364
조록싸리 132
조팝나무 83
졸가시나무 351
좀댕강나무 124
좀목형 182
좀백당나무 122
좀사철나무 345, 347
좀쇠물푸레나무 260
좀쉬땅나무 107
좀작살나무 177
종가시나무 351
종비나무 397
주걱댕강나무 123
주목 422
주엽나무 276
죽단화 73
죽절초 360
줄댕강나무 124
줄무늬낙상홍 170
줄사철나무 346
중국남천 462
중국단풍 211
중국받침꽃 466
쥐똥나무 166
지렁쿠나무 147
지리산오갈피 181

진달래 112
진퍼리꽃나무 117
찔레꽃 78

ㅊ

차나무 382
차빛당마가목 198
찰피나무 230
참가시나무 352
참개비자나무 426
참개암나무 143
참꽃나무 113
참느릅나무 203
참빗살나무 214
참식나무 361
참싸리 132
참오동나무 284
참조팝나무 89
참죽나무(참중나무) 270
참회나무 162
채진목 194
처진개벗나무(수양벚나무) 192
처진꽃사과 95
천선과나무 156
철쭉 113
청사조 438
초설마삭줄(오색마삭줄) 441
초피나무 183
측백나무 413
층층나무 282
치자나무 356
칠엽수 273

ㅋ

카이즈카향나무(나사백) 406
캐나다딱총나무 148
코니카가문비 399
큰꽃으아리 435
큰낭아초 130
큰잎빈카 442
클레마티스 435
키버들 251

ㅌ

태백말발도리 105
태산목 343
탱자나무 337
털백당나무 122
털오갈피 181
트럼펫인동 437

ㅍ

팥손이 379
팥꽃나무 72
팥배나무 196
팽나무 291
편백 419
풀또기 80
풀명자 81
풍겐스가문비(은청가문비) 399
풍나무(대만풍나무) 246
풍년화 450
피나무 229
피라칸타(피라칸사스) 457
피칸나무 314
핀오크(대왕참나무) 267

ㅎ

할리아나꽃사과 96
함박꽃나무 226
해당화 99
향나무 408
향나무 블루스타 409
향선나무 168
헛개나무 233
현사시나무 255
협죽도 483
호두나무 312
호랑가시나무 369
호자나무 355
혹느릅나무 203
홍가시나무 350
홍단풍 204
홍세열단풍 208
홍자단(눈섬개야광나무) 159
화백 417
화살나무 163
황금개나리 69
황금마삭줄 440
황금실화백 418
황금인동 437
황금조팝나무 90
황금줄사철 347
황금측백 413
황금편백 419
황매화 73
황목련 188
황철쭉 113
황칠나무 374
회목나무 165
회양목 340
회화나무 236
후박나무 373
후피향나무 380

흰낙상홍 171
흰땅비싸리 131
흰말채나무 160
흰박태기나무 101
흰산철쭉 114
흰작살나무 177
흰해당화 99
히어리 111

나무의 늙음은 낡음이나 쇠퇴가 아니라 완성이다.

- 김훈, 『자전거 여행』 중에서 -

도서출판 이비컴의 실용서 브랜드 **이비락** 樂 은 더불어 사는 삶에
긍정적인 변화를 줄 유익한 책을 만들기 위해 노력합니다.
원고 및 기획안 문의 : bookbee@naver.com